Photoshop CS4 数码摄影处理50例

孙慧霞　编著

電子工業出版社
Publishing House of Electronics Industry
北京·BEIJING

内 容 简 介

本书是一本有关数码摄影处理的实例型书籍，全书共包含 50 个实例，根据处理方法的不同，共分为数码照片编辑与修复、数码照片实用设置、个性照片编辑、艺术照片处理和儿童照片处理五大部分，每部分包含 10 个实例，全面介绍了使用 Photoshop CS4 处理数码照片的方法。

本书内容安排合理，实例丰富及精美，语言精准及条理清晰，适合摄影爱好者、专业摄影师、照相馆美工、平面设计师、广告设计师、网页设计师以及相关专业的在校学生选用。

图书在版编目(CIP)数据

Photoshop CS4 数码摄影处理 50 例 / 孙慧霞编著.—北京：电子工业出版社，2009.5
(应用实例系列)
ISBN 978-7-121-08735-6

I. P… Ⅱ.孙… Ⅲ.图形软件，Photoshop CS4 Ⅳ.TP391.41

中国版本图书馆 CIP 数据核字（2009）第 065963 号

责任编辑：祁玉芹
印　　刷：北京市天竺颖华印刷厂
装　　订：三河市鑫金马印装有限公司
出版发行：电子工业出版社
　　　　　北京市海淀区万寿路 173 信箱　邮编 100036
开　　本：787×1092　1/16　印张：23.5　字数：602 千字
印　　次：2009 年 5 月第 1 次印刷
定　　价：42.00 元（含光盘 1 张）

凡所购买电子工业出版社图书有缺损问题，请向购买书店调换。若书店售缺，请与本社发行部联系，联系及邮购电话：（010）88254888。

质量投诉请发邮件至 zlts@phei.com.cn，盗版侵权举报请发邮件至 dbqq@phei.com.cn。

服务热线：（010）88258888。

前言

随着数码技术的普及，数码摄影已经越来越多地应用到人们生活当中。当前，数码摄影既可以应用于个人的摄影作品处理，又被广泛应用于商业和艺术摄影领域，针对于个人的数码摄影，由于很多数码相机用户并不具备专业的摄影技术，拍摄的照片常常达不到预想的效果，所以需要经过一些特殊的处理，使其达到理想的效果；而应用于商业和艺术领域的摄影作品，由于对作品要求更高，包含的元素更为复杂，就更离不开对拍摄图像的编辑和处理，这样就必须使用专业的图形图像处理软件来处理数码摄影作品。

Photoshop 是一款专业的图形图像处理软件，广泛应用于平面图像处理领域，是数码照片处理必不可少的工具。随着其不断更新，较之以前的版本，新版本 Photoshop CS4 有更为人性化的界面和更为强大的图形图像处理功能，使用户能够快速掌握处理数码照片的方法，并快速高效完成数码照片的处理工作。

本书主要以实例的方式，全面介绍了 Photoshop CS4 在数码摄影处理方面的应用方法。为了便于读者理解，全书共包含 50 个实例，实例内容丰富，结构安排合理，详略得当，使读者可以从技术理论与实际应用两个方面全面地了解 Photoshop CS4 各种工具及命令的应用方法，以及照片处理的实现方法。

本书的实例设置，遵循循序渐进的原则，知识点的安排由浅入深，便于读者理解和掌握。根据数码照片图像处理方法的不同，共分为数码照片编辑与修复、数码照片实用设置、个性照片编辑、艺术照片处理和儿童照片处理五大部分，每部分包含 10 个实例，全面介绍了使用 Photoshop CS4 处理数码照片的方法。

在数码照片编辑与修复部分，将为读者讲解处理数码摄影常见问题的方法；在数码照片实用设置部分，将为读者讲解怎样将数码照片应用于桌面背景、电子相册、手机屏保等实用领域；在个性照片编辑部分，将为读者讲解个人艺术摄影的编辑方法；在艺术照片处理部分，将为读者讲解各种商业摄影的编辑和处理方法；在儿童照片处理部分，将为读者讲解儿童照片的处理方法。

本书涉及范围广泛，在个人、商业和艺术摄影的各种形式以及可能遇到的各种问题，结构的安排由浅入深，使读者能够逐步掌握使用 Photoshop CS4 处理数码摄影作品的方法。实例取材于实际的摄影案例，有利于读者解决实际生活和工作当中遇到的问题。

本书由孙慧霞编写，由于水平有限，书中难免有疏漏和不足之处，恳请广大读者及专家提出宝贵意见。

我们的 E-mail 地址为 qiyuqin@phei.com.cn。

编著者

2009 年 3 月

目录

第 1 篇　数码照片编辑与修复

第 2 篇　数码照片实用设置

第 3 篇　个性照片编辑

第 4 篇　艺术照片处理

第 5 篇　儿童照片处理

第 1 篇

数码照片编辑与修复

在拍摄数码照片时，常常会遇到曝光不足、色彩偏差、对象模糊等影响效果的情况，使用 Photoshop CS4 可以对数码照片进行修复，使照片更完美。在这一部分中，将为读者介绍数码照片的编辑与修复技巧。

实例 1　精确编辑照片

在本实例中，将指导读者如何精确编辑照片的尺寸，调整照片中因曝光不足所产生的照片偏暗效果，以及对照片中一部分不需要的图像进行处理。通过本实例，使读者了解怎样将照片处理为标准尺寸以及对照片进行简单处理的方法。

在本实例中，需要将一张照片裁剪为标准的五寸照片，并对照片的亮度、对比度等进行编辑，使照片更为美观。在编辑过程中，首先导入素材图像，使用工具箱中的裁剪工具对照片的尺寸及范围进行剪裁，然后使用曝光度和亮度/对比度工具对曝光不足的照片进行亮度调节，最后使用仿制图章工具对图中不需要的部分进行复制修补，完成精确编辑照片的制作。图 1-1 中，左图为原始照片，右图为编辑后的照片效果。

图 1-1　精确编辑照片

1 运行 Photoshop CS4，执行菜单栏中的“文件”/“打开”命令，打开“打开”对话框，从该对话框中选择本书光盘中附带的“数码照片编辑与修复/实例 1：精确编辑照片/素材图像.jpg”文件，如图 1-2 所示。单击“打开”按钮，退出“打开”对话框。

2 选择工具箱中的“裁剪工具”，进入“属性”栏，在“宽度”参数栏内键入 8.9，在“高度”参数栏内键入 12.7，在“分辨率”参数栏内键入 72，选择“像素/厘米”选项，如图 1-3 所示。

提示

在默认情况下，“宽度”和“高度”的单位均为厘米，所以不需要进行设置。

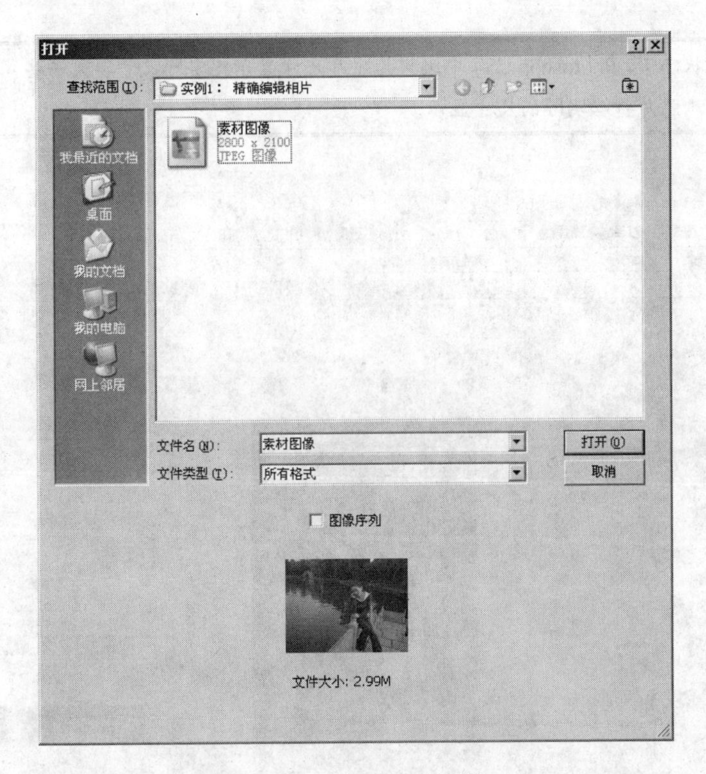

图 1-2 “打开”对话框

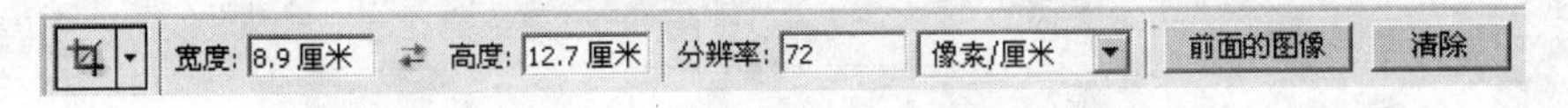

图 1-3 设置“裁剪工具”属性

3 按住鼠标左键，参照如图 1-4 所示的位置移动裁剪范围框，以确定裁剪的位置及范围。

图 1-4 裁剪照片

4 在裁剪的区域范围内双击鼠标或按下键盘上的 Enter 键，结束裁剪操作。

5 选择工具箱中的“抓手工具”，在“属性”栏中单击“打印尺寸”按钮，可以预览裁剪后照片的打印尺寸，如图 1-5 所示。

提示

在默认状态下，Photoshop CS4 中编辑的照片尺寸显示比实际尺寸要大一些，单击“打印尺寸”按钮后，照片将以实际的尺寸显示。

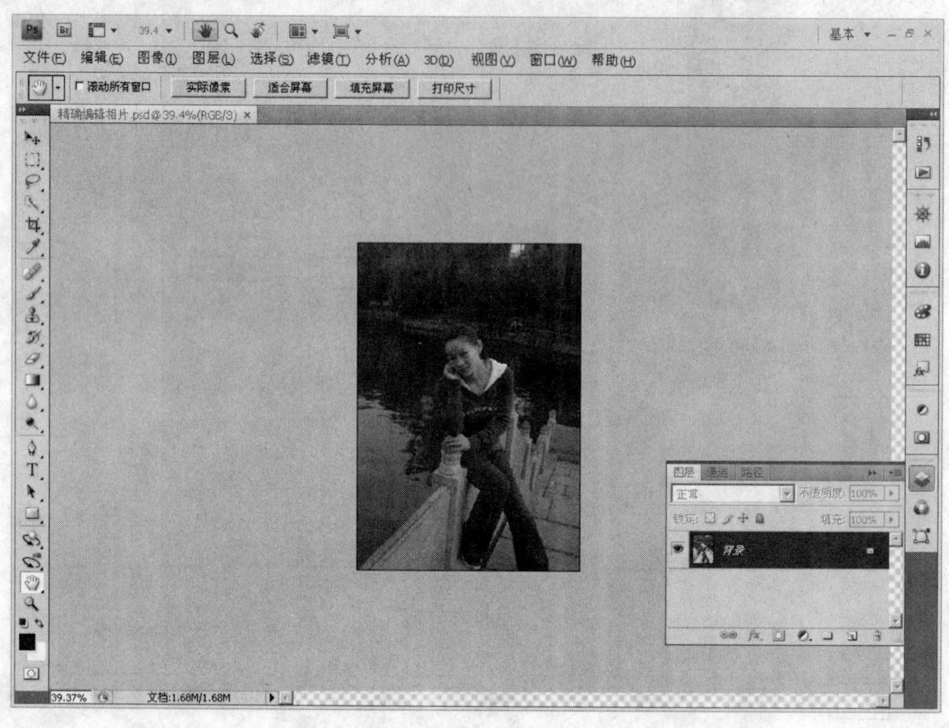

图 1-5　打印尺寸预览

6 接下来需要调整照片的亮度。执行菜单栏中的“图像”/“调整”/“曝光度”命令，打开“曝光度”对话框，在该对话框的“曝光度”参数栏内键入 1.2，其他参数使用默认设置，如图 1-6 所示。

曝光度
预设(R): 自定
确定
取消
曝光度(E): 1.2
位移(O): 0.0000
灰度系数校正(G): 1.00
预览(P)

图 1-6　“曝光度”对话框

7 单击“曝光度”对话框中的“确定”按钮，退出“曝光度”对话框。图 1-7 中，左图为未设置曝光度的照片原图，右图为设置曝光度后的效果。

8 执行菜单栏中的“图像”/“调整”/“亮度/对比度”命令，打开“亮度/对比度”对话框，在该对话框中的“亮度”参数栏内键入 28，“对比度”参数栏内键入 6，如图 1-8 所示。

图 1-7　设置照片的“曝光度”

9 单击“亮度/对比度”对话框中的“确定”按钮，退出“亮度/对比度”对话框。图 1-9 中，左图为未设置亮度/对比度的照片原图，右图为设置亮度和对比度后的效果。

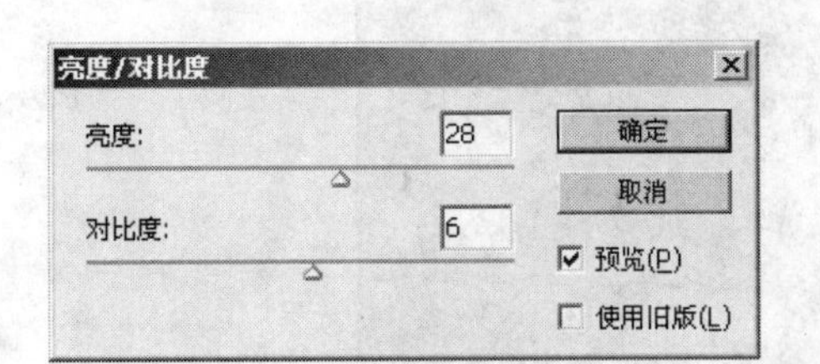

图 1-8　“亮度/对比度”对话框

图 1-9　设置照片“亮度/对比度”

10 选择工具箱中的 “仿制图章工具”，在“属性”栏中单击“点按可打开‘画笔预设’选取器”按钮，打开画笔面板，选择如图 1-10 所示的“柔角 45 像素”画笔，在“不透明度”参数栏内键入 80%，在“流量”参数栏内键入 60%。

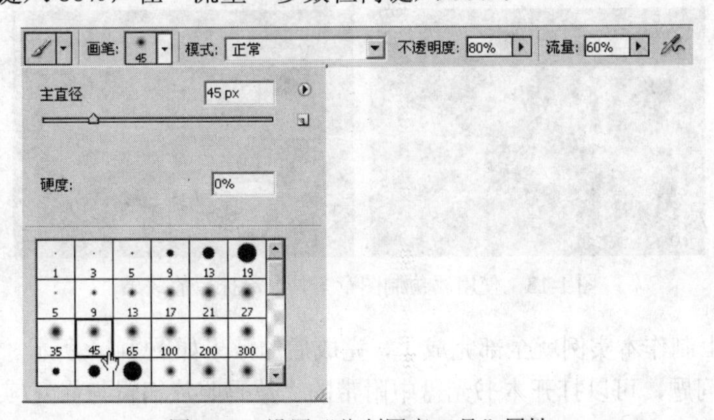

图 1-10　设置“仿制图章工具”属性

11 按住键盘上的Alt键，单击人物旁边的区域设置取样点，如图1-11所示。

提示

在设置取样点时，要注意取样点的位置与被涂抹的人物不宜过远，且尽量选择颜色一致的图案，以免颜色及图案相差太大，影响涂抹效果。

图1-11　设置取样点

12 松开键盘上的Alt键，单击需要涂抹的人物图像，如图1-12所示。

图1-12　涂抹图像

13 使用同样的方法，对照片中的人物及其他多余图像进行涂抹，完成后的涂抹效果如图1-13所示。

图1-13　使用“仿制图章工具”涂抹后的效果

14 通过以上制作本实例就全部完成了，完成后的效果如图1-14所示。如果读者在制作过程中遇到什么问题，可以打开本书光盘中附带的“数码照片编辑与修复/实例1：精确编辑照片/精确编辑照片.psd”文件，该文件为本实例完成后的文件。

图 1-14　精确编辑照片

实例 2　改变照片中的部分色彩

实例说明

在编辑照片时，有时需要改变照片中某些区域的颜色，在本实例中，将指导读者改变一幅照片中花朵和人物衣服的颜色。通过本实例，使读者了解对于不同情况下的色彩区域如何进行选择及设置。

技术要点

在本实例的编辑过程中，首先导入素材图像，使用色彩范围工具对花进行选择，通过色彩平衡工具对其颜色进行调整，然后使用工具箱中的魔棒工具对衣服进行选择，通过色相饱和度工具对颜色进行调整，最后通过可选颜色工具对周围树的颜色进行调整，最终完成改变照片中的部分色彩制作。图 2-1 中，左图为原始照片，右图为编辑后的照片效果。

图 2-1　改变照片中的部分色彩

1 运行 Photoshop CS4，执行菜单栏中的“文件”/“打开”命令，打开“打开”对话框，从该对话框中选择本书光盘中附带的“数码照片编辑与修复/实例 2：改变照片中的部分色彩/素材图像.jpg”文件，如图 2-2 所示。单击“打开”按钮，退出“打开”对话框。

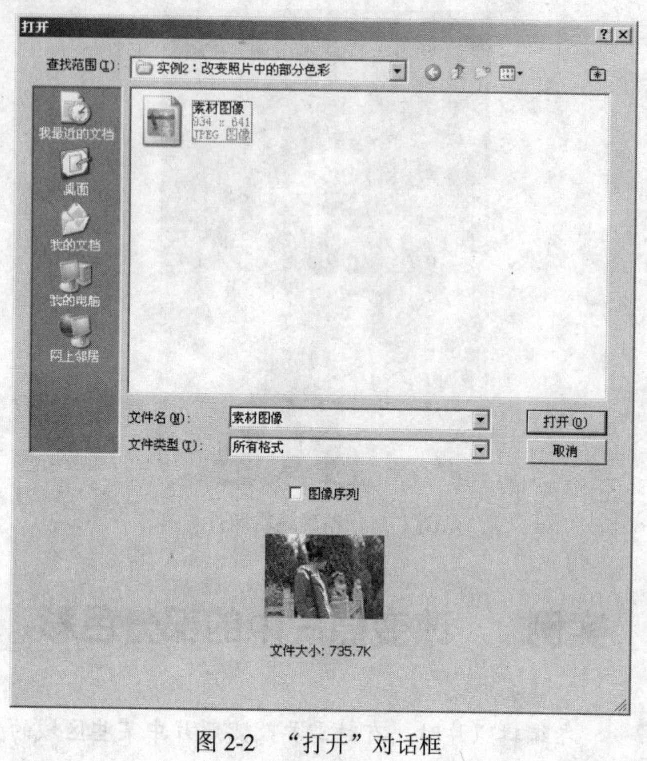

图 2-2 “打开”对话框

2 执行菜单栏中的“选择”/“色彩范围”命令，打开“色彩范围”对话框，在“色彩容差”参数栏内键入 200，参数图 2-3 所示选择照片中的黄色花。单击“确定”按钮，退出“色彩范围”对话框。

图 2-3 选择花图像

3 执行菜单栏中的“图像”/“调整”/“色彩平衡”命令，打开“色彩平衡”对话框，选择“色调平衡”选项组下的“阴影”单选按钮，进入“色彩平衡”选项组，在“色阶”参数栏内分别键入 100、-100、0，如图 2-4 所示。单击“确定”按钮，退出“色彩平衡”对话框。

4 按下键盘上的Ctrl+D组合键，取消选区。图2-5中，左图为未调整色彩平衡的原图，右图为调整色彩平衡后的效果。

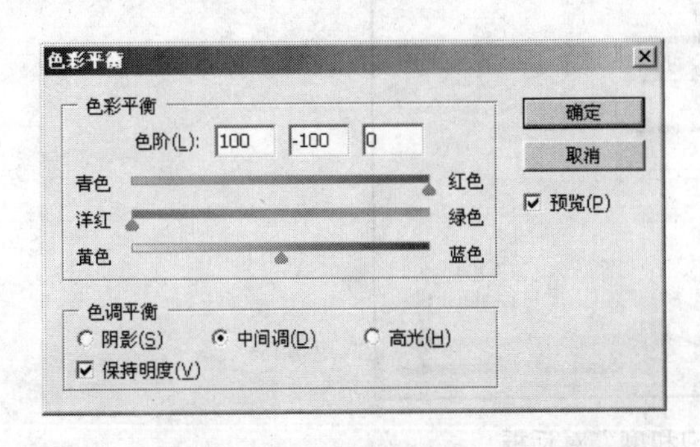

图2-4　设置“色彩平衡”对话框中的相关参数

图2-5　调整图像“色彩平衡”

5 接下来需要调整衣服色彩。选择工具箱中的 “魔棒工具”，进入“属性”栏，在“容差”参数栏内键入80，如图2-6所示。

图2-6　设置“魔棒工具”属性

6 按住键盘上的Shift键，多次单击衣服图像区域，加选如图2-7所示的红色区域。

7 执行菜单栏中的“选择”/“调整边缘”命令，打开“调整边缘”对话框，在“半径”参数栏内键入0.3，在“羽化”参数栏内键入0.2，在“收缩/扩展”参数栏内键入+70，如图2-8所示。单击“确定”按钮，退出“调整边缘”对话框。

图2-7　加选选区

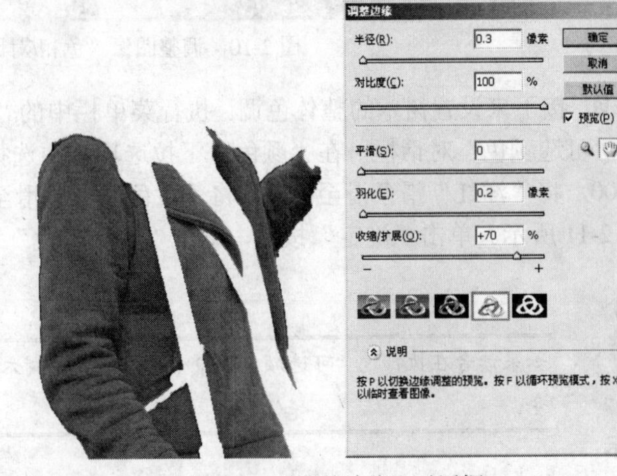

图2-8　“调整边缘”对话框

8 执行菜单栏中的“图像”/“调整”/“色相/饱和度”命令，打开“色相/饱和度”对话框，在“色相”参数栏内键入54，如图2-9所示。单击“确定”按钮，退出“色相/饱和度”对话框。

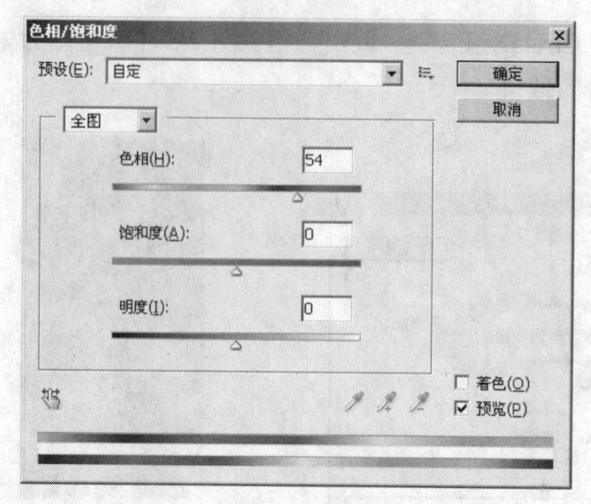

图 2-9 “色相/饱和度”对话框

9 按下键盘上的 Ctrl+D 组合键，取消选区，图 2-10 中，左图为未调整色相/饱和度的原图，右图为调整色相/饱和度后的效果。

图 2-10 调整图像“色相/对比度”

10 接下来设置树木的整体色调。执行菜单栏中的“图像”/“调整”/“可选颜色”命令，打开“可选颜色”对话框，在“颜色”下拉选项栏中选择“绿色”选项，将“青色”滑条滑至+100，将“洋红”滑条滑至-100，将“黄色”滑条滑至+100，将“黑色”滑条滑至+100，如图 2-11 所示。单击“确定”按钮，退出“可选颜色”对话框。

提示

如果读者在执行过“可选颜色”命令后，照片中树木颜色变化并不明显，可再次执行相同命令。

11 通过以上制作本实例就全部完成了，完成后的效果如图 2-12 所示。如果读者在制作过程中遇到什么问题，可以打开本书光盘中附带的“数码照片编辑与修复/实例 2：改变照片中的部分色彩/改变照片中的部分色彩.psd”文件，该文件为本实例完成后的文件。

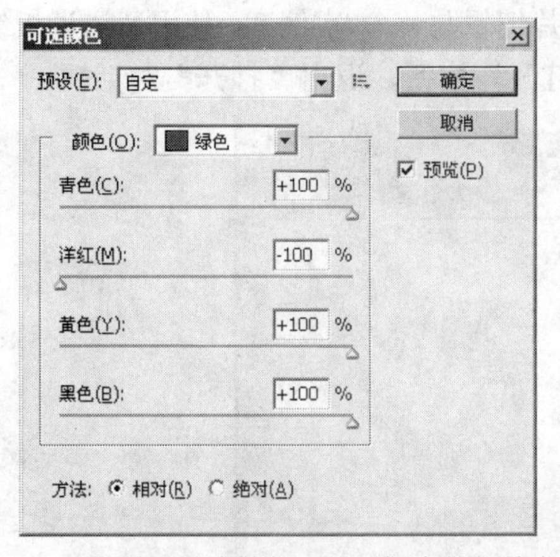

图 2-11　设置“可选颜色”对话框中的相关参数

图 2-12　改变照片中的部分色彩

实例 3　使用通道调板编辑照片

在本实例中，将指导读者使用通道调板编辑照片。本实例中的照片颜色偏暗，人物脸部皮肤粗糙，将通过对照片的编辑弥补这些瑕疵。通过本实例的学习，使读者了解如何使用钢笔工具及通道调板处理照片中的瑕疵。

在本实例的编辑过程中，首先导入素材图像，使用曲线工具对照片的整体亮度进行调整，然后使用亮度/对比度工具对照片的亮度及对比度进行进一步处理，使用钢笔工具绘制选区，然后通过通道调板对选区进行设置，使用高斯模糊工具对人物脸部进行降噪处理，最后使用修补工具对照片中的多余图像进行修补。图 3-1 中，左图为原始照片，右图为编辑后的照片效果。

图 3-1　使用通道调板编辑照片

1 运行 Photoshop CS4，执行菜单栏中的“文件”/“打开”命令，打开“打开”对话框，从该对话框中选择本书光盘中附带的“数码照片编辑与修复/实例 3：使用通道调板编辑照片/素材图像.jpg”文件，如图 3-2 所示。单击“打开”按钮，退出“打开”对话框。

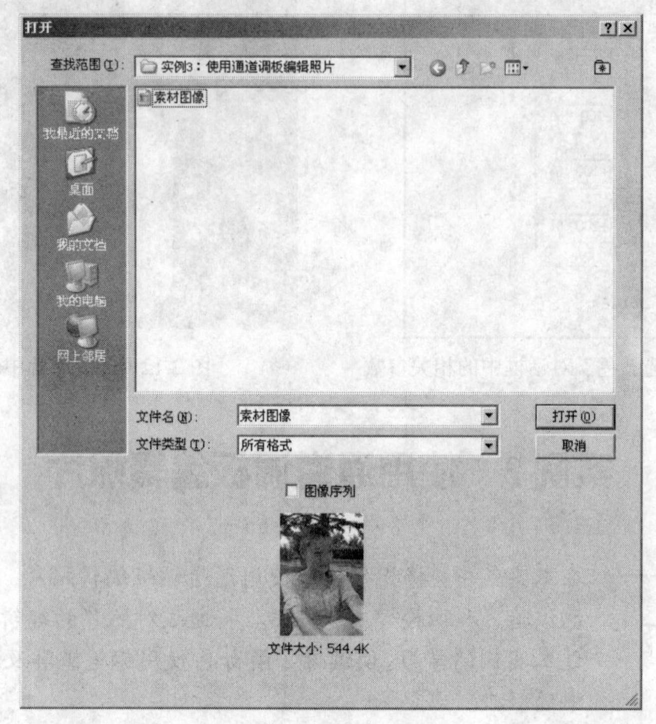

图 3-2 “打开”对话框

2 执行菜单栏中的“选择”/“曲线”命令，打开“曲线”对话框，在曲线上任意处单击，确定点位置，在“输出”参数栏内键入 220，在“输入”参数栏内键入 200，如图 3-3 所示。

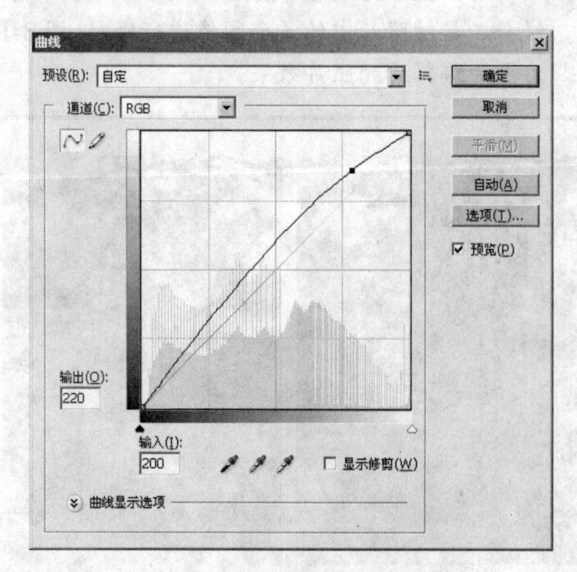

图 3-3 设置“曲线”对话框中的相关参数

3 单击“曲线”对话框中的“确定”按钮，退出“曲线”对话框。图 3-4 中，左图为未调整曲线的原图，右图为调整曲线后的效果。

图 3-4　调整照片“曲线”

4 执行菜单栏中的“图像”/“调整”/“亮度/对比度”命令，打开“亮度/对比度”对话框，在“亮度”参数栏内键入 40，如图 3-5 所示。

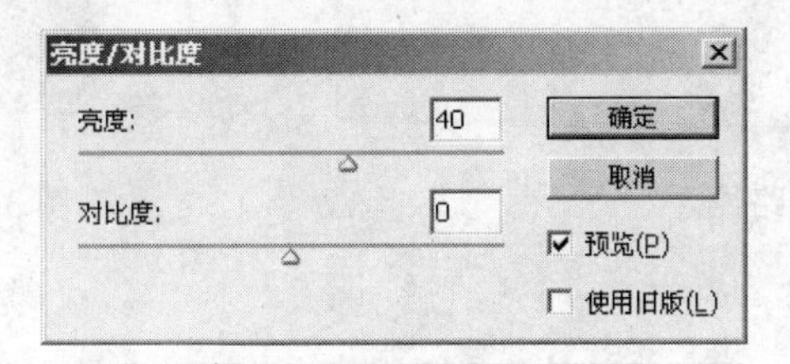

图 3-5　“亮度/对比度”对话框

5 单击“亮度/对比度”对话框中的“确定”按钮，退出“亮度/对比度”对话框。图 3-6 中，左图为未设置亮度/对比度的原图，右图为设置亮度/对比度后的效果。

图 3-6　设置图像“亮度/对比度”

6 接下来使用钢笔工具绘制路径。选择工具箱中的 “钢笔工具”，参照图 3-7 所示绘制一条闭合路径。

提示

在默认情况下，绘制的路径为直线段。

7 配合键盘上的Ctrl和Alt键，将直线路径调整为如图3-8所示的曲线段。

图3-7 绘制路径

图3-8 调整节点

提示

当按住Ctrl键的同时，可以调整节点的位置，按住Alt键的同时，可调整节点形态。

8 进入“路径”调板，单击“路径”调板底部的“将路径作为选区载入”按钮，将路径转换为选区，如图3-9所示。

9 进入“通道”调板，单击底部的“将选区存储为通道”按钮，创建一个通道Alpha 1，如图3-10所示。

图3-9 将路径转换为选区

图3-10 创建通道

10 进入“图层”调板，按下键盘上的Shift+F6组合键，打开“羽化选区”对话框，在“羽化半径”参数栏内键入10，如图3-11所示。单击“确定”按钮，退出“羽化选区”对话框。

11 确定选区内的图像处于选择状态，按下键盘上的Ctrl+C组合键，复制选区内的图像，然后按住键盘上的Ctrl+V组合键，复制选区内的图像得到新图层“图层1”，如图3-12所示。

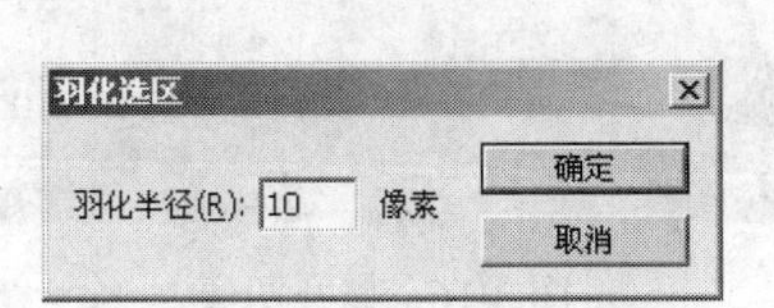

图3-11 “羽化选区”对话框

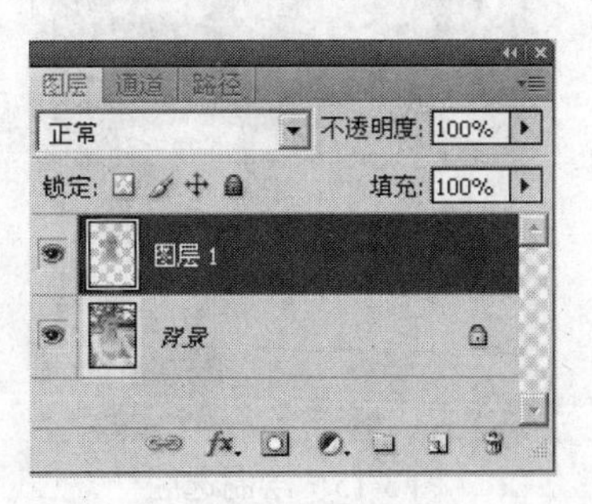

图3-12 创建新图层

12 进入“通道”调板，选择“红”通道，执行菜单栏中的“滤镜”/“模糊”/“高斯模糊”命令，打开“高斯模糊”对话框，将“半径”参数设置为0.6，如图3-13所示。单击“确定”按钮，退出“高斯模糊”对话框。

13 使用同样方法，分别将“绿”通道和“蓝”通道的“高斯模糊”进行设置。

14 选择RGB通道，进入“图层”调板，在“设置图层的混合模式”下拉选项栏中选择“滤色”模式，如图3-14所示。

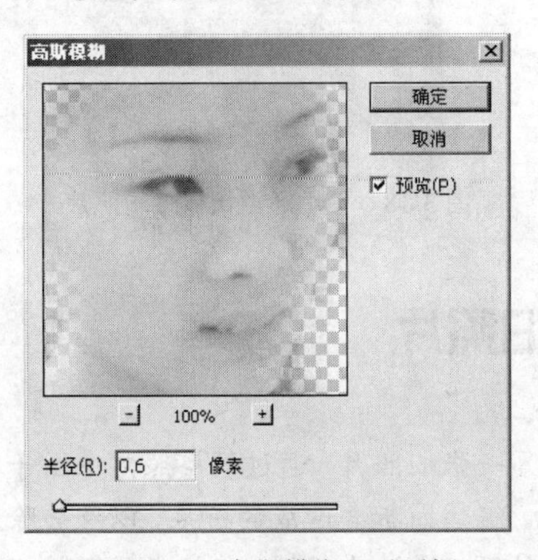

图3-13 “高斯模糊”对话框

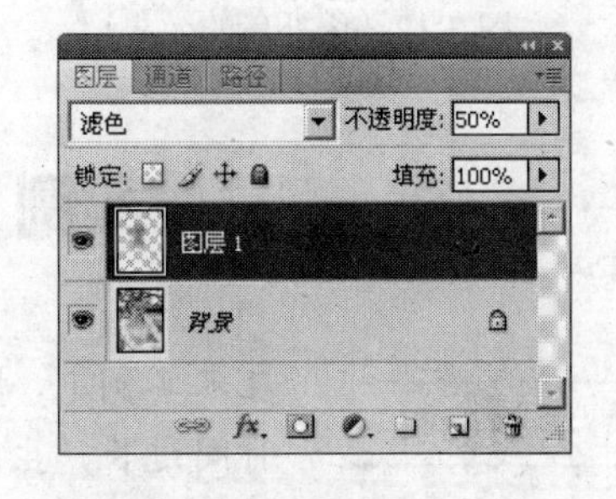

图3-14 设置图层的混合模式

15 在“图层”调板中将“不透明度”参数设置为60，按下键盘上的Ctrl+D组合键，取消选区。

16 选择“背景”层，右击工具箱中的“污点修复画笔工具”下拉按钮，在弹出的下拉选项栏中选择“修补工具”选项，在如图3-15所示的位置绘制一个选区。

17 选择绘制的选区，将选区边框拖动到如图3-16所示的区域位置。松开鼠标时，原本选中的区域对拖动到的区域进行修补。

18 按下键盘上的Ctrl+D组合键，取消选区。图3-17为图像进行修补后的效果。

19 通过以上制作本实例就全部完成了，完成后的效果如图3-18所示。如果读者在制作过程中遇到什么问题，可以打开本书光盘中附带的“数码照片编辑与修复/实例 3：使用通道调板编辑照片/使用通道调板编辑照片.psd”文件，该文件为本实例完成后的文件。

图 3-15　绘制选区

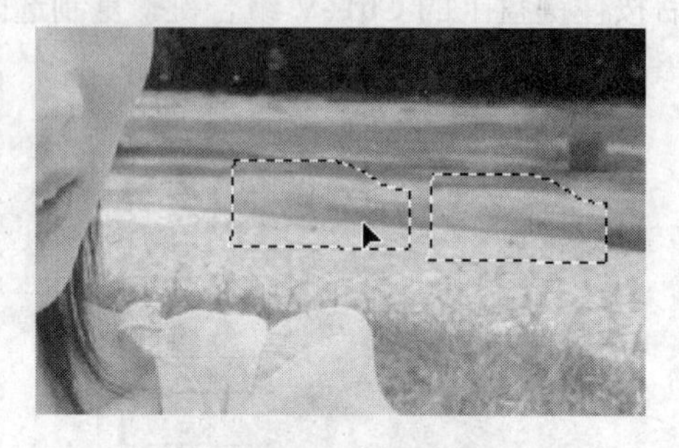

图 3-16　修补图像

图 3-17　修补后的效果

图 3-18　使用通道调板编辑照片

实例 4　修复旧照片

实例说明

在本实例中，将指导读者修复一张旧照片，通过调整照片中由于存放时间过长产生的偏黄的颜色，编辑因折叠造成的折痕，以及去除图像中的杂点，完成照片的翻新处理。通过本实例，使读者了解将旧照片进行翻新处理的方法。

技术要点

在本实例中，需要将一张照片进行裁剪，对照片的亮度、对比度等进行编辑，并对照片去除杂点和折痕。在编辑过程中，首先导入素材图像，使用工具箱中的裁剪工具对照片的尺寸及范围进行裁剪，然后使用蒙尘与划痕工具去除划痕，使用仿制图章工具对图像中的折痕进行修补，最后调整图像的亮度、对比度，以及将图像去色，完成旧照片的修复。图 4-1 中，左图为原始照片，右图编辑后的照片效果。

图 4-1　修复旧照片

1 运行 Photoshop CS4，执行菜单栏中的“文件”/“打开”命令，打开“打开”对话框，从该对话框中选择本书光盘附带中的“数码照片编辑与修复/实例 4：修复旧照片/素材图像.jpg”文件，如图 4-2 所示。单击“打开”按钮，退出“打开”对话框。

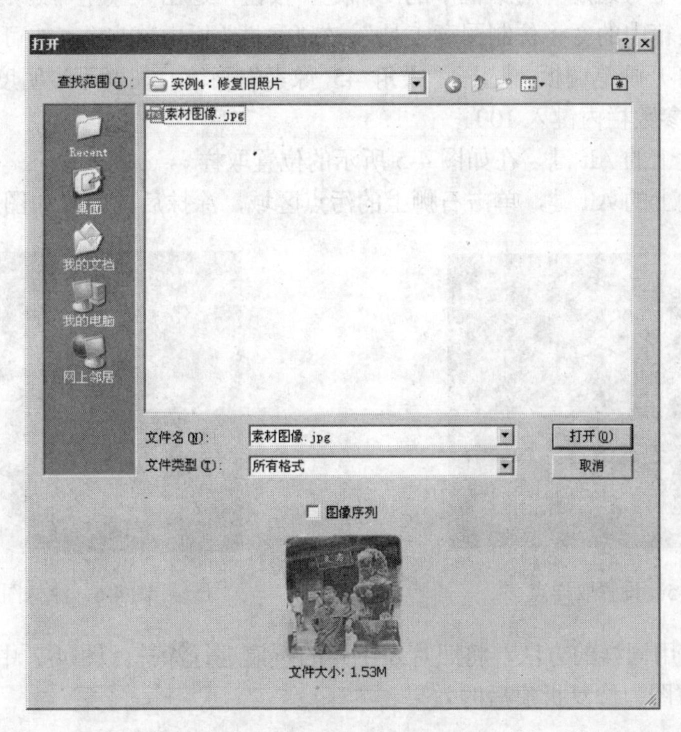

图 4-2　“打开”对话框

2 选择工具箱中的 “裁剪工具”，按住鼠标左键，在如图 4-3 所示的位置拖动鼠标，以确定裁剪的位置及范围。

3 在裁剪的区域内双击鼠标或按下键盘上的 Enter 键，完成裁剪操作。

4 接下来需要去除照片中的杂斑。执行菜单栏中的“滤镜”/“杂色”/“蒙尘与划痕”命令，打开“蒙尘与划痕”对话框，在该对话框的“半径”参数栏内键入 2，如图 4-4 所示。

图 4-3　裁剪照片

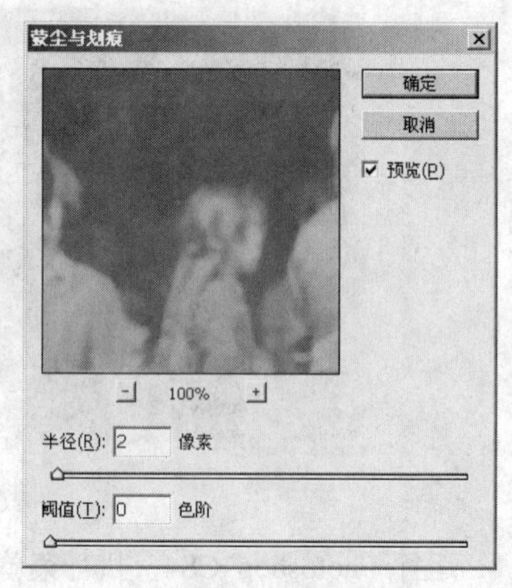

图 4-4　“蒙尘与划痕”对话框

5 单击“蒙尘与划痕”对话框中的“确定”按钮，退出“蒙尘与划痕”对话框。

6 选择工具箱中的“仿制图章工具”，在“属性”栏中单击“点按可打开‘画笔预设’选取器”按钮，打开画笔调板，选择“柔角 45 像素”画笔，在“不透明度”参数栏内键入 100，在“流量”参数栏内键入 100。

7 按住键盘上的 Alt 键，在如图 4-5 所示的位置取样。

8 松开键盘上的 Alt 键，单击石狮上的污点区域，涂抹后的效果如图 4-6 所示。

图 4-5　设置取样点

图 4-6　涂抹图像

9 接下来使用同样的方法，将照片左上角的折痕进行涂抹。图 4-7 中，左图为未修复折痕前的照片，右图为修复折痕后的效果。

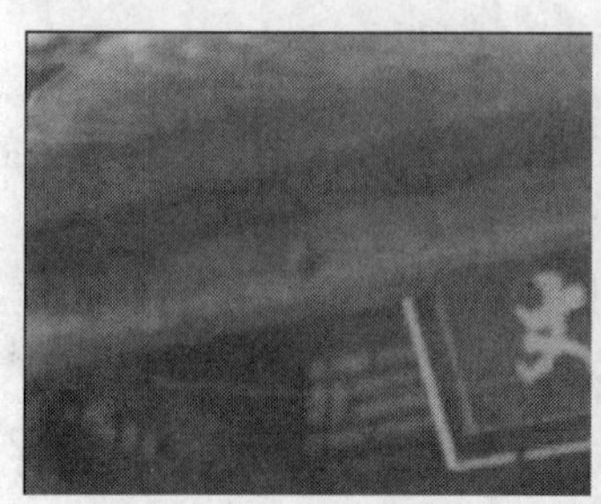

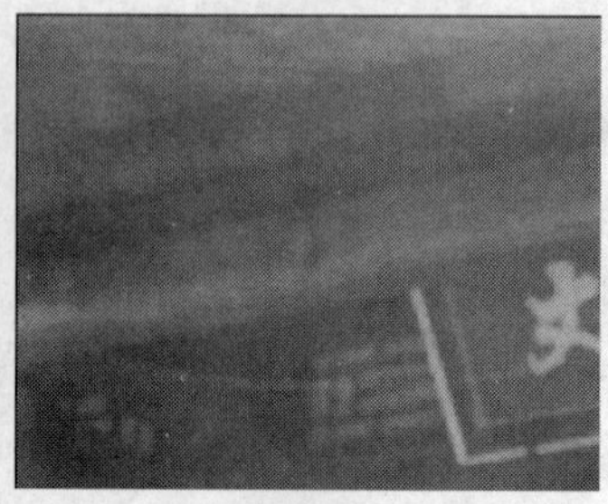

图 4-7　修复折痕后的效果

10 执行菜单栏中的“图像”/“调整”/“去色”命令，将图像颜色调整为黑白，如图 4-8 所示。

11 执行菜单栏中的“图像”/“调整”/“亮度/对比度”命令，打开“亮度/对比度”对话框，在“亮度”参数栏内键入 18，在“对比度”参数栏内键入 30，如图 4-9 所示。

图 4-8 调整图像为黑白

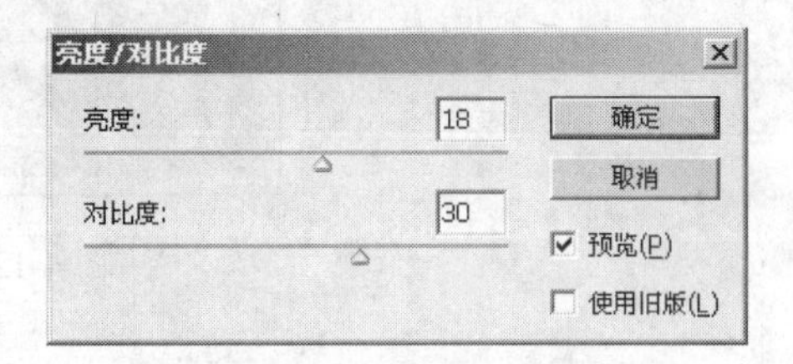

图 4-9 “亮度/对比度”对话框

12 单击“亮度/对比度”对话框中的“确定”按钮，退出“亮度/对比度”对话框。图 4-10 为设置“亮度/对比度”后的效果。

13 使用工具箱中的“裁剪工具”，参照图 4-11 所示调整图像的裁剪位置及范围。

提示

在默认情况下，背景色为白色，所以裁剪后的背景色为白色。

图 4-10 设置照片“亮度/对比度”

图 4-11 裁剪图像

14 在裁剪的区域内双击鼠标，完成裁剪操作。

15 通过以上制作本实例就全部完成了，完成后的效果如图 4-12 所示。如果读者在制作过程中遇到什么问题，可以打开本书光盘中附带的“数码照片编辑与修复/实例 4：修复旧照片/“修复旧照片.psd”文件，该文件为本实例完成后的文件。

图 4-12　修复旧照片

实例 5　处理夜景照片

晚间拍摄的照片很容易曝光不足，造成色调偏暗，颜色也与原来有所偏差，所以需要调整色阶，并调整整体亮度，修正照片，弥补其光线的不足。在本实例中，将指导读者如何调整因曝光不足而偏暗的照片。通过本实例，使读者了解怎样调整夜间拍摄照片的方法。

在本实例中，需要对照片的色彩平衡和亮度、对比度等进行编辑。在编辑过程中，首先导入素材图像，使用色阶工具调整图片色调，然后使用色彩平衡工具调整色调，最后调整图像的亮度、对比度，完成夜景照片的处理。图 5-1 中，左图为原始照片，右图为编辑后的照片效果。

图 5-1　处理夜景照片

1 运行 Photoshop CS4，执行菜单栏中的“文件”/“打开”命令，打开“打开”对话框，从该对话框中选择本书光盘中附带的“数码照片编辑与修复/实例 5：处理夜景照片/素材图像.jpg”文件，如图 5-2 所示。单击“打开”按钮，退出“打开”对话框。

图5-2 “打开”对话框

2 首先需要调整图像的色调。执行菜单栏中的“图像”/“调整”/“色阶”命令，打开“色阶”对话框，在该对话框的“通道”下拉选项栏中选择“红”选项，在“输出色阶”参数栏内分别键入0、1.00、180，如图5-3所示。

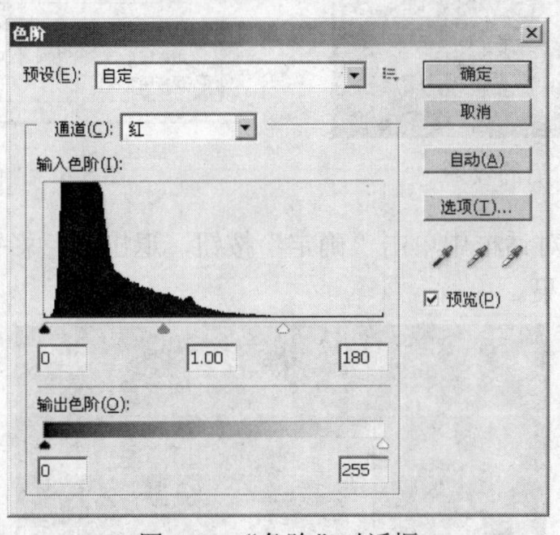

图5-3 “色阶”对话框

3 单击“色阶”对话框中的“确定”按钮，退出“色阶”对话框。

4 执行菜单栏中的“图像”/“调整”/“色阶”命令，打开“色阶”对话框，在该对话框的“通道”下拉选项栏中选择“绿”选项，在“输出色阶”参数栏内分别键入0、1.50、200，如图5-4所示。单击“确定”按钮，退出该对话框。

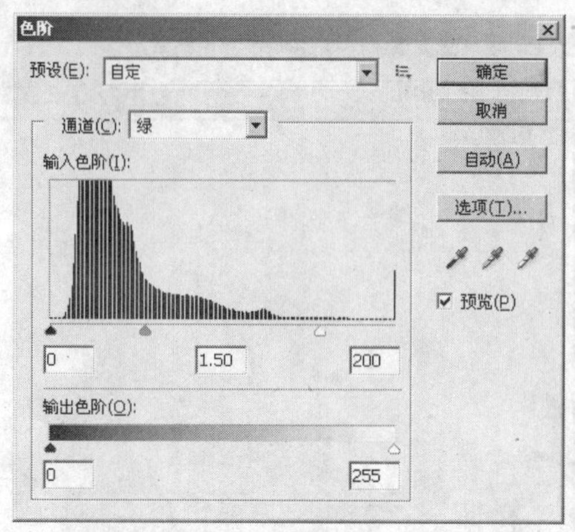

图 5-4 “色阶”对话框

5 执行菜单栏中的“图像”/“调整”/“色阶”命令，打开“色阶”对话框，在该对话框的“通道”下拉选项栏中选择“蓝”选项，在“输出色阶”参数栏内分别键入 0、1.00、180，单击“确定”按钮，退出该对话框。图 5-5 为调整色阶后的效果。

6 执行菜单栏中的“图像”/“调整”/“色彩平衡”命令，打开“色彩平衡”对话框，在“色彩平衡”选项组下的“色阶”参数栏内分别键入 25、0、0，如图 5-6 所示。

图 5-5 调整色阶后的效果

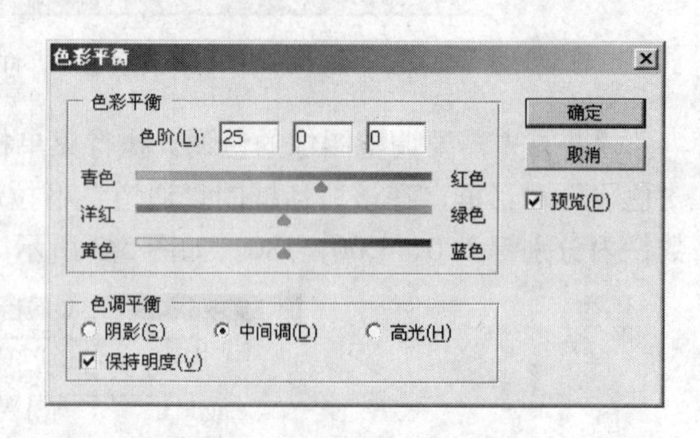

图 5-6 “色彩平衡”对话框

7 在“色彩平衡”对话框中单击“确定”按钮，退出“色彩平衡”对话框。图 5-7 为设置“色彩平衡”后的效果。

图 5-7 调整图像色彩平衡

8 接下来需要调整图像亮度。执行菜单栏中的“图像”/“调整”/“亮度/对比度”对话框，在“亮度”参数栏内键入 10，如图 5-8 所示。

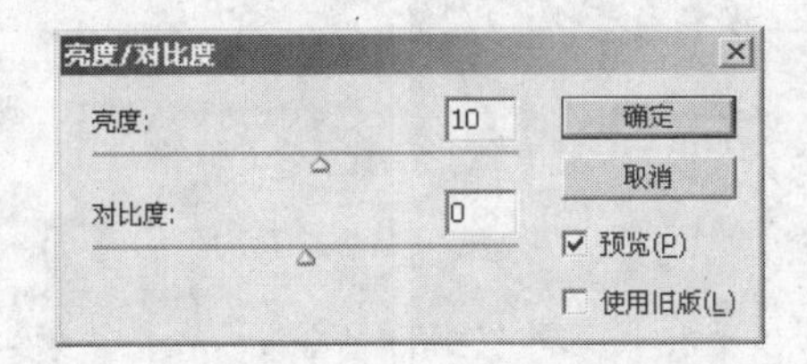

图 5-8　“亮度/对比度”对话框

9 单击“亮度/对比度”对话框中的“确定”按钮，退出“亮度/对比度”对话框。

10 通过以上制作本实例就全部完成了，完成后的效果如图 5-9 所示。如果读者在制作过程中遇到什么问题，可以打开本书光盘中附带的“数码照片编辑与修复/实例 5：处理夜景照片/“处理夜景照片. psd”文件，该文件为本实例完成后的文件。

图 5-9　处理夜景照片

实例 6　处理雨后照片

将一张普通的照片处理为雨后照片，需要将一张普通的照片通过设置路面水波效果，并设置雨后环境效果，完成具有雨后环境的效果。在本实例中，将指导读者如何为路面添加水面和倒影，并将周围环境设置为雨后效果的处理。通过本实例，使读者了解怎样调整雨后照片的方法。

在本实例中，需要对照片添加蒙版和设置滤镜效果。在编辑过程中，首先导入素材图像，复制背景图像，使用柔和工具调整图像的叠加模式，然后使用滤镜工具调整水波效果，最后调整图像的模糊效果，完成雨后照片的处理。图 6-1 中，左图为原始照片，右图为编辑后的照片效果。

图 6-1　处理雨后照片

1 运行 Photoshop CS4，执行菜单栏中的“文件”/“打开”命令，打开“打开”对话框，从该对话框中选择本书光盘中附带的“数码照片编辑与修复/实例 6：处理雨后照片/素材图像.jpg”文件，如图 6-2 所示。单击“打开”按钮，退出“打开”对话框。

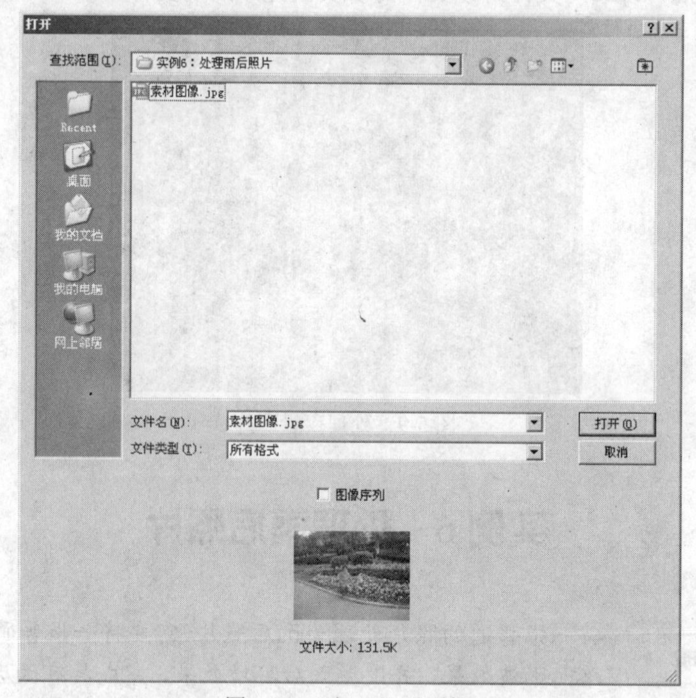

图 6-2　“打开”对话框

2 首先需要设置雨后路面效果。选择“图层”调板中的“背景”层，右击鼠标，在弹出的快捷菜单中选择“复制图层”选项，打开“复制图层”对话框，如图 6-3 所示。使用默认设置。

图 6-3　“复制图层”对话框

3 在“复制图层”对话框中单击“确定”按钮，退出“复制图层”对话框，这时在“图层”调板中生成“背景副本”层。

4 选择“背景副本”层，在“图层”调板顶部的“设置图层的混合模式”下拉选项栏中选择“柔光”选项，设置图像的混合模式。图 6-4 中，左图为未设置混合模式前的图像效果，右图为设置混合模式后的图像效果。

图 6-4 设置图像混合模式

5 确定“背景副本”层处于选择状态，执行菜单栏中的“编辑”/“变换”/“垂直翻转”命令，垂直翻转“背景副本”层。

6 确定垂直翻转后的“背景副本”层处于选择状态，按下键盘上的 Ctrl+T 组合键，打开自由变换框，然后参照图 6-5 所示旋转和调整图像位置。

7 单击“图层”调板底部的 “添加图层蒙版”按钮，为“背景副本”添加一个蒙版。

8 执行菜单栏中的“滤镜”/“渲染”/“分层云彩”命令，添加滤镜效果，图 6-6 为添加滤镜后的效果。

图 6-5 调整图像

图 6-6 添加滤镜效果

9 单击工具箱中的 “橡皮擦工具”按钮，设置前景色为白色，选择一个合适的画笔在通道中涂抹，擦除路面以外的部分，如图 6-7 所示。

10 选择“背景副本”层，将其拖动至“图层”调板底部的 “创建新图层”按钮上，复制该图层，如图 6-8 所示。

图 6-7　使用橡皮擦工具

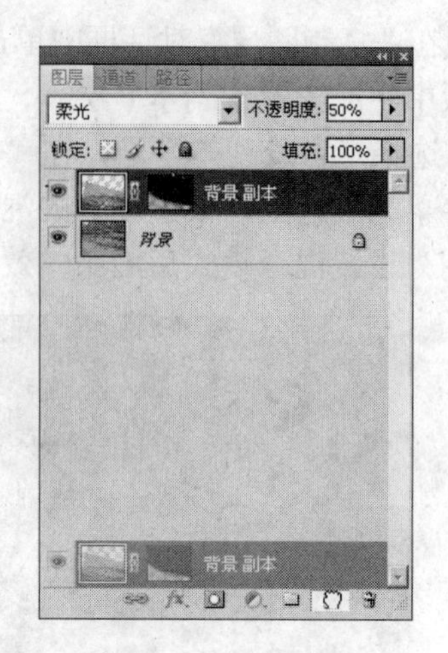

图 6-8　复制图层

11 选择复制得到的“背景副本 2”层，执行菜单栏中的“滤镜”/“扭曲”/“海洋波浪”命令，打开“海洋波浪”对话框，设置“波纹大小”为 10，“波纹幅度”为 5，如图 6-9 所示。

图 6-9　“海洋波浪”对话框

12 在“海洋波浪”对话框中单击“确定”按钮，退出该对话框，图 6-10 所示为添加滤镜后的效果。

13 再次复制“背景副本”层，选择复制得到的“背景副本 3”层，执行菜单栏中的“滤镜”/“模糊”/“动感模糊”命令，打开“动感模糊”对话框，在“角度”参数栏内键入 60，在“距离”参数栏内键入 30，如图 6-11 所示。

图 6-10　添加滤镜效果

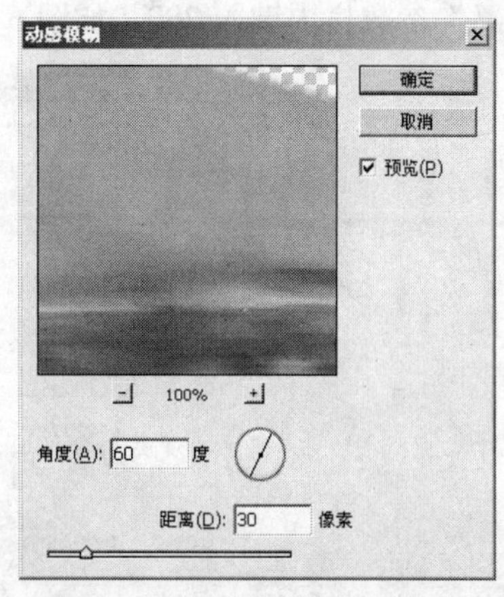

图 6-11　“动感模糊”对话框

14 在“动感模糊”对话框中单击“确定”按钮，退出该对话框，图 6-12 为设置动感模糊后的效果。

15 分别选择“背景副本”、“背景副本 2”、“背景副本 3”层，在“图层”调板中将“不透明度”值均设置为 50%，图 6-13 为调整不透明度后的图像效果。

图 6-12　设置动感模糊

图 6-13　调整不透明度效果

16 接下来设置雨后环境效果。创建一个新图层——“图层 1”，将前景色设置为灰色（R：212、G：212、B：212），然后按下键盘上的 Alt+Delete 组合键，使用前景色填充图层，如图 6-14 所示。

17 选择“图层 1”，执行菜单栏中的“滤镜”/“渲染”/“云彩”命令，添加滤镜效果，图 6-15 为添加滤镜后的效果。

图 6-14　填充图层

图 6-15　添加滤镜效果

18 执行菜单栏中的“滤镜”/“模糊”/“动感模糊”命令，打开“动感模糊”对话框，在“距离”参数栏内键入200，如图6-16所示。

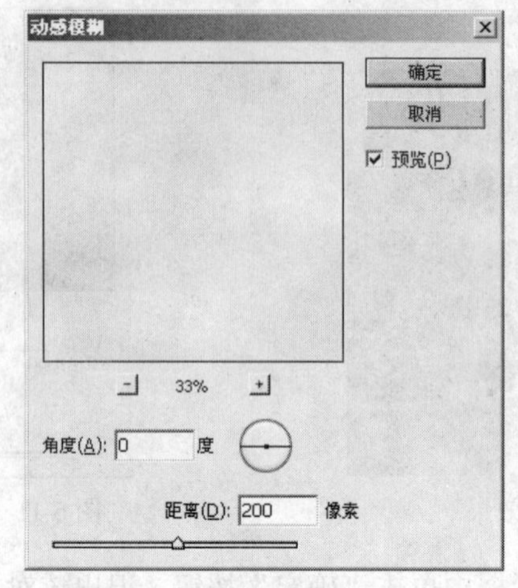

图6-16 “动感模糊”对话框

19 在“动感模糊”对话框中单击“确定”按钮，退出该对话框。

20 选择“图层1”，在“图层”调板顶部的“设置图层的混合模式”下拉选项栏中选择“柔光”选项，图6-17为设置柔光后的图像效果。

21 将“图层1”的“不透明度”值设置为50%，图6-18为调整不透明度后的图像效果。

图6-17 设置图层的混合模式

图6-18 调整不透明度

22 选择“图层1”，单击工具箱中的“橡皮擦工具”按钮，选择合适的画笔进行涂抹，擦除路面中的多余部分，如图6-19所示。

图6-19 使用橡皮擦工具

23 通过以上制作本实例就全部完成了，完成后的效果如图 6-20 所示。如果读者在制作过程中遇到什么问题，可以打开本书光盘中附带的“数码照片编辑与修复/实例 6：处理雨后照片/“处理雨后照片. psd”文件，该文件为本实例完成后的文件。

图 6-20 处理雨后照片

实例 7 处理中轴对称的照片

在本实例中，将指导读者处理中轴对称的照片。通常情况下，在拍摄单人照片时，为使构图更为美观，多数采用对称取景的方式。通过本实例的学习，使读者了解如何使用镜像复制的方法和液化工具处理照片背景及为人物瘦身。

在本实例的编辑过程中，首先导入素材图像，使用曲线工具和亮度/对比度工具对照片的亮度进行调整，使用矩形选框工具和水平翻转工具对背景进行复制修补，使用液化工具对人物的体型进行调整，完成本实例的制作。图 7-1 中，左图为原始照片，右图为编辑后的照片效果。

图 7-1 处理中轴对称的照片

1 运行 Photoshop CS4，执行菜单栏中的“文件”/“打开”命令，打开“打开”对话框，从该对话框中选择本书光盘中附带的“数码照片编辑与修复/实例 7：处理中轴对称的照片/素材图像. jpg”文件，如图 7-2 所示。单击“打开”按钮，退出“打开”对话框。

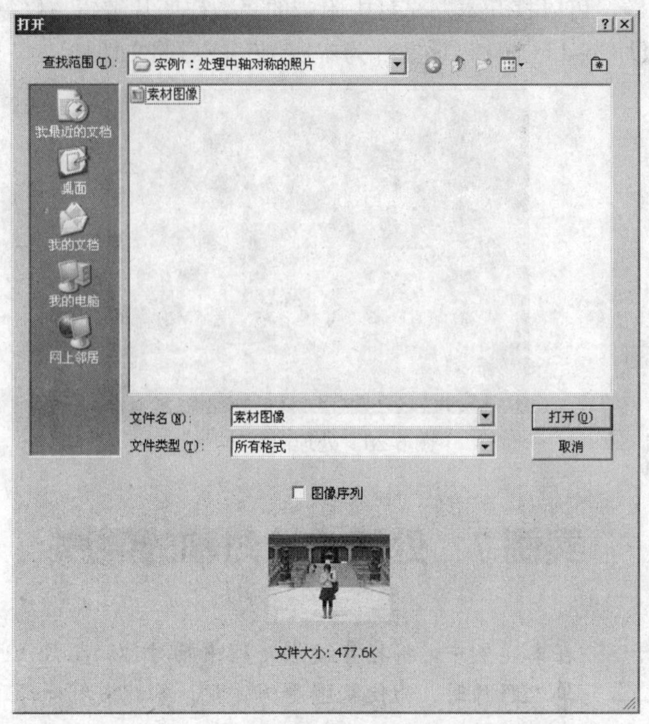

图 7-2 “打开”对话框

2 执行菜单栏中的“图像”/“调整”/“曲线”命令，打开“曲线”对话框，在曲线上任意处单击，确定点位置，在“输出”参数栏内键入 228，在“输入”参数栏内键入 212，如图 7-3 所示。

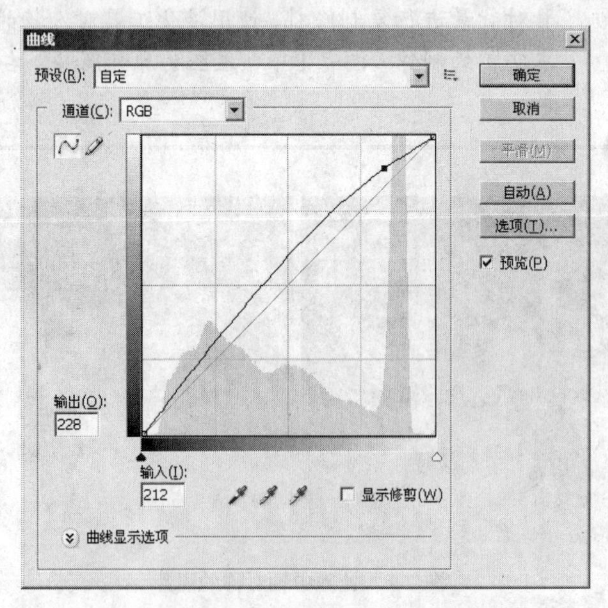

图 7-3 设置“曲线”对话框中的相关参数

3 单击“曲线”对话框中的“确定”按钮，退出“曲线”对话框。图 7-4 中，左图为未调整曲线的原图，右图为调整曲线后的效果。

图 7-4　调整照片“曲线”

4 执行菜单栏中的“图像”/“调整”/“亮度/对比度”命令，打开“亮度/对比度”对话框，在“亮度”参数栏内键入 35，在“对比度”对话框中键入 10，如图 7-5 所示。

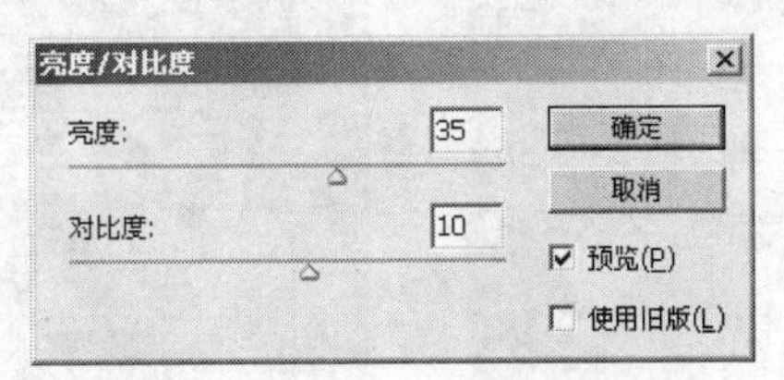

图 7-5　“亮度/对比度”对话框

5 单击“亮度/对比度”对话框中的“确定”按钮，退出“亮度/对比度”对话框。图 7-6 中，左图为未设置亮度/对比度的原图，右图为设置亮度/对比度后的效果。

图 7-6　设置图像“亮度/对比度”

6 选择工具箱中的 “矩形选框工具”，在如图 7-7 所示的位置绘制一个矩形选区。

7 按下键盘上的 Ctrl+C 组合键，复制选区内的图像，然后按下键盘上的 Ctlr+V 组合键，创建一个新图层——“图层 1”。

8 选择“图层 1”，按下键盘上的 Ctrl+T 组合键，打开自由变换框。在自由变换框内右击鼠标，在弹出的快捷菜单中选择“水平翻转”选项，如图 7-8 所示。

9 按住键盘上的←键向左侧水平移动“图层 1”中的图像，将其移至如图 7-9 所示的位置。

10 按下键盘上的 Enter 键，取消自由变换框。

图 7-7　绘制矩形选区

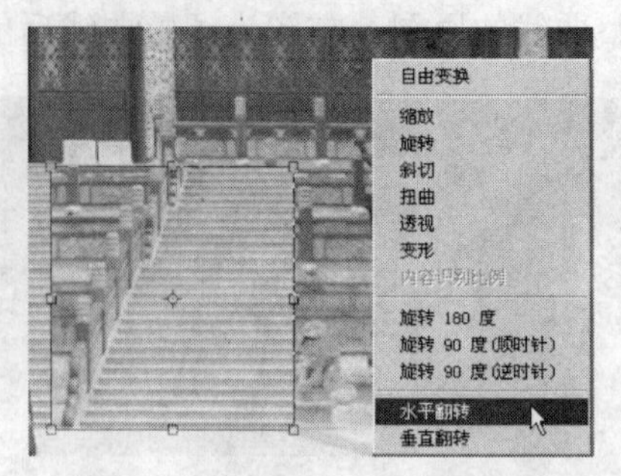

图 7-8　选择“水平翻转”选项

11 选择工具箱中 “橡皮擦工具”，在“属性”栏中将“画笔”大小设置为 50，按住鼠标左键对图像周围的边缘进行擦除，图 7-10 中，左图为图像边缘未进行擦除前效果，右图为图像边缘进行擦除后的效果。

图 7-9　移动图像位置

图 7-10　擦除图像边缘

12 选择“背景”层，执行菜单栏中的“滤镜”/“液化”命令，打开“液化”对话框，在“画笔大小”参数栏内键入 300，在“画笔密度”参数栏内键入 80，在“画笔压力”参数栏内键入 100，选择工具箱中的 “冻结蒙版工具”，参照图 7-11 所示绘制蒙版区域。

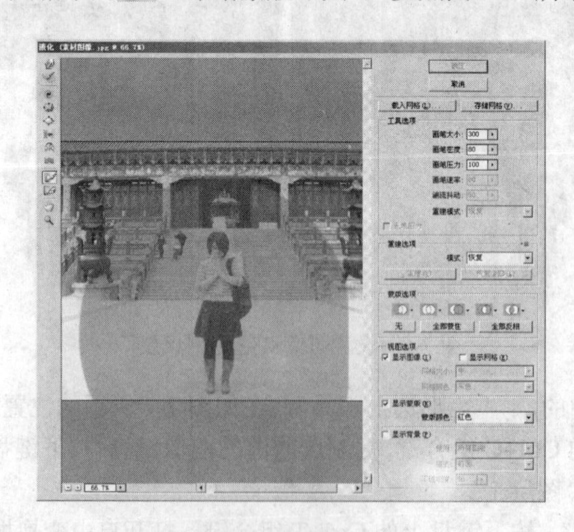

图 7-11　绘制蒙版区域

13 选择工具箱中的 “解冻蒙版工具”，在“画笔大小”参数栏内键入 37，参照图 7-12 所示擦除冻结区域。

图 7-12 擦除冻结区域

14 选择工具箱的 “向前变形工具”，在“画笔工具”参数栏内键入 300，拖动鼠标从两侧向中间微推。图 7-13 中，左图为未进行变形前的原图，右图为进行变形后的效果。

图 7-13 设置图像变形

15 单击“液化”对话框中的“确定”按钮，退出“液化”对话框。

16 按下键盘上的 Ctrl+Shift+E 组合键，合并所有图层。

17 执行菜单栏中的“滤镜”/“锐化”/“USM 锐化”命令，打开“USM 锐化”对话框，在“数量”参数栏内键入 60，如图 7-14 所示。

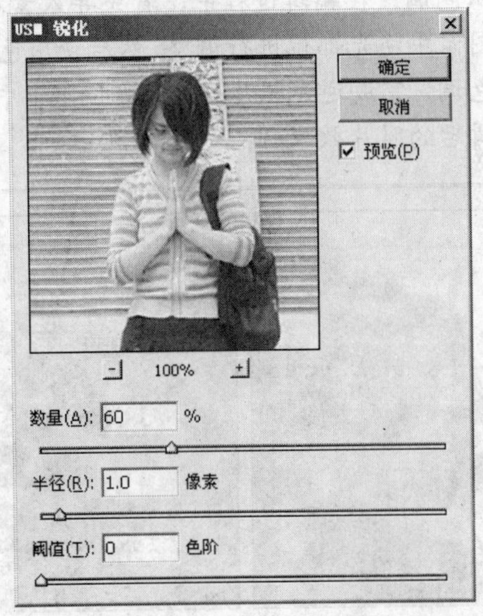

图 7-14 设置“USM 锐化”对话框中的相关参数

18 单击“USM 锐化”对话框中的“确定”按钮，退出“USM 锐化”对话框。

19 通过以上制作本实例就全部完成了，完成后的效果如图 7-15 所示。如果读者在制作过程中遇到什么问题，可以打开本书光盘中附带的“数码照片编辑与修复/实例 7：处理中轴对称的照片/处理中轴对称的照片.psd”文件，该文件为本实例完成后的文件。

图 7-15　处理中轴对称的照片

实例 8　处理逆光照片

处理逆光照片，需要将背光处的人物图像调整为正常光照下的效果，并设置整体图像的色调，完成正常环境的图像效果。在本实例中，将指导读者如何将逆光下的人物调整为正常环境下的效果，通过本实例，使读者了解怎样调整逆光照片的方法。

在本实例中，需要对照片的阴影和高光部分进行调整，并调整图像的整体色调。在编辑过程中，首先导入素材图像，使用阴影/高光工具对图像中逆光部位进行调整，然后使用色彩平衡和曲线工具调整图像的色调，完成逆光照片的处理。图 8-1 中，左图为原始照片，右图为编辑后的照片效果。

图 8-1　处理逆光照片

1 运行 Photoshop CS4，执行菜单栏中的“文件”/“打开”命令，打开“打开”对话框，从该对话框中选择本书光盘中附带的“数码照片编辑与修复/实例 8：处理逆光照片/素材图像.jpg”文件，如图 8-2 所示。单击“打开”按钮，退出“打开”对话框。

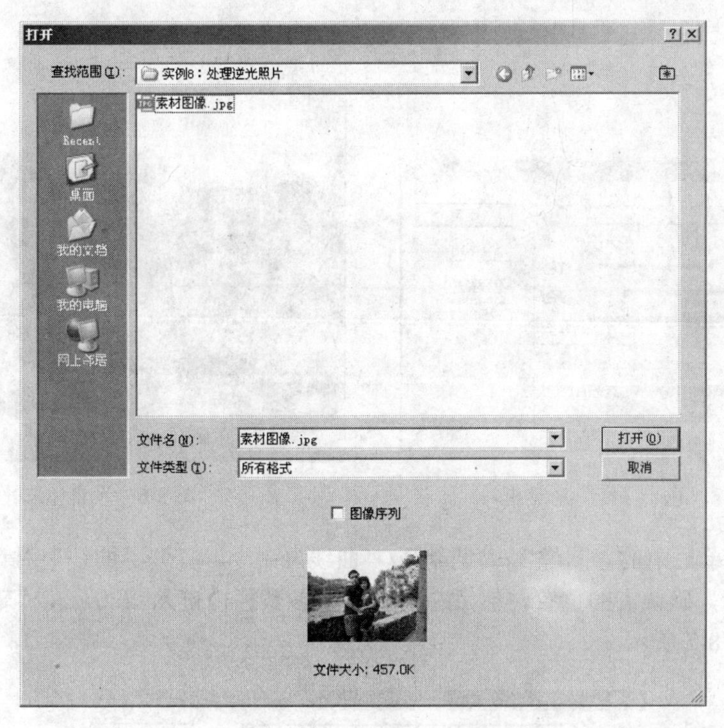

图 8-2　“打开”对话框

2 首先需要调整背光处的人物效果。执行菜单栏中的“图像”/“调整”/“阴影/高光”命令，打开“阴影/高光”对话框，在“数量”参数栏内键入 90，在“高光”参数栏内键入 50，如图 8-3 所示。

3 在“阴影/高光”对话框中单击“确定”按钮，退出该对话框。图 8-4 为设置阴影/高光后的图像效果。

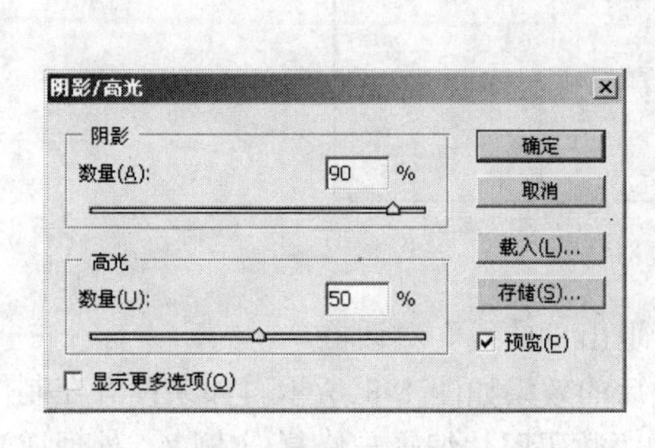

图 8-3　“阴影/高光”对话框

图 8-4　设置阴影/高光后的图像效果

4 接下来调整图像的整体色调。执行菜单栏中的“图像”/“调整”/“色彩平衡”命令，打开“色彩平衡”对话框，在“色彩平衡”选项组下的“色阶”参数栏内分别键入-15、5、5，如图 8-5 所示。

5 在“色彩平衡”对话框中单击“确定”按钮，退出该对话框。图 8-6 为设置色彩平衡后的图像效果。

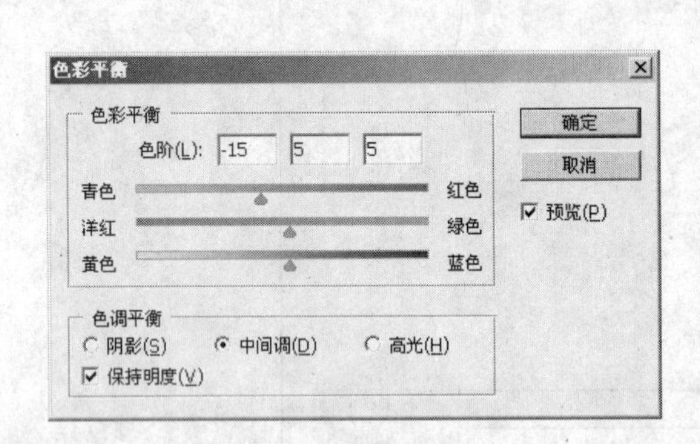

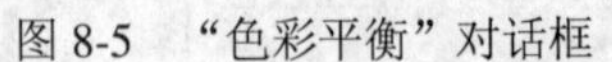
图 8-5 “色彩平衡”对话框

图 8-6 设置色彩平衡

6 执行菜单栏中的“图像”/“调整”/“曲线”命令，打开“曲线”对话框，在曲线上任意处单击鼠标，确认点的位置，然后在“输出”参数栏内键入 220，在“输入”参数栏内键入 225，如图 8-7 所示。

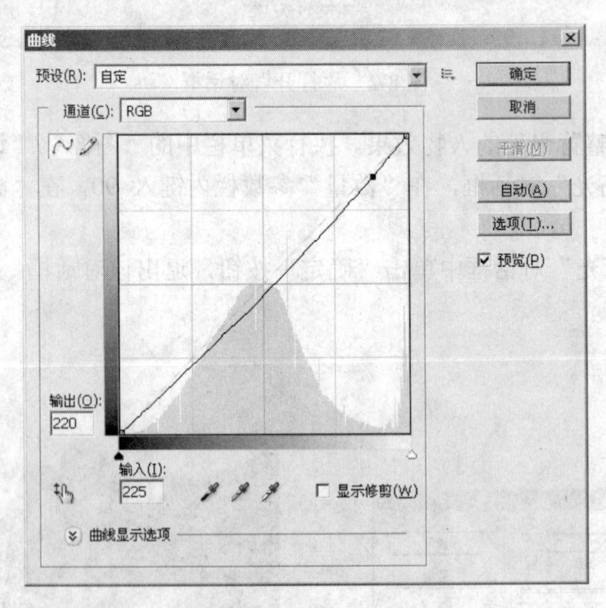

图 8-7 “曲线”对话框

7 在“曲线”对话框中单击“确定”按钮，退出“曲线”对话框。

8 通过以上制作本实例就全部完成了，完成后的效果如图 8-8 所示。如果读者在制作过程中遇到什么问题，可以打开本书光盘中附带的“数码照片编辑与修复/实例 8：处理逆光照片/“处理逆光照片. psd”文件，该文件为本实例完成后的文件。

图 8-8 处理逆光照片

实例 9 更换照片背景

在本实例中，将指导读者为照片更换背景，为使更换的背景与人物结合更为真实，需要对阴影的设置及人物色彩均进行相关调整。通过本实例的学习，使读者了解如何更换照片背景，及根据光源照射情况设置阴影的方法。

在本实例中，首先导入素材图像，使用钢笔工具绘制人物边缘路径，通过将路径作为选区载入工具将路径转换为选区，然后导入背景素材，最后通过填充阴影颜色、调整人物的色相/饱和度、色彩平衡、亮度/对比度等参数完成本实例的制作。图 9-1 中，左图和中图为原始照片，右图为编辑后的照片效果。

图 9-1 更换照片背景

1 运行 Photoshop CS4，执行菜单栏中的“文件”/“打开”命令，打开“打开”对话框，从该对话框中选择本书光盘中附带的“数码照片编辑与修复/实例 9：更换照片背景/素材图像.jpg”文件，如图 9-2 所示。单击“打开”按钮，退出“打开”对话框。

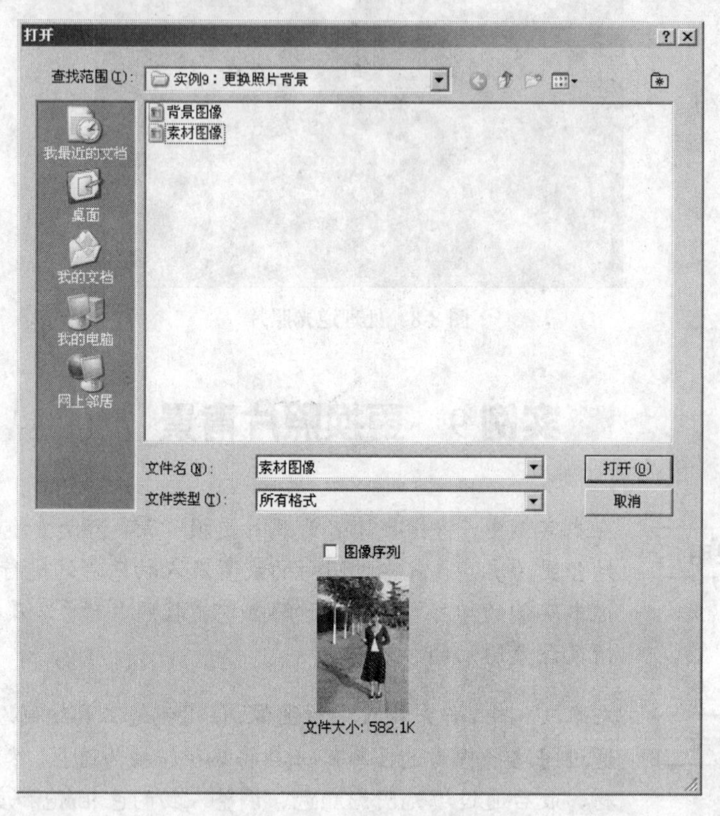

图 9-2 “打开”对话框

2 选择工具箱中的 “钢笔工具”，参照图 9-3 所示，在人物边缘绘制两条闭合路径。

图中红色区域为绘制第二条闭合路径。

3 进入“路径”调板，单击“路径”调板底部的 “将路径作为选区载入”按钮，将路径转换为选区，如图 9-4 所示。

4 按下键盘上的 Ctrl+C 组合键，将选区内的图像进行复制。

5 在菜单栏执行“文件”/“打开”命令，打开“打开”对话框，从该对话框中选择本书光盘中附带的“数码照片编辑与修复/实例 9：更换照片背景/背景素材.jpg”文件，如图 9-5 所示。单击“打开”按钮，退出“打开”对话框。

图 9-3　绘制路径

图 9-4　将路径转换为选区

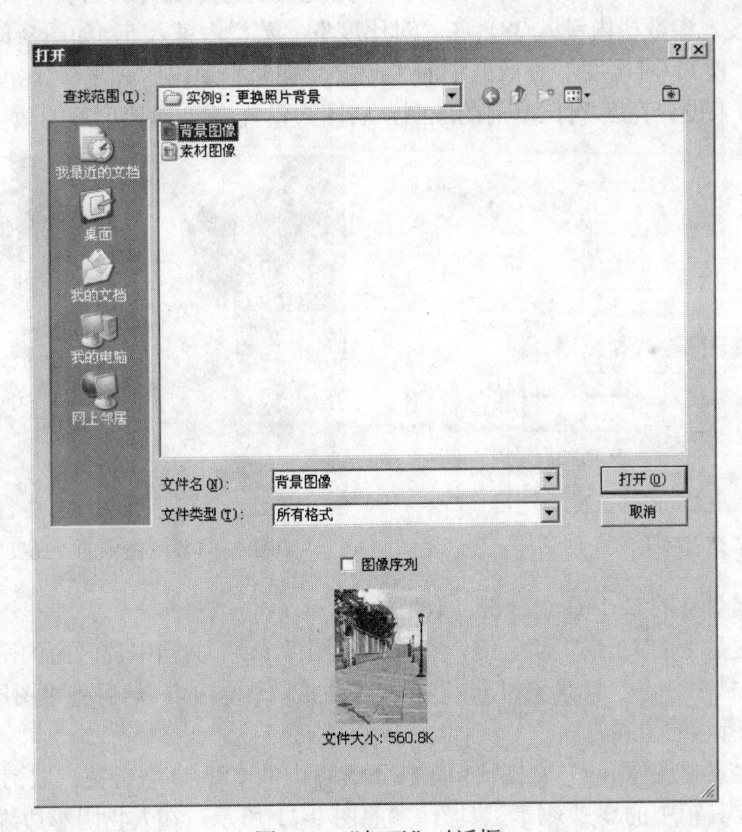

图 9-5　“打开”对话框

6 选择工具箱中的 “以快速蒙版模式编辑”按钮，进入快速蒙版模式编辑状态，然后选择工具箱中的 “渐变工具”，按住键盘上的 Shift 键，从左向右拖动鼠标，产生如图 9-6 所示的蒙版效果。

7 单击工具箱的 “以标准模式编辑”按钮，进入标准模式编辑状态，刚刚创建的蒙版区域变为选区，如图 9-7 所示。

图 9-6 创建蒙版区域

图 9-7 进入标准模式

8 执行菜单栏中的“图像”/“调整”/“亮度/对比度”命令，打开“亮度/对比度”对话框，在“亮度”参数栏内键入 38，在“对比度”参数栏内键入 5，如图 9-8 所示。

9 单击“亮度/对比度”对话框中的“确定”按钮，退出“亮度/对比度”对话框。图 9-9 中，左图为未设置亮度/对比度前的原图，右图为设置亮度/对比度后的效果。

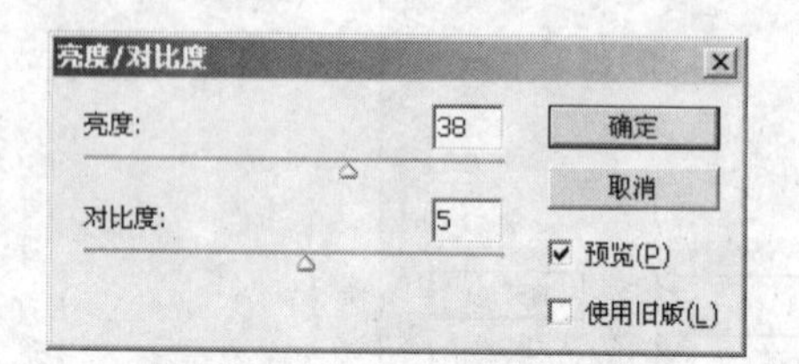

图 9-8 “亮度/对比度”对话框

图 9-9 设置图像的“亮度/对比度”

10 按下键盘上的 Ctrl+D 组合键，取消选区。

11 按下键盘上的 Ctrl+V 组合键，将“素材图像.jpg”文档中选区内的图像粘贴到“背景素材.jpg”文档中，在“背景素材.jpg”文档中生成“图层 1”，然后将“图层 1”中的图像移至如图 9-10 所示的位置。

12 进入“素材图像.jpg”文档窗口，按下键盘上的 Ctlr+D 组合键，取消选区。

13 选择工具箱中的 “钢笔工具”，参照图 9-11 所示，在人物阴影边缘处绘制两条闭合路径。

14 进入“路径”调板，单击“路径”调板底部的 “将路径作为选区载入”按钮，将路径转换为选区，如图 9-12 所示。

15 按下键盘上的 Shift+F6 组合键，打开“羽化选区”对话框，在“羽化半径”参数栏内键入 2，如图 9-13 所示。单击“羽化选区”对话框中的“确定”按钮，退出“羽化选区”对话框。

图 9-10　调整图像位置

图 9-11　绘制路径

图 9-12　将路径转换为选区

16 选择工具箱中的▭"矩形选框工具"，按住鼠标左键不放，将该选区拖动至"背景素材.jpg"文档中，在"背景素材.jpg"文档中生成"图层 2"，将"图层 2"中的选区移至如图 9-14 所示的位置。

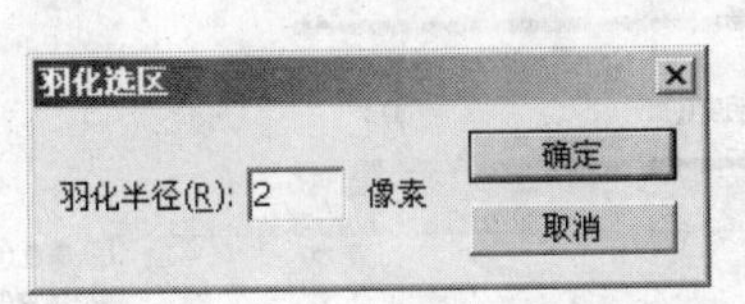

图 9-13　设置"羽化半径"对话框中的相关参数

图 9-14　复制选区

提示

选择工具箱中的 “矩形选框工具”，在拖动选区时，只将选区进行复制，不复制选区内容。选择工具箱中的 “移动工具”，在拖动选区时，选区和选区内容都进行复制。

17 选择工具箱中的“设置前景色”按钮，打开“拾色器（前景色）”对话框，在 R 参数栏内键入 76，在 G 参数栏内键入 56，在 B 参数栏内键入 40，如图 9-15 所示。单击“确定”按钮，退出该对话框。

18 按下键盘上的 Alt+Delete 组合键，使用前景色填充选区，如图 9-16 所示。

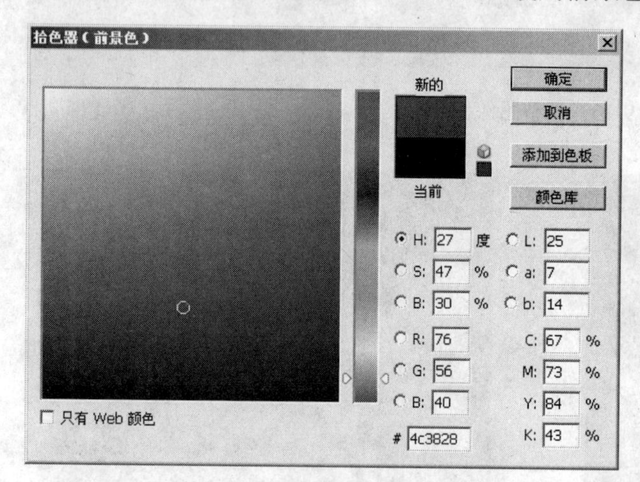

图 9-15　设置前景色

图 9-16　填充选区

19 按下键盘上的 Ctlr+D 组合键，取消选区，如图 9-17 所示。

20 将“图层 2”的“不透明度”设置为 74%。

21 选择“图层 1”，执行菜单栏中的“图像”/“调整”/“色相/饱和度”命令，打开“色相/饱和度”对话框，在“色相”参数栏内键入 5，在“饱和度”参数栏内键入-15，单击“确定”按钮，退出该对话框，如图 9-18 所示。

图 9-17　取消选区

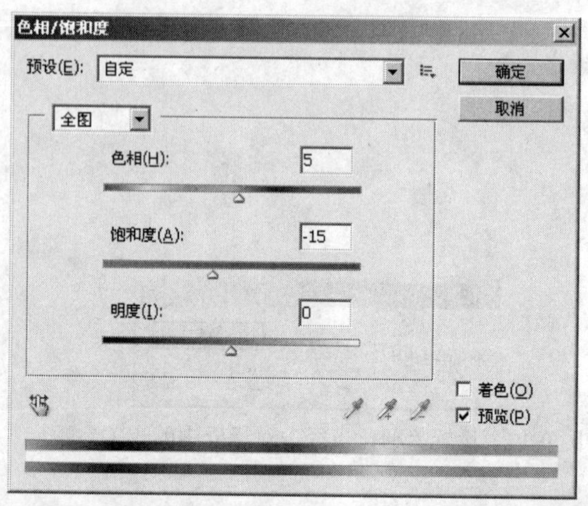

图 9-18　设置“色相/饱和度”对话框中的相关参数

22 执行菜单栏中的“图像”/“调整”/“色彩平衡”命令，打开“色彩平衡”对话框，在“色阶”参数栏内分别键入 26、10、-9，单击“确定”按钮，退出该对话框，如图 9-19 所示。

23 执行菜单栏中的“图像”/“调整”/“亮度/对比度”命令，打开“亮度/对比度”对话框，在“亮度”参数栏内键入 8，在“对比度”参数栏内键入 26，如图 9-20 所示。然后单击“确定”按钮，退出该对话框。

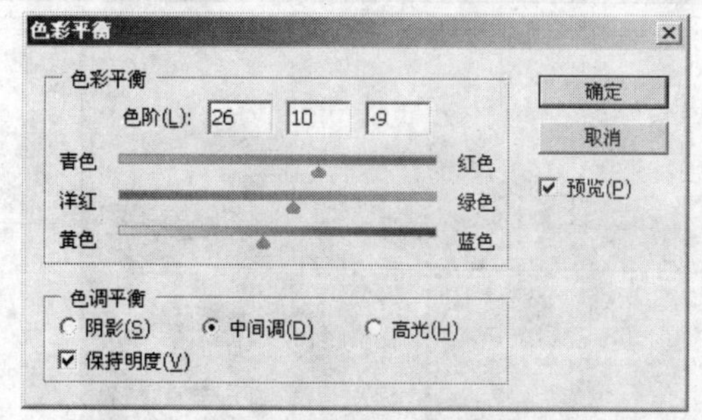

图 9-19　设置“色彩平衡”对话框中的相关参数

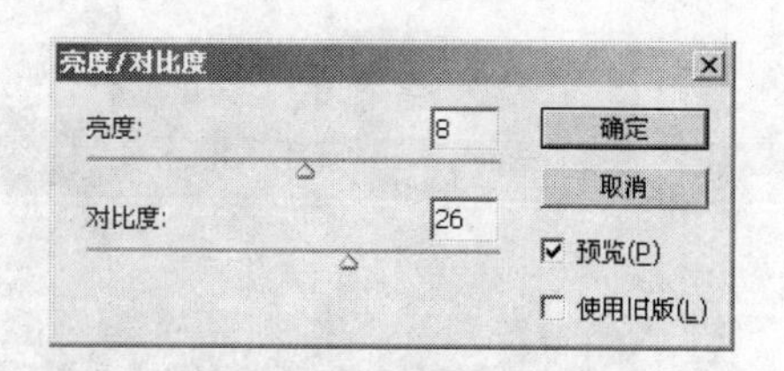

图 9-20　设置“亮度/对比度”对话框中的相关参数

24 通过以上制作本实例就全部完成了，完成后的效果如图 9-21 所示。如果读者在制作过程中遇到什么问题，可以打开本书光盘中附带的“数码照片编辑与修复/实例 9：更换照片背景/更换照片背景.psd”文件，该文件为本实例完成后的文件。

图 9-21　更换照片背景

实例 10　设置镜头模糊

处理镜头模糊照片，需要将主体人物或图像进行抠像，然后设置背景图像的模糊效果，完成模糊效果的处理。在本实例中，将为读者讲解怎样设置模糊效果的方法。通过本实例，使读者了解怎样设置镜头模糊照片效果。

在本实例中，需要对图像进行抠像，并调整图像的模糊效果。在编辑过程中，首先导入素材图像，进入快速蒙版模式编辑状态进行抠像，然后使用镜头模糊工具设置图像的模糊效果，最后调整图像色调，完成照片镜头模糊的设置。图 10-1 中，左图为原始照片，右图为编辑后的照片效果。

图 10-1　设置镜头模糊

1 运行 Photoshop CS4，执行菜单栏中的“文件”/“打开”命令，打开“打开”对话框，从该对话框中选择本书光盘中附带的“数码照片编辑与修复/实例 10：设置镜头模糊/素材图像.jpg”文件，如图 10-2 所示。单击“打开”按钮，退出“打开”对话框。

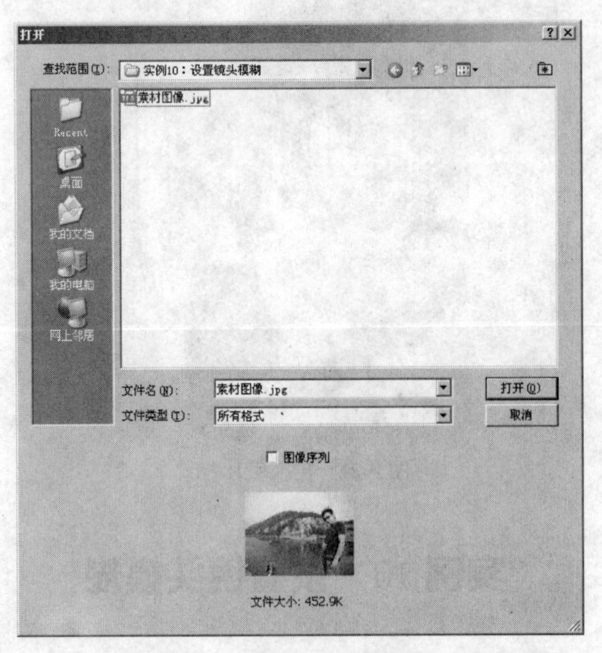

图 10-2　“打开”对话框

2 单击工具箱中的“以快速蒙版模式编辑”按钮，进入快速蒙版模式编辑状态，然后单击“画笔工具”按钮，适当调整画笔大小，并参照图 10-3 所示对人物部分进行涂抹。

提示

读者在使用 “画笔工具”时，可同时使用 “橡皮擦工具”擦除多余的部分。

3 单击工具箱中的 “以标准模式编辑”按钮，进入标准模式编辑状态，这时在人物边缘出现一个选区，如图 10-4 所示。

图 10-3　在人物部分进行涂抹

图 10-4　出现选区

4 确定选区内的图像处于选择状态，执行菜单栏中的“选择”/“反向”命令，反选选区，如图 10-5 所示。

5 进入“图层”调板，按下键盘上的 Ctrl+C 组合键，复制选区内的图像，创建一个新图层——“图层 1”，然后按下键盘上的 Ctrl+V 组合键，将选区内的图像粘贴至新图层中，如图 10-6 所示。

图 10-5　反选选区

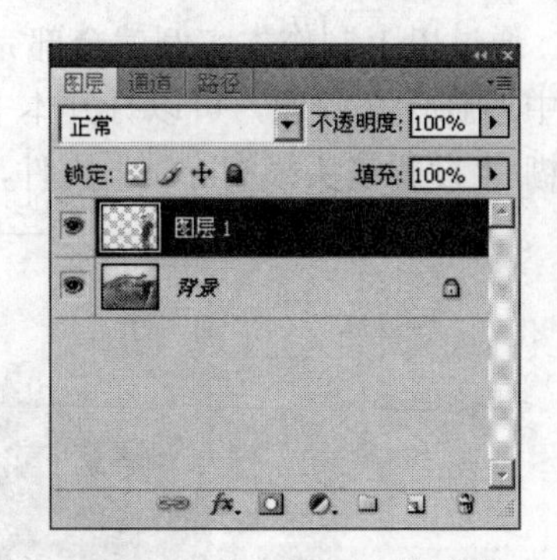

图 10-6　复制选区内的图像

6 选择“背景”图层，执行菜单栏中的“滤镜”/“模糊”/“镜头模糊”命令，打开“镜头模糊”对话框，在“光圈”选项组下的“形状”下拉选项栏中选择“六边形（6）”选项，在“半径”参数栏内键入 12，其他参数使用默认设置，如图 10-7 所示。

7 在“镜头模糊”对话框中单击“确定”按钮，退出该对话框。图 10-8 为设置镜头模糊后的图像效果。

图 10-7 “镜头模糊”对话框

图 10-8 设置镜头模糊后的图像效果

8 接下来调整图像的色调，选择“背景”图层，执行菜单栏中的“图像”/“调整”/“色彩平衡”命令，打开“色彩平衡”对话框，在“色阶”参数栏内键入分别键入-20、-15、0，如图 10-9 所示。

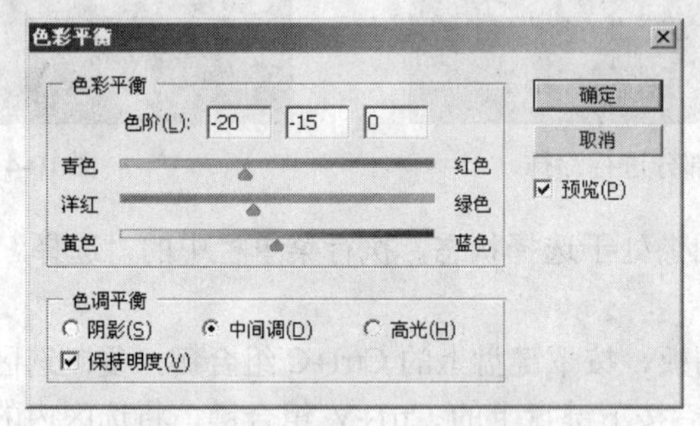

图 10-9 “色彩平衡”对话框

9 在“色彩平衡”对话框中单击“确定”按钮，退出该对话框。

10 通过以上制作本实例就全部完成了，完成后的效果如图 10-10 所示。如果读者在制作过程中遇到什么问题，可以打开本书光盘中附带的“数码照片编辑与修复/实例 10：设置镜头模糊/“设置镜头模糊. psd”文件，该文件为本实例完成后的文件。

图 10-10 设置镜头模糊

第2篇

数码照片实用设置

数码照片经过处理和编辑后，可以应用到生活中的各个方面，很多人喜欢将自己或家人的照片制作为电脑背景、手机屏保等。在这一部分中，将指导读者如何把数码照片设置为实用型式作品。

实例 11　制作简约风格桌面背景

在本实例中，将指导读者制作一幅电脑桌面背景，在制作过程中，需要绘制简单底纹，并设置图像发光效果。通过本实例，使读者了解简约风格桌面背景的制作方法。

在本实例中，首先使用矩形选框工具绘制选区并填充选区，设置图像的叠加模式，然后为图像添加图层样式，最后使用文本工具键入文本，完成简约风格桌面背景的设置。图 11-1 为编辑后的效果。

图 11-1　制作简约风格桌面背景

1 运行 Photoshop CS4，执行菜单栏中的“文件”/“新建”命令，打开“新建”对话框，在“名称”文本框内键入“制作简约风格桌面背景”，创建一个名为“制作简约风格桌面背景”的新文档。在“宽度”参数栏内键入 1024，在“高度”参数栏内键入 768，在“分辨率”参数栏内键入 72，在“分辨率”下拉选项栏中选择“像素/厘米”选项，在“颜色模式”下拉选项栏中选择“RGB 颜色”选项，其他参数使用默认设置，如图 11-2 所示。单击“确定”按钮，退出该对话框。

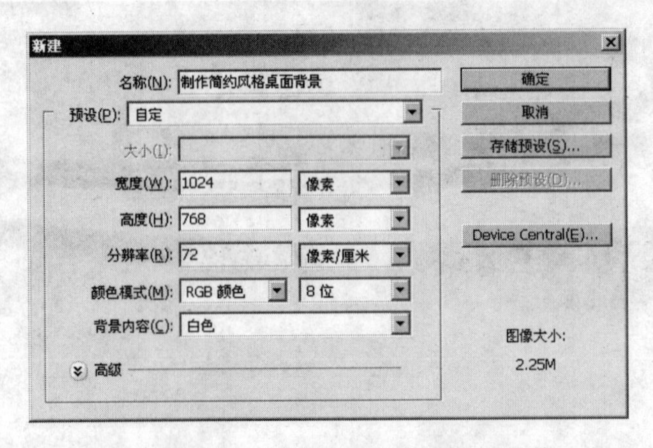

图 11-2　设置“新建”对话框中的相关参数

2 选择工具箱中的"矩形选框工具"，在"属性"栏中激活"添加到选区"按钮，参照图 11-3 所示绘制选区。

3 单击"图层"调板底部的"创建新图层"按钮，创建一个新图层——"图层 1"。将"前景色"设置为粉色（R：246、G：173、B：168），然后使用前景色填充选区。

4 按下键盘上的 Ctrl+D 组合键，取消选区。图 11-4 为填充选区后的图像效果。

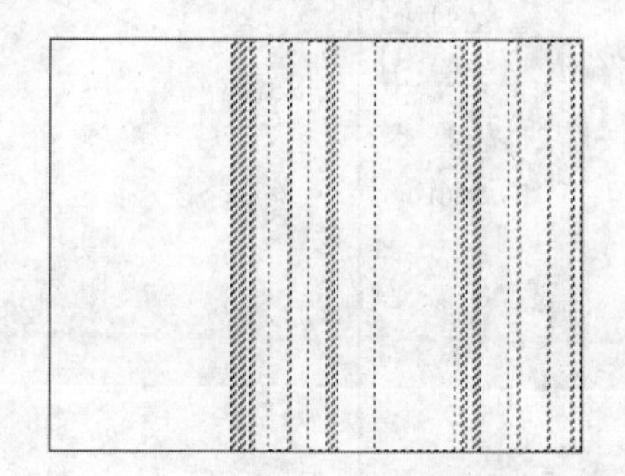

图 11-3 绘制选区

图 11-4 填充选区后的图像效果

5 执行菜单栏中的"文件"/"打开"命令，打开"打开"对话框，从该对话框中选择本书光盘中附带的"数码照片实用设置/实例 11：制作简约风格桌面背景/素材图像 01.jpg"文件，如图 11-5 所示。单击"打开"按钮，退出"打开"对话框。

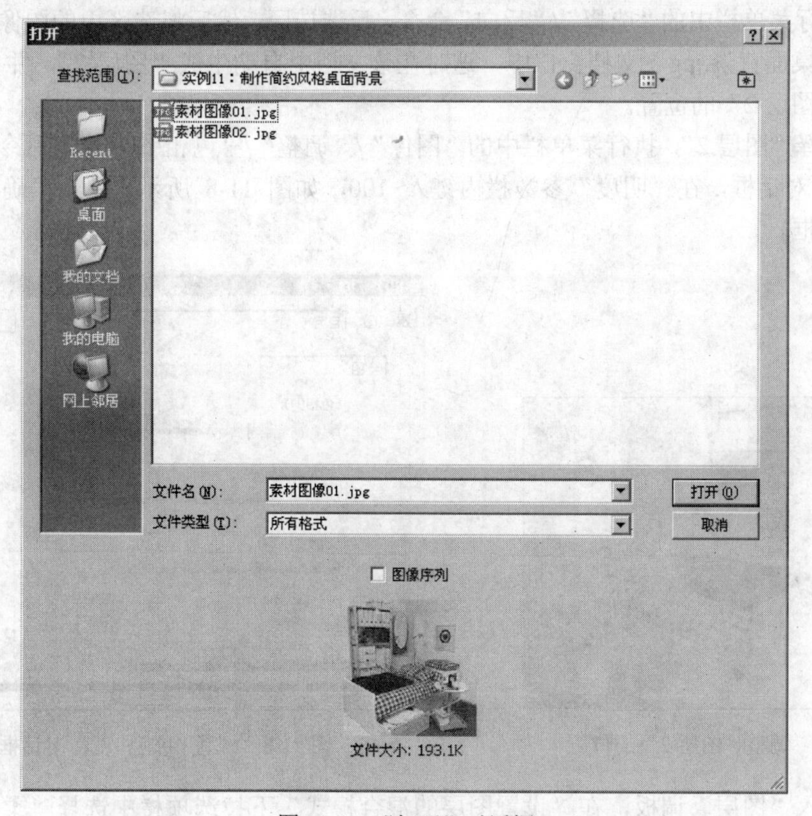

图 11-5 "打开"对话框

6 进入"素材图像 01.jpg"文档窗口，执行菜单栏中的"选择"/"色彩范围"命令，打开"色彩范围"对话框，在"颜色容差"参数栏内键入 150，参照图 11-6 所示选择图像中的白色区域。单击“确定”按钮，退出该对话框。

图 11-6 “色彩范围”对话框

7 执行菜单栏中的“选择”/“反向”命令，反选选区。然后将选区内的图像拖动至“制作简约风格桌面背景.jpg”文档窗口中，这时在该文档中自动生成“图层 2”，并参照图 11-7 所示调整“图层 2”的位置。

8 选择“图层 2”，执行菜单栏中的“图像”/“调整”/“色相/饱和度”命令，打开“色相/饱和度”对话框，在“明度”参数栏内键入-100，如图 11-8 所示。单击“确定”按钮，退出该对话框。

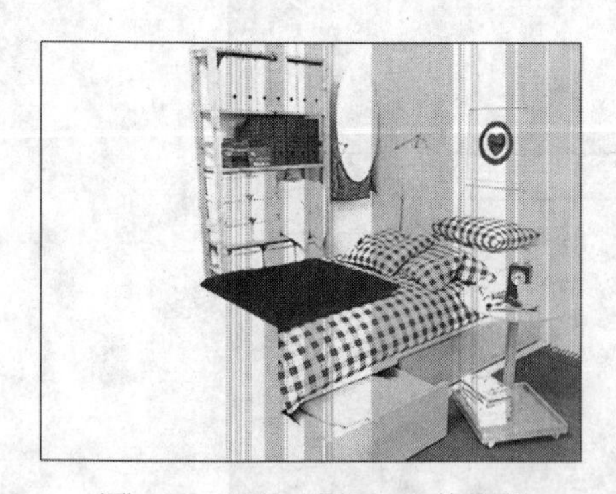

图 11-7 调整“图层 2”的位置

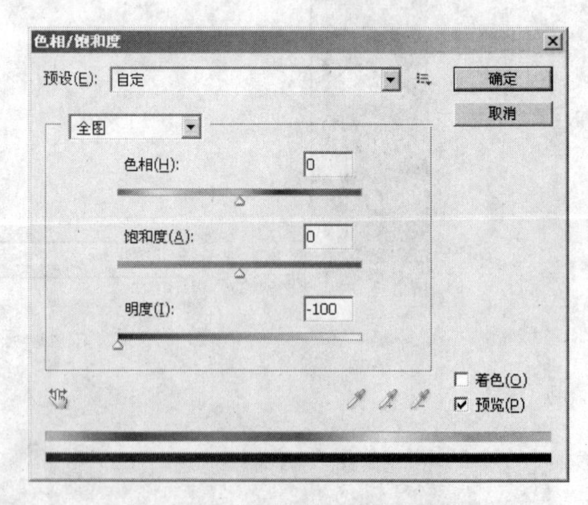

图 11-8 “色相/饱和度”对话框

9 进入“图层”调板，在“设置图层的混合模式”下拉选项栏中选择“柔光”选项，设置图层的混合模式。图 11-9 为设置混合模式后的图像效果。

图 11-9　设置图像混合模式

10 执行菜单栏中的“文件”/“打开”命令，打开“打开”对话框，从该对话框中选择本书光盘中附带的“数码照片实用设置/实例 11：制作简约风格桌面背景/素材图像 02.jpg”文件，如图 11-10 所示。单击“打开”按钮，退出“打开”对话框。

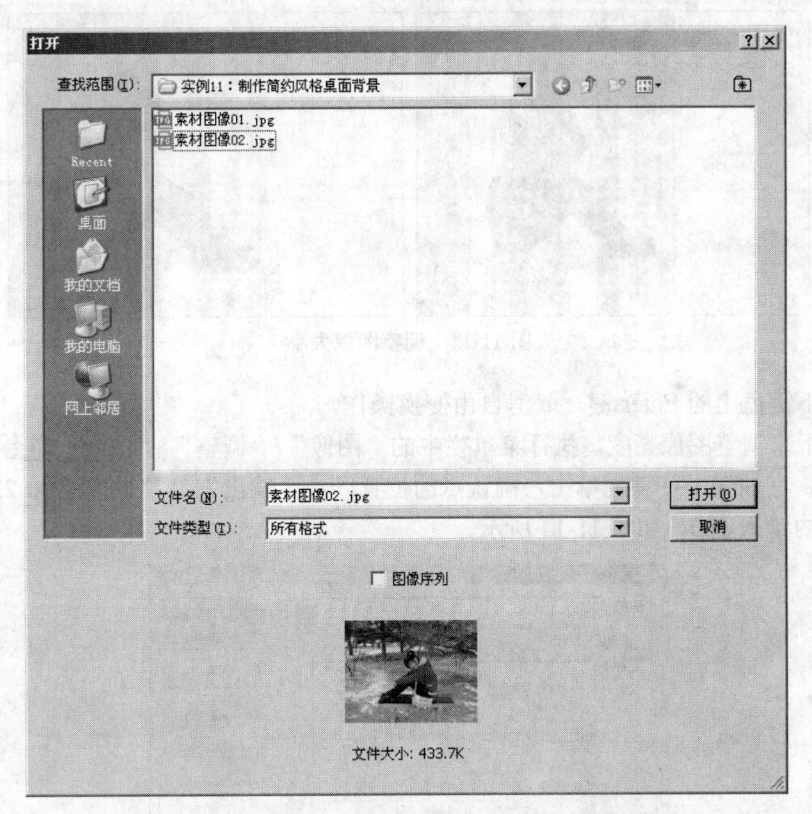

图 11-10　“打开”对话框

11 使用工具箱中的“磁性套索工具”，参照图 11-11 所示沿人物边缘绘制选区。

12 单击工具箱中的“移动工具”按钮，拖动选区内的图像至“制作简约风格桌面背景.jpg”文档窗口中，如图 11-12 所示，这时在该文档中自动生成“图层 3”。

图 11-11　绘制选区

图 11-12　拖动图像位置

13 选择“图层 3”的图像，按下键盘上的 Ctrl+T 组合键，打开自由变换框，按下键盘上的 Shift 键成比例调整图像大小。图 11-13 中左图为未调整图像大小前的效果，右图为调整图像大小后的效果。

图 11-13　调整图像大小

14 按下键盘上的 Enter 键，取消自由变换操作。

15 接下来调整图像亮度。执行菜单栏中的“图像”/“调整”/“曲线”命令，打开“曲线”对话框，在曲线上任意处单击，确认点的位置，在“输出”参数栏内键入 230，在“输入”参数栏内键入 180，如图 11-14 所示。

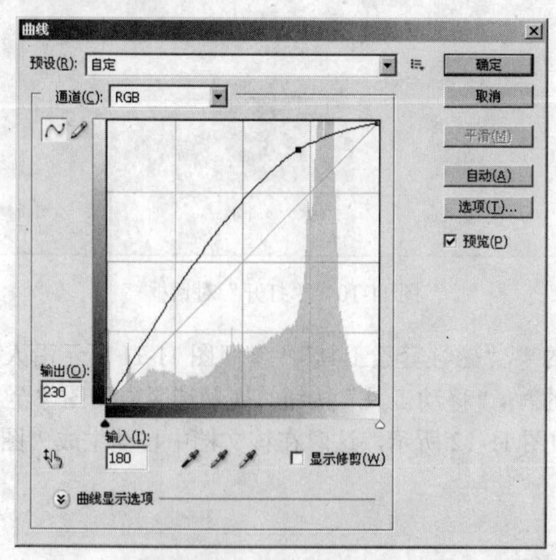

图 11-14　“曲线”对话框

16 在“曲线”对话框中单击“确定”按钮，退出该对话框。图 11-15 为设置曲线后的图像效果。

17 接下来设置图像外发光效果。执行菜单栏中的“图层”/“图层样式”/“外发光”命令，打开“图层样式”对话框。在“结构”选项组下的“不透明度”参数栏内键入 80，设置发光颜色为白色，在“图案”选项组下的“扩展”参数栏内键入 10，在“大小”参数栏内键入 30，如图 11-16 所示。

图 11-15　设置曲线后的图像效果

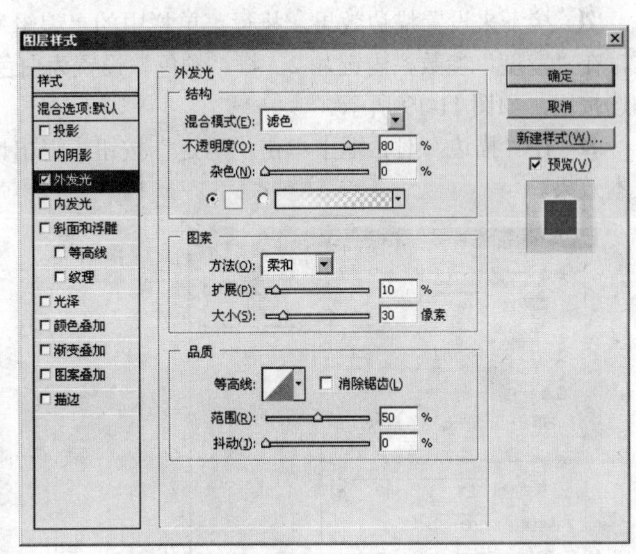

图 11-16　设置“图层样式”对话框中的相关参数

18 在“图层样式”对话框中单击“确定”按钮，退出该对话框。图 11-17 为设置图层样式后的图像效果。

19 单击工具箱中的 T “横排文字工具”按钮，在“属性”栏内的“设置字体系列”下拉选项栏中选择 Arial Black 选项，在“设置字体大小”下拉选项栏中选择“24 点”选项，设置文本颜色为红色（R：230、G：68、B：78），然后参照图 11-18 所示键入 Wallpaper 字样。

图 11-17　设置图像图层样式

图 11-18　键入文本

提示

使用“横排文字工具”键入文本后，会自动生成文本层。

20 执行菜单栏中的“图层”/“栅格化”/“文字”命令，将文字栅格化。

21 接下来设置描边效果。执行菜单栏中的“编辑”/“描边”命令，打开“描边”对话框，在“宽度”参数栏内键入 2，将“颜色”设置为白色，在“位置”选项组中单击“居外”单选按钮，如图 11-19 所示。

22 在“描边”对话框中单击“确定”按钮，退出该对话框。图 11-20 为设置描边后的文本效果。

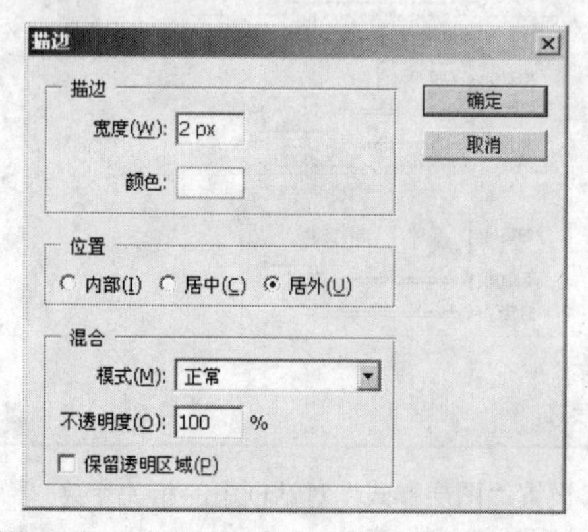

图 11-19 设置“描边”对话框中的相关参数

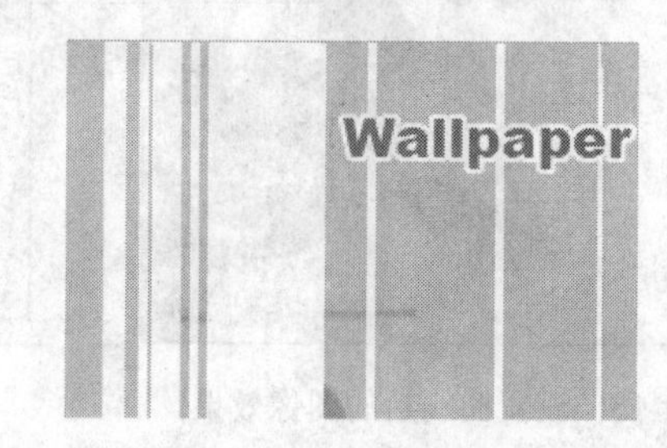

图 11-20 设置描边效果

23 再次使用工具箱中的 T “横排文字工具”，进入“属性”栏，在“设置字体系列”下拉选项栏中选择 Impact 选项，在“设置字体大小”下拉选项栏中选择“40 点”选项，设置文本颜色为粉色（R：246、G：173、B：168），然后参照图 11-21 所示键入 Your slightest look easily will unclose me 字样。

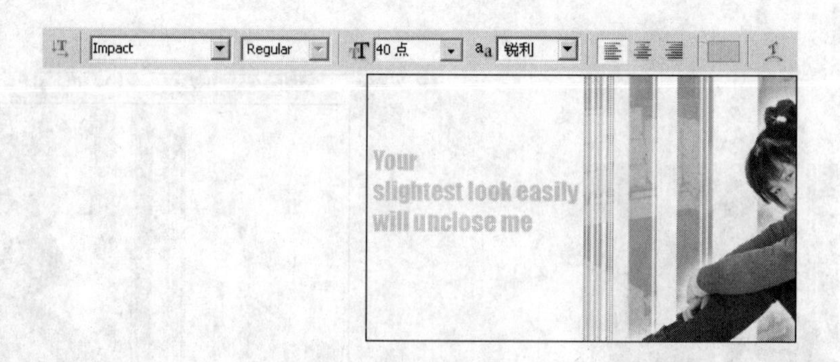

图 11-21 键入文本

24 通过以上制作本实例就全部完成了，完成后的效果如图 11-22 所示。如果读者在制作过程中遇到什么问题，可以打开本书光盘中附带的“数码照片实用设置/实例 11：制作简约风格桌面背景/制作简约风格桌面背景.psd”文件，该文件为本实例完成后的文件。

图 11-22　制作简约风格桌面背景

实例 12　绘制手绘风格桌面背景

在本实例中，将指导读者绘制一幅手绘风格桌面背景。在设置背景时，需要使用滤镜工具设置背景为手绘风格，通过本实例的学习，使读者了解在 Photoshop CS4 中多边形套索工具和文本工具的使用方法，以及滤镜工具的使用方法。

在制作本实例时，首先通过炭精笔工具设置背景层底纹效果，然后导入人物素材图像，最后使用工具箱中的横排文本工具添加相关文本，使用图层样式工具为文本添加描边效果，完成手绘风格桌面背景的制作。图 12-1 为本实例完成后的效果。

图 12-1　手绘风格桌面背景

1 运行 Photoshop CS4，执行菜单栏中的“文件”/“新建”命令，打开“新建”对话框，在“名称”参数栏内键入“手绘风格桌面背景”，创建一个名为“手绘风格桌面背景”的新文档。在“宽度”参数栏内键入 1024，在“高度”参数栏内键入 768，在“分辨率”参数栏内键入 72，在“设置分辨率的单位”下拉选项栏中选择“像素/厘米”选项，其他参数使用默认设置，如图 12-2 所示。单击“确定”按钮，退出“新建”对话框。

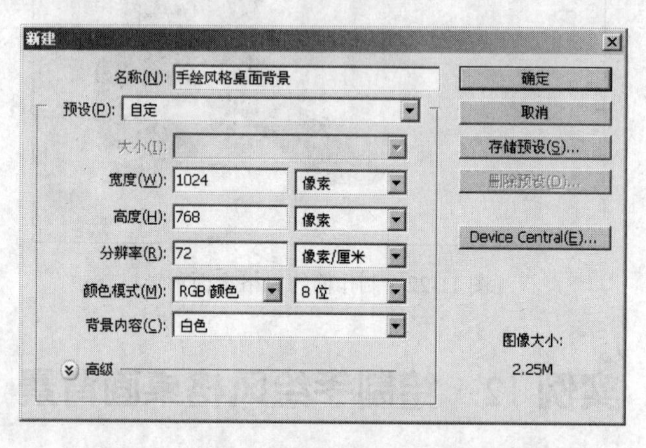

图 12-2 设置“新建”对话框中的相关参数

2 将“背景”层填充为灰色（R：224、G：224、B：224）。

3 执行菜单栏中的“滤镜”/“素描”/“炭精笔”命令，打开“炭精笔”对话框，在“前景色阶”参数栏内键入 15，在“背景色阶”参数栏内键入 9，在“纹理”下拉选项栏中选择“砖形”选项，在“缩放”参数栏内键入 140，在“凸现”参数栏内键入 7，在“光照”下拉选项栏中选择“左上”选项，选择“反相”复选框，如图 12-3 所示。

图 12-3 设置“炭精笔”对话框中的相关参数

4 单击“炭精笔”对话框中的“确定”按钮，退出“炭精笔”对话框。

5 单击“图层”调板底部的“创建新图层”按钮，创建一个新图层——“图层 1”。

6 选择工具箱中的“矩形选框工具”，在如图 12-4 所示的位置绘制一个矩形选区，并将该选区填充为白色。

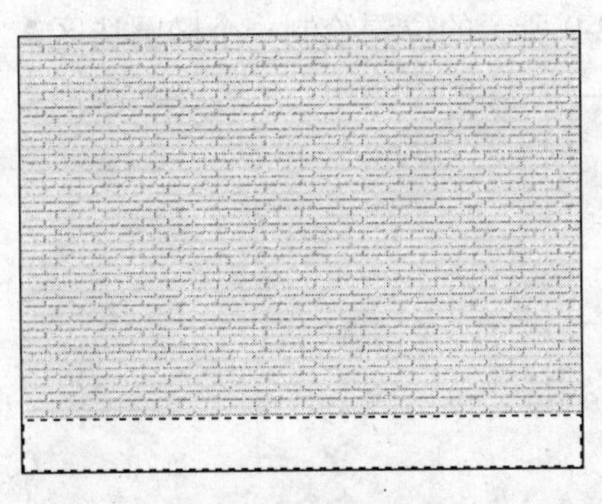

图 12-4　绘制选区

7 再次使用工具箱中的"矩形选框工具"，在如图 12-5 所示的位置绘制一个矩形选区，并将该选区填充为梅红色（R：241、G：3、B：127）。

图 12-5　绘制选区

8 按下键盘上的 Ctrl+D 组合键，取消选区。

9 单击"图层"调板底部的"创建新图层"按钮，创建一个新图层——"图层 2"。

10 右击工具箱中的"套索工具"下拉按钮，在弹出的下拉选项栏中选择"多边形套索工具"选项，在如图 12-6 所示的位置绘制一个选区，并将该选区填充为白色。

11 确定"多边形套索工具"处于选择状态，在"属性"栏中单击"从选区减去"按钮，参照图 12-7 所示减选选区。

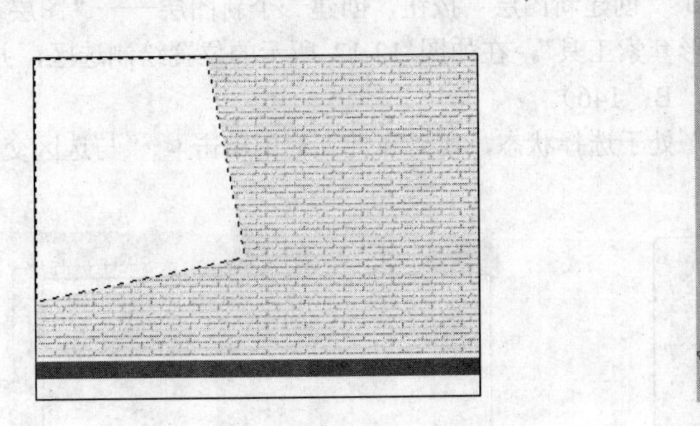

图 12-6　绘制选区

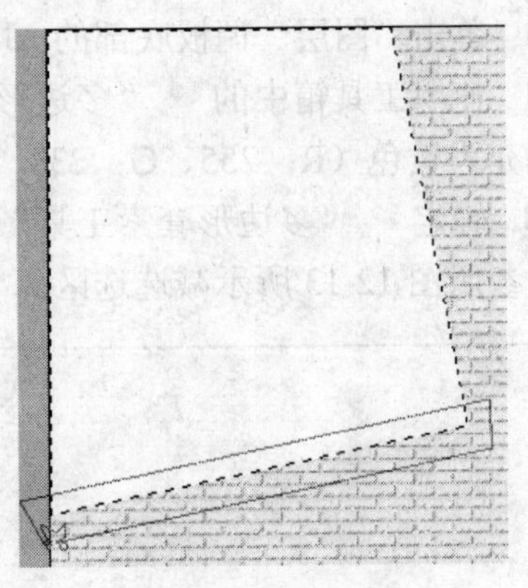

图 12-7　减选选区

12 将减选后的选区填充为淡黄色（R：254、G：237、B：193），如图 12-8 所示。

13 按下键盘上的 Ctrl+D 组合键，取消选区。

14 右击工具箱中的 "矩形选框工具"下拉按钮，在弹出的下拉选项栏中选择"椭圆选框工具"选项，在如图 12-9 所示的位置绘制一个椭圆选区。

图 12-8　填充选区

图 12-9　绘制椭圆选区

15 按下键盘上的 Shift+F6 组合键，打开"羽化选区"对话框，在"羽化半径"参数栏内键入 5，如图 12-10 所示。

16 单击"羽化选区"对话框中的相关参数，退出"羽化选区"对话框。

17 将选区填充为白色，如图 12-11 所示。按下键盘上的 Ctrl+D 组合键，取消选区。

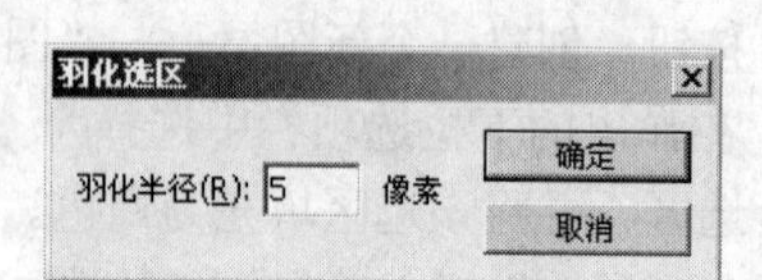

图 12-10　设置"羽化选区"对话框中的相关参数

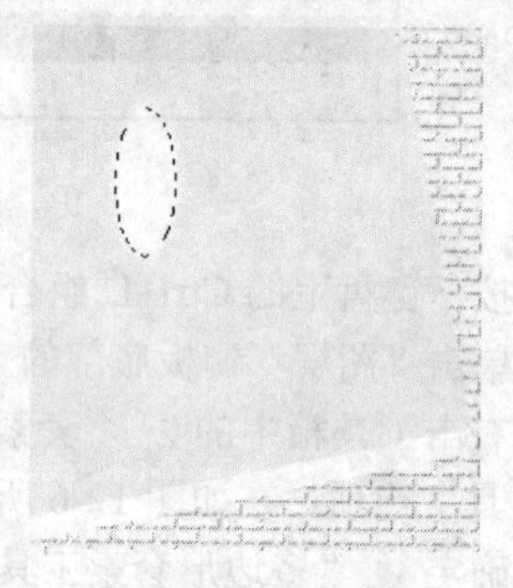
图 12-11　填充选区

18 单击"图层"调板底部的 "创建新图层"按钮，创建一个新图层——"图层 3"。

19 使用工具箱中的 "多边形套索工具"，在如图 12-12 所示的位置绘制选区，并将选区填充为黄色（R：255、G：238、B：146）。

20 确定 "多边形套索工具"处于选择状态，在"属性"栏中单击 "与选区交叉"按钮，参照图 12-13 所示减选选区。

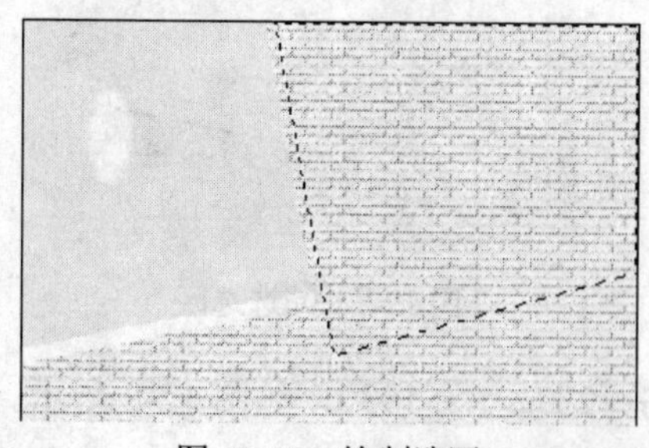
图 12-12　绘制选区

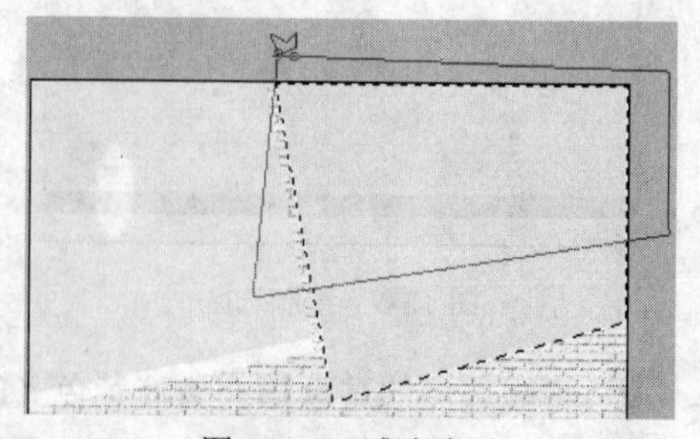
图 12-13　减选选区

21 将减选后的选区填充为黄色（R：255、G：228、B：79），如图 12-14 所示。

22 按下键盘上的 Ctrl+D 组合键，取消选区。

23 按住键盘上的 Ctrl 键，单击“图层 3”的图层缩览图，加载该图层的选区。

24 确定“多边形套索工具”处于选择状态，在“属性”栏中单击“与选区交叉”按钮，参照图 12-15 所示减选选区。

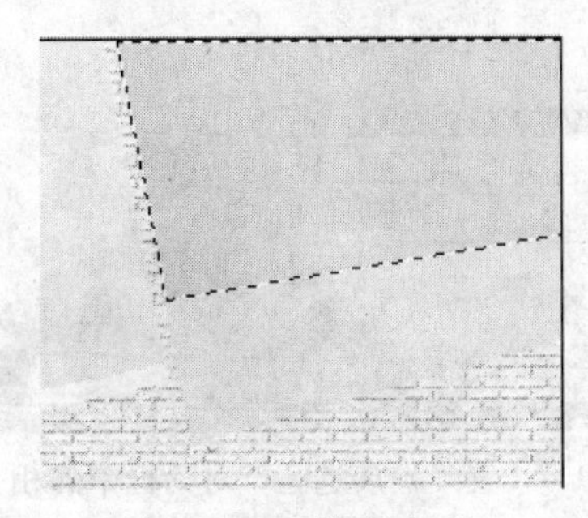

图 12-14　填充选区

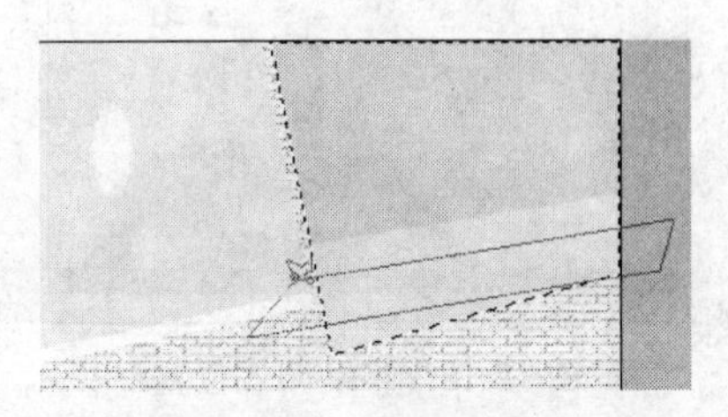

图 12-15　减选选区

25 将减选后的选区填充为黄色（R：255、G：228、B：79），如图 12-16 所示。

26 按下键盘上的 Ctrl+D 组合键，取消选区。

27 接下来导入人物素材。执行菜单栏中的“文件”/“打开”命令，打开“打开”对话框，导入本书光盘中附带的“数码照片实用设置/实例 12：绘制手绘风格桌面背景/人物素材.tif”文件，如图 12-17 所示。单击“打开”按钮，退出“打开”对话框。

图 12-16　填充选区

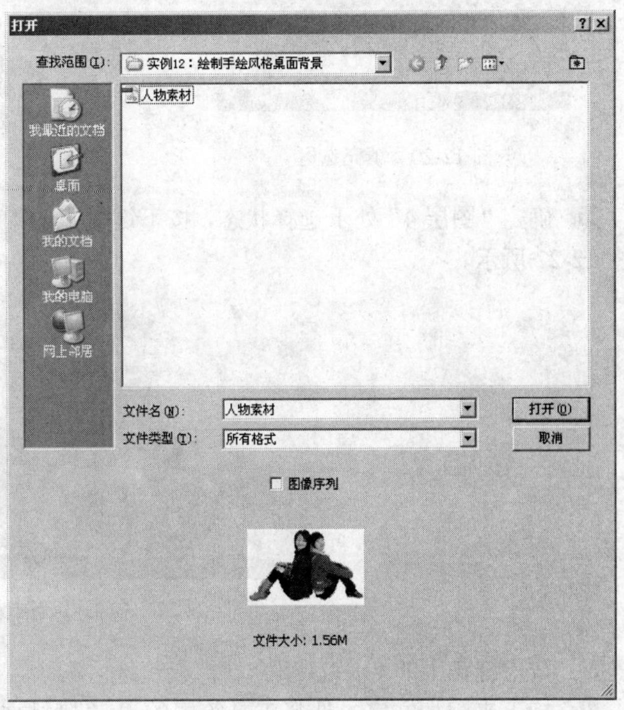

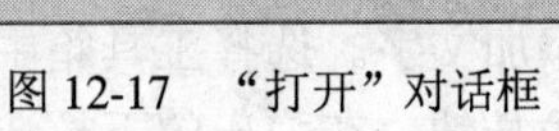

图 12-17　“打开”对话框

28 选择工具箱中的“移动工具”，将“人物素材.tif”文件移动至“绘制手绘风格桌面背景.psd”文档窗口中，并将其移至如图 12-18 所示的位置。

29 按住键盘上的 Ctrl 键，单击“人物素材”层的图层缩览图，加载该图层的选区。

30 单击“图层”调板底部的 “创建新图层”按钮，创建一个新图层——“图层 4”。

31 执行菜单栏中的“选择”/“修改”/“扩展”命令，打开“扩展选区”对话框，在“扩展量”参数栏内键入 5，如图 12-19 所示。

图 12-18　移动图像位置

图 12-19　设置“扩展选区”对话框中的相关参数

32 单击“扩展选区”对话框中的“确定”按钮，退出“扩展选区”对话框。

33 将选区填充为灰色（R：194、G：194、B：194），如图 12-20 所示。

34 在“图层”调板中将“图层 4”移至“人物素材”层底部，如图 12-21 所示。

图 12-20　填充选区

图 12-21　移动图层位置

35 确定“图层 4”处于选择状态，按下键盘上的↑键，将“图层 4”中的图像向上微调，如图 12-22 所示。

图 12-22　向上微调图像

36 按下键盘上的 Ctrl+D 组合键，取消选区。

37 接下来添加文字。选择工具箱中的 T.“横排文字工具”，单击“属性”栏中的“设置字体系列”下拉按钮，在弹出的下拉选项栏中选择“宋体”选项，在“设置字体大小”参数栏内键入 18，将文本颜色设置为深黄色（R：177、G：119、B：60），在如图 12-23 所示的位置键入“未来的未来仍是朋友”文本。

图 12-23　键入文本

38 单击工具箱中的“移动工具”，结束文本输入状态。

39 选择工具箱中的 T “横排文字工具”，单击“属性”栏中的“设置字体系列”下拉按钮，在弹出的下拉选项栏中选择 Impact 选项，在“设置字体大小”参数栏内键入 24，将文本颜色设置为黑色，在该文档右下角键入 yaya 文本，单击“属性”栏中的“设置字体系列”下拉按钮，在弹出的下拉选项栏中选择 Impact 选项，在 yaya 文本框后键入“图片”文本，如图 12-24 所示。

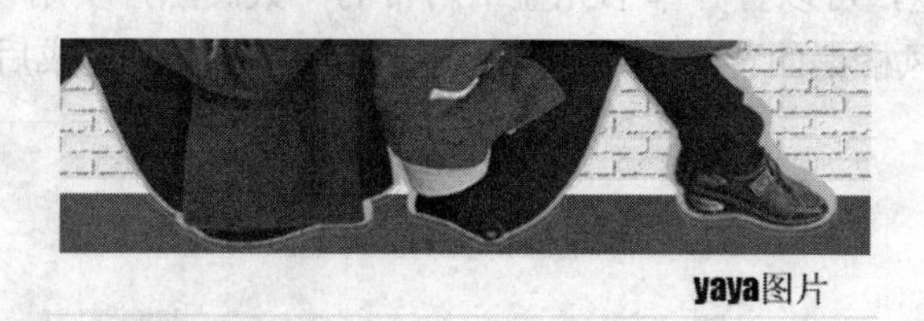

图 12-24　键入文本

40 单击工具箱中的“移动工具”，结束文本输入状态。选择工具箱中的 T “横排文字工具”，单击“属性”栏中的“设置字体系列”下拉按钮，在弹出的下拉选项栏中选择 Impact 选项，在“设置字体大小”参数栏内键入 48，将文本颜色设置为灰色（R：115、G：110、B：83），在如图 12-25 所示的位置键入 NIUNIUBOBO 文本。

图 12-25　键入文本

41 单击“图层”调板底部的 fx “添加图层样式”按钮，在弹出的快捷菜单中选择“描边”选项，打开“图层样式”对话框，在“大小”参数栏内键入 6，将颜色设置为灰色（R：220、G：220、B：220），如图 12-26 所示。

42 单击“图层样式”对话框中的“确定”按钮，退出“图层样式”对话框。文字添加描边效果如图 12-27 所示。

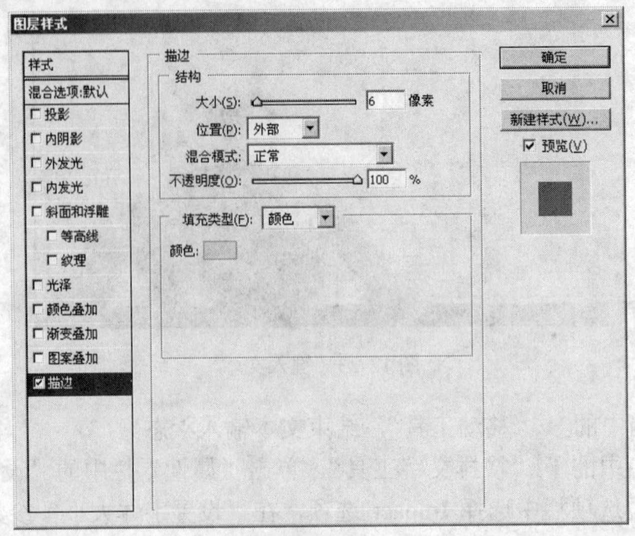

图 12-26 设置“图层样式”对话框中的相关参数

43 通过以上制作本实例就全部完成了，完成后的效果如图 12-28 所示。如果读者在制作过程中遇到什么问题，可以打开本书光盘中附带的“数码照片实用设置/实例 12：绘制手绘风格桌面背景/手绘风格桌面背景.psd”文件，该文件为本实例完成后的文件。

图 12-27 添加描边效果

图 12-28 手绘风格桌面背景

实例 13 制作清新风格桌面背景

在本实例中，将指导读者将普通照片设置为清新风格桌面背景。本实例中的照片为标准的七寸照片，需要将其调整与电脑桌面相同的尺寸。通过本实例，使读者了解清新风格桌面背景的制作方法。

在本实例中，首先使用剪切工具修剪图像，使用蒙版工具设置选区，使用色彩平衡和色相饱和度工具调整图像的色调，然后使用镜头模糊工具调整图像的模糊效果，最后使用图层样式工具设置文本的浮雕和渐变叠加效果，完成清新风格桌面背景的设置。图 13-1 为编辑后的效果。

图 13-1　制作清新风格桌面背景

1 运行 Photoshop CS4，执行菜单栏中的“文件”/“打开”命令，打开“打开”对话框，从该对话框中选择本书光盘中附带的“数码照片实用设置/实例 13：制作清新风格桌面背景/素材图像.jpg”文件，如图 13-2 所示。单击“打开”按钮，退出“打开”对话框。

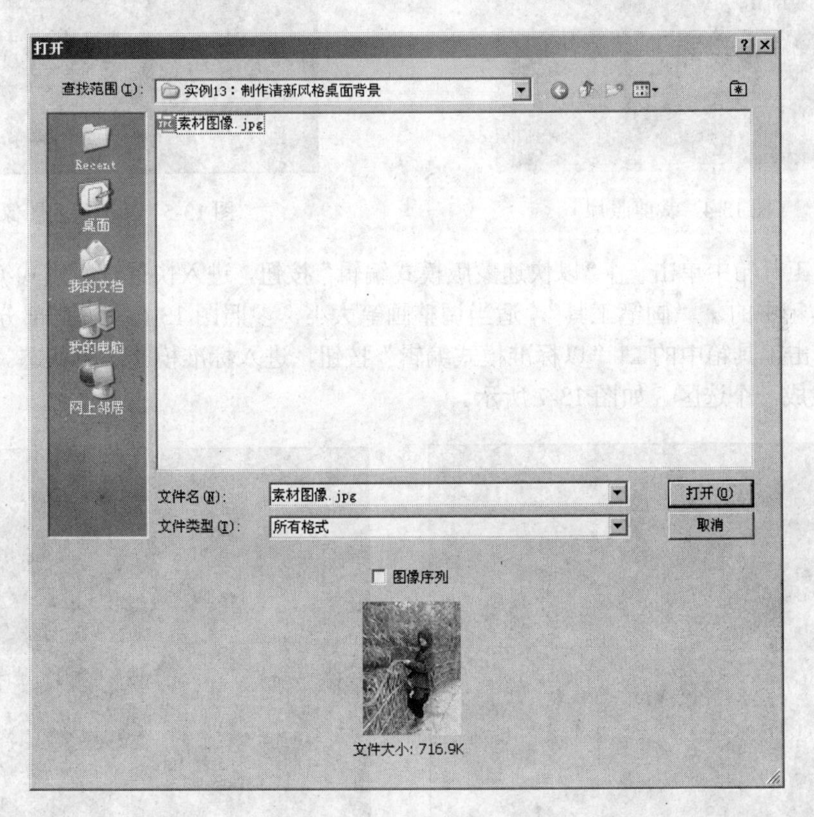

图 13-2　“打开”对话框

2 选择工具箱中的“裁剪工具”，进入“属性”栏，在“宽度”参数栏内键入 36.12，在“高度”参数栏内键入 27.09，在“分辨率”参数栏内键入 72，选择“像素/厘米”选项，如图 13-3 所示。

宽度: 36.12 厘米 ⇄ 高度: 27.09 厘米 分辨率: 72 像素/厘米

图 13-3　设置“裁剪工具”属性

3 按住鼠标左键，在如图 13-4 所示的位置拖动鼠标，以确定裁剪的位置及范围。

4 在裁剪的区域范围内按下键盘上的 Enter 键，结束裁剪操作。图 13-5 为裁剪后的图像效果。

图 13-4　裁剪照片

图 13-5　裁剪后的图像

5 在工具箱中单击“以快速蒙版模式编辑”按钮，进入快速蒙版模式编辑状态。然后使用工具箱中的“画笔工具”，适当调整画笔大小，参照图 13-6 在人物部分进行涂抹。

6 单击工具箱中的“以标准模式编辑”按钮，进入标准模式编辑状态。这时会沿着人物边缘生成一个选区，如图 13-7 所示。

图 13-6　在人物部分进行涂抹

图 13-7　生成选区

7 执行菜单栏中的“图像”/“调整”/“色彩平衡”命令，打开“色彩平衡”对话框，在“色阶”参数栏内分别键入-80、0、+20，如图 13-8 所示。然后单击“确定”按钮，退出该对话框。

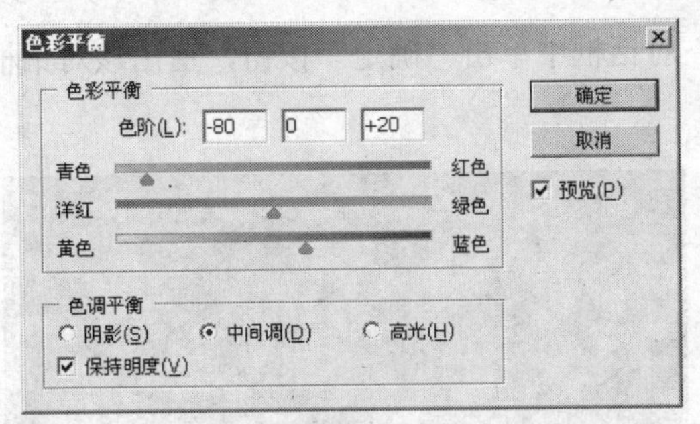

图 13-8 设置“色彩平衡”对话框中相关参数

8 确定选区内的图像处于选择状态，执行菜单栏中的“图像”/“调整”/“色相/饱和度”命令，打开“色相/饱和度”对话框。在“色相”参数栏内键入-20，在“饱和度”参数栏内键入-10，如图 13-9 所示。单击“确定”按钮，退出该对话框。

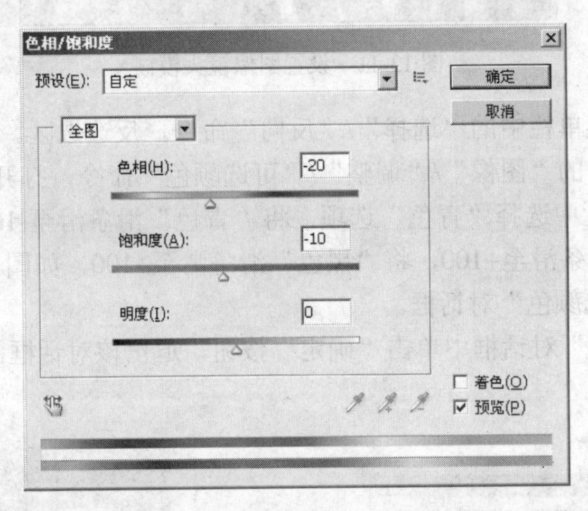

图 13-9 设置“色相/饱和度”对话框中的相关参数

9 执行菜单栏中的“滤镜”/“模糊”/“镜头模糊”命令，打开“镜头模糊”对话框。在“光圈”选项组下的“半径”参数栏内键入 16，其他参数使用默认设置，如图 13-10 所示。

图 13-10 设置“镜头模糊”对话框中的相关参数

10 在“镜头模糊”对话框中单击“确定”按钮，退出该对话框。图 13-11 为设置镜头模糊后的图像效果。

图 13-11　设置图像镜头模糊

11 接下来执行菜单栏中的“选择”/“反向”命令，反选选区。

12 执行菜单栏中的“图像”/“调整”/“可选颜色”命令，打开“可选颜色”对话框，在“颜色”下拉选项栏中选择“青色”选项，将“青色”滑条滑至-100，将“洋红”滑条滑至-100，将“黄色”滑条滑至+100，将“黑色”滑条滑至+100，如图 13-12 所示。单击“确定”按钮，退出“可选颜色”对话框。

13 在“可选颜色”对话框中单击“确定”按钮，退出该对话框，图 13-13 为设置可选颜色后的图像效果。

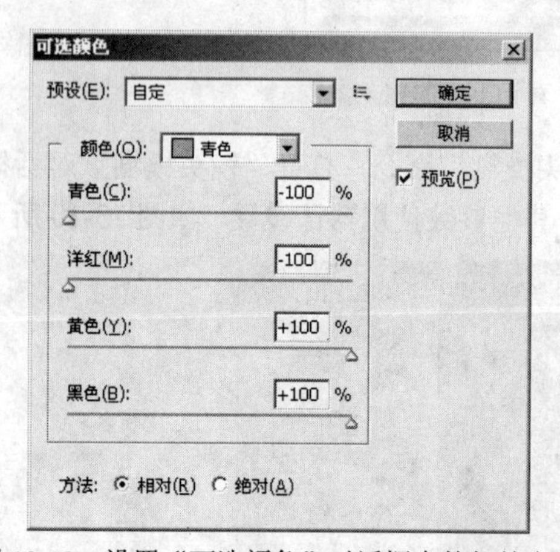

图 13-12　设置“可选颜色”对话框中的相关参数

图 13-13　设置可选颜色后的图像效果

14 按下键盘上的 Ctrl+D 组合键，取消选区。

15 单击工具箱中的 T.“横排文字工具”按钮，在“属性”栏中的“设置字体系列”下拉选项栏中选择 Monotype Corsiva 选项，在“设置字体大小”下拉选项栏中选择“30 点”选项，设置文字颜色为白色，然后在如图 13-14 所示的位置键入 landscape 字样。

16 接下来再次使用 T.“横排文字工具”，设置字体为 Monotype Corsiva 选项，设置字体大小为 120 点，设置文字颜色为白色，然后在如图 13-15 所示的位置键入 Scenery 字样。

图 13-14　键入文本

17 再次使用 T“横排文字工具”，设置字体为 Monotype Corsiva 选项，设置字体大小为 72 点，设置文字颜色为白色，在刚刚键入的 Scenery 文本底部键入 Beauty 文本，如图 13-16 所示。

图 13-15　键入文本

图 13-16　设置文本的字体大小

18 选择 Beauty 层，按住键盘上的 Ctrl 键，单击“图层”调板中的 Scenery 层，然后按下键盘上的 Ctrl+E 组合键，合并所选图层，并自动生成 Beauty 层。

19 接下来执行菜单栏中的“图层”/“图层样式”/“斜面和浮雕”命令，打开“图层样式”对话框。在“结构”选项组下的“样式”下拉选项栏中选择“浮雕效果”选项，在“深度”参数栏内键入 20，在“大小”参数栏内键入 1，其他参数使用默认设置，如图 13-17 所示。

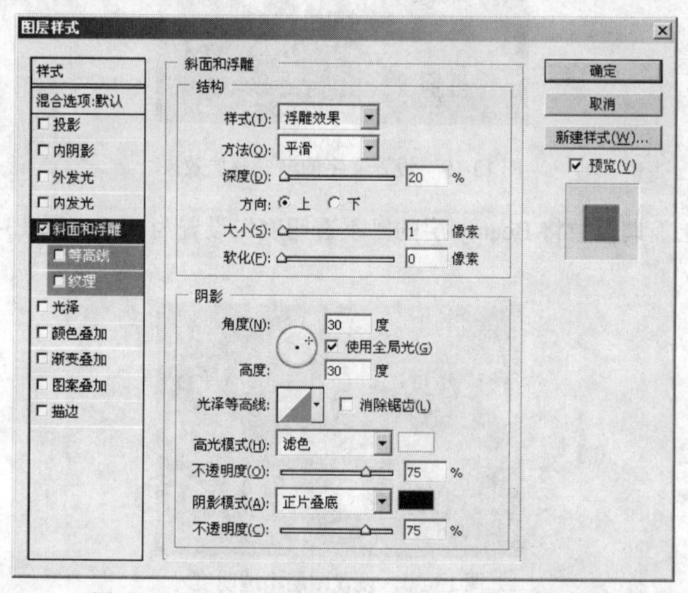

图 13-17　设置“图层样式”对话框中的相关参数

20 双击“图层样式”对话框中的“样式”选项组下的“渐变叠加”复选框，进入“渐变叠加”编辑窗口，双击“渐变”选项组中的“点按可编辑渐变”按钮，打开“渐变编辑器”对话框，在对话框中设置为由绿色（R：136、G：187、B：139）到黄色（R：248、G：248、B：208）再到绿色（R：187、G：211、B：173）的渐变，如图13-18所示。

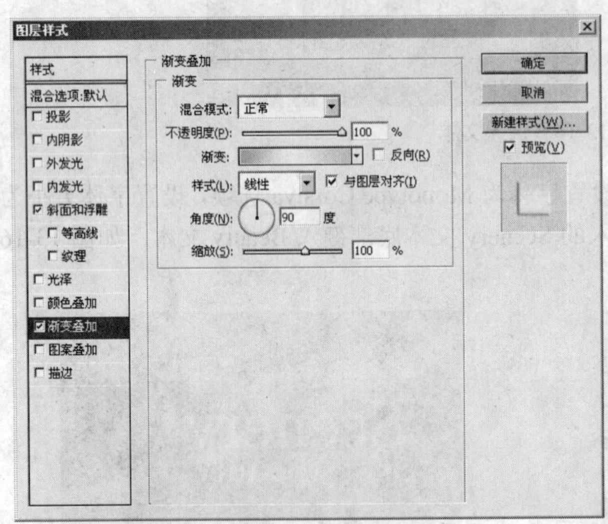

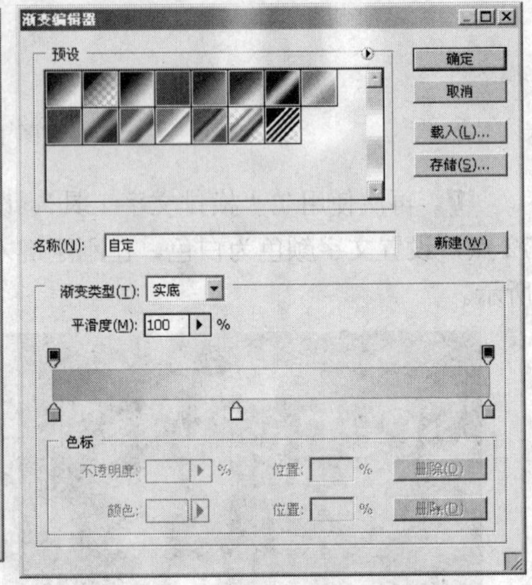

图13-18　设置渐变色

21 在“图层样式”对话框中单击“确定”按钮，退出该对话框，图13-19为设置渐变叠加后的文字效果。

图13-19　设置文字的渐变叠加效果

22 在“图层”调板中将Beauty层的“不透明度”设置为80%，图13-20为设置图层不透明度后的效果。

图13-20　设置图层不透明度

23 通过以上制作本实例就全部完成了，完成后的效果如图 13-21 所示。如果读者在制作过程中遇到什么问题，可以打开本书光盘中附带的“数码照片实用设置/实例 13：制作清新风格桌面背景/制作清新风格桌面背景. psd”文件，该文件为本实例完成后的文件。

图 13-21　制作清新风格桌面背景

实例 14　制作电子日记模板

在本实例中，将指导读者制作电子日记模板，电子日记模板包括对图像的编辑和文本的编辑。通过本实例的学习，使读者了解图层样式和画笔工具的使用方法。

在制作本实例时，首先导入背景素材图像，使用单行选框工具绘制线框，导入相片素材进行图片添加，使用图层样式工具为相片添加投影效果，最后使用横排文字工具添加相关文本，完成本实例的制作。图 14-1 为本实例完成后的效果。

图 14-1　电子日记模板

1 运行 Photoshop CS4，执行菜单栏中的“文件”/“打开”命令，打开“打开”对话框，导入本书光盘中附带的“数码照片实用设置/实例 14：制作电子日记模板/背景素材.jpg”文件，如图 14-2 所示。单击“打开”按钮，退出“打开”对话框。

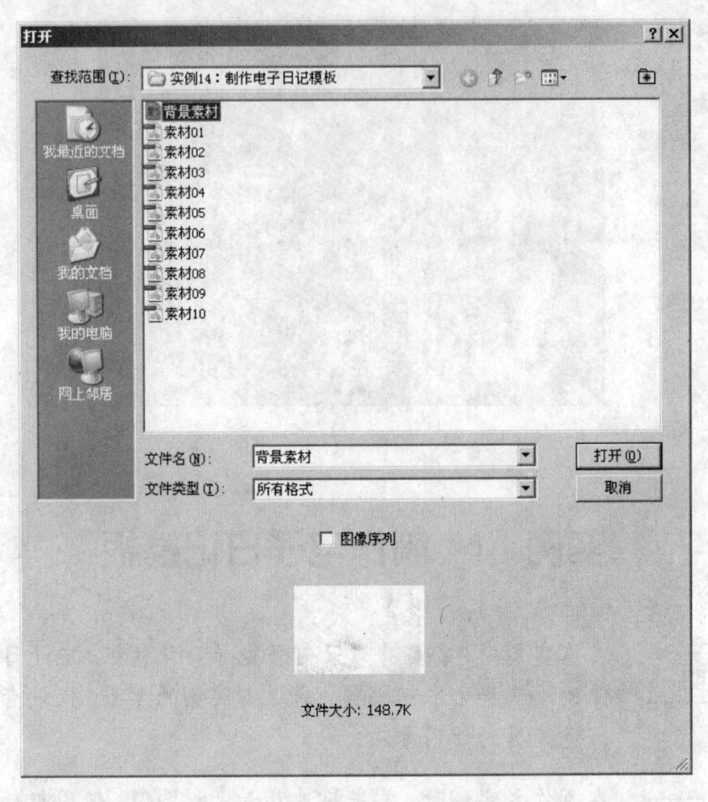

图 14-2 “打开”对话框

2 创建一个新图层——“图层 1”。右击工具箱中的“矩形选框工具”下拉按钮，在弹出的下拉选项栏中选择“单行选框工具”选项，在如图 14-3 所示的位置绘制一个选区，并将该选区填充为灰色（R：199、G：199、B：199）。

3 按下键盘上的 Ctrl+T 组合键，打开自由变换框，参照图 14-4 所示调整选区位置和角度。

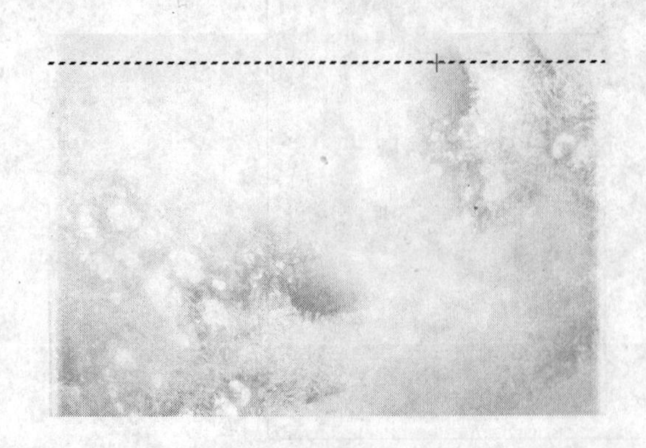

图 14-3 绘制选区

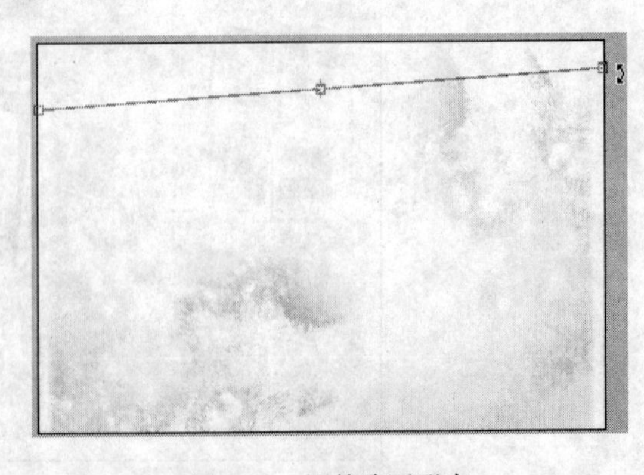

图 14-4 调整选区形态

4 按下键盘上的 Enter 键，取消自由变换框。按下键盘上的 Ctrl+J 组合键，复制生成——“图层 1 副本”。

5 按下键盘上的 Ctrl+T 组合键，打开自由变换框，参照图 14-5 所示将图形向下移动。

6 按下键盘上的 Enter 键，取消自由变换框。多次按下键盘上的 Ctrl+Shift+Alt+T 组合键，复制图像，如图 14-6 所示。

图 14-5　移动图形位置

图 14-6　复制图像

7 按住键盘上的 Shift 键，选择除“背景”层外的所有图层，按下键盘上的 Ctrl+E 组合键，合并所选图层。

8 选择工具箱中的“矩形选框工具”，按住键盘上的 Shift 键，绘制如图 14-7 所示的两个选区。

9 按下键盘上的 Shift+F6 组合键，打开“羽化选区”对话框，设置“羽化半径”为 5，如图 14-8 所示。单击“确定”按钮，退出“羽化选区”对话框。

图 14-7　绘制选区

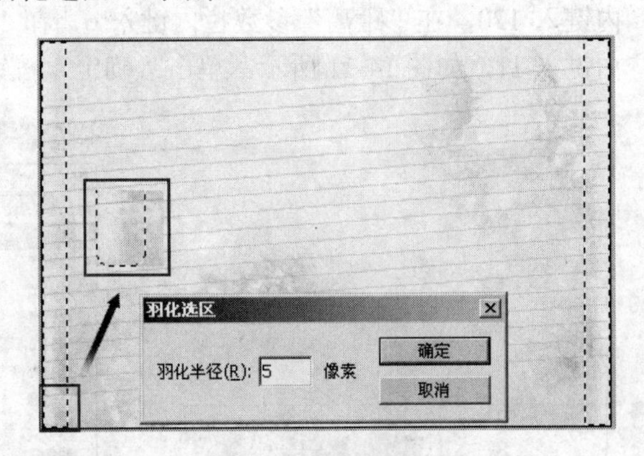

图 14-8　羽化选区

10 按下键盘上的 Delete 键，删除选区内的图像。

11 接下来导入人物素材，执行菜单栏中“文件”/“打开”命令，打开“打开”对话框，导入本书光盘中附带的“数码照片实用设置/实例 14：制作电子日记模板/素材 01.tif”文件，如图 14-9 所示。单击“打开”按钮，退出“打开”对话框。

12 将“素材 01.tif”图片移至“背景素材.jpg”文档窗口中，再将图像移至如图 14-10 所示的位置并调整图像角度。

图 14-9　“打开”对话框

13 单击“图层”调板底部的 fx.“添加图层样式”按钮，在弹出的快捷菜单中选择“投影”选项，打开“图层样式”对话框，在“不透明度”参数栏内键入 55，在“角度”参数栏内键入 120，在“距离”参数栏内键入 6，在“扩展”参数栏内键入 10，在“大小”参数栏内键入 11，如图 14-11 所示。单击“确定”按钮，退出该对话框。

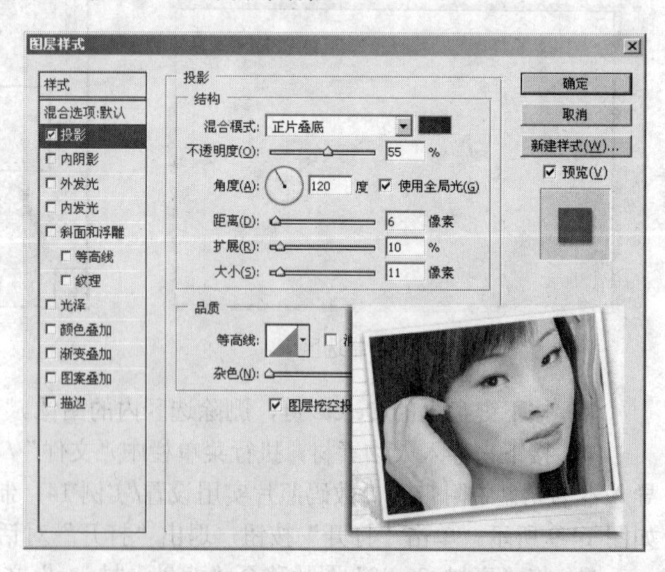

图 14-10　调整图像位置　　　　图 14-11　设置“图层样式”对话框中的相关参数

14 执行菜单栏中的“文件”/“打开”命令，打开“打开”对话框，导入本书光盘中附带的“数码照片实用设置/实例 14：制作电子日记模板/素材 02.tif”文件，如图 14-12 所示。

单击“打开”按钮，退出该对话框。

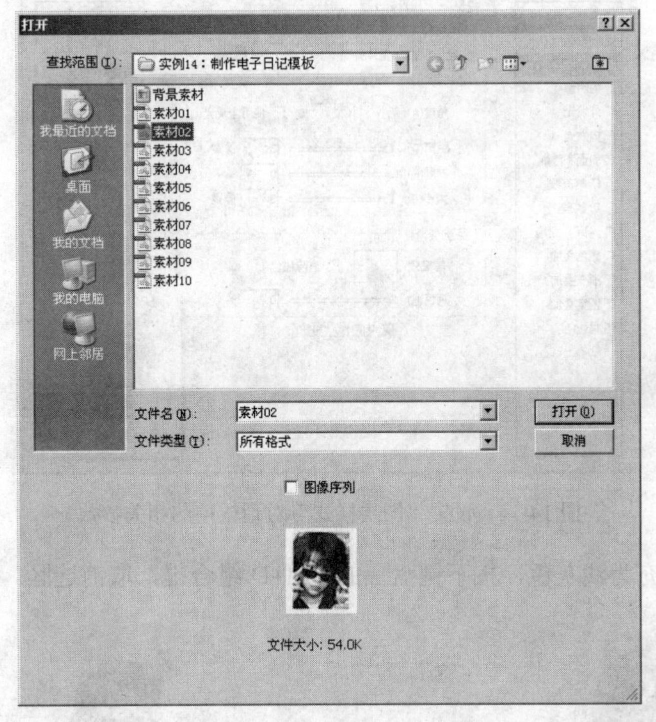

图 14-12　“打开”对话框

15 将“素材 02.tif”图片移至“背景素材.psd”文档窗口中，再将图像移至如图 14-13 所示的位置并调整图像角度。

图 14-13　调整图像位置

16 单击“图层”调板底部的 fx.“添加图层样式”按钮，在弹出的快捷菜单中选择“投影”选项，打开“图层样式”对话框，关闭“使用全局光”复选框，在“不透明度”参数栏内键入 85，在“角度”参数栏内键入 120，其他参数使用默认设置，如图 14-14 所示。单击“确定”按钮，退出该对话框。

17 创建一个新图层——“图层 2”，并将该图层移至“素材 02”层底部。

18 选择工具箱中的 “多边形套索工具”，在“图层 1”中绘制如图 14-15 所示的选区。

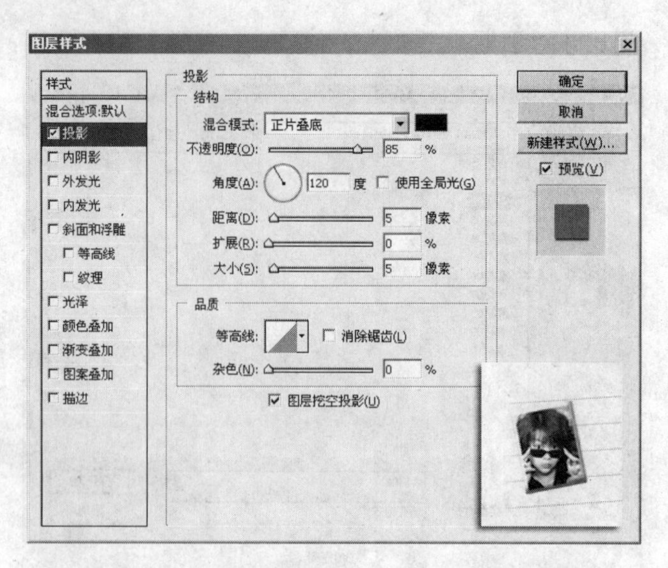

图 14-14　设置“图层样式”对话框中的相关参数

19 将选区填充为浅灰色，按下键盘上的 Ctrl+D 组合键，取消选区。如图 14-16 所示。

图 14-15　绘制选区

图 14-16　取消选区

20 使用同样方法，分别添加“素材 03.tif”、“素材 04.tif”、“素材 05.tif”、“素材 06.tif”、“素材 07.tif”、“素材 08.tif”、“素材 09.tif”图片，如图 14-17 所示。

图 14-17　添加其他图像

21 选择红色区域中图像所在的图层，按下键盘上的 Ctrl+E 组合键，将所选择的图层合并，然后将合并后的图层命名为“小照片”，如图 14-18 所示。

为了便于工作，读者可以将文档中不需要进行编辑的图层进行合并。

图 14-18　合并图层

22 执行菜单栏中的“文件”/“打开”命令，打开“打开”对话框，导入本书光盘中附带的“数码照片实用设置/实例 14：制作电子日记模板/素材 10.tif”文件，如图 14-19 所示。单击“打开”按钮，退出“打开”对话框。

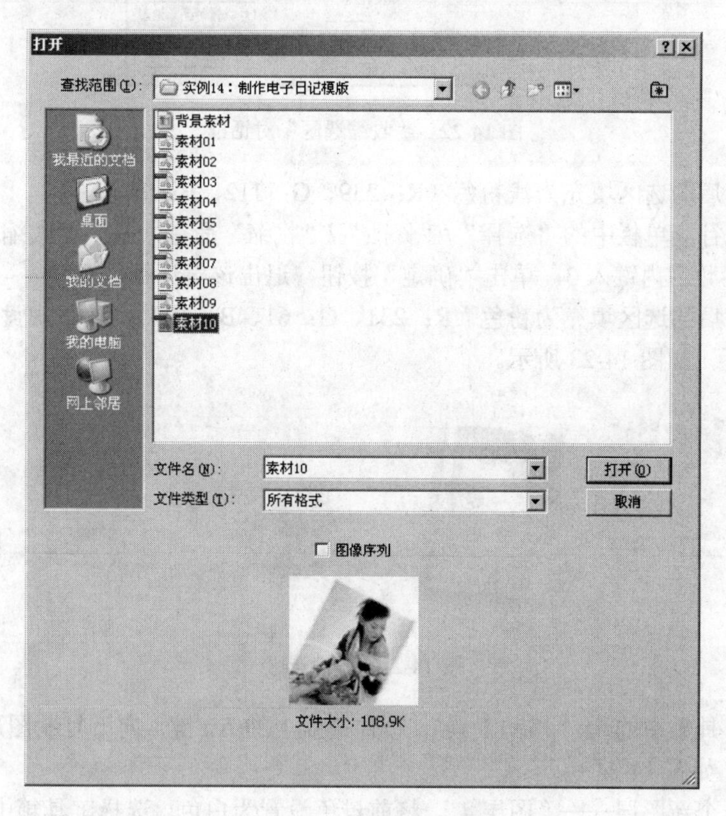

图 14-19　“打开”对话框

23 将“素材 10.tif”图片移至“背景素材.jpg”文档窗口中，再将图像移至如图 14-20 所示的位置。

24 创建一个新图层——“图层3”。选择工具箱中的○.“椭圆选框工具”，在如图14-21所示的位置绘制一个椭圆选区，并将该选区填充为淡粉色（R：253、G：236、B：239）。

图14-20 调整图像位置

图14-21 绘制选区

25 执行菜单栏中的“选择”/“修改”/“收缩”命令，打开“收缩选区”对话框，在“收缩量”参数栏内键入3，如图14-22所示。单击“确定”按钮，退出该对话框。

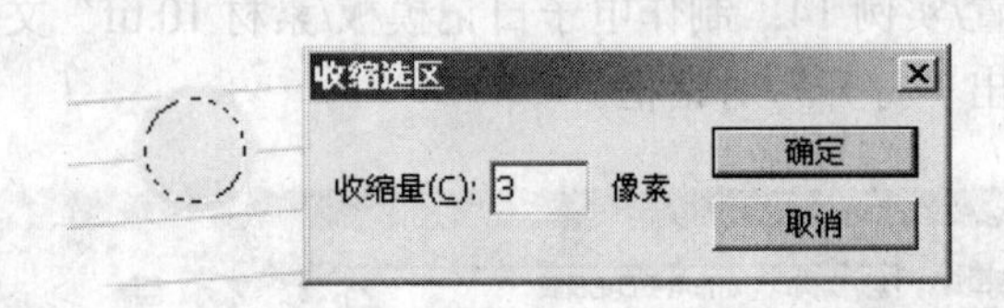

图14-22 “收缩选区”对话框

26 将收缩后的选区填充为浅粉色（R：239、G：112、B：143）。

27 再次执行菜单栏中的“选择”/“修改”/“收缩”命令，打开“收缩选区”对话框，在“收缩量”参数栏内键入3。单击“确定”按钮，退出该对话框。

28 将收缩后的选区填充为粉色（R：231、G：61、B：103）。按下键盘上的Ctrl+D组合键，取消选区，如图14-23所示。

图14-23 取消选区

29 选择工具箱中的移动工具“移动工具”，按住键盘上的Alt键，向下复制图形，并将复制的图形适当缩小，如图14-24所示。

30 创建一个新图层——“图层4”。将前景色设置为白色，选择工具箱中的自定形状工具“自定形状工具”，激活□“填充像素”按钮，单击“属性”栏中的“点按可打开‘自定形状’拾色器”下拉按钮，打开形状调板，选择如图14-25所示的“思考2”图形。

图 14-24　复制图形

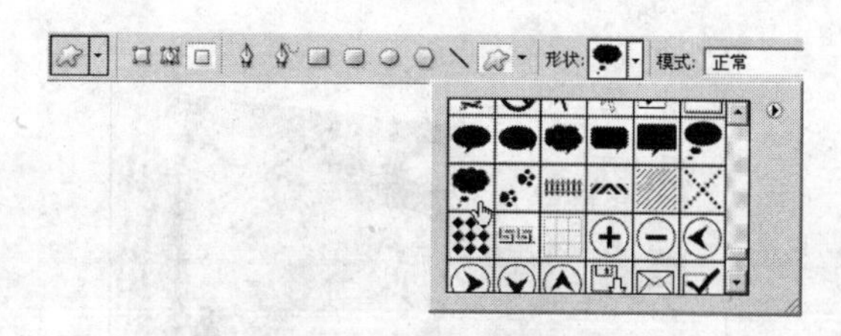

图 14-25　选择图形

31 在文档中绘制"思考 2"图形，并使用"水平翻转"工具将图形水平翻转，如图 14-26 所示。

为了方便读者观察，在出示图 14-26 时，作者为图形添加选区。

提示

32 将前景色设置为粉色（R：201、G：102、B：115），选择工具箱中的"画笔工具"，将画笔"主直径"大小设置为 2，参照图 14-27 所示在图形边缘处绘制。

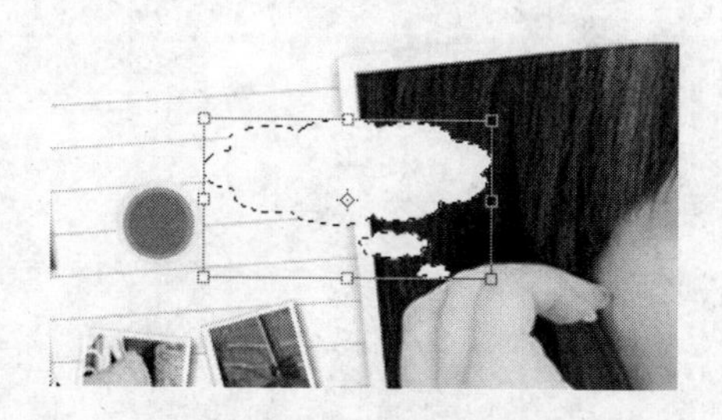

图 14-26　水平翻转图形

图 14-27　绘制图形

33 创建一个新图层——"图层 5"。将前景色设置淡蓝色（R：231、G：242、B：245）。

34 选择工具箱中的"自定形状工具"，在"属性"栏中激活"填充像素"按钮，单击 "点按可打开'自定形状'拾色器"下拉按钮，打开形状调板，选择"花 1"图形，按住键盘上的 Shift 键，在如图 14-28 所示的位置绘制图形。

35 按住键盘上的 Ctrl 键，单击"图层 5"的图层缩览图，加载该图层选区。

36 将前景色设置为粉色（R：231、G：61、B：103），进入"路径"调板。

37 选择工具箱中的"画笔工具"，单击"属性"栏中的"切换画笔调板"按钮，进入"画笔"调板，选择"画笔笔尖形状"选项，进入"调整画笔笔尖形状"编辑窗，在"直径"参数栏内键入 4px，在"硬度"参数栏内键入 75%，在"间距"参数栏内键入 100%，如

图 14-29 所示。

图 14-28　绘制图形

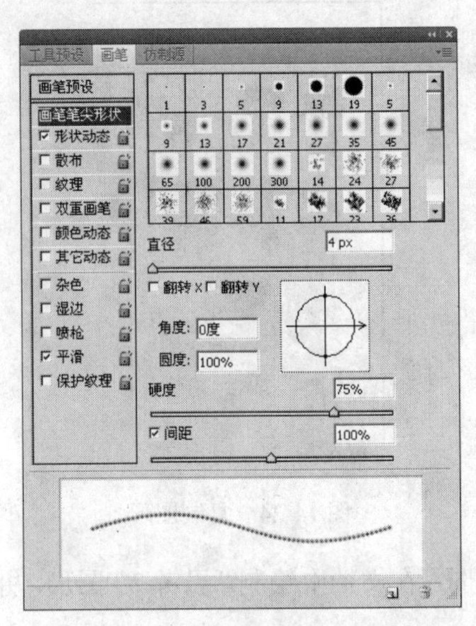

图 14-29　设置画笔属性

38 单击“路径”调板底部的“从选区生成工作路径”按钮，将选区转换为路径，然后单击“路径”调板底部的“用画笔描边路径”按钮，将路径描边，最后单击“路径”调板底部的“将路径做为选区载入”按钮，将路径转换为选区，按下键盘上的 Ctrl+D 组合键，取消选区。完成如图 14-30 所示的效果。

图 14-30　将路径进行描边设置

39 进入“图层”调板，为文档添加文字。

40 选择工具箱中的 T“横排文字工具”，单击“属性”栏中的“设置字体系列”下拉按钮，在弹出的下拉选项栏中选择 Monotype Corsiva 选项，在“设置字体大小”参数栏内键入 6.5 点，将文本颜色设置为黑色，在文档左上角键入 JINGJING 文本。单击“属性”栏中的“设置字体系列”下拉按钮，在弹出的下拉选项栏中选择“楷体_GB2312”选项，在“设置字体大小”参数栏内键入 6 点，在 JINGJING 文本后键入“日记”文本，如图 14-31 所示。

41 选择工具箱中的 T“横排文字工具”，单击“属性”栏中的“设置字体系列”下拉按钮，在弹出的下拉选项栏中选择 Fixedsys 选项，在“设置字体大小”参数栏内键入 3.5 点，将文本颜色设置为黑色，在如图 14-32 所示的位置键入“每天好心情之....2008/10/26”文本。

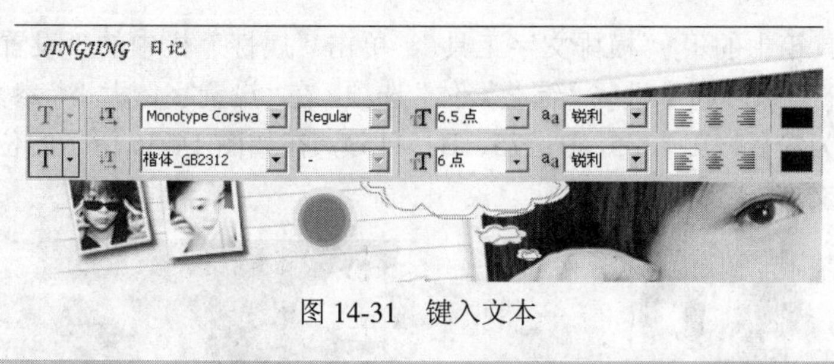

图 14-31 键入文本

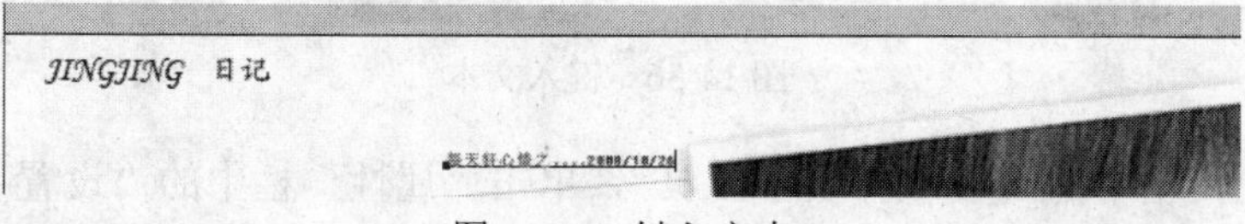

图 14-32 键入文本

42 选择工具箱中的T.“横排文字工具”，单击“属性”栏中的“设置字体系列”下拉按钮，在弹出的下拉选项栏中选择“方正祥隶简体”选项，在“设置字体大小”参数栏内键入9.45，将文本颜色设置为粉色（R：231、R：61、B：103），在如图14-33所示的位置键入“晶晶最新相片”文本。

提示

如果读者机器上没有“方正祥隶简体”字体，可以使用其他字体替代。

图 14-33 键入文本

43 确定文本处于编辑状态，按下键盘上的 Ctrl 键，将文本角度进行旋转，如图 14-34 所示。

44 使用以上方法，分别在如图 14-35 所示的位置键入“旅游纪念”、“可爱宝贝”、“时尚数码”文本。

图 14-34 旋转文本角度

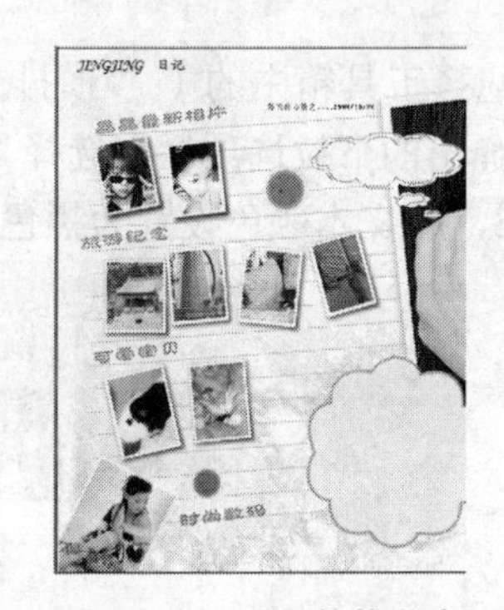

图 14-35 键入其他文本

45 选择工具箱中的T.“横排文字工具”，单击“属性”栏中的“设置字体系列”下拉按钮，在弹出的下拉选项栏中选择“综艺繁体”选项，在“设置字体大小”参数栏内键入5.25，将文本颜色设置为粉色（R：235、R：75、B：115），在如图14-36所示的位置键入“嘻嘻哈哈、噼里啪啦”文本。

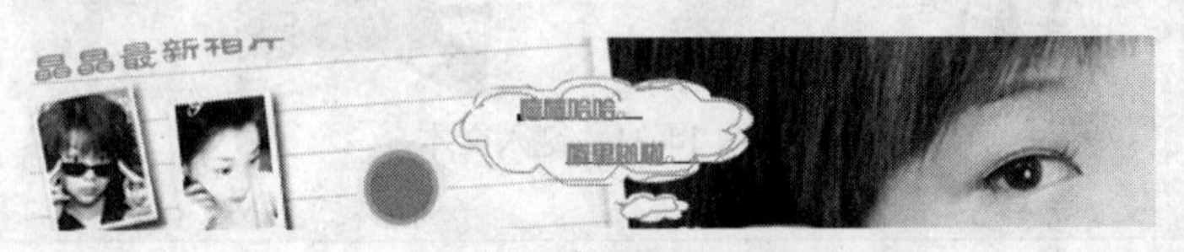

图14-36 键入文本

46 选择工具箱中的T.“横排文字工具”，单击“属性”栏中的“设置字体系列”下拉按钮，在弹出的下拉选项栏中选择“方正剪纸简体”选项，在“设置字体大小”参数栏内键入25.2，将文本颜色设置为蓝色（R：98、G：205、B：218），在如图14-37所示的位置键入“晶’”文本。

图14-37 键入文本

47 选择工具箱中的T.“横排文字工具”，单击“属性”栏中的“设置字体系列”下拉按钮，在弹出的下拉选项栏中选择Mesquite Std选项，在“设置字体大小”参数栏内键入37.8，将文本颜色设置为黄色（R：218、G：175、B：125），在如图14-38所示的位置键入LOVE文本。

图14-38 键入文本

48 选择工具箱中的T.“横排文字工具”，单击“属性”栏中的“设置字体系列”下拉按钮，在弹出的下拉选项栏中选择“方正铁筋隶书简体”选项，在“设置字体大小”参数栏内键入6.3，将文本颜色设置为黑色，在如图14-39所示的位置键入相关文本。

图14-39 键入文本

48 确定文本处于编辑状态，按下键盘上的 Ctrl 键，将文本角度进行旋转，如图 14-40 所示。

图 14-40 旋转文本角度

50 通过以上制作本实例就全部完成了，完成后的效果如图 14-41 所示。如果读者在制作过程中遇到什么问题，可以打开本书光盘中附带的“数码照片实用设置/实例 14：实例 14：制作电子日记模板/制作电子日记模板.psd”文件，该文件为本实例完成后的文件。

图 14-41 电子日记模板

实例 15 制作日历

在本实例中，将指导读者将人物照片应用于日历画面，并设置日历的底纹和日期文本的排列。通过本实例，使读者了解日历的制作方法。

在本实例中，首先使用滤镜工具设置底纹，然后使用抠像工具对人物图像进行抠像，最后使用文本工具对日期的设置，完成日历的制作。图 15-1 为编辑后的效果。

图 15-1　制作日历

1 运行 Photoshop CS4，按下键盘上的 Ctrl+N 组合键，创建一个“宽度”为 1024 像素，“高度”为 768 像素，模式为 RGB 颜色，名称为“制作日历”的新文档。

2 将前景颜色设置为灰色（R：218、G：209、B：179），然后执行菜单栏中的“滤镜”/“渲染”/“云彩”命令，设置云彩效果，如图 15-2 所示。

3 执行菜单栏中的“滤镜”/“像素化”/“彩色半调”命令，打开“彩色半调”对话框，在“最大半径”参数栏内键入 7，其他参数使用默认设置，如图 15-3 所示。

图 15-2　设置云彩效果

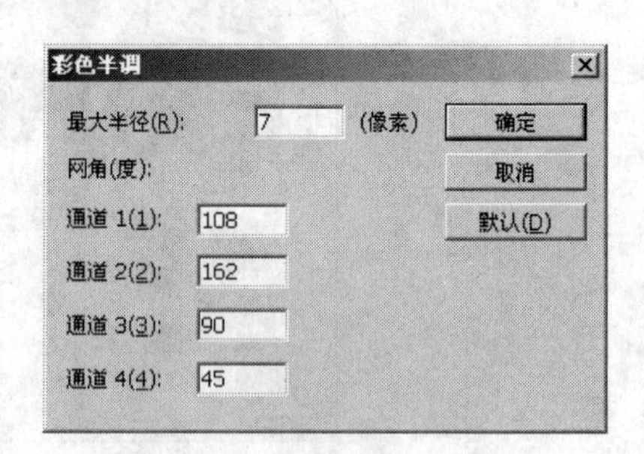

图 15-3　设置“彩色半调”对话框中的相关参数

4 在“彩色半调”对话框中单击“确定”按钮，退出该对话框。图 15-4 为设置彩色半调后的图像效果。

5 执行菜单栏中的“滤镜”/“模糊”/“高斯模糊”命令，打开“高斯模糊”对话框，在“半径”参数栏内键入 1.5，如图 15-5 所示。

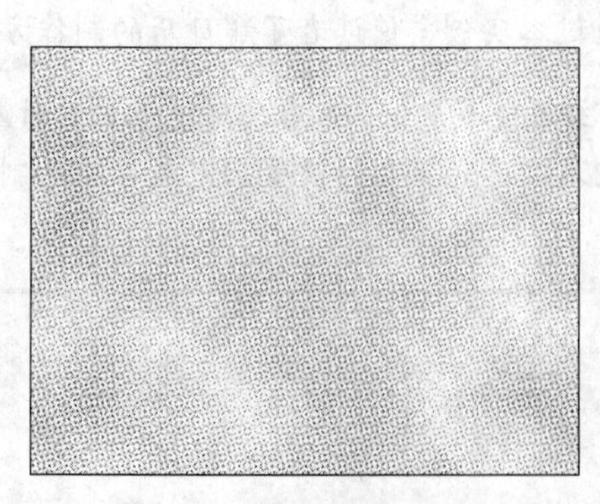

图 15-4　设置图像彩色半调

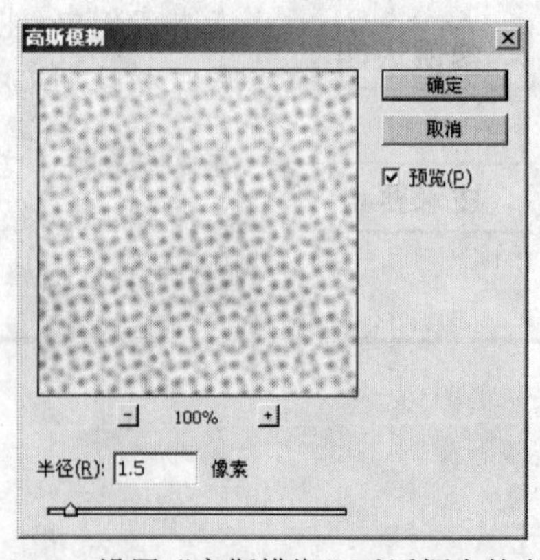

图 15-5　设置“高斯模糊”对话框中的参数

6 在“高斯模糊”对话框中单击“确定”按钮，退出该对话框。图 15-6 为设置高斯模糊后的图像效果。

7 在“图层”调板中单击“创建新图层”按钮，创建一个新图层——“图层 1”，将前景色设置为土黄色（R：136、G：124、B：94），然后按下键盘上的 Alt+Delete 组合键，使用前景色填充图层。

8 选择“图层 1”，在“图层”调板中的“设置图层的混合模式”下拉选项栏中选择“叠加”选项，图 15-7 为设置图层叠加模式后的图像效果。

图 15-6　设置图像的高斯模糊

图 15-7　设置图层叠加模式

9 执行菜单栏中的“文件”/“打开”命令，打开“打开”对话框，从该对话框中选择本书光盘中附带的“数码照片实用设置/实例 15：制作日历/素材图像 01.jpg”文件，如图 15-8 所示。单击“打开”按钮，退出“打开”对话框。

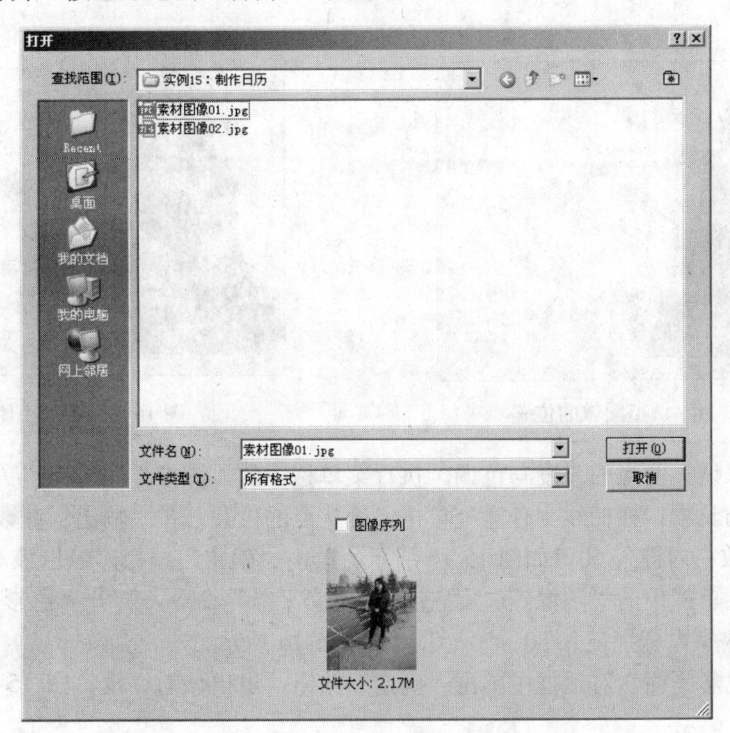

图 15-8　“打开”对话框

10 单击工具箱中的“以快速蒙版模式编辑”按钮，进入快速蒙版模式编辑状态，然后单击“画笔工具”按钮，适当调整画笔大小，并参照图15-9所示对人物部分进行涂抹。

11 单击工具箱中的“以标准模式编辑”按钮，进入标准模式编辑状态，这时在人物边缘处会生成一个选区。

12 执行菜单栏中的“选择”/“反向”命令，反选选区，如图15-10所示。

图15-9 在人物部分进行涂抹

图15-10 反选选区

13 确定选区内的图像处于选择状态，使用工具箱中的“移动工具”将其拖动至“制作日历.psd”文档窗口中，这时会自动生成新图层——“图层2”。

14 选择“图层2”中的图像，将其拖动至如图15-11所示的位置。

15 执行菜单栏中的“编辑”/“变换”/“水平翻转”命令，水平翻转图像，图15-12为翻转后的效果。

图15-11 调整图像的位置

图15-12 翻转图像

16 接下来调整图像的亮度与色调。执行菜单栏中的“图像”/“调整”/“曲线”命令，打开“曲线”对话框。在曲线上任意处单击，确认点的位置，在“输出”参数栏内键入108，在“输入”参数栏内键入50，如图15-13所示。单击“确定”按钮，退出该对话框。

17 执行菜单栏中的“图像”/“调整”/“色彩平衡”命令，打开“色彩平衡”对话框，在“色阶”参数栏内分别键入50、50、0，如图15-14所示。

18 在“色彩平衡”对话框中单击“确定”按钮，退出该对话框。图15-15为调整图像色调后的效果。

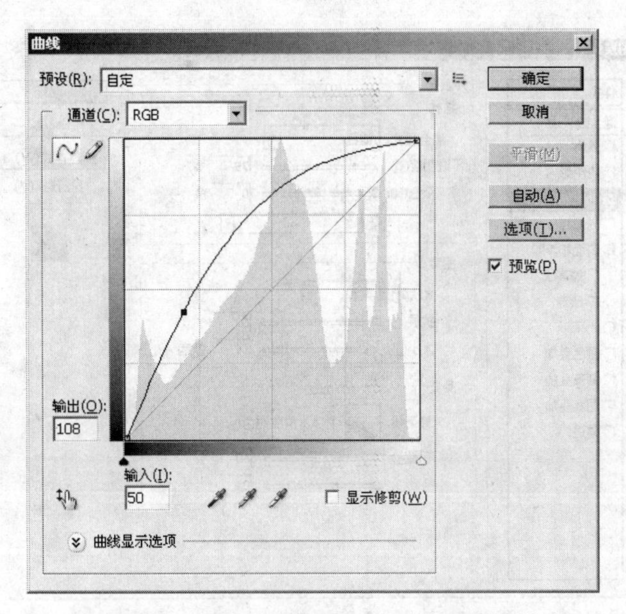

图 15-13 设置“曲线”对话框中的相关参数

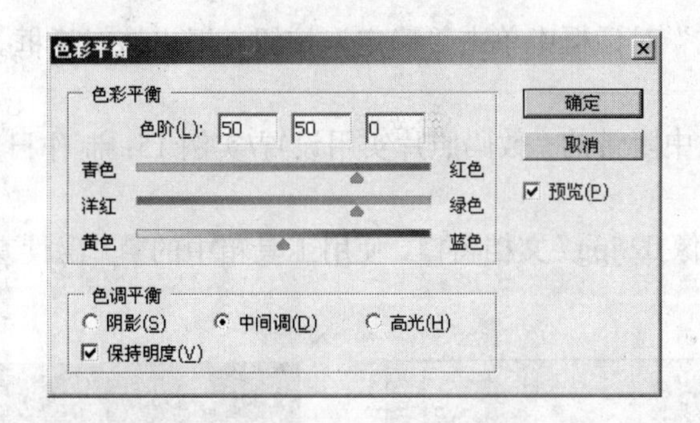

图 15-14 设置“色彩平衡”对话框中的相关参数

图 15-15 调整图像色调

18 选择“图层 2”，执行菜单栏中的“图层”/“图层样式”/“外发光”命令，打开“图层样式”对话框，在“结构”选项组下的“不透明度”参数栏内键入 75，设置发光颜色为白色，在“图案”选项组下的“扩展”参数栏内键入 0，在“大小”参数栏内键入 16，其他参数使用默认设置，如图 15-16 所示。

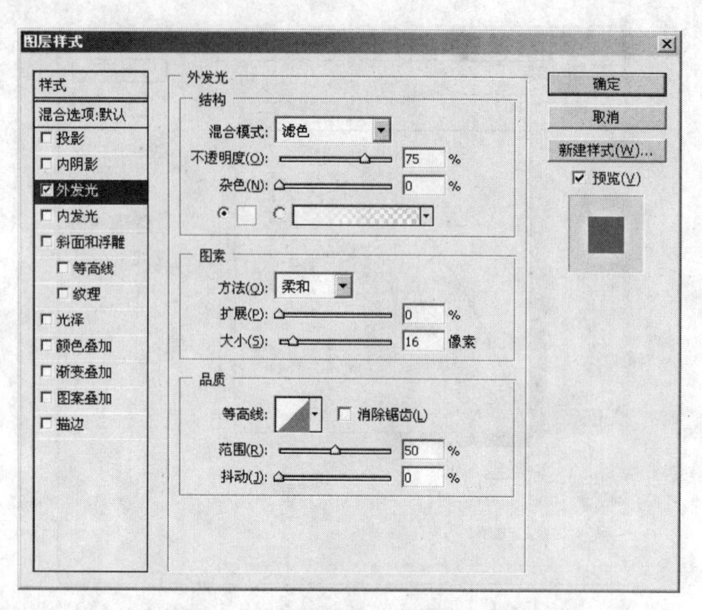

图 15-16　设置“图层样式”对话框中的相关参数

20 在“图层样式”对话框中单击“确定”按钮，退出该对话框。图 15-17 为设置图像“外发光”后效果。

21 打开本书光盘中附带的“数码照片实用设置/实例 15：制作日历/素材图像 02.jpg”文件。

22 进入“素材图像 02.jpg”文档窗口，使用工具箱中的“磁性套索工具”参照图 15-18 所示绘制选区。

图 15-17　设置图像“外发光”效果

图 15-18　绘制选区

23 在“属性”栏中激活“从选区减去”按钮，然后绘制另外两个选区，图 15-19 中红色区域为绘制的两个选区。

24 确定选区内的图像处于选择状态，然后使用工具箱中的“移动工具”将其拖动至“制作日历.psd”文档窗口中，这时会自动生成新图层——“图层 3”。

25 选择“图层 3”，按下键盘上的 Ctrl+T 组合键，打开自由变换框，然后按住键盘上的 Shift 键，成比例缩小图像，并将其移至如图 15-20 所示的位置。

图 15-19　绘制另外两个选区

图 15-20　调整图像位置

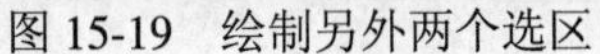

26 按下键盘上的 Enter 键，结束自由变换操作。

27 按住键盘上的 Ctrl 键，单击“图层”调板中的“图层 3”图层缩览图，加载该图层选区。创建一个新图层——“图层 4”，将“图层 4”移至“图层 3”底部。

28 选择“图层 4”，将前景色设置为黑色，并使用前景色填充选区。按下键盘上的 Ctrl+D 组合键，取消选区。

29 选择“图层 4”，参照图 15-21 进行微移。

提示

在进行微移时，可使用键盘上的“向上”、“向下”、“向左”和“向右”键。

30 在“图层”调板中将“图层 4”的不透明度值设置为 30%，如图 15-22 所示。

图 15-21　调整图像位置

图 15-22　调整图像不透明度

31 创建一个新图层——“图层 5”，使用工具箱中的“矩形选框工具”，参照图 15-23 所示绘制矩形选区。

图 15-23　绘制矩形选区

32 将前景色设置为土黄色（R：173、G：155、B：124），使用前景色填充选区。然后按下键盘上的 Ctrl+D 组合键，取消选区。图 15-24 为填充选区后的图像效果。

图 15-24　填充选区

33 接下来键入日期文本。单击工具箱中的 T.“横排文字工具”按钮，在“属性”栏中设置字体样式为 Impact，设置字体大小为 24，设置字体颜色为黑色。然后在如图 15-25 所示的位置键入“2008 年 6 月”字样。

图 15-25　键入文本

34 分别选择刚刚键入的文本“年”和“月”，设置其字体样式为黑体，设置其字体大小为 30，如图 15-26 所示。

35 单击工具箱中的 T.“横排文字工具”按钮，在“属性”栏中设置字体样式为 Monotype Corsiva，设置字体大小为 24，设置字体颜色为黑色。然后在如图 15-27 所示的位置键入 June calendar 字样。

图 15-26　设置字体大小和样式

图 15-27　键入文本

36 单击工具箱中的 T.“横排文字工具”按钮，在“属性”栏中设置字体样式为 Monotype Corsiva，设置字体大小为 30，设置字体颜色为黑色，然后参照图 15-28 所示分别键入 Sun、Mon、Tue、Wed、Thu、Fri、Sat 字样。

37 单击工具箱中的 T.“横排文字工具”按钮，在“属性”栏中设置字体样式为 Monotype Corsiva，设置字体大小为 24，设置字体颜色为黑色，然后参照图 15-29 键入文本。

图 15-28　键入文本

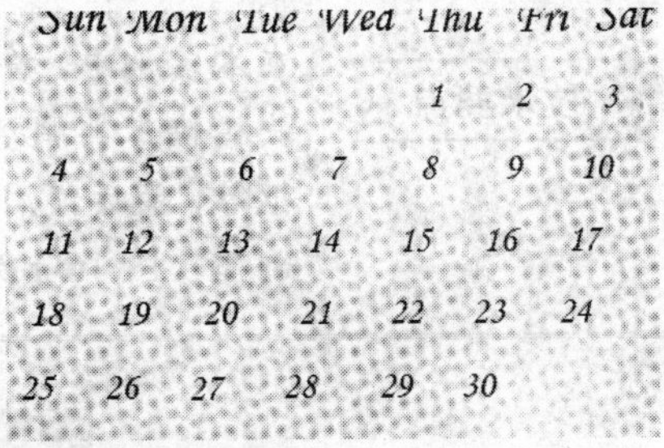

图 15-29　键入文本

38 创建一个新图层——“图层 6”，单击工具箱中的“画笔工具”按钮，设置画笔大小为 3，确定前景色为黑色，然后按住键盘上的 Shift 键，参照图 15-30 所示绘制横线。

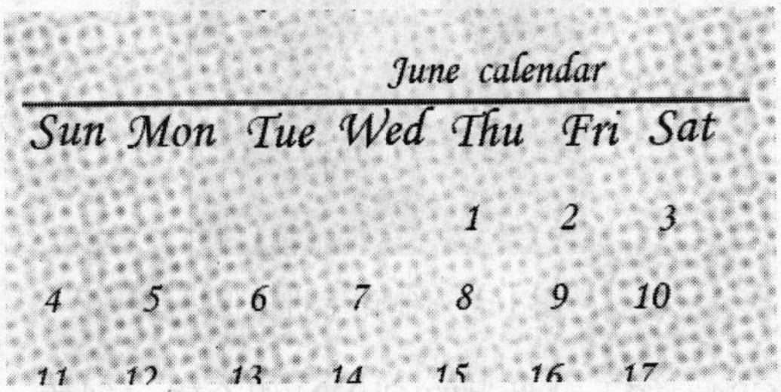

图 15-30　绘制横线

39 通过以上制作本实例就全部完成了，完成后的效果如图 15-31 所示。如果读者在制作过程中遇到什么问题，可以打开本书光盘中附带的“数码照片实用设置/实例 15：制作日历/制作日历. psd”文件，该文件为本实例完成后的文件。

图 15-31　制作日历

实例 16　制作手机屏保

在本实例中，将指导读者如何将人物图像和背景图像应用于手机屏保，并使用 Photoshop CS4 中的工具制作雪花的效果。通过本实例，使读者了解使用人物图像设置手机屏保的方法。

在本实例中，首先使用色相饱和度工具调整背景图像的色调，使用镜头模糊工具调整图像的模糊效果，然后使用抠像工具对人物图像进行抠像，最后使用椭圆选区工具和羽化工具绘制雪花，完成手机屏保的制作，图 16-1 为编辑后的效果。

图 16-1　制作手机屏保

1 运行 Photoshop CS4，按下键盘上的 Ctrl+N 组合键，创建一个“宽度”为 240 像素，“高度”为 320 像素，模式为 RGB 颜色，名称为“制作手机屏保”的新文档。

2 执行菜单栏中的“文件”/“打开”命令，打开“打开”对话框，从该对话框中选择本书光盘中附带的“数码照片实用设置/实例 16：制作手机屏保/素材图像 01.jpg”文件，如

图 16-2 所示。单击“打开”按钮，退出“打开”对话框。

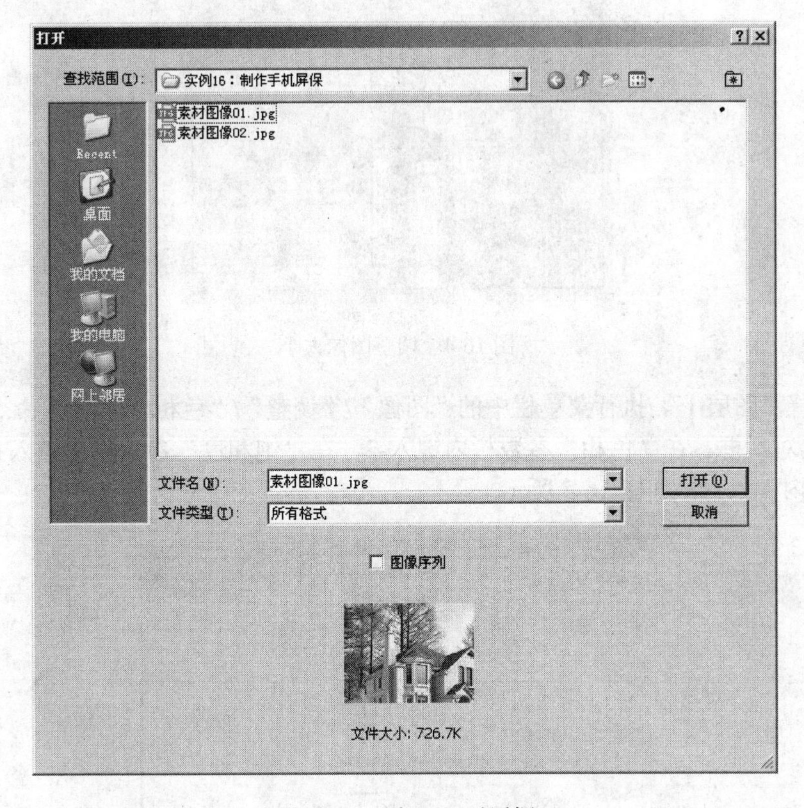

图 16-2　“打开”对话框

3 选择工具箱中的 “移动工具”，将“素材图像 01.jpg”文档窗口中的图像拖动至“制作手机屏保.psd”文档窗口中，如图 16-3 所示。这时在“图层”调板上会自动生成新图层——“图层 1”。

图 16-3　复制图像

4 选择“图层 1”，按下键盘上的 Ctrl+T 组合键，打开自由变换框，然后按住键盘上的 Shift 键，参照图 16-4 成比例缩小图像。

5 按下键盘上的 Enter 键，结束自由变换操作。

图 16-4　调整图像大小

6 选择“图层 1”，执行菜单栏中的“图像”/“调整”/“色相/饱和度”命令，打开“色相/饱和度”对话框。在“色相”参数栏内键入-2，在“饱和度”参数栏内键入+20，在“明度”参数栏内键入-2，如图 16-5 所示。

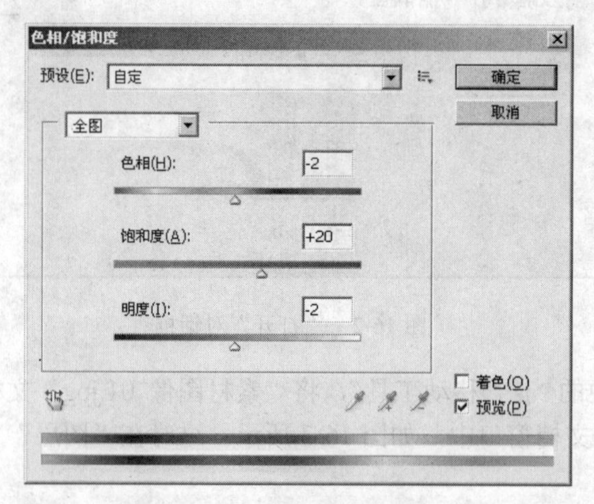

图 16-5　设置“色相/饱和度”对话框中的相关参数

7 在“色相/饱和度”对话框中单击“确定”按钮，退出该对话框。图 16-6 为设置“色相”/“饱和度”后的图像效果。

图 16-6　设置图像色相/饱和度

8 接下来设置图像的镜头模糊。执行菜单栏中的“滤镜”/“模糊”/“镜头模糊”命令，打开“镜头模糊”对话框。在“光圈”选项组下的“半径”参数栏内键入 4，其他参数使用默认设置，如图 16-7 所示。

图 16-7 设置“镜头模糊”对话框中的相关参数

9 在“镜头模糊”对话框中单击“确定”按钮，退出该对话框。图 16-8 为设置镜头模糊后的图像效果。

10 接下来打开本书光盘中附带的“数码照片实用设置/实例 16：制作手机屏保/素材图像 02.jpg”文件。

11 进入“素材图像 02.jpg”文档窗口。单击工具箱中的“以快速蒙版模式编辑”按钮，进入快速蒙版模式编辑状态，然后单击“画笔工具”按钮，适当调整画笔大小，并参照图 16-9 所示在人物部分进行涂抹。

图 16-8 设置图像镜头模糊效果

图 16-9 在人物部分进行涂抹

12 单击工具箱中的“以标准模式编辑”按钮，进入标准模式编辑状态，这时在人物边缘处生成一个选区。

13 执行菜单栏中的“选择”/“反向”命令，反选选区，如图 16-10 所示。

14 确定选区内的图像处于选择状态，然后使用工具箱中的“移动工具”将其拖动至“制作手机屏保.psd”文档窗口中，这时会自动生成新图层——“图层 2”。

15 选择“图层 2”中的图像，将其拖动至如图 16-11 所示的位置。

图 16-10 反选选区

图 16-11 调整图像位置

16 接下来调整图像的亮度。执行菜单栏中的“图像”/“调整”/“曲线”命令，打开“曲线”对话框。在曲线上任意处单击，确认点的位置，在“输出”参数栏内键入 250，在“输入”参数栏内键入 146，如图 16-12 所示。

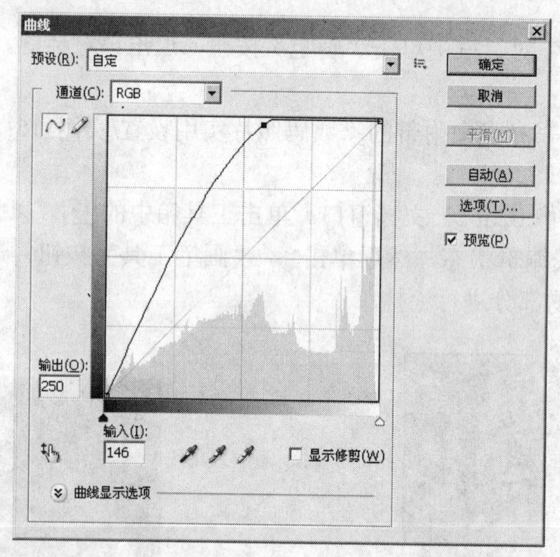

图 16-12 设置“曲线”对话框中的相关参数

17 在“曲线”对话框中单击“确定”按钮，退出该对话框。图 16-13 为调整亮度后的图像效果。

18 确定“图层 2”处于选择状态，执行菜单栏中的“图像”/“调整”/“可选颜色”命令，打开“可选颜色”对话框。在“颜色”下拉选项栏中选择“红色”选项，在“青色”参数栏内键入+100，其他参照使用默认设置，如图 16-14 所示。

19 在“可选颜色”对话框中的“颜色”下拉选项栏中选择“青色”选项，在“青色”参数栏内键入-100，在“黑色”参数栏内键入+10，如图 16-15 所示。

图 16-13　调整图像亮度

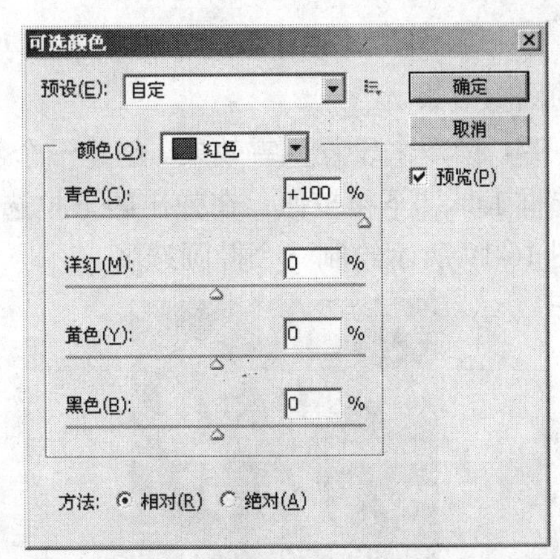

图 16-14　设置“可选颜色”对话框中的相关参数

20 在“可选颜色”对话框中单击“确定”按钮，退出该对话框。图 16-16 为调整图像颜色后的效果。

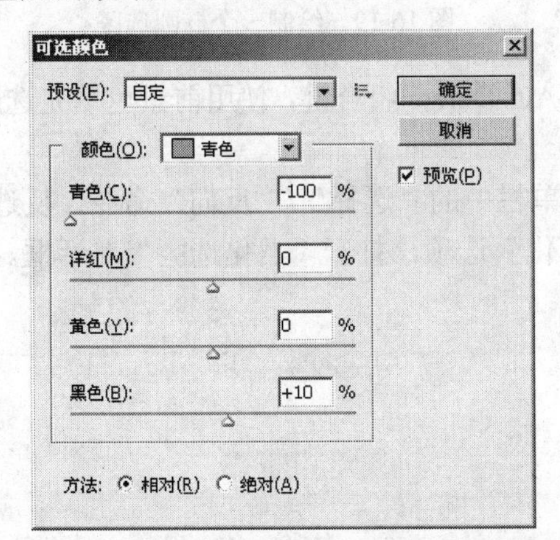

图 16-15　设置“可选颜色”对话框中的相关参数

图 16-16　调整图像颜色

21 接下来调整图像的锐化效果。执行菜单栏中的“滤镜”/“锐化”/“USM 锐化”命令，打开“USM 锐化”对话框。在“数量”参数栏内键入 40，在“半径”参数栏内键入 6.0，如图 16-17 所示。

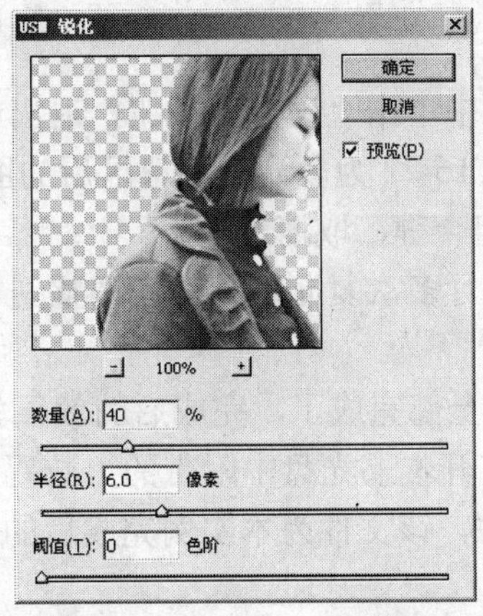

图 16-17　设置“USM 锐化”对话框中的相关参数

22 在“USM锐化”对话框中单击“确定”按钮，退出该对话框。图16-18为设置锐化后的图像效果。

23 接下来设置飘雪效果。创建一个新图层——“图层3”，然后右击工具箱中的“矩形选框工具”下拉按钮，在弹出的下拉选项栏中选择“椭圆选框工具”选项，使用该工具参照图16-19所示绘制一个椭圆选区。

图16-18 设置图像锐化效果

图16-19 绘制一个椭圆选区

24 将前景色设置为白色，然后按下键盘上的Alt+Delete组合键，使用前景色填充选区，如图16-20所示。

25 确定选区内的图像处于选择状态，执行菜单栏中的“选择”/“反向”命令，反选选区。然后右击鼠标，在弹出的快捷菜单中选择“羽化”选项，打开“羽化选区”对话框。在“羽化半径”参数栏内键入5，如图16-21所示。

图16-20 填充选区

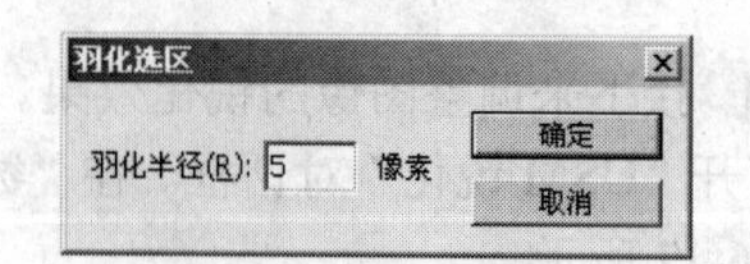

图16-21 “羽化选区”对话框

26 在“羽化半径”对话框中单击“确定”按钮，退出该对话框。然后按五下键盘上的Delete键删除选区内的图像。图16-22为多次删除选区后的图像效果。

27 按下键盘上的Ctrl+D组合键，取消选区。

28 接下来将“图层 3”进行多次复制，并适当调整副本图像的大小和位置，使其产生雪飘效果。

29 通过以上制作本实例就全部完成了，完成后的效果如图16-23所示。如果读者在制作过程中遇到什么问题，可以打开本书光盘中附带的“数码照片实用设置/实例 16：制作手机屏保/制作手机屏保. psd”文件，该文件为本实例完成后的文件。

图 16-22 删除选区内图像

图 16-23 制作手机屏保

实例 17 制作手机动画

使用 Photoshop CS4 中的动画设置工具，可以制作 gif 格式的动画。在本实例中，将指导读者制作一段手机动画，通过调整人物图像并设置心形图像跳动动画来完成手机动画。通过本实例，使读者了解设置 gif 格式手机动画的方法。

在本实例中，首先使用滤镜工具设置背景效果，使用曲线工具调整人物图像的色调，使用替换颜色工具设置人物面部皮肤的色调，然后使用路径工具绘制心形图形，并填充图形颜色，最后设置动画效果，完成手机动画的制作。图 17-1 为编辑后的效果。

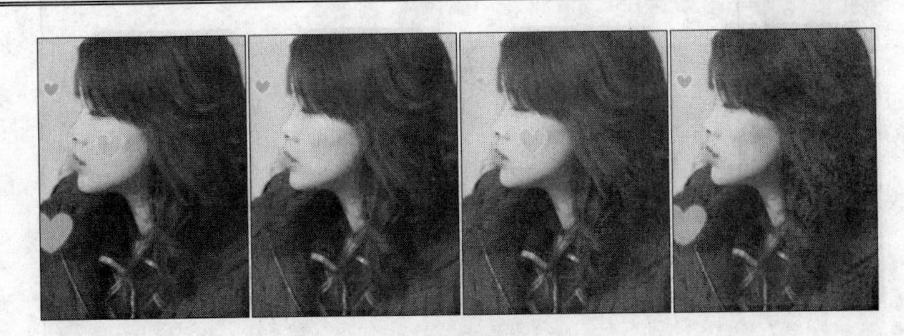

图 17-1 制作手机动画

1 运行 Photoshop CS4，按下键盘上的 Ctrl+N 组合键，创建一个“宽度”为 240 像素，“高度”为 320 像素，模式为 RGB 颜色，名称为“制作手机动画”的新文档。

2 将前景色设置为蓝色（R：175、G：212、B：215），然后执行菜单栏中的“滤镜”/“渲染”/“云彩”命令，设置云彩效果，如图 17-2 所示。

读者在设置云彩效果时，可多次使用该工具，直到认为满意为止。

提示

图 17-2 设置云彩效果

3 执行菜单栏中的“文件”/“打开”命令，打开“打开”对话框，从该对话框中选择本书光盘中附带的“数码照片实用设置/实例 17：制作手机动画/素材图像.jpg”文件，如图 17-3 所示。单击“打开”按钮，退出“打开”对话框。

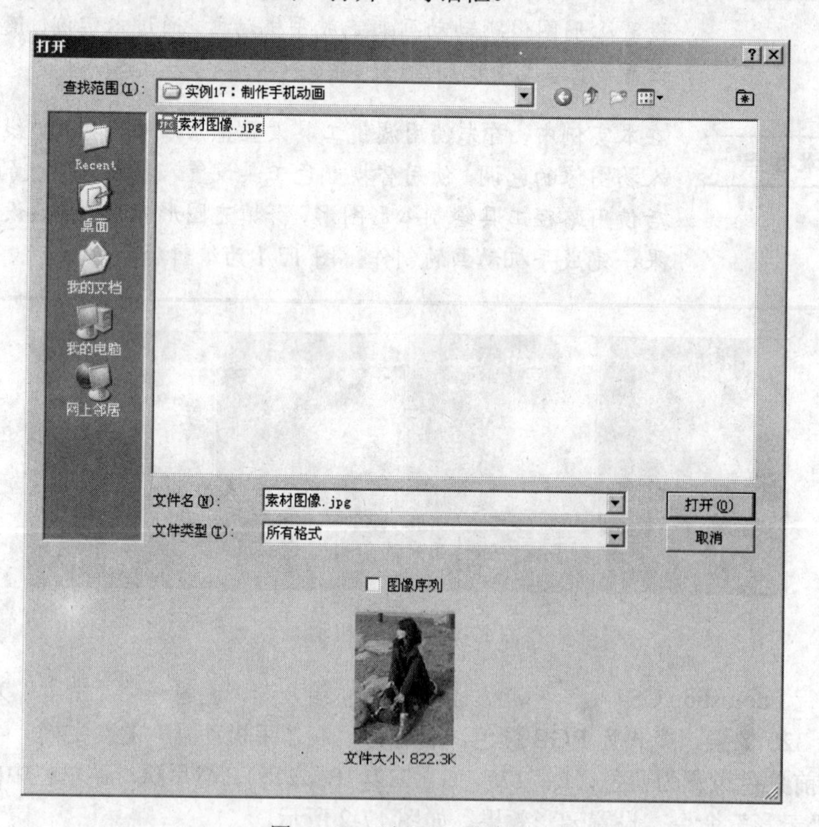

图 17-3 “打开”对话框

4 单击工具箱中的“磁性套索工具”按钮，使用该工具参照图 17-4 沿人物上半部边缘绘制选区。

5 确定选区内的图像处于选择状态，然后使用工具箱中的 移动工具”将选区内的图像拖动至“制作手机动画.psd”文档窗口中，这时在“图层”调板中自动生成新图层——“图层 1”。

6 选择“图层 1”，按下键盘上的 Ctrl+T 组合键，打开自由变换框，按住键盘上的 Shift 键，成比例放大图像大小。图 17-5 中左图为未调整图像时的图像大小，右图为调整后的图像大小。

图 17-4 绘制选区

图 17-5 调整图像大小

7 按下键盘上的 Ctrl+D 组合键，取消自由变换操作。

8 接下来调整人物图像的色调。执行菜单栏中的“图像”/“调整”/“曲线”命令，打开“曲线”对话框。在曲线上任意处单击，确认点的位置，在“输出”参数栏内键入 130，在“输入”参数栏内键入 120，如图 17-6 所示。

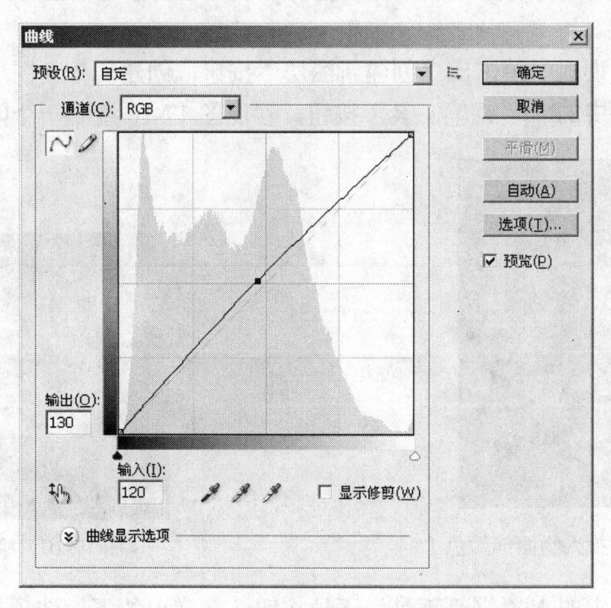

图 17-6 设置“曲线”对话框中的相关参数

9 在“曲线”对话框中单击“确定”按钮，退出该对话框。图 17-7 为设置曲线后的图像效果。

10 接下来为人物皮肤换色。执行菜单栏中的“图像”/“调整”/“替换颜色”命令，打开“替换颜色”对话框。使用吸管工具在人物图像面部拾取样点，然后在“替换”选项组的“饱和度”参数栏内键入+6，在“明度”参数栏内键入+22，如图 17-8 所示。

图 17-7　调整曲线

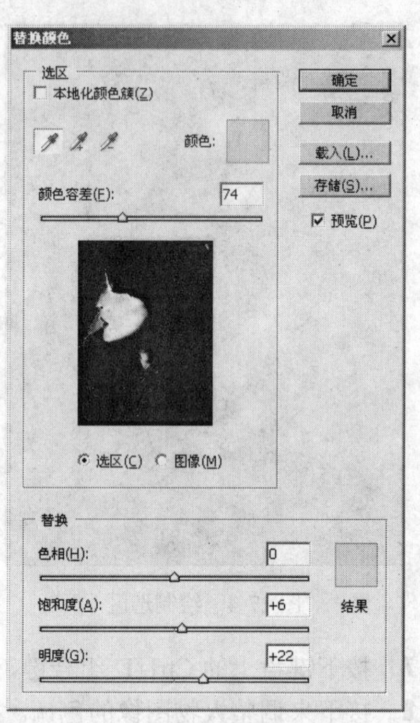

图 17-8　设置“替换颜色”对话框中的参数

11 在“替换颜色”对话框中单击“确定”按钮，退出该对话框。图 17-9 为替换人物面部颜色后的图像效果。

12 在“图层”调板中单击“创建新图层”按钮，创建一个新图层——“图层 2”。

13 单击工具箱中的“钢笔工具”按钮，参照图 17-10 绘制一个闭合路径。

图 17-9　替换人物面部颜色

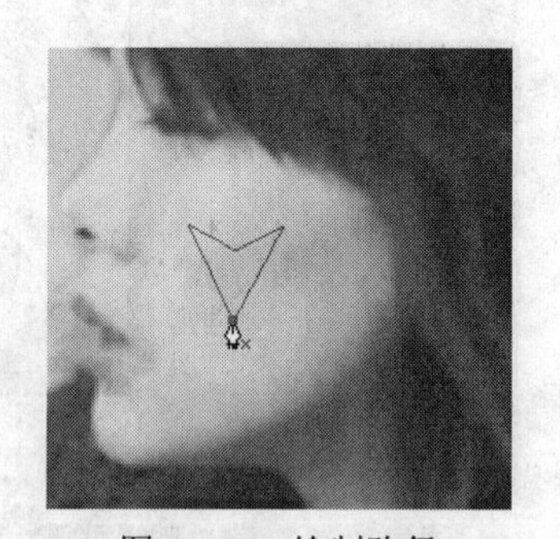

图 17-10　绘制路径

14 右击工具箱中的“钢笔工具”下拉按钮，在弹出的下拉选项栏中选择“转换点工具”选项，然后选择锚点，调整锚点两侧的键头，使其呈现心形形状，如图 17-11 所示。

提示

按住键盘上的 Ctrl 键，可调整锚点的位置，按住键盘上的 Alt 键，可选择锚点一侧的键头并进行相应调整。

15 进入“路径”调板，单击“调板”底部的 “将路径作为选区载入”按钮，将路径转化为选区，如图 17-12 所示。

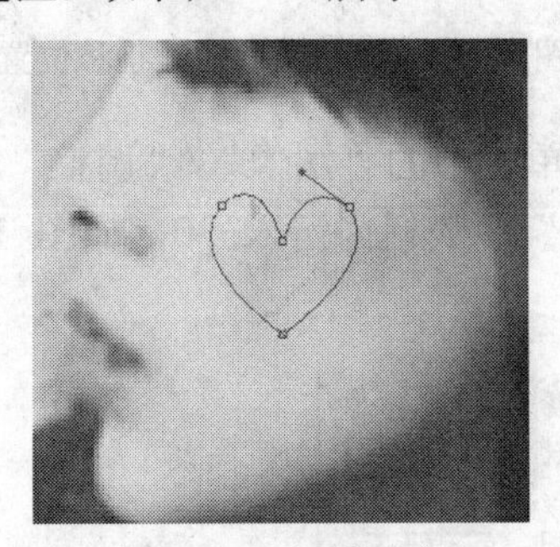

图 17-11　调整路径

图 17-12　将路径转化为选区

16 进入“图层”调板，将前景色设置为黄色（R：241、G：207、B：131），按下键盘上的 Alt+Delete 组合键，使用前景色填充选区，如图 17-13 所示。

17 按下键盘上的 Ctrl+D 组合键，取消选区。然后执行菜单栏中的“图层”/“图层样式”/“外发光”命令，打开“图层样式”对话框。在“结构”选项组中设置发光颜色为黄色（R：255、G：255、B：0），其他参数使用默认设置，如图 17-14 所示。

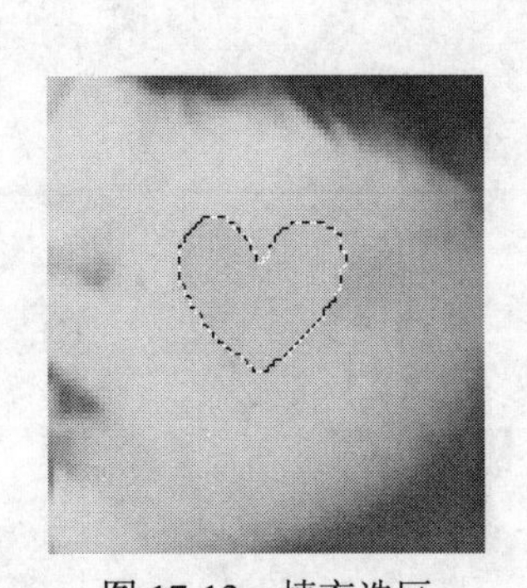

图 17-13　填充选区

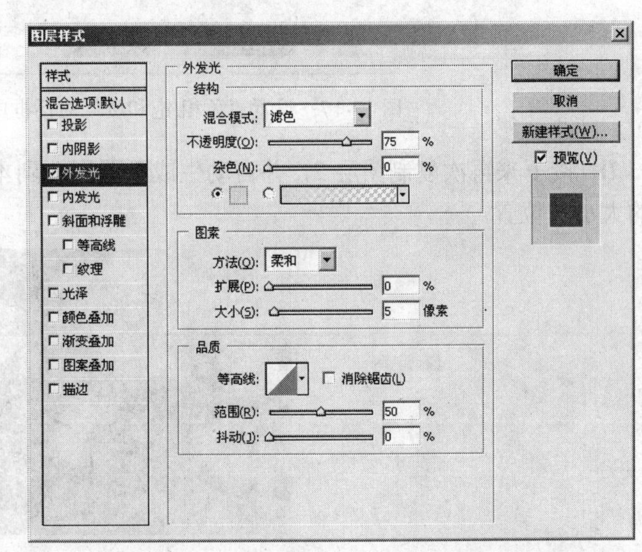

图 17-14　设置“图层样式”对话框中的相关参数

18 在“图层样式”对话框中单击“确定”按钮，退出该对话框。图 17-15 为设置外发光后的图像效果。

18 复制“图层 2”，并自动生成新图层——“图层 2 副本”，选择副本层，参照图 17-16

调整图像的大小和位置。

图 17-15　设置外发光效果

图 17-16　调整图像的大小和位置

20 确定“图层 2 副本”层处于选择状态，执行菜单栏中的“图像”/“调整”/“色相/饱和度”命令，打开“色相/饱和度”对话框。在“色相”参数栏内键入-30，如图 17-17 所示。然后单击“确定”按钮，退出该对话框。

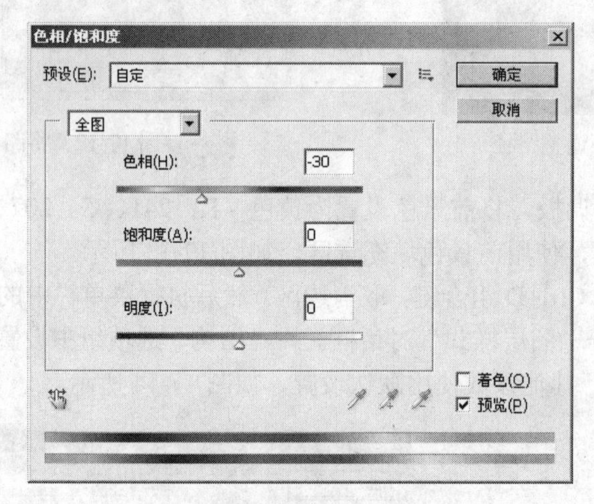

图 17-17　设置“色相/饱和度”对话框中的相关参数

21 接下来再次复制图层 2，并自动生成“图层 2 副本 2”层，然后参照图 17-18 调整图像的大小和位置。

图 17-18　调整图像的大小和位置

22 选择“图层 2 副本 2”层，执行菜单栏中的“图像”/“调整”/“色相/饱和度”命令，打开“色相/饱和度”对话框。在“色相”参数栏内键入+150，在“饱和度”参数栏内键入-30，如图 17-19 所示。然后单击“确定”按钮，退出该对话框。

23 素材文件设置结束，接下来需要设置动画。执行菜单栏中的“窗口”/“动画”命令，如图 17-20 所示。

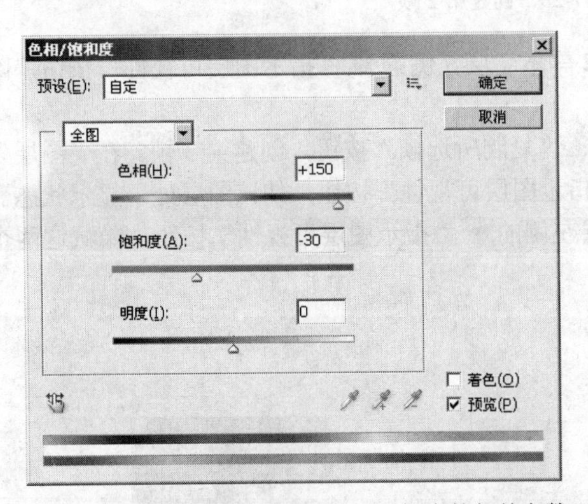

图 17-19　设置“色相/饱和度”对话框中的相关参数

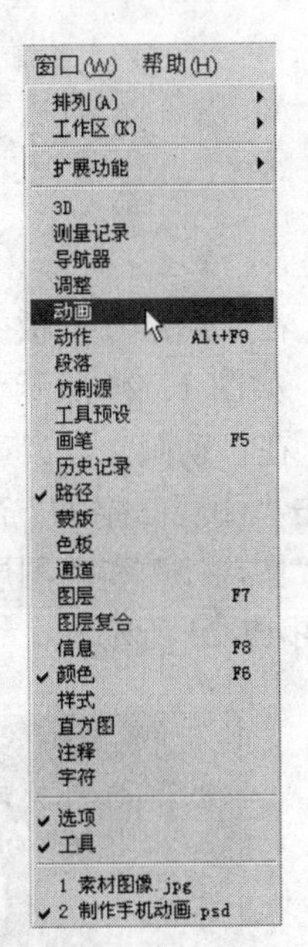

图 17-20　执行“动画”命令

24 执行“动画”命令后，打开“动画（帧）”调板。如图 17-21 所示。

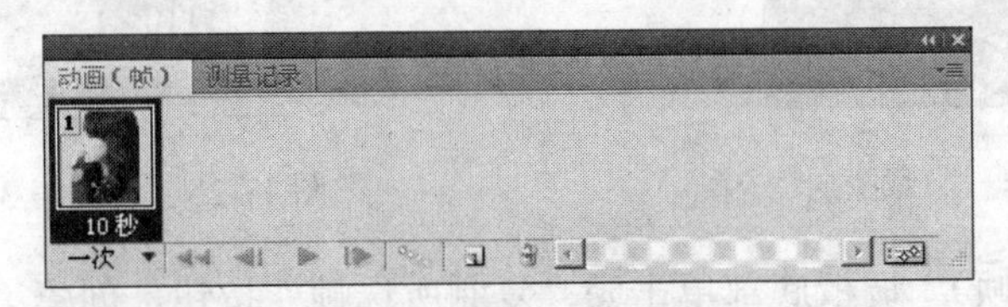

图 17-21　“动画（帧）”调板

25 在“图层”调板中单击除“背景”层以外的其他图层左侧的“指示图层可见性”按钮，隐藏这些图层。

26 在“动画（帧）”调板中右击“选择帧延迟时间”选项，在弹出的快捷菜单中选择 0.5 选项，确定第 1 帧的延迟时间，如图 17-22 所示。

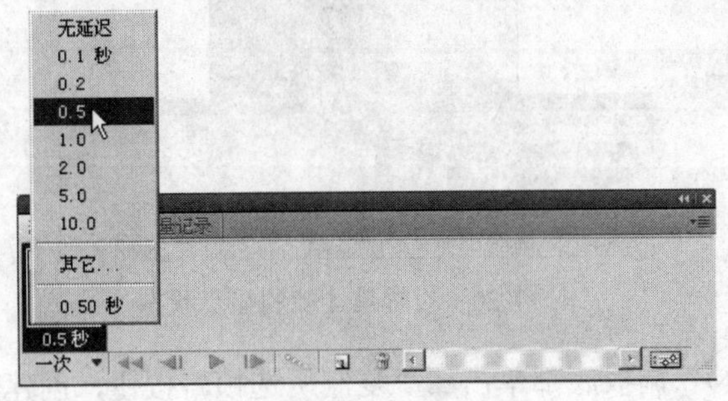

图 17-22　选择 0.5 选项

27 在“动画（帧）”调板底部单击“复制所选帧”按钮，创建第 2 帧，如图 17-23 所示。

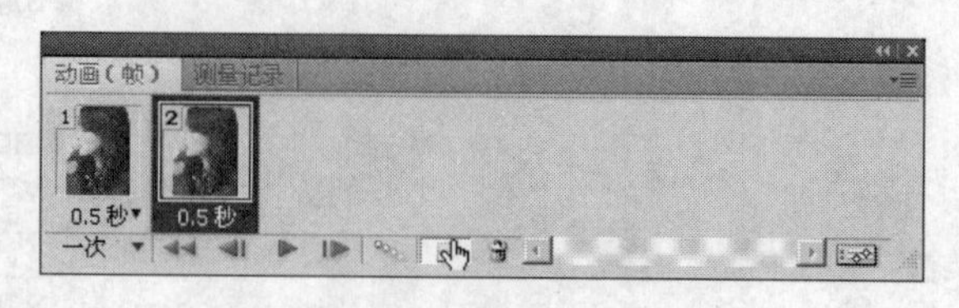

图 17-23　创建第 2 帧

28 在“图层”调板中单击“图层 2 副本”层左侧的“指示图层可视性”按钮，隐藏该图层，如图 17-24 所示。

29 在“动画（帧）”调板底部单击“复制所选帧”按钮，创建第 3 帧。在“图层”调板中单击“图层 2 副本”层左侧的“指示图层可视性”按钮，使该图层处于显示状态。然后单击“图层 2”和“图层 2 副本 2”层左侧的“指示图层可视性”按钮，隐藏这两个图层，如图 17-25 所示。

图 17-24　隐藏图层

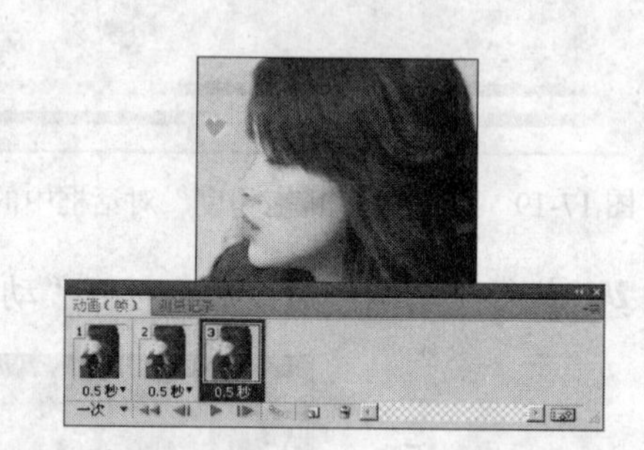

图 17-25　设置第 3 帧图像显示状态

30 在“动画（帧）”调板底部单击“复制所选帧”按钮，创建第 4 帧。在“图层”调板中单击“图层 2”左侧的“指示图层可视性”按钮，使该图层处于显示状态。然后单击“图层 2 副本”左侧的“指示图层可视性”按钮，隐藏该图层，如图 17-26 所示。

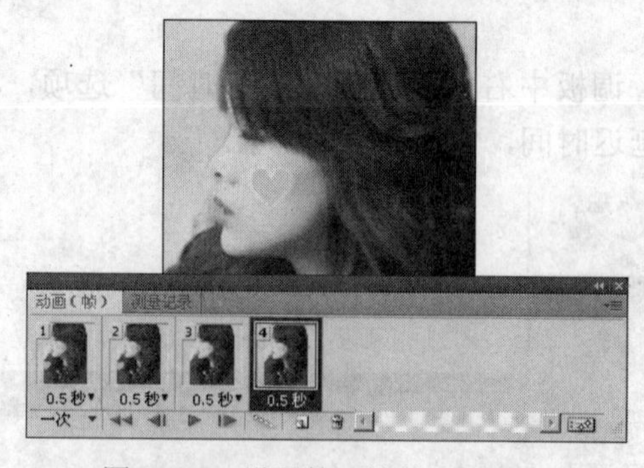

图 17-26　设置第 4 帧的显示状态

31 在“动画（帧）”调板底部单击“复制所选帧”按钮，创建第 5 帧。在“图层”调板中单击“图层 2”左侧的“指示图层可视性”按钮，隐藏该图层。然后单击“图层 2 副本”和“图层 2 副本 2”左侧的“指示图层可视性”按钮，使这两个图层处于显示状态，如图 17-27 所示。

32 在“动画（帧）”调板底部单击 “复制所选帧”按钮，创建第 6 帧。在“图层”调板中单击“图层 2”左侧的 “指示图层可视性”按钮，显示该图层。然后单击“图层 2 副本”和“图层 2 副本 2”左侧的 “指示图层可视性”按钮，隐藏这两个图层，如图 17-28 所示。

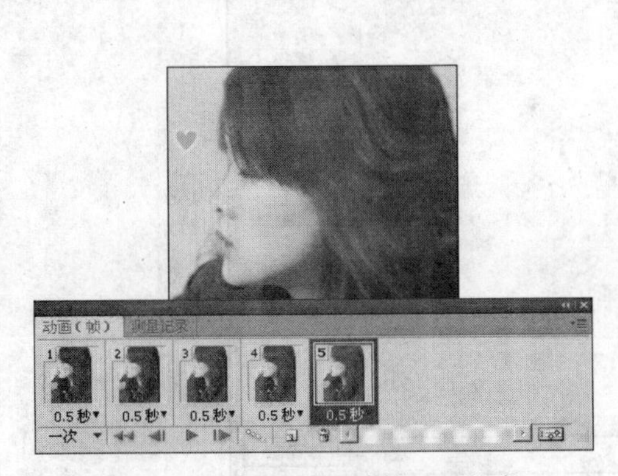

图 17-27　设置第 5 帧的显示状态

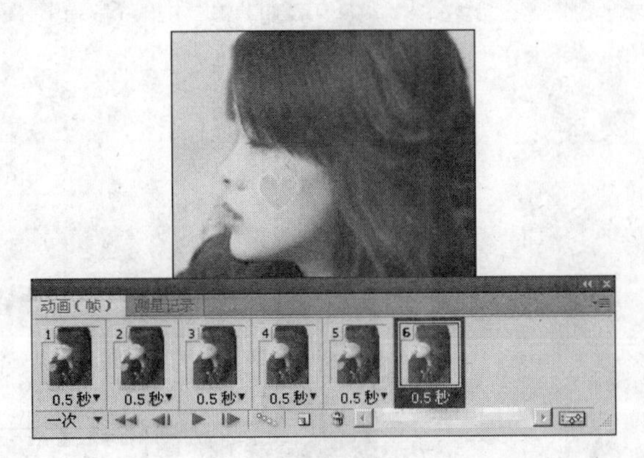

图 17-28　设置第 6 帧的显示状态

33 动画设置结束，接下来保存文件。执行菜单栏中的“文件”/“存储为 Web 所用格式”命令，打开“存储为 Web 和设备所用格式”对话框，如图 17-29 所示。然后单击“存储”按钮保存文件。

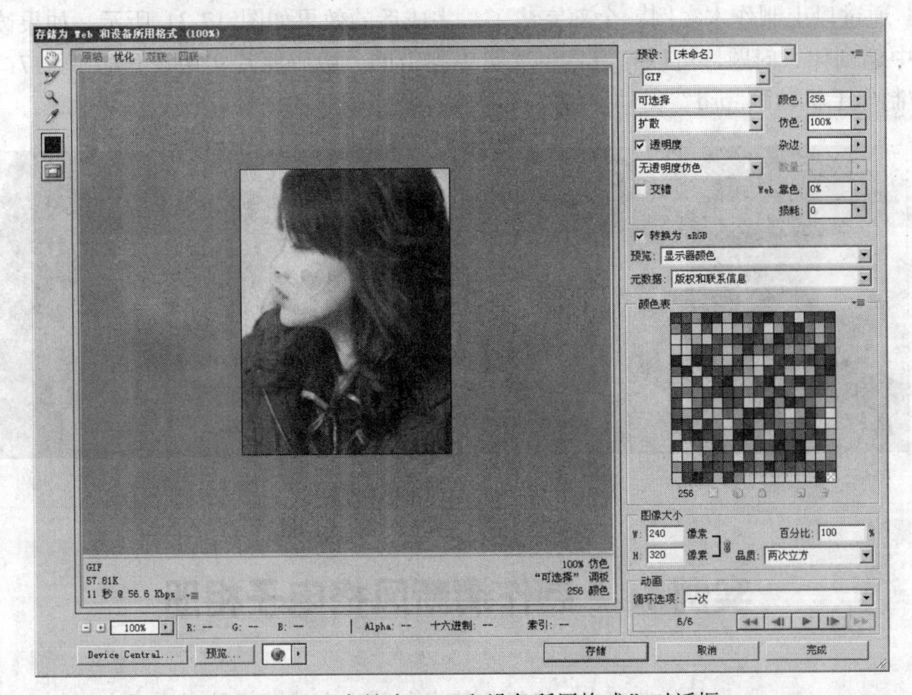

图 17-29　“存储为 Web 和设备所用格式”对话框

34 退出“存储为 Web 和设备所用格式”对话框后，打开“将优化结果存储为”对话框。在该对话框的“保存类型”下拉列表框中选择“仅限图像（*.gif）”选项，设置文件的名称和保存路径，如图 17-30 所示。然后单击“保存”按钮，退出该对话框。

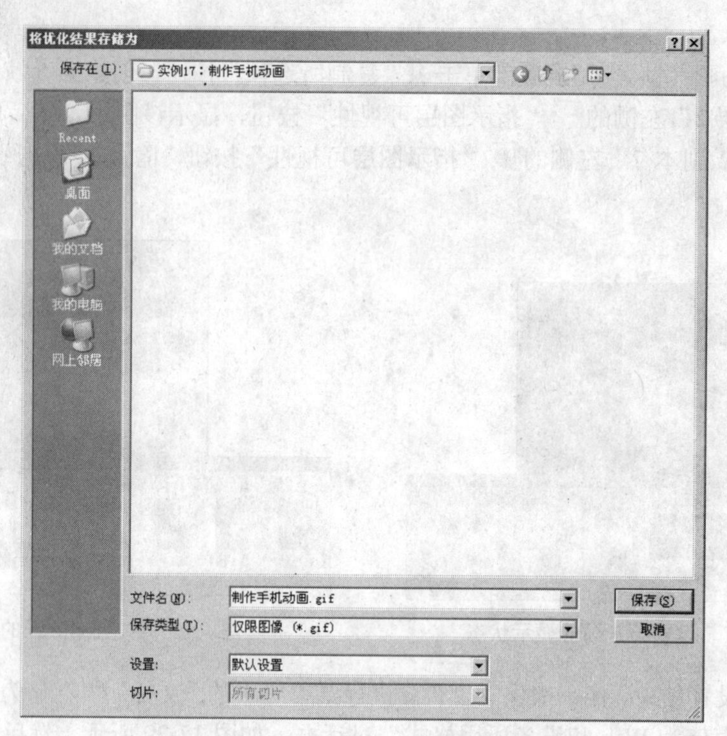

图 17-30　设置文件的名称、路径以及保存格式

35 通过以上制作本实例就全部完成了，完成后的效果如图 17-31 所示。如果读者在制作过程中遇到什么问题，可以打开本书光盘中附带的“数码照片实用设置/实例 17：制作手机动画/制作手机动画. psd”文件，该文件为本实例完成后的文件。

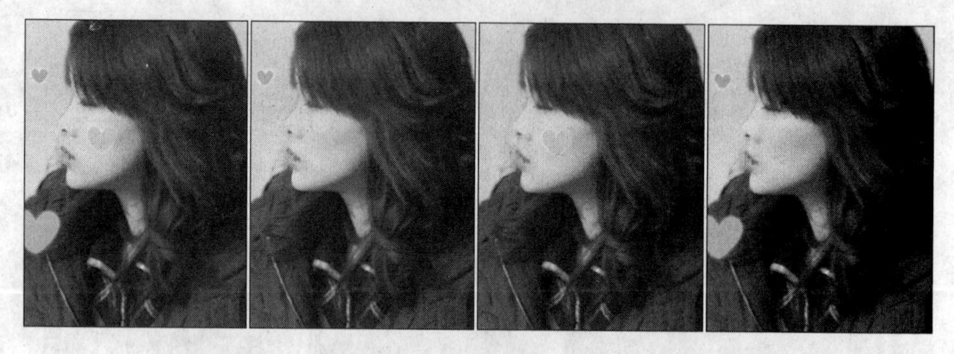

图 17-31　制作手机动画

实例 18　制作清新风格电子相册

在本实例中，将指导读者制作一个清新风格的电子相册。在设置过程中，需要对背景进行虚化处理，通过虚化背景图像和设置照片的显示状态，使读者了解相关工具的应用方法和设置清新风格电子相册的方法。

在本实例中，首先使用蒙版工具和渐变工具设置选区，并调整图像的色调，使用模糊工具设置图像的模糊效果，最后使用文字工具键入文本和使用自定形状工具绘制花瓣，完成清新风格电子相册的制作。图 18-1 为编辑后的效果。

图 18-1　制作清新风格电子相册

1 运行 Photoshop CS4，按下键盘上的 Ctrl+N 组合键，创建一个“宽度”为 1024 像素，“高度”为 768 像素，模式为 RGB 颜色，名称为“制作清新风格电子相册”的新文档。

2 将前景色设置为深绿色（R：49、G：66、B：29），然后按下键盘上的 Alt+Delete 组合键，使用前景色填充背景。

3 执行菜单栏中的“文件”/“打开”命令，打开“打开”对话框，从该对话框中选择本书光盘中附带的“数码照片实用设置/实例 18：制作清新风格电子相册/素材图像 01.jpg”文件，如图 18-2 所示。单击“打开”按钮，退出该对话框。

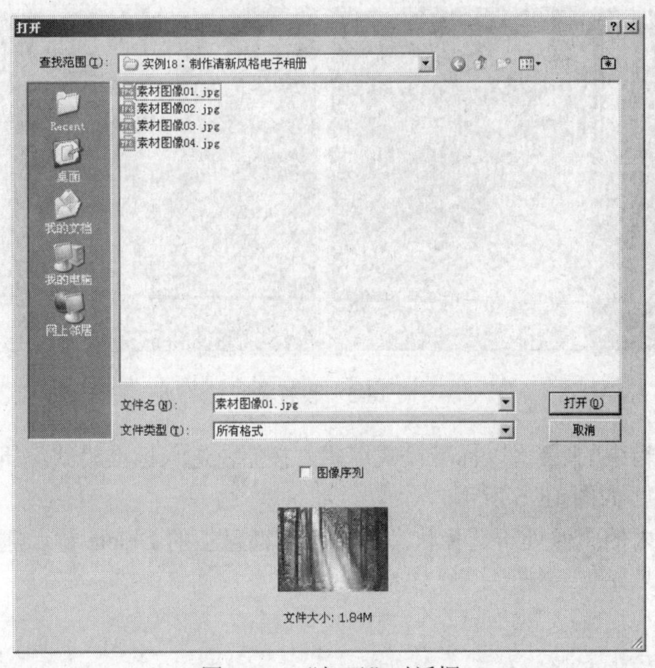

图 18-2　“打开”对话框

4 单击工具箱中的 “移动工具”按钮，使用该工具将“素材图像01.jpg”文档窗口中的图像拖动至“制作清新风格电子相册.psd”文档窗口中，如图18-3所示。这时在“图层”调板中自动生成新图层——“图层1”。

图18-3 复制图像

5 选择“图层 1”，单击工具箱中的 “以快速蒙版模式编辑”按钮，进入快速蒙版模式编辑状态。然后单击 “渐变工具”按钮，在“属性”栏中激活 “径向渐变”按钮，如图18-4所示。

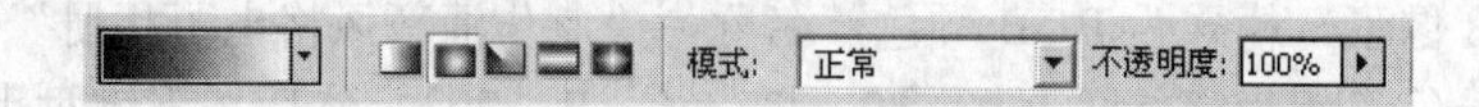

图18-4 设置径向渐变

6 按住鼠标左键，在图像中由中心向外拖动鼠标，如图18-5左图所示。然后松开鼠标，会出现如图18-5右所示的蒙版区域。

图18-5 设置蒙版

7 单击工具箱中的 “以标准模式编辑”按钮，进入标准模式编辑状态。这时在图像中会生成一个选区，如图18-6所示。

8 确定选区内的图像处于选择状态，按两下键盘上的Delete键，删除选区内的图像，如图18-7所示。

图 18-6　出现选区

图 18-7　删除选区内的图像

9 按下键盘上的 Ctrl+D 组合键，取消选区。

10 执行菜单栏中的“图像”/“调整”/“色彩平衡”命令，打开“色彩平衡”对话框。在“色阶”参数栏内键入 0、0、-100，如图 18-8 所示。

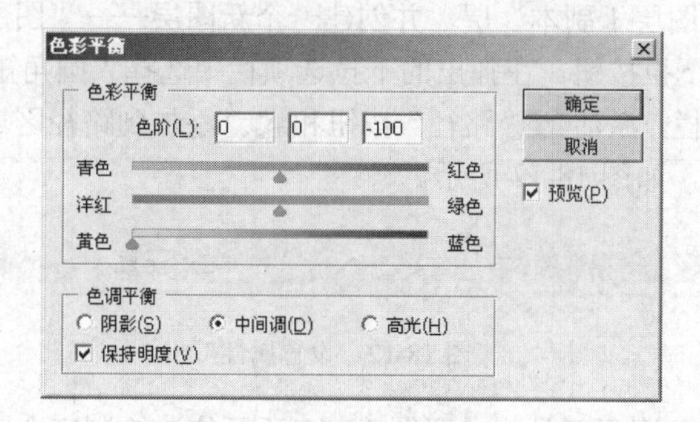

图 18-8　设置“色彩平衡”对话框中的相关参数

11 在“色彩平衡”对话框中单击“确定”按钮，退出该对话框。图 18-9 为设置图像色彩平衡后的图像效果。

图 18-9　设置图像色彩平衡

12 将“图层 1”复制并生成“图层 1 副本”层，然后隐藏“图层 1 副本”层。

13 选择“图层 1”，执行菜单栏中的“滤镜”/“模糊”/“高斯模糊”命令，打开“高斯模糊”对话框。在“半径”参数栏内键入 13.0，如图 18-10 所示。

14 在“高斯模糊”对话框中单击“确定”按钮，退出该对话框。图 18-11 为设置高斯模糊后的图像效果。

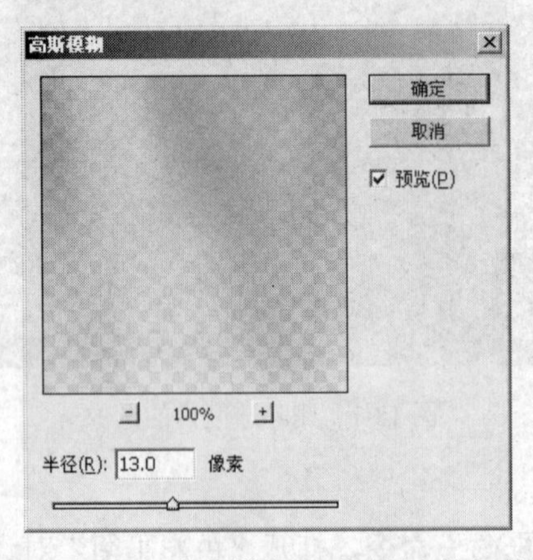

图 18-10 设置“高斯模糊”对话框中的相关参数

图 18-11 设置模糊后的图像效果

15 接下来显示“图层 1 副本”层，并创建一个新图层——“图层 2”。然后右击工具箱中的“矩形工具”下拉按钮，在弹出的下拉选项栏中选择“圆角矩形工具”选项。

16 进入“属性”栏，激活“路径”按钮和“添加到路径区域”按钮，并在“半径”参数栏内键入 0.5 厘米，如图 18-12 所示。

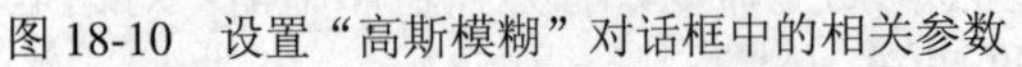

图 18-12 设置属性

17 接下来使用圆角矩形工具，参照图 18-13 所示依次绘制三个圆角矩形。

18 进入“路径”调板，单击调板底部的“将路径作为选区载入”按钮，将路径转化为选区，如图 18-14 所示。

图 18-13 绘制圆角矩形

图 18-14 将路径转化为选区

19 进入“图层”调板，将前景色设置为黄色（R：255、G：247、B：223），然后按下键盘上的 Alt+Delete 组合键，使用前景色填充选区，如图 18-15 所示。

20 按下键盘上的 Ctrl+D 组合键，取消选区。

21 执行菜单栏中的“编辑”/“描边”命令，打开“描边”对话框。在“描边”选项组的“宽度”参数栏内键入 2 px，将颜色设置为黑色，在“位置”选项组下选择“居外”单选按钮，如图 18-16 所示。

图 18-15　填充选区

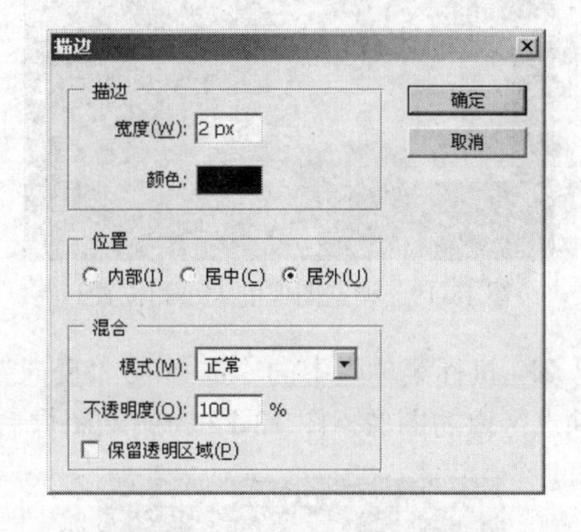

图 18-16　设置“描边”对话框中的相关参数

22 在“描边”对话框中单击“确定”按钮，退出该对话框。图 18-17 为设置描边后的图像效果。

23 接下来打开本书光盘中附带的“数码照片实用设置/实例 18：制作清新风格电子相册/素材图像 02.jpg”文件，如图 18-18 所示。

图 18-17　设置图像描边效果

图 18-18　素材图像 02.jpg 文件

24 使用工具箱中的“移动工具”，将“素材图像 02.jpg”文档窗口中的图像拖动至“制作清新风格电子相册.psd”文档窗口中。这时在“图层”调板中自动生成新图层——“图层 3”。

25 选择“图层 3”，按下键盘上的 Ctrl+T 组合键，打开自由变换框，然后参照图 18-19 调整图像的大小和位置。

26 按下键盘上的 Enter 键，结束自由变换操作。然后隐藏“图层 3”，并使用“圆角矩形工具”参照图 18-20 所示绘制两个圆角矩形。

27 进入“路径”调板，将刚刚绘制的圆角矩形转换为选区。然后进入“图层”调板中，将“图层 3”显示，如图 18-21 所示。

图 18-19　调整图像的大小和位置

图 18-20　绘制圆角矩形

28 执行菜单栏中的“选择”/“反向”命令，反选选区。然后按下键盘上的 Delete 键，删除选区内的图像，图 18-22 为删除图像后的效果。

图 18-21　显示图像

图 18-22　删除选区内图像

29 按下键盘上的 Ctrl+D 组合键，取消选区。

30 执行菜单栏中的“编辑”/“描边”命令，打开“描边”对话框。在“描边”选项组的“宽度”参数栏内键入 2 px，将颜色设置为黑色，在“位置”选项组下选择“居外”单选按钮，如图 18-23 所示。

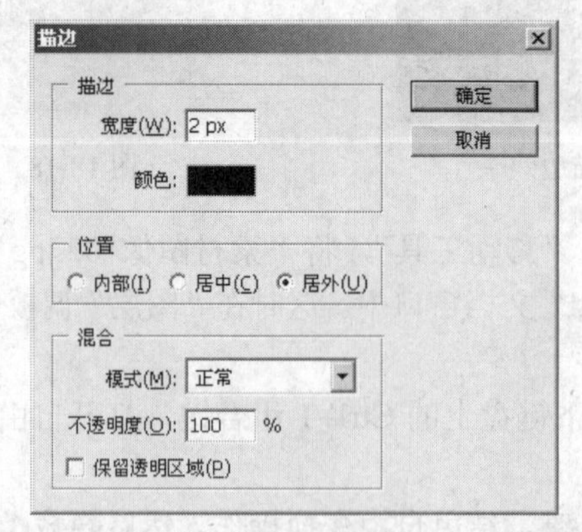

图 18-23　设置“描边”对话框中的相关参数

31 在“描边”对话框中单击“确定”按钮，退出该对话框。图 18-24 为设置描边后的图像效果。

图 18-24 设置图像描边效果

32 接下来分别打开本书光盘中附带的"数码照片实用设置/实例 18：制作清新风格电子相册/素材图像 03.jpg"和"素材图像 04.jpg"的文件，如图 18-25 所示。

图 18-25 打开素材文件

33 分别将"素材图像 03.jpg"和"素材图像 04.jpg"文档窗口中的图像拖动至"制作清新风格电子相册.psd"文档窗口中，并分别生成"图层 4"和"图层 5"。

34 使用设置"图层 3"的方法，分别设置"图层 4"和"图层 5"。如图 18-26 所示。

图 18-26 设置"图层 4"和"图层 5"中的图像

35 选择"图层 2"，按住键盘上的 Ctrl 键，依次单击"图层"调板中的"图层 3"、"图层 4"、"图层 5"层，选择这几个图层，然后按下键盘上的 Ctrl+T 组合键，打开自由变换框，并参照图 18-`27 所示调整图像的旋转角度。

图 18-27　调整图像旋转角度

36 按下键盘上的 Enter 键，取消自由变换操作。

37 右击工具箱中的 "矩形工具"下拉按钮，在弹出的下拉选项栏中选择"自定形状工具"选项。然后在"属性"栏中单击"点按可打开'自定形状'拾色器"按钮，在弹出的形状调板中选择"箭头 19"选项，如图 18-28 所示。

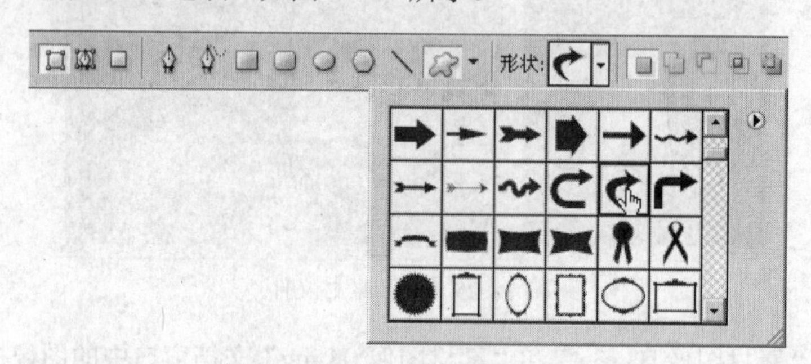

图 18-28　选择"箭头 19"选项

38 创建一个新图层——"图层 6"，拖动鼠标左键，参照图 18-29 绘制键头图标。

图 18-29　绘制键头图标

39 进入"路径"调板，将刚刚绘制的键头图标转换为选区。然后进入"图层"调板，设置前景色为黄色，并使用前景色填充选区，如图 18-30 所示。

40 按下键盘上的 Ctrl+D 组合键，取消选区。然后执行菜单栏中的"编辑"/"变换"/

“水平翻转”命令，将图像进行水平翻转，如图 18-31 所示。

图 18-30 填充选区

图 18-31 水平翻转图像

41 再次执行菜单栏中的“编辑”/“变换”/“旋转 90 度（逆时针）”命令，逆时针旋转图像，如图 18-32 所示。

42 单击工具箱中的 T “横排文字工具”按钮，在“属性”栏的“设置字体系列”下拉选项栏中选择 Franklin Gothic Medium 选项，在“设置字体大小”下拉选项栏中选择“36 点”，设置字体颜色为黄色（R：255、G：247、B：223），然后参照图 18-33 键入 Greenbelt 字样。

图 18-32 逆时针旋转图像

图 18-33 键入文本

43 选择刚刚键入的文本，按住键盘上的 Ctrl 键，参照图 18-34 所示调整文本的旋转角度。

图 18-34 调整文本的旋转角度

44 按下键盘上的 Enter 键，取消自由变换操作。

45 再次使用 T “横排文字工具”，设置字体为 Verdana，设置字体大小为 12 点，设置字体颜色为黄色（R：255、G：247、B：223），然后参照图 18-35 键入文本。

46 选择刚刚键入的文本，按住键盘上的 Ctrl 键，参照图 18-36 所示调整文本的旋转角度。

图 18-35　键入文本

图 18-36　调整文本的旋转角度

47 按下键盘上 Enter 键，结束自由变换操作。然后进入“图层”调板，将该文本层拖动至“图层 1 副本”底层，图 18-37 为调整图层位置后的图像效果。

图 18-37　调整图层位置

48 创建一个新图层——“图层 7”。使用工具箱中的“自定形状工具”，在“属性”栏中单击“点按可打开‘自定形状’拾色器”按钮，在弹出的形状调板中选择“花 1”图形，如图 18-38 所示。

49 在“属性”栏中激活“填充像素”按钮，将前景色设置为绿色（R：114、G：121、B：53），然后参照图 18-39 绘制花瓣图形。

图 18-38　选择“花 1”选项

图 18-39　绘制花瓣图形

50 根据画面的需要，设置画笔“主直径”的不同大小，参照图 18-40 所示绘制其他花瓣。

51 通过以上制作本实例就全部完成了，完成后的效果如图 18-41 所示。如果读者在制作过程中遇到什么问题，可以打开本书光盘中附带的“数码照片实用设置/实例 18：制作清新风格电子相册/制作清新风格电子相册. psd”文件，该文件为本实例完成后的文件。

图 18-40　绘制其他花瓣

图 18-41　制作清新风格电子相册

实例 19　制作时尚风格电子相册

在本实例中，将指导读者制作时尚风格电子相册。在制作过程中，需要设置图像的虚化效果，并选择图像选区。通过本实例，使读者了解相关工具的应用方法以及设置时尚风格电子相册的方法。

在本实例中，首先使用蒙版工具设置图像选区，使用橡皮擦工具对图像进行虚化处理，然后使用矩形选框工具绘制矩形选区，并填充选区，最后使用文字工具键入文本，完成时尚风格电子相册的制作。图 19-1 为编辑后的效果。

图 19-1　制作清新风格电子相册

1 运行 Photoshop CS4，按下键盘上的 Ctrl+N 组合键，创建一个“宽度”为 1024 像素，“高度”为 768 像素，模式为 RGB 颜色，名称为“制作时尚风格电子相册”的新文档。

2 执行菜单栏中的“文件”/“打开”命令，打开“打开”对话框，从该对话框中选择本书光盘中附带的“数码照片实用设置/实例 19：制作时尚风格电子相册/素材图像 01.jpg”文件，如图 19-2 所示。单击“打开”按钮，退出“打开”对话框。

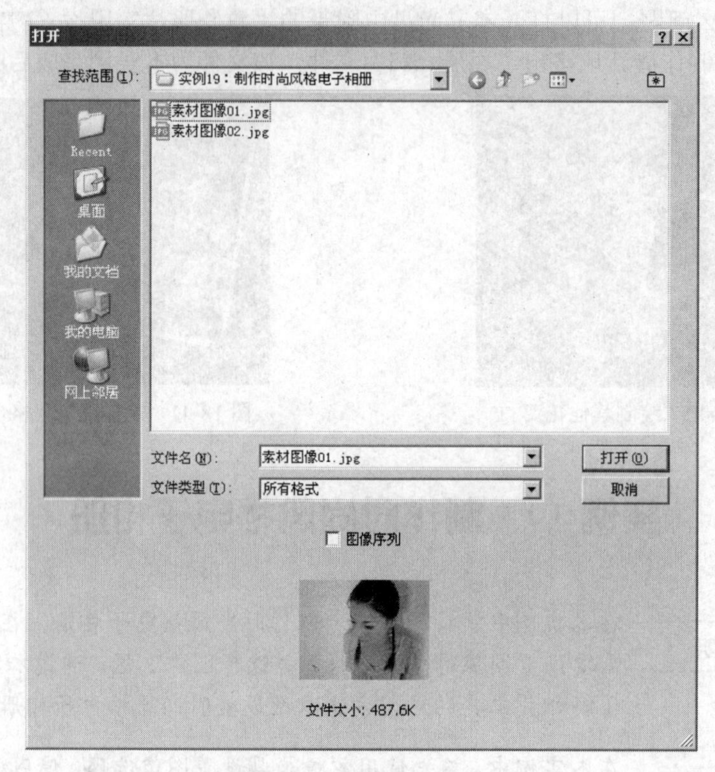

图 19-2 “打开”对话框

3 单击工具箱中的“以快速蒙版模式编辑”按钮，进入快速蒙版模式编辑状态，然后单击“画笔工具”按钮，适当调整画笔大小，并参照图 19-3 所示在人物部分进行涂抹。

4 单击工具箱中的“以标准模式编辑”按钮，进入标准模式编辑状态，这时在人物边缘处生成一个选区。

5 执行菜单栏中的“选择”/“反向”命令，反选选区，如图 19-4 所示。

图 19-3 在人物部分进行涂抹

图 19-4 反选选区

6 确定选区内的图像处于选择状态，然后使用工具箱中的“移动工具”将选区内的图像拖动至“制作时尚风格电子相册.psd”文档窗口中，如图 19-5 所示。这时在“图层”调板中自动生成新图层——“图层 1”。

7 选择“图层 1”，执行菜单栏中的“编辑”/“变换”/“水平翻转”命令，水平翻转图像，然后按下键盘上的 Ctrl+T 组合键，打开自由变换框，并参照图 19-6 调整图像的位置和大小。

图 19-5 复制图像

图 19-6 调整图像的位置和大小

8 按下键盘上 Enter 键，结束自由变换操作。

9 单击工具箱中的“以快速蒙版模式编辑”按钮，进入快速蒙版模式编辑状态，然后单击“渐变工具”按钮，在“属性”栏中激活“径向渐变”按钮，并参照图 19-7 所示在人物部分设置蒙版区域。

10 单击工具箱中的“以标准模式编辑”按钮，进入标准模式编辑状态，这时在人物边缘处生成一个选区，如图 19-8 所示。

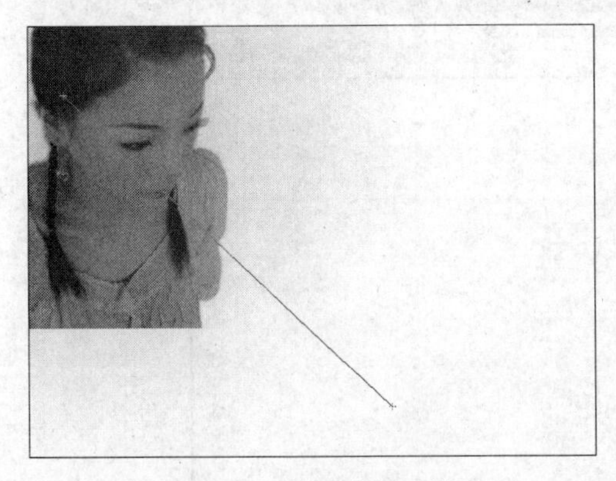

图 19-7 设置蒙版区域

图 19-8 出现选区

11 确定选区内的图像处于选择状态，按下键盘上的 Delete 键，删除选区内的图像，如图 19-9 所示。

12 按下键盘上的 Ctrl+D 组合键，取消选区。然后使用工具箱中的“橡皮擦工具”，在“属性”栏中设置画笔为“柔角 200 像素”，并参照图 19-10 进行擦除。

13 执行菜单栏中的“图像”/“调整”/“亮度/对比度”命令，打开“亮度/对比度”对话框。在“亮度”参数栏内键入 40，如图 19-11 所示。然后单击“确定”按钮，退出该对话框。

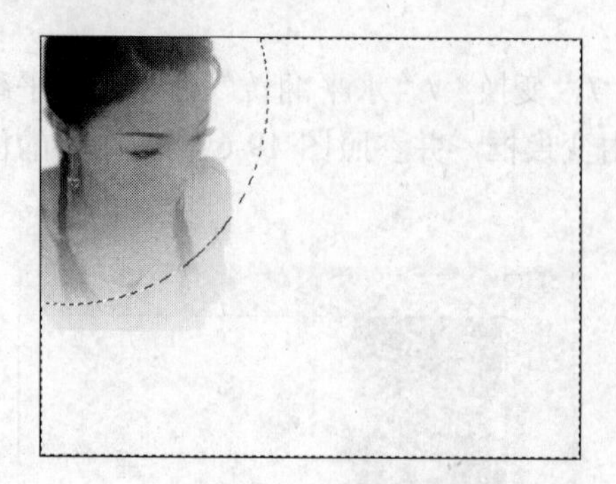

图 19-9　羽化选区

图 19-10　使用橡皮擦工具

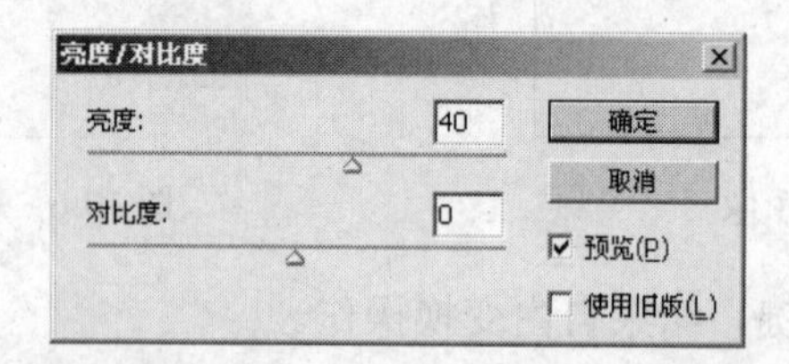

图 19-11　设置"亮度/对比度"对话框中的相关参数

14 接下来打开本书光盘中附带的"数码照片实用设置/实例 19：制作时尚风格电子相册/素材图像 02.jpg"文件，如图 19-12 所示。

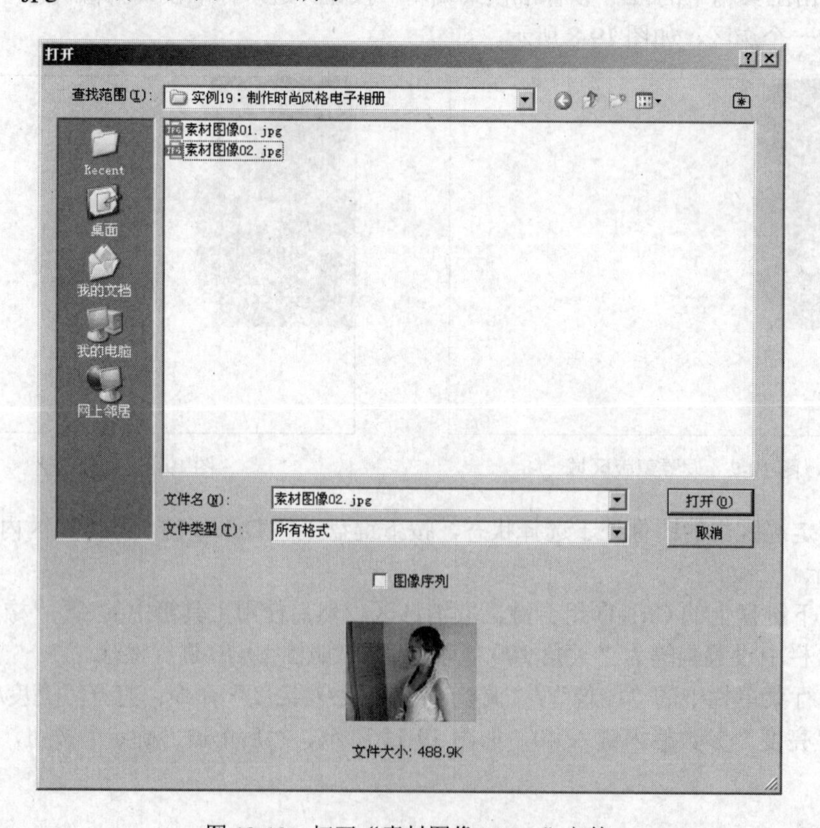

图 19-12　打开"素材图像 02.jpg"文件

15 接下来参照上述设置“素材图像01.jpg”人物选区的方法，设置“素材图像02.jpg”的人物选区，如图19-13所示。

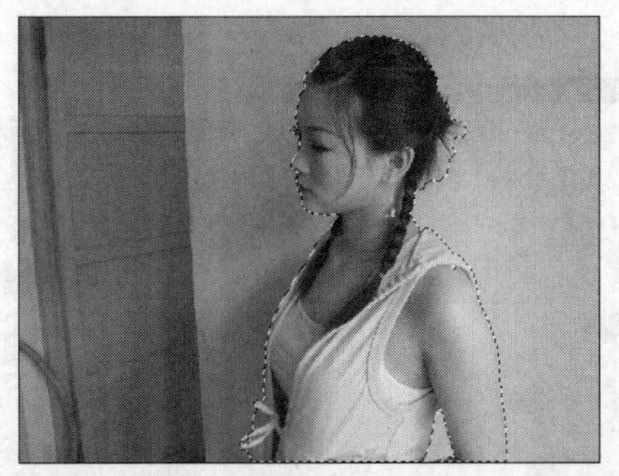

图19-13　设置人物选区

16 确定选区内的图像处于选择状态，然后使用工具箱中的“移动工具”将选区内的图像拖动至“制作时尚风格电子相册.psd”文档窗口中，如图19-14所示。这时在“图层”调板中自动生成新图层——“图层2”。

图19-14　复制图像

17 选择“图层2”，按下键盘上的Ctrl+T组合键，打开自由变换框，然后参照图19-15调整图像的大小和位置。

图19-15　调整图像的大小和位置

18 按下键盘上的Enter键，结束自由变换操作。

19 执行菜单栏中的“图像”/“调整”/“曲线”命令，打开“曲线”对话框。在曲线上任意处单击，确认点的位置，在“输出”参数栏内键入 120，在“输入”参数栏内键入 64，如图 19-16 所示。

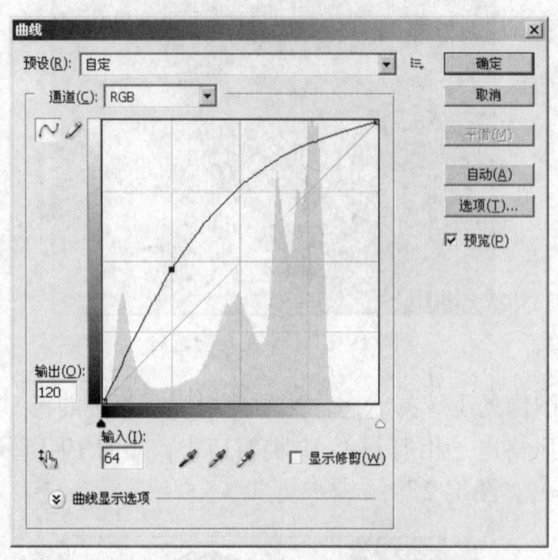

图 19-16　设置“曲线”对话框中的相关参数

20 在“曲线”对话框中单击“确定”按钮，退出该对话框。图 19-17 为设置曲线后的图像效果。

21 执行菜单栏中的“图像”/“调整”/“色阶”命令，打开“色阶”对话框。在“输入色阶”参数栏内分别键入 0、1.30、255，如图 19-18 所示。

图 19-17　设置图像曲线

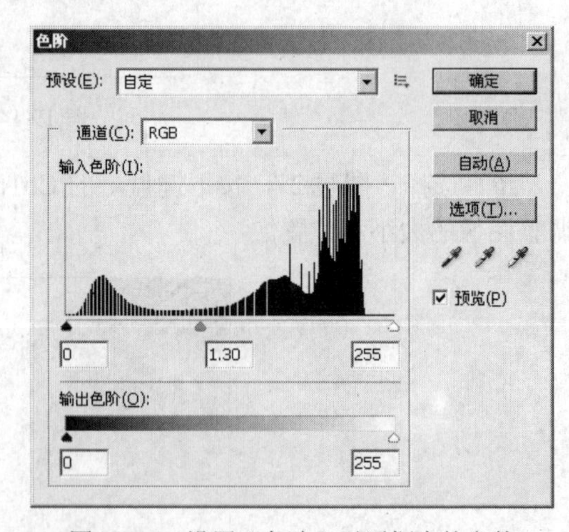

图 19-18　设置“色阶”对话框中的参数

22 在“色阶”对话框中单击“确定”按钮，退出该对话框。图 19-19 为设置色阶后的图像效果。

23 创建一个新图层——“图层 3”，使用工具箱中的“矩形选框工具”，参照图 19-20 绘制选区。然后将前景色设置为灰色（R：231、G：232、B：235），按下键盘上的 Alt+Delete 组合键，使用前景色填充选区。

图 19-19　设置图像色阶

图 19-20　绘制选区

24 确定选区内的图像处于选择状态，单击工具箱中的"移动工具"按钮，并按住键盘上的 Alt 键，拖动选区内图像至如图 19-21 所示的位置。

25 接下来使用同样方法，参照图 19-22 所示复制选区图像效果。

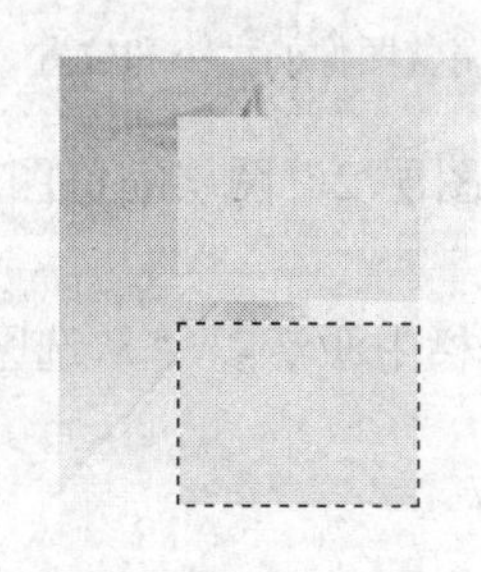

图 19-21　复制选区内图像

图 19-22　复制选区图像

26 执行菜单栏中的"图层"/"图层样式"/"投影"命令，打开"图层样式"对话框。在"不透明度"参数栏内键入 24，在"距离"参数栏内键入 4，在"扩展"参数栏内键入 5，在"大小"参数栏内键入 5，如图 19-23 所示。

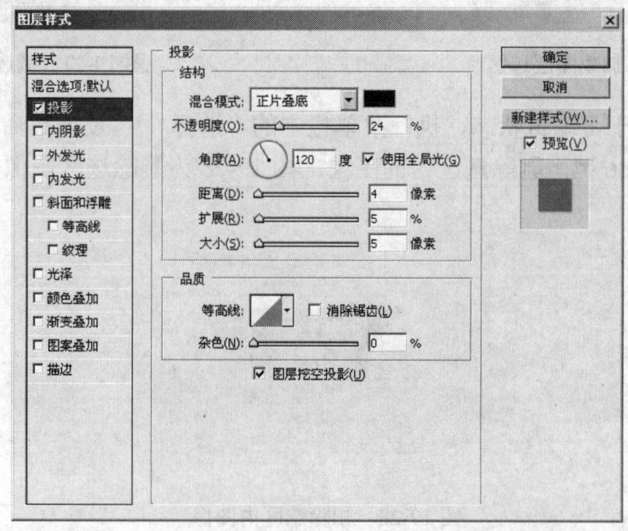

图 19-23　设置"图层样式"对话框中的相关参数

27 在“图层样式”对话框中单击“确定”按钮，退出该对话框。图 19-24 为设置投影后的图像效果。

28 将“图层 2”进行复制，并自动生成新图层——“图层 2 副本”层，将该图层拖动至“图层 3”顶层，然后执行菜单栏中的“编辑”/“变换”/“水平翻转”命令，水平翻转该图层。

29 选择翻转后的图像，按下键盘上的 Ctrl+T 组合键，打开自由变换框，参照图 19-25 调整图像的大小和位置。

图 19-24 设置图像投影效果

图 19-25 调整图像的大小和位置

30 选择“图层 2 副本”层，按住键盘上的 Ctrl 键，单击“图层 2”图层缩览图，加载该图层选区，如图 19-26 所示。

31 单击工具箱中的“矩形选框工具”按钮，在“属性”栏中激活“从选区减去”按钮，然后参照图 19-27 减选选区。

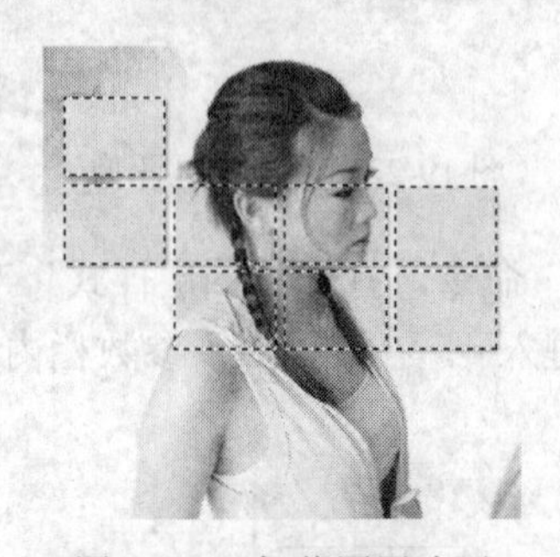

图 19-26 加载图层选区

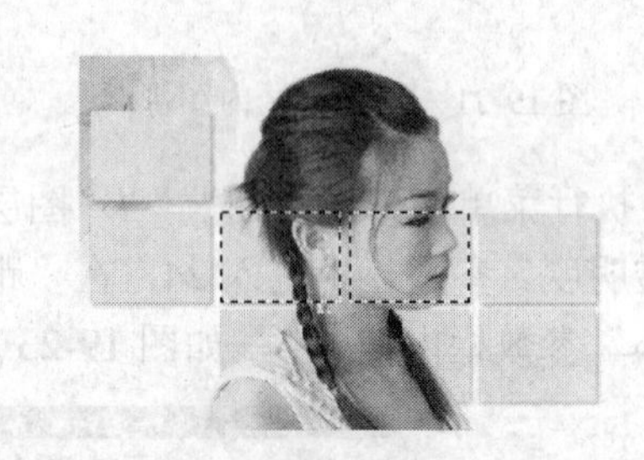

图 19-27 减选选区

32 确定选区处于可编辑状态，执行菜单栏中的“选择”/“反向”命令，反选选区，然后按下键盘上的 Delete 键，删除选区内的图像。图 19-28 为删除选区图像后的效果。

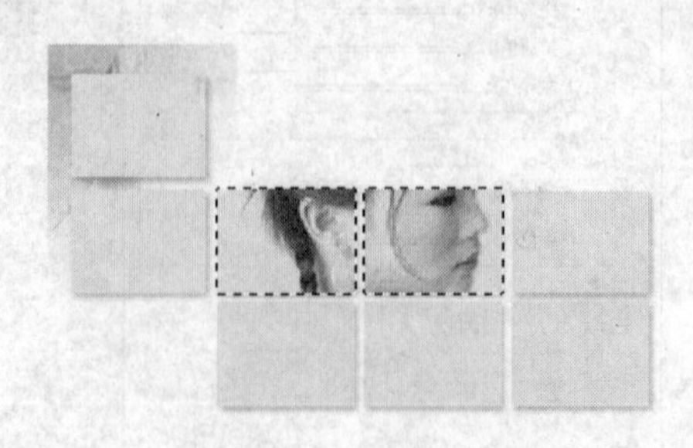

图 19-28 删除选区内图像

33 按下键盘上的 Ctrl+D 组合键，取消选区。

34 接下来参照上述设置“图层 2 副本”层的方法，分别设置其他图层图像效果。如图 19-29 所示。

35 创建一个新图层——“图层 4”，使用工具箱中的“矩形选框工具”绘制矩形选框，如图 19-30 所示。

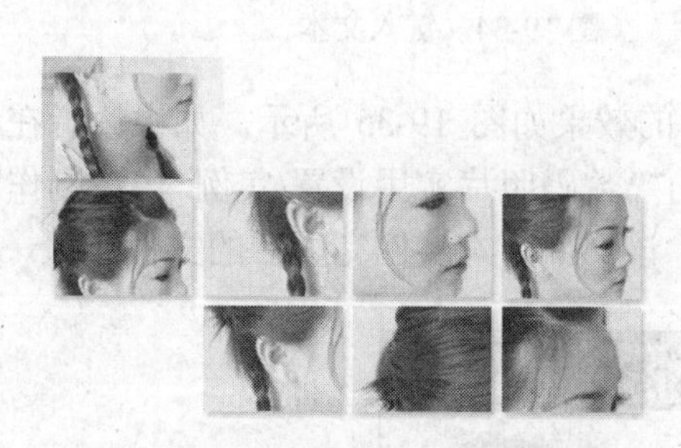

图 19-29　设置其他图层图像效果

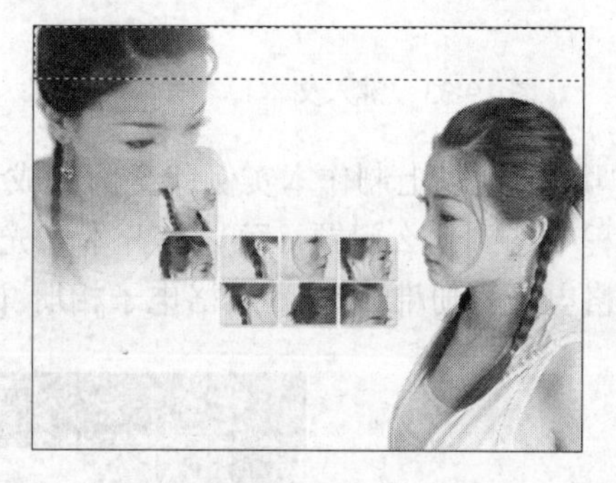

图 19-30　绘制矩形选框

36 将前景色设置为黑色，然后按下键盘上的 Alt+Delete 组合键，使用前景色填充选区。

37 确定选区内的图像处于选择状态，按住键盘上的 Alt 键，使用工具箱中的“移动工具”将选区内的图像拖动至如图 19-31 所示的位置。

38 按下键盘上的 Ctrl+D 组合键，取消选区。

39 使用同样方法绘制另外两个矩形选框，并分别使用黑色和灰色（R：153、G：150、B：150）填充选区。如图 19-32 所示。

图 19-31　复制选区图像

图 19-32　绘制矩形图形

40 接下来单击工具箱中的 T “横排文字工具”按钮，在“属性”栏的“设置字体系列”下拉选项栏中选择 Impact 选项，在“设置字体大小”参数栏内键入 21 点，设置文本颜色为黑色，然后在如图 19-33 所示的位置键入 COMELINESS AD INFINITUM 字样。

41 选择工具箱中的 T “横排文字工具”，在“属性”栏的“设置字体系列”下拉选项栏中选择 Basemic Times 选项，在“设置字体大小”参数栏内键入 10 点，设置文本颜色为黑色，然后参照图 19-34 键入文本。

图 19-33　键入文本

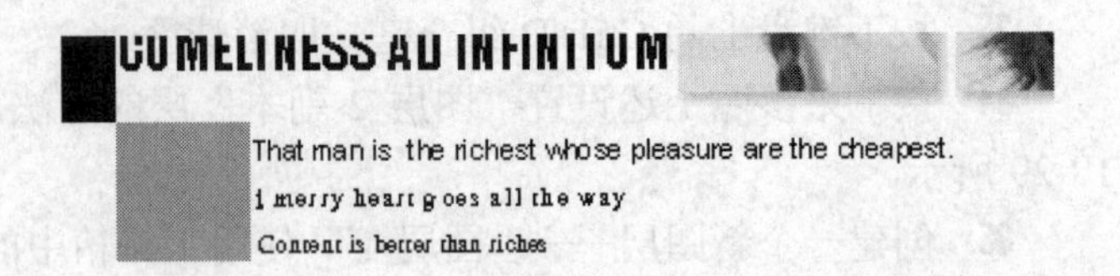

图 19-34　键入文本

42 通过以上制作本实例就全部完成了，完成后的效果如图 19-35 所示。如果读者在制作过程中遇到什么问题，可以打开本书光盘中附带的“数码照片实用设置/实例 19：制作时尚风格电子相册/制作时尚风格电子相册. psd”文件，该文件为本实例完成后的文件。

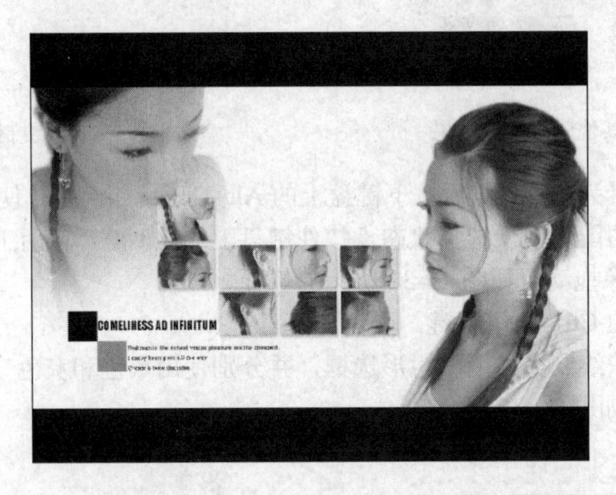

图 19-35　制作时尚风格电子相册

实例 20　制作海报

实例说明

在本实例中，将指导读者制作一张太阳镜宣传海报，在制作过程中，将使用镜头光晕工具设置图像的光晕效果，使用色彩范围工具设置图像选区。通过本实例，使读者了解如何将人物数码照片应用于海报的设计。

技术要点

在本实例中，首先使用渐变工具设置背景的径向渐变填充，使用镜头光晕工具对图像添加光晕效果，然后使用色彩范围工具和蒙版工具设置图像选区，使用文字工具键入文本，最后使用图层样式工具设置文字的外发光效果，完成海报的制作。图 20-1 为编辑后的效果。

图 20-1　制作海报

1 运行 Photoshop CS4，按下键盘上的 Ctrl+N 组合键，创建一个“宽度”为 1024 像素，“高度”为 768 像素，模式为 RGB 颜色，名称为“制作海报”的新文档。

2 单击工具箱中的“渐变工具”按钮，在“属性”栏中激活“径向渐变”按钮，然后双击“点按可编辑渐变”显示窗，打开“渐变编辑器”对话框。在该对话框中设置渐变颜色由浅黄（R：237、G：238、B：189）、黄色（R：229、G：224、B：108）、浅绿（R：205、G：201、B：35）组成。如图 20-2 所示。

3 在“渐变编辑器”对话框中单击“确定”按钮，退出该对话框。然后由右下角向左上角拖动鼠标左键，如图 20-3 所示。

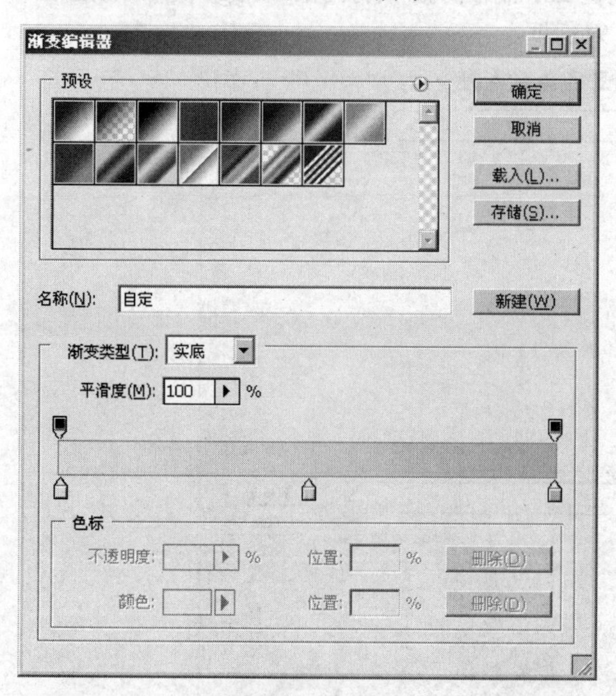

图 20-2　设置“渐变编辑器”对话框中的渐变颜色

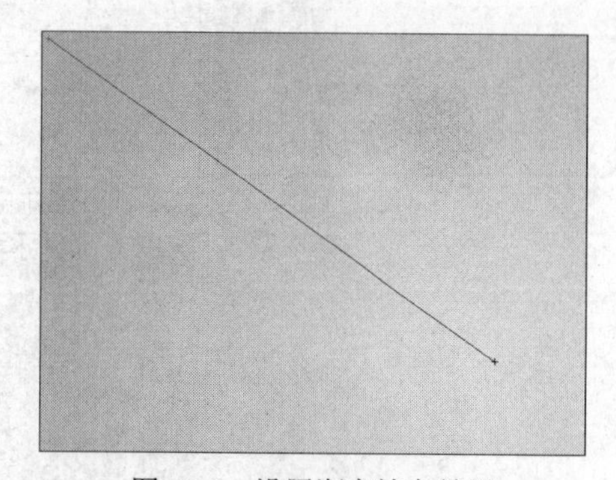

图 20-3　设置渐变填充效果

4 执行菜单栏中的“滤镜”/“渲染”/“镜头光晕”命令，打开“镜头光晕”对话框。在“亮度”参数栏内键入 150，在“镜头类型”选项组中选择“电影镜头”选项，如图 20-4

所示。

5 在“镜头光晕”对话框中单击“确定”按钮，退出该对话框。图 20-5 为设置镜头光晕后的图像效果。

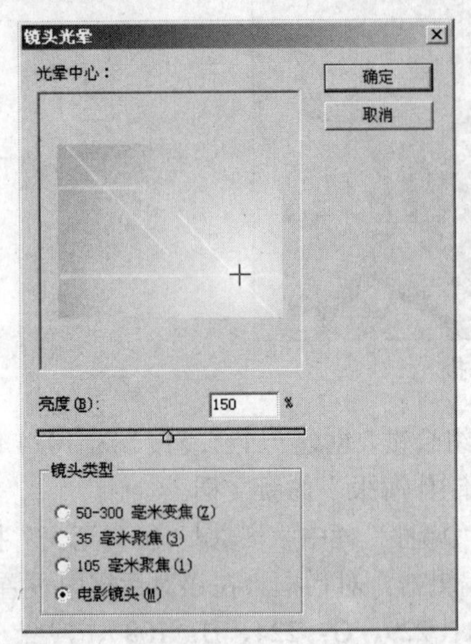

图 20-4 设置“镜头光晕”对话框中的相关参数

图 20-5 设置图像镜头光晕

6 执行菜单栏中的“文件”/“打开”命令，打开“打开”对话框，从该对话框中选择本书光盘中附带的“数码照片实用设置/实例 20：制作海报/素材图像 01.jpg”文件，如图 20-6 所示。单击“打开”按钮，退出“打开”对话框。

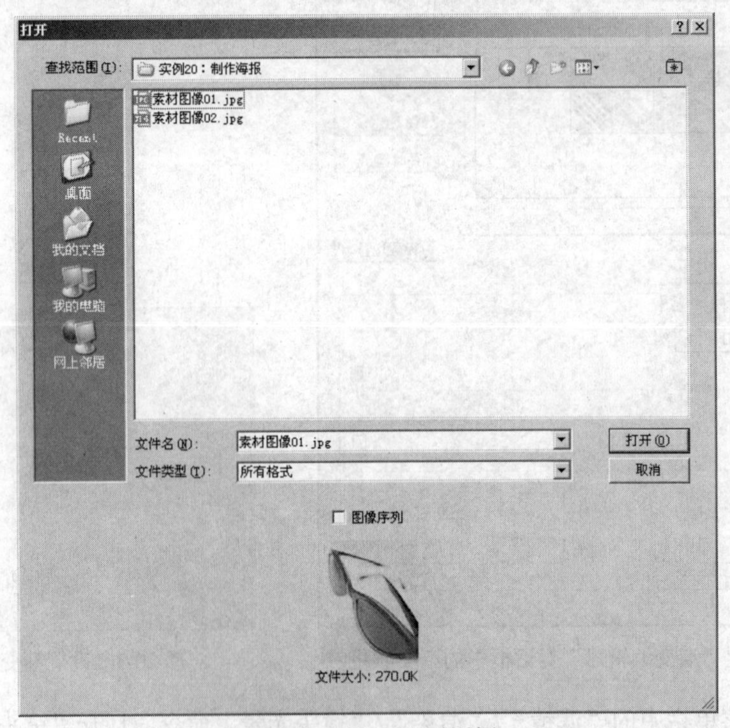

图 20-6 “打开”对话框

7 进入“素材图像 01.jpg”文档窗口中，执行菜单栏中的“选择”/“色彩范围”命令，打开“色彩范围”对话框。在“颜色容差”参数栏内键入 100，并在眼镜周围设置取样点，如图 20-7 所示。

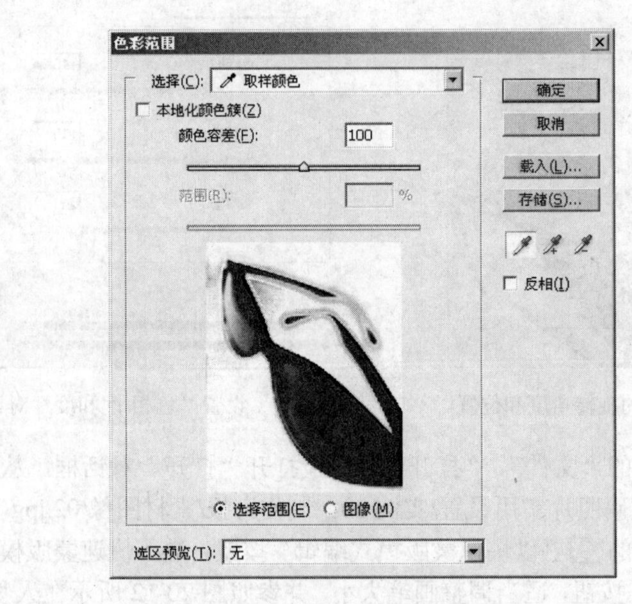

图 20-7　设置取样点

8 在“色彩范围”对话框中单击“确定”按钮，退出该对话框。这时文档窗口中会生成一个选区。

9 执行菜单栏中的“选择”/“反选”命令，反选选区，如图 20-8 所示。

10 接下来使用工具箱中的“移动工具”，将选区内的图像拖动至“制作海报.psd”文档窗口中，如图 20-9 所示。这时在“图层”调板中自动生成新图层——“图层 1”。

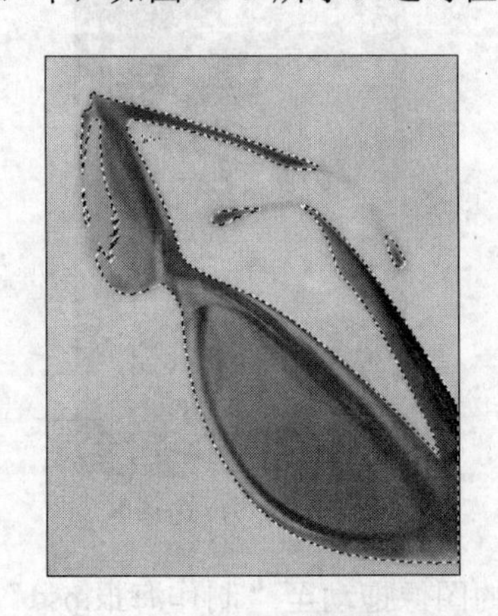

图 20-8　反选选区

图 20-9　移动图像

11 选择“图层 1”，执行菜单栏中的“编辑”/“变换”/“旋转 90 度（顺时针）”命令，将图像顺时针旋转 90 度，并参照图 20-10 调整图像的位置。

12 接下来调整图像的色调，使其与背景的色调相一致。执行菜单栏中的“图像”/“调整”/“色相/饱和度”命令，打开“色相/饱和度”对话框。在“色相”参数栏内键入+10，在

“饱和度”参数栏内键入+15，如图 20-11 所示。然后单击“确定”按钮，退出该对话框。

图 20-10　调整图像的旋转角度和位置

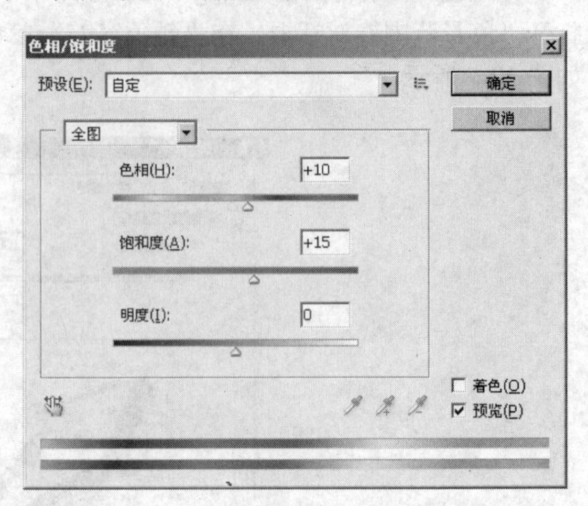

图 20-11　设置“色相/饱和度”对话框中的相关参数

13 执行菜单栏中的“文件”/“打开”命令，打开“打开”对话框，从该对话框中选择本书光盘中附带的“数码照片实用设置/实例 20：制作海报/素材图像 02.jpg”文件。

14 单击工具箱中的“以快速蒙版模式编辑”按钮，进入快速蒙版模式编辑状态，然后单击“画笔工具”按钮，适当调整画笔大小，并参照图 20-12 所示在人物部分进行涂抹。

15 单击工具箱中的“以标准模式编辑”按钮，进入标准模式编辑状态，这时在人物边缘处会生成一个选区。

16 执行菜单栏中的“选择”/“反向”命令，反选选区，如图 20-13 所示。

图 20-12　涂抹人物图像

图 20-13　反选选区

17 使用工具箱中的“移动工具”，将选区内的图像拖动至“制作海报.psd”文档窗口中，这时在“图层”调板中自动生成新图层——“图层 2”。

18 选择“图层 2”，参照图 20-14 所示调整图像的位置。

19 右击工具箱中的“横排文字工具”下拉按钮，在弹出的下拉选项栏中选择“直排文字工具”选项，在“属性”栏中的“设置字体系列”下拉选项栏中选择 OCR-B 10 BT 选项，在“设置字体大小”参数栏内键入 48 点，设置文本颜色为白色，参照图 20-15 所示键入 E Y

EGLASS 字样。

图 20-14　调整图像位置

图 20-15　键入文本

20 使用 T “直排文字工具”，在“属性”栏中的“设置字体系列”下拉选项栏中选择 Arial 选项，设置字体大小为 100 点，设置文本颜色为黑色，参照图 20-16 所示键入 SUNGLASSES 字样。

图 20-16　键入文本

21 选择 SUNGLASSES 层，在“图层”调板底部的“设置图层的混合模式”下拉选项栏中选择“叠加”选项，设置图层的叠加模式。图 20-17 为设置图层叠加模式后的图像效果。

图 20-17　设置图像叠加模式

22 将 SUNGLASSES 层进行复制，并生成 SUNGLASSES 副本层。然后将副本层的字体颜色设置为灰色（R：193、G：193、B：193）。

23 接下来执行菜单栏中的“图层”/“图层样式”/“外发光”命令，打开“图层样式”对话框。在“不透明度”参数栏内键入 100，设置发光颜色为白色，在“图案”选项组下的

“扩展”参数栏内键入5，在“大小”参数栏内键入18，如图20-18所示。

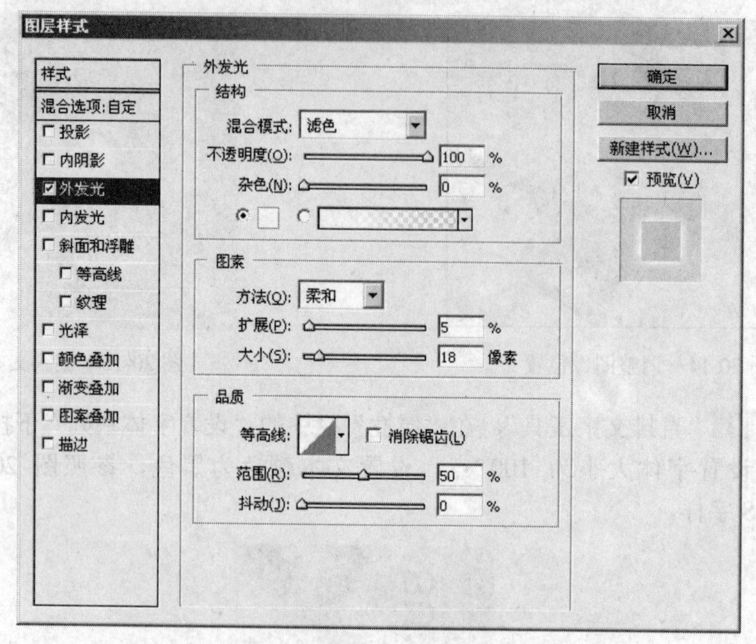

图20-18 设置“图层样式”对话框中的相关参数

24 在“图层样式”对话框中单击“确定”按钮，退出“图层样式”对话框。

25 通过以上制作本实例就全部完成了，完成后的效果如图20-19所示。如果读者在制作过程中遇到什么问题，可以打开本书光盘中附带的“数码照片实用设置/实例 20：制作海报/制作海报. psd”文件，该文件为本实例完成后的文件。

图20-19 制作海报

第3篇

个性照片编辑

个性照片处理，是将照片设置为极具个性的艺术形式，通过对色彩、图案、背景等元素的编辑，使照片显得与众不同。在这一部分中，将指导读者设置个性照片编辑。

实例 21　制作空间背景素材

在本实例中，将指导读者制作空间背景素材。黑白主题的空间背景因风格朴素、格调高雅，适合于布置博客、QQ 等空间。通过本实例的学习，使读者了解 Photoshop CS4 中橡皮擦工具和画笔工具的使用方法，以及空间背景素材的制作方法。

在制作本实例时，首先导入背景素材图像，复制背景图像，使用纹理化工具制作纹理效果，使用画笔工具和自定义形状工具绘制图形，使用喷溅工具和橡皮擦工具对人物素材图像进行编辑，最后使用横排文字工具添加相关文本，完成本实例的制作。图 21-1 为本实例完成后的效果。

图 21-1　制作空间背景素材

1 运行 Photoshop CS4，执行菜单栏中的“文件”/“打开”命令，打开“打开”对话框，导入本书光盘中附带的“个性照片编辑/实例 21：制作空间背景素材/背景素材 01.jpg”文件，如图 21-2 所示。单击“打开”按钮，退出“打开”对话框。

2 在“图层”调板中按住“背景”层的图层缩览图，将其拖动至“图层”调板底部的“创建新图层”按钮上，复制生成“背景 副本”层。

3 执行菜单栏中的“滤镜”/“纹理”/“纹理化”命令，打开“纹理化”对话框，在“纹理”下拉选项栏中选择“砖形”选项，将“缩放”滑条滑至 142，将“凸现”滑条滑至 17，在“光照”下拉选项栏中选择“左下”选项，如图 21-3 所示。单击“确定”按钮，退出该对话框。

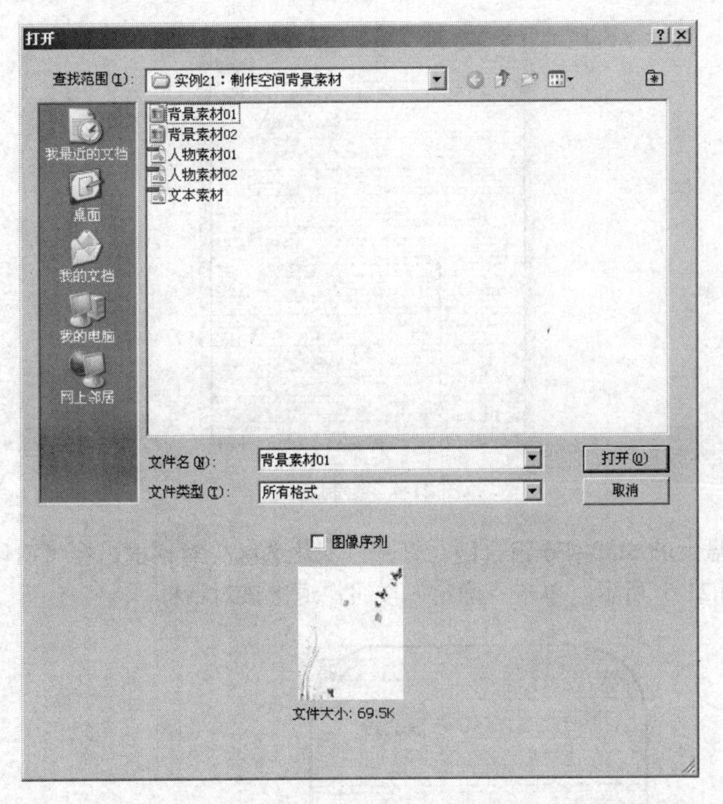

图 21-2　“打开”对话框

图 21-3　设置“纹理化”对话框中的相关参数

4 选择工具箱中的“矩形选框工具”，按住键盘上的 Shift 键，绘制如图 21-4 所示的选区。

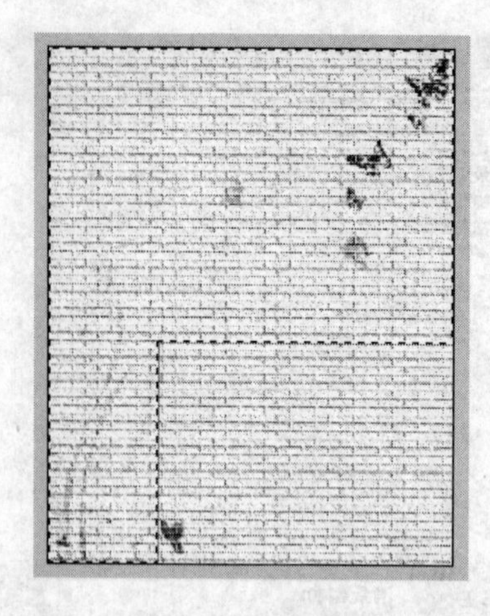

图 21-4　绘制选区

5 按下键盘上的 Shift+F6 组合键，打开“羽化选区”对话框，在“羽化半径”参数栏内键入 80，如图 21-5 所示。单击“确定”按钮，退出该对话框。

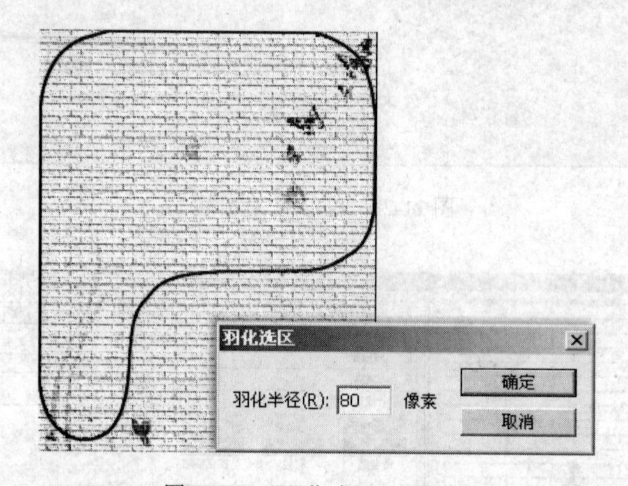

图 21-5　“羽化选区”对话框

6 多次按下键盘上的 Delete 键，删除选区内的图像，如图 21-6 所示。

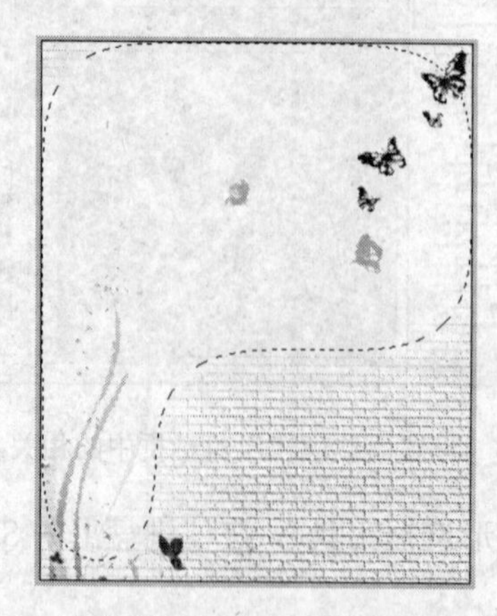

图 21-6　删除选区内图像

7 按下键盘上的Ctrl+D组合键，取消选区。在“图层”调板中将“背景 副本”层的“不透明度”值设置为15%，如图21-7所示。

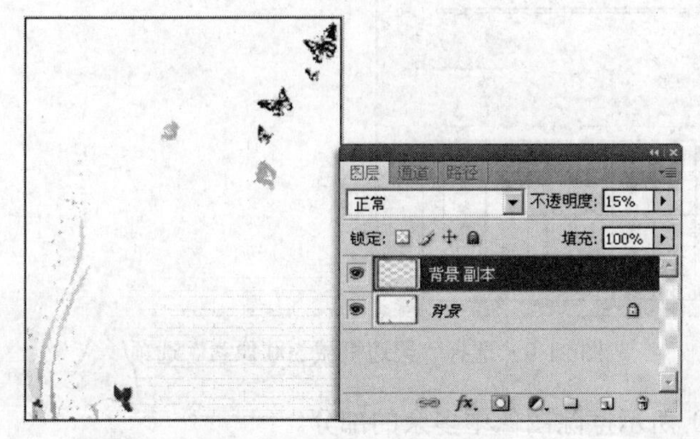

图21-7 设置图层“不透明度”

8 执行菜单栏中的“文件”/“打开”命令，打开“打开”对话框，导入本书光盘中附带的“个性照片编辑/实例21：制作空间背景素材/背景素材02.jpg”文件，如图21-8所示。单击“打开”按钮，退出该对话框。

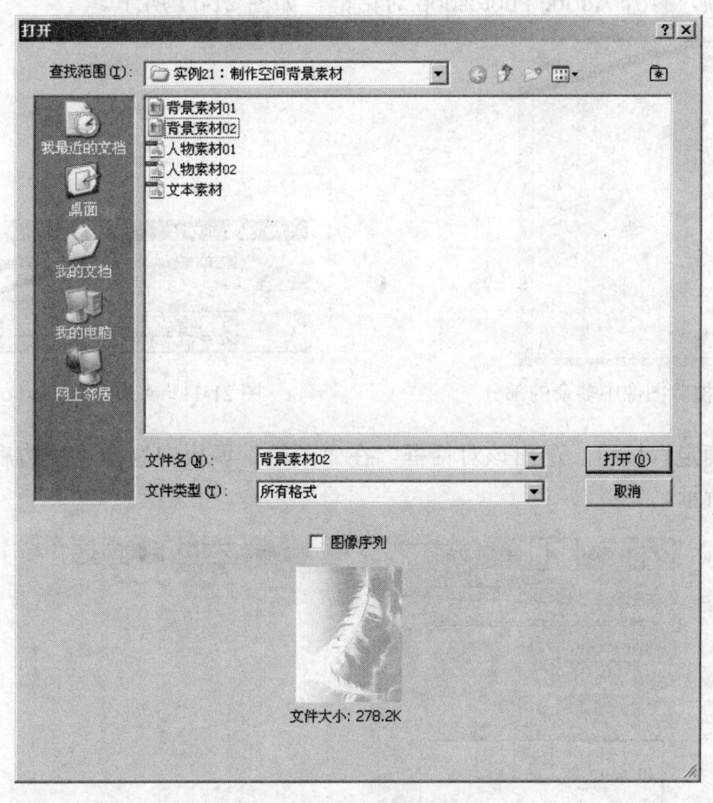

图21-8 “打开”对话框

9 将“背景素材02.jpg”图像拖动至“背景素材01.jpg”文档窗口中，并生成“图层1”。

10 选择工具箱中的“橡皮擦工具”，在“属性”栏内单击“点按可打开‘画笔预设’选取器”按钮，打开“画笔”调板，选择“柔边机械500像素”选项，如图21-9所示。

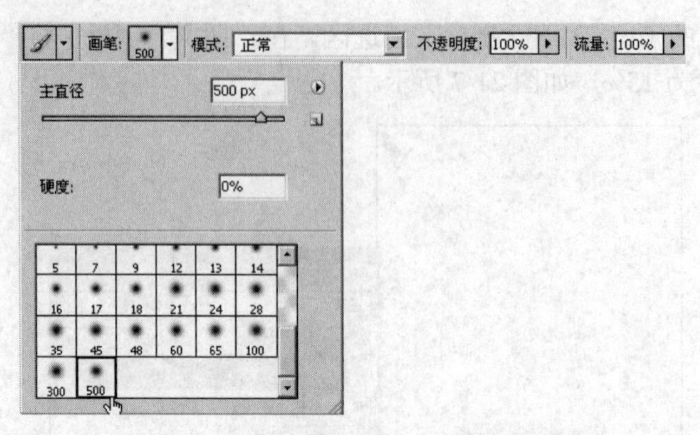

图 21-9　选择“柔边机械 500 像素”选项

11 参照图 21-10 所示擦除图像中多余的部分。

12 在“图层”调板中将“图层 1”的“不透明度”值设置为 40%。

13 创建一个新图层——“图层 2”，将前景色设置为灰色（R：164、G：160、B：164）。

14 选择工具箱中的“画笔工具”，在“属性”栏中单击“点按可打开‘画笔预设’选取器”按钮，打开“画笔”调板，单击“主直径”右侧的按钮，在弹出的快捷菜单中选择“粗画笔”选项，打开 Adobe Photoshop 对话框，如图 21-11 所示。

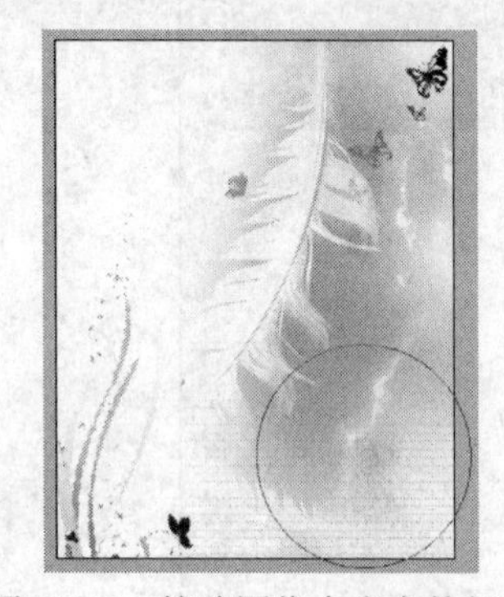

图 21-10　擦除图像中多余的部分

图 21-11　Adobe Photoshop 对话框

15 单击“确定”按钮，退出该对话框。在“画笔”调板中选择“粗边扁平硬毛刷”选项，如图 21-12 所示。

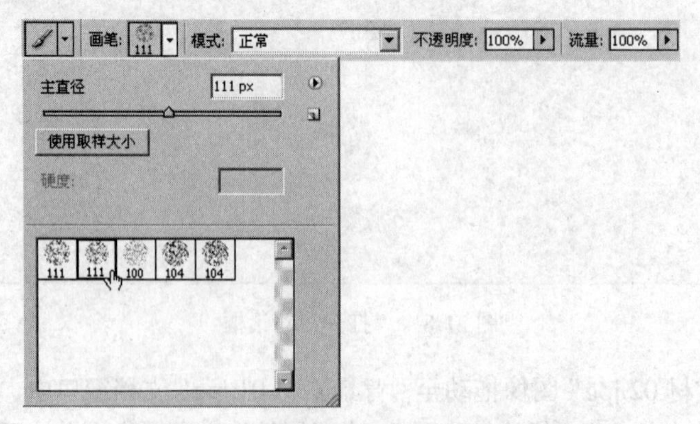

图 21-12　选择“粗边扁平硬毛刷”选项

16 参照图 21-13 所示绘制图形。

图 21-13 绘制图形

17 选择工具箱中的 “自定形状工具”，单击“属性”栏中的 “填充像素”按钮，然后单击“点按可打开‘自定形状’拾色器”下拉按钮，打开“形状”调板，选择如图 21-14 所示的“喷溅图形”。

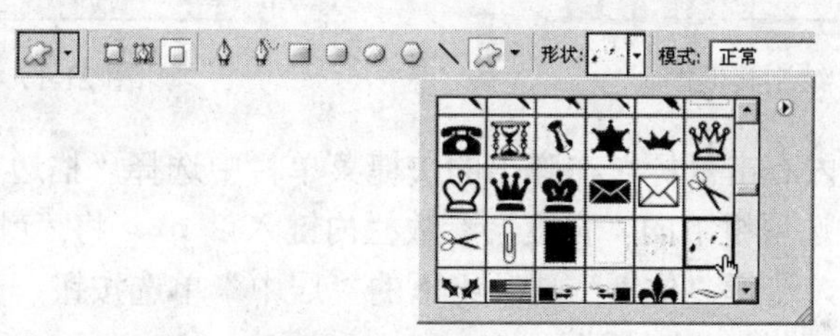

图 21-14 选择图形

18 在如图 21-15 所示的位置绘制喷溅图形。

图 21-15 绘制图形

18 使用同样方法，参照图 21-16 所示绘制其他喷溅图形。

提示

为了便于读者观察，在出示图 21-16 时将图形用黑色填充。

20 创建一个新图层——“图层 3”。使用工具箱中的“矩形选框工具”，在如图 21-17 所示的位置绘制一个矩形选区。

图 21-16　绘制其他图形

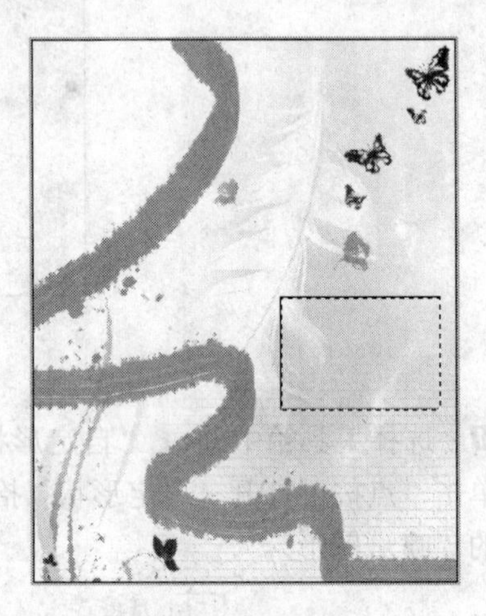

图 21-17　绘制选区

21 在矩形选区内右击鼠标，在弹出的快捷菜单栏中选择“描边”选项，打开“描边”对话框，在“描边”选项组下的“宽度”参数栏内键入 2 px，将“颜色”设置为灰色（R：63、G：63、B：63），选择“位置”选项组下的“居中”单选按钮，如图 21-18 所示。单击“确定”按钮，退出“描边”对话框。

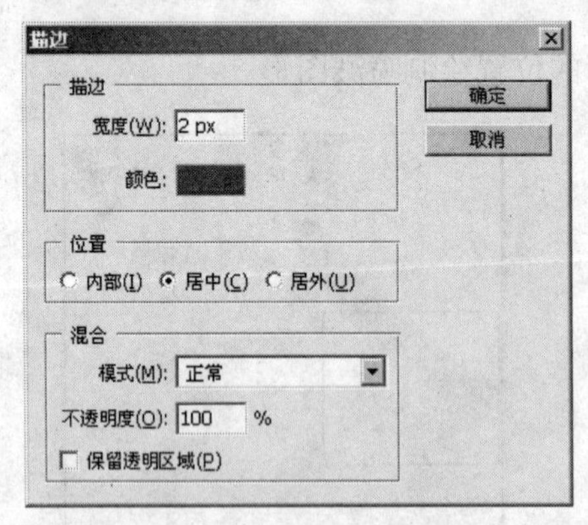

图 21-18　设置“描边”对话框中的相关参数

22 `执行菜单栏中的“选择”/“修改”/“收缩”命令，打开“收缩选区”对话框，在“收缩量”参数栏内键入 5，如图 21-19 所示。单击“收缩选区”对话框中的“确定”按钮，退出“收缩选区”对话框。

23 将收缩后的选区设置描边效果，将描边宽度设置为 2 个像素。按下键盘上的 Ctrl+D 组合键，取消选区，如图 21-20 所示。

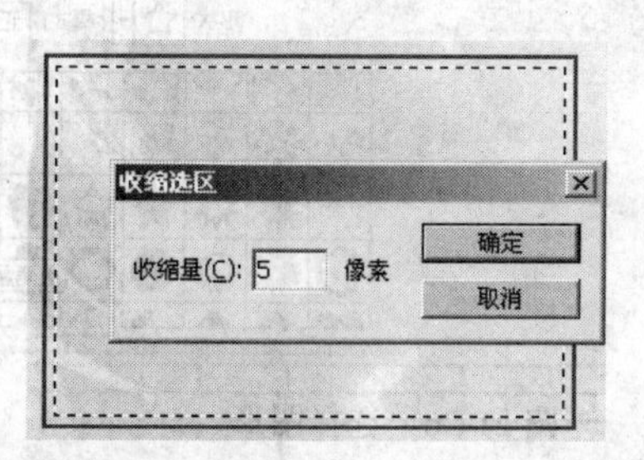

图 21-19 设置“收缩选区”对话框中的相关参数

图 21-20 取消选区

24 选择工具箱中的 “矩形选框工具”，在如图 21-21 所示的位置绘制一个选区。

25 按下键盘上的 Delete 键，删除选区内容，如图 21-22 所示。按下键盘上的 Ctrl+D 组合键，取消选区。

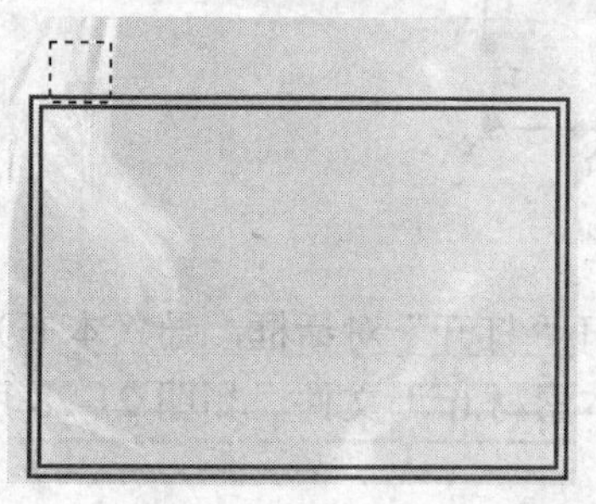

图 21-21 绘制选区

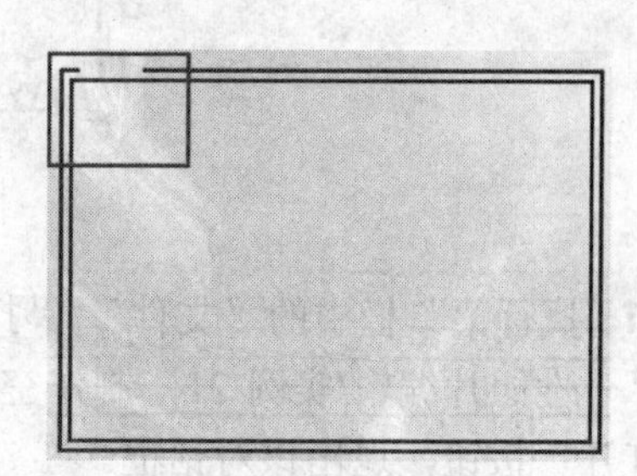

图 21-22 删除选区

26 使用同样的方法，将图形修剪为如图 21-23 所示的形态。

27 选择工具箱中的 “自定形状工具”，在“属性”栏中激活 “填充像素”按钮，然后单击“点按可打开‘自定形状’拾色器”下拉按钮，打开“形状”调板，选择如图 21-24 所示的“圆形”。

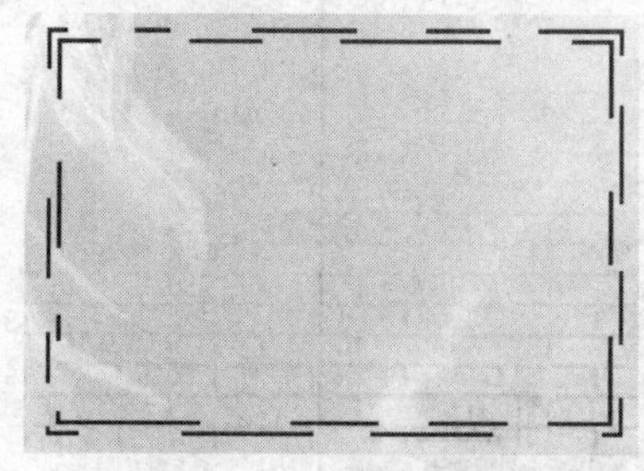

图 21-23 编辑图形形态

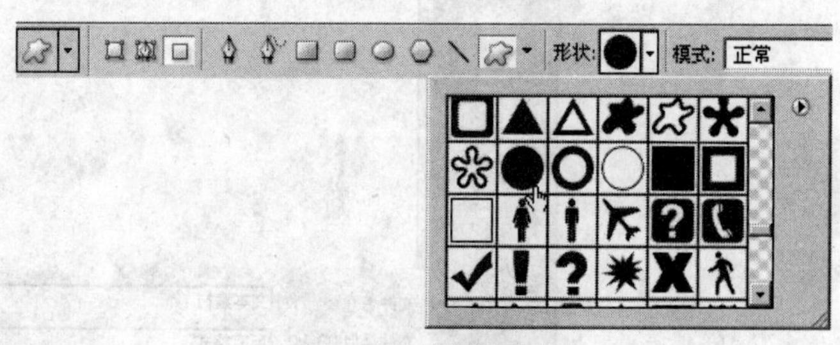

图 21-24 选择图形

28 在如图 21-25 所示的位置绘制多个“圆形”。

29 选择工具箱中的 “自定形状工具”，在“属性”栏激活 “填充像素”按钮，然后单击“点按可打开‘自定形状’拾色器”下拉按钮，打开“形状”调板，选择如图 21-26 所示的“五角星框”图形。

30 在如图 21-27 所示的位置绘制多个“五角星框”图形。

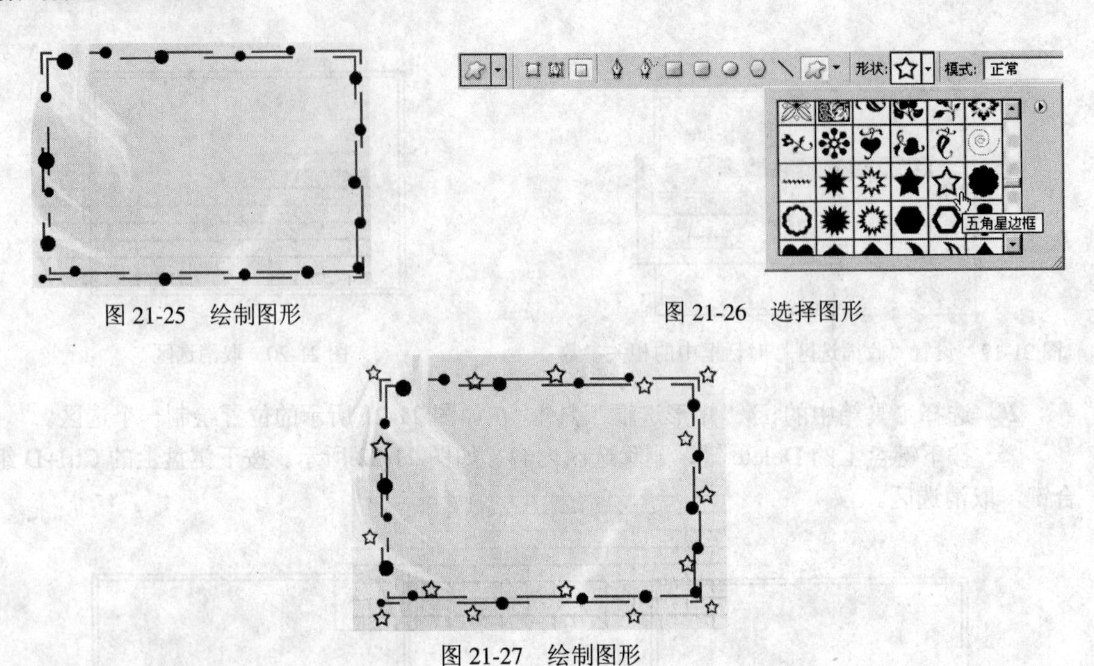

图 21-25　绘制图形

图 21-26　选择图形

图 21-27　绘制图形

31 执行菜单栏中的“文件”/“打开”命令，打开“打开”对话框，导入本书光盘中附带的“个性照片编辑/实例 21：制作空间背景素材/文本素材.tif”文件，如图 21-28 所示。单击“打开”按钮，退出该对话框。

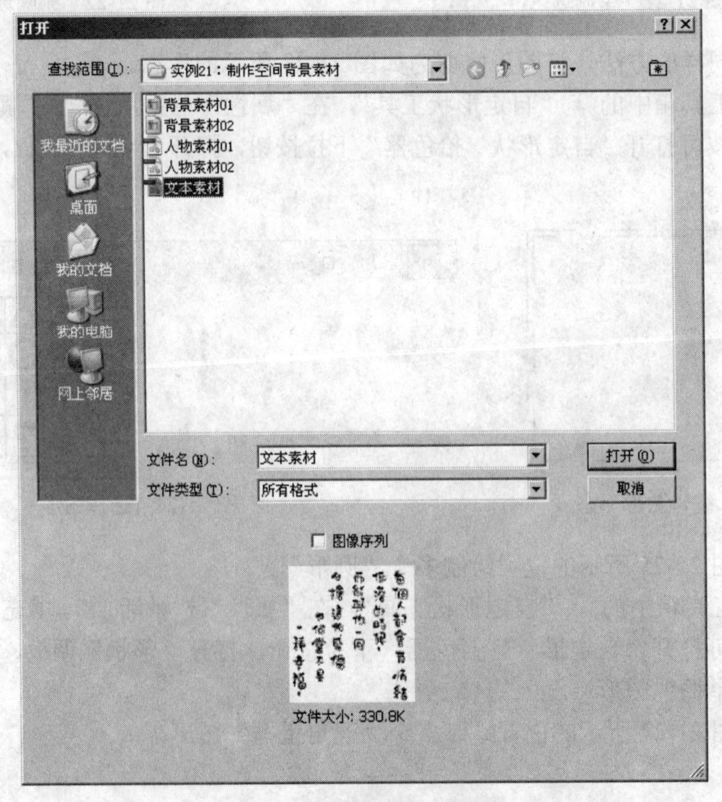

图 21-28　“打开”对话框

32 将“文本素材.tif”图像拖动至“背景素材 01.jpg”文档窗口中，并移动至如图 21-29 所示的位置，生成“图层 4”。

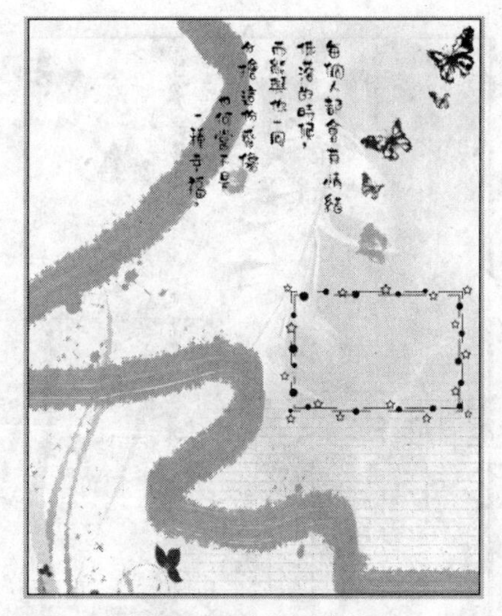

图 21-29　移动图像位置

33 接下来导入人物图像。执行菜单栏中的“文件”/“打开”命令，打开“打开”对话框，导入本书光盘中附带的“个性照片编辑/实例 21：制作空间背景素材/人物素材 01.tif”文件，如图 21-30 所示。单击“打开”按钮，退出该对话框。

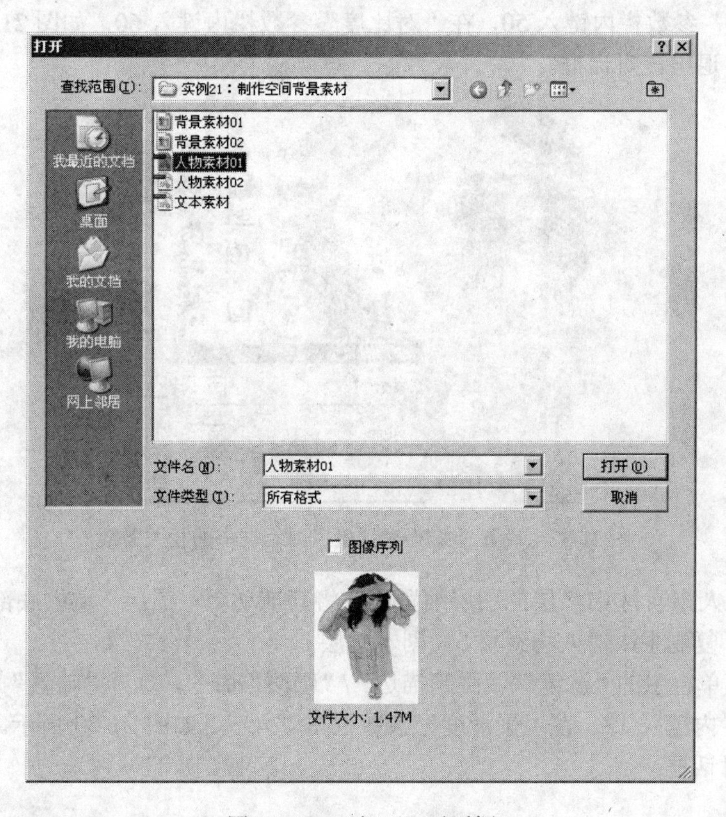

图 21-30　“打开”对话框

34 将“人物素材01.tif”图像拖动至“背景素材01.jpg”文档窗口中，并移动至如图21-31所示的位置。

图21-31　移动图像位置

35 执行菜单栏中的“图像”/“调整”/“去色”命令，去除图像颜色。

36 执行菜单栏中的“图像”/“调整”/“亮度/对比度”命令，打开“亮度/对比度”对话框，在“亮度”参数栏内键入50，在“对比度”参数栏内键入60，如图21-32所示。单击“确定”按钮，退出该对话框。

图21-32　设置“亮度/对比度”对话框中的相关参数

37 按住“人物素材01”层的图层缩览图，将其拖动至“图层”调板底部的“创建新图层”按钮上，复制生成“人物素材01 副本”层。

38 执行菜单栏中的“滤镜”/“画笔描边”/“喷溅”命令，打开“喷溅”对话框，在“喷色半径”参数栏内键入12，在“平滑度”参数栏内键入5，如图21-33所示。单击“确定”按钮，退出该对话框。

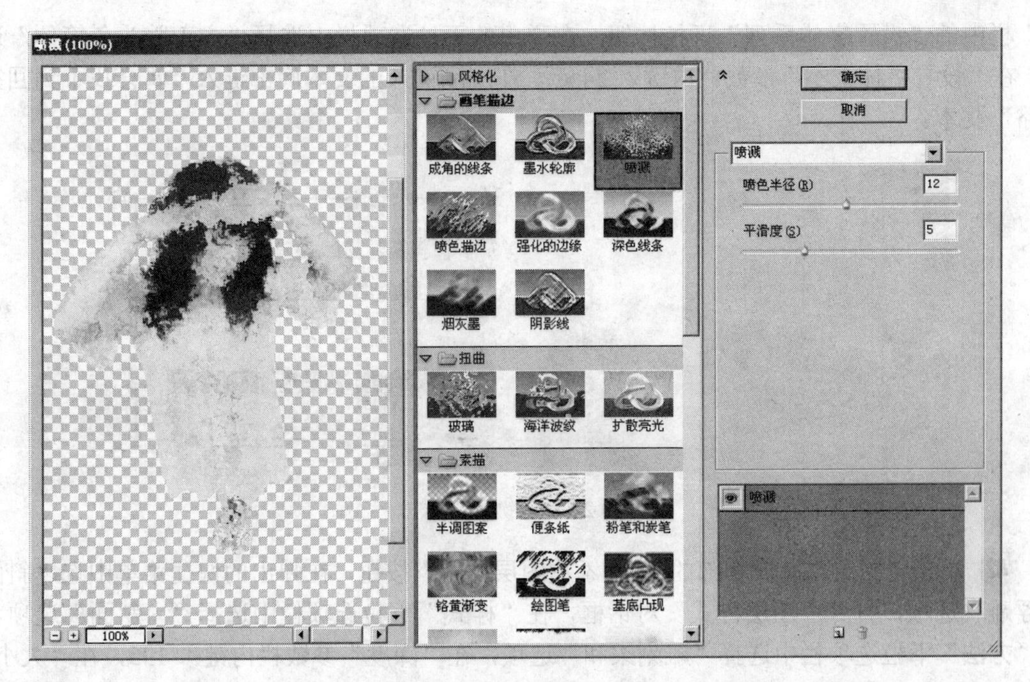

图 21-33　设置“喷溅”对话框中的相关参数

39 使用工具箱中的 “橡皮擦工具”，适当调整画笔大小，并参照图 21-34 所示对人物脸部进行擦除。

40 使用同样的方法，添加“人物素材 02.tif”图像，并对其进行相应设置，完成如图 21-35 所示的效果。

图 21-34　擦除人物脸部图像

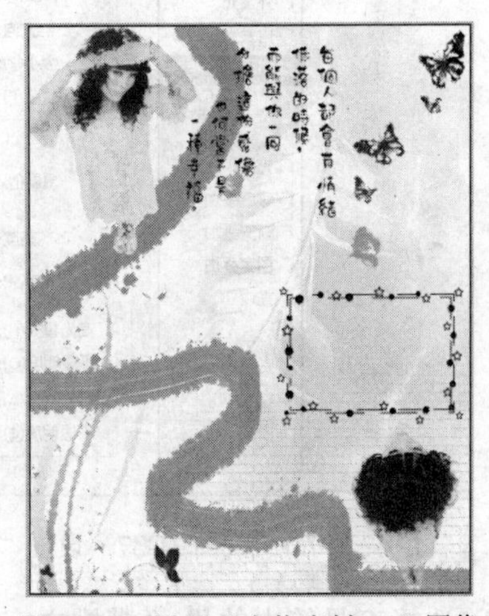

图 21-35　设置“人物素材 02”图像

41 接下来添加文本。选择工具箱中的 T “横排文字工具”，单击“属性”栏中的“设置字体系列”下拉按钮，在弹出的下拉选项栏中选择“方正剪纸简体”选项，在“设置字体大小”参数栏内键入 18 点，将文本颜色设置为灰色（R：115、G：115、B：115），在如图 21-36 所示的位置键入“不要在我找不到方向的时候说你要一个人向前走!!”文本。单击“属性”栏中的“设置字体系列”下拉按钮，在弹出的下拉选项栏中选择“方正胖头鱼简体”选项，在“设置字体大小”参数栏内键入24点，在刚刚键入的文本底部键入“偶会找不到回家的路”文本。

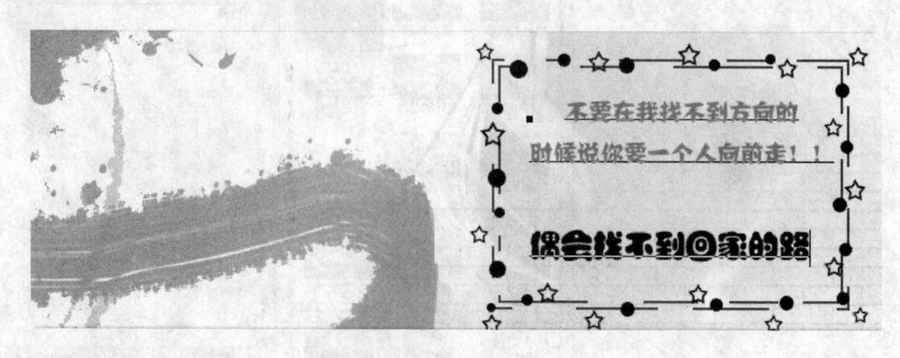

图21-36　键入文本

42 单击“图层”调板底部的 fx. “添加图层样式”按钮，在弹出的快捷菜单中选“斜面和浮雕”选项，打开“图层样式”对话框，在“样式”下拉选项栏中选择“内斜面”选项，在“方法”下拉选项栏中选择“雕刻柔和”选项，在“深度”参数栏内键入195，在“大小”参数栏内键入38，在“软化”参数栏内键入3，其他参数使用默认设置，如图21-37所示。单击“确定”按钮，退出该对话框。

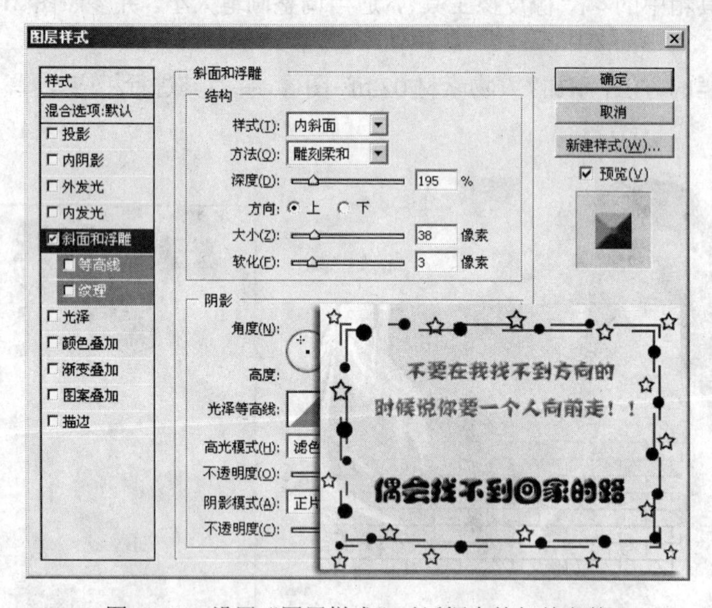

图21-37　设置“图层样式”对话框中的相关参数

43 选择工具箱中的 T. “横排文字工具”，单击“属性”栏中的“设置字体系列”下拉按钮，在弹出的下拉选项栏中选择“方正剪纸繁体”选项，在“设置字体大小”参数栏内键入14点，将文本颜色设置为黑色，在如图21-38所示的位置键入QQ：365637932文本。

44 确定文本处于编辑状态，按下键盘上的Ctrl键，将文本角度进行旋转，如图21-39所示。

图 21-38　键入文本

图 21-39　旋转文本角度

45 使用同样的方法，添加其他文本，如图 21-40 所示。

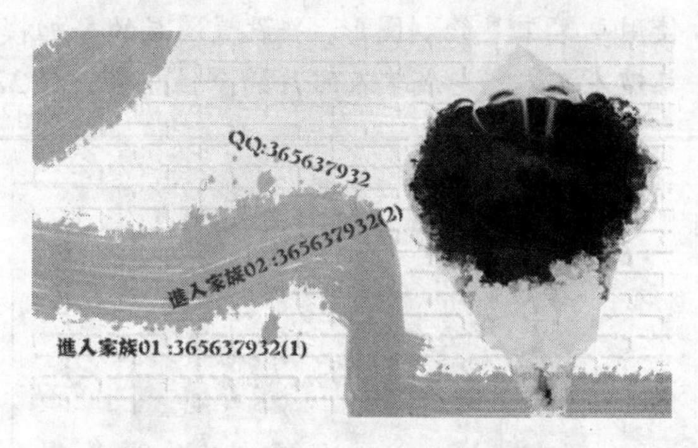

图 21-40　添加其他文本

46 通过以上制作本实例就全部完成了，完成后的效果如图 21-41 所示。如果读者在制作过程中遇到什么问题，可以打开本书光盘中附带的“个性照片编辑/实例 21：制作空间背景素材/空间背景素材.psd”文件，该文件为本实例完成后的文件。

图 21-41　制作空间背景素材

实例22　单人照片的个性组合

在本实例中，将指导读者制作一组单人照片组合，在制作过程中，将指导读者如何使用滤镜工具和画笔工具设置背景图层，并使用图层样式工具设置图像的投影效果。通过本实例，使读者了解个性照片的设置方法。

在本实例中，首先使用滤镜中的绘图笔工具设置图像绘图笔效果，使用画笔工具绘制图形，并设置图层的叠加模式，最后使用文字工具键入文本，完成单人照片的个性组合。图22-1为编辑后的效果。

图22-1　单人照片的个性组合

1 运行Photoshop CS4，按下键盘上的Ctrl+N组合键，创建一个“宽度”为1024像素，“高度”为768像素，模式为RGB颜色，名称为“单人照片的个性组合”的新文档。

2 创建一个新图层——“图层1”，将前景色设置为灰色（R：102、G：102、B：102），然后按下键盘上的Alt+Delete组合键，使用前景色填充图层。

3 执行菜单栏中的“滤镜”/“素描”/“绘图笔”命令，打开“绘图笔”对话框。在“描边长度”参数栏内键入15，在“明/暗平衡”参数栏内键入12，如图22-2所示。

4 在“绘图笔”对话框中单击“确定”按钮，退出该对话框。图22-3为设置滤镜后的图像效果。

5 创建一个新图层——“图层2”，将前景色设置为黄色（R：230、G：227、B：214），然后按下键盘上的Alt+Delete组合键，使用前景色填充图层。

6 在“图层”调板中的“设置图层的混合模式”下拉选项栏中选择“叠加”选项，设置图像的混合模式。图22-4为设置混合模式后的图像效果。

7 接下来打开本书光盘中附带的“个性照片编辑/实例 22：单人照片的个性组合/背景素材.tif”文件，如图22-5所示。

图 22-2　设置“绘图笔”对话框中的相关参数

图 22-3　设置滤镜效果

图 22-4　设置图像混合模式

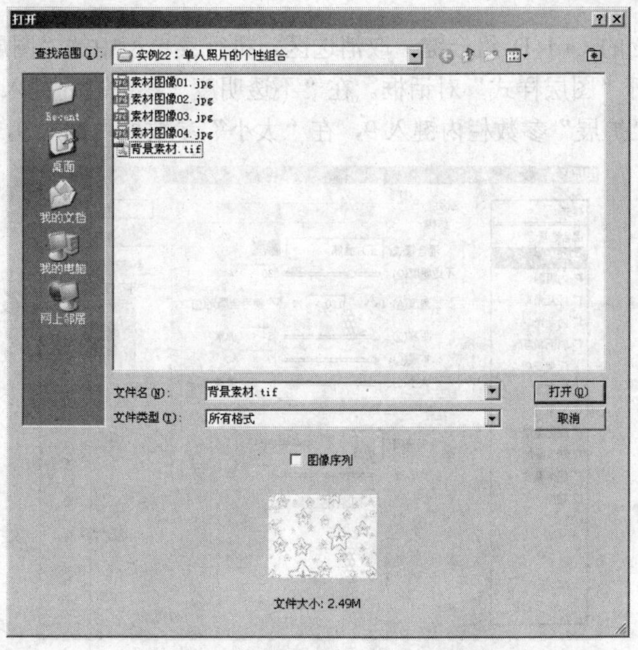

图 22-5　打开“背景素材.tif”文件

8 将“背景素材.tif”图像拖动至“单人照片的个性组合.psd”文档窗口中，并自动生成新图层——“图层 3”。然后参照图 22-6 调整图像使其铺满整个窗口。

9 选择“图层 3”，在“图层”调板的“不透明度”参数栏内键入 30，图 22-7 为设置不透明度值后的图像效果。

图 22-6　调整图像位置

图 22-7　设置不透明度

10 创建一个新图层——“图层 4”，使用工具箱中的“矩形选框工具”参照图 22-8 所示绘制矩形选区。

11 确定选区处于可编辑状态，将前景色设置为白色，使用前景色填充选区，如图 22-9 所示。

图 22-8　绘制矩形选区

图 22-9　填充选区

12 按下键盘上的 Ctrl+D 组合键，取消选区。执行菜单栏中的“图层”/“图层样式”/“投影”命令，打开“图层样式”对话框。在“不透明度”参数栏内键入 30，在“距离”参数栏内键入 5，在“扩展”参数栏内键入 9，在“大小”参数栏内键入 9，如图 22-10 所示。

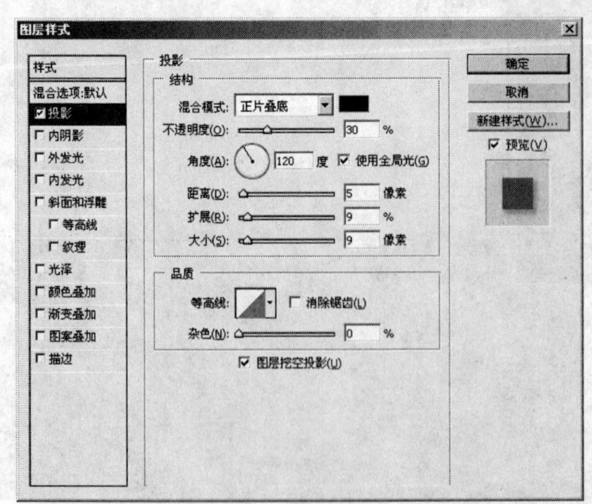

图 22-10　设置“图层样式”对话框中的相关参数

13 在“图层样式”对话框中单击“确定”按钮，退出该对话框。图 22-11 为设置图层样式后的图像效果。

14 接下来再次使用工具箱中的“矩形选框工具”绘制如图 22-12 所示的选区，并使用灰绿色（R：218、G：224、B：220）填充选区。

图 22-11 设置图像投影效果

图 22-12 填充选区

15 执行菜单栏中的“文件”/“打开”命令，打开“打开”对话框，从该对话框中选择本书光盘中附带的“个性照片编辑/实例 22：单人照片的个性组合/素材图像 01.jpg”文件，如图 22-13 所示。单击“打开”按钮，退出该对话框。

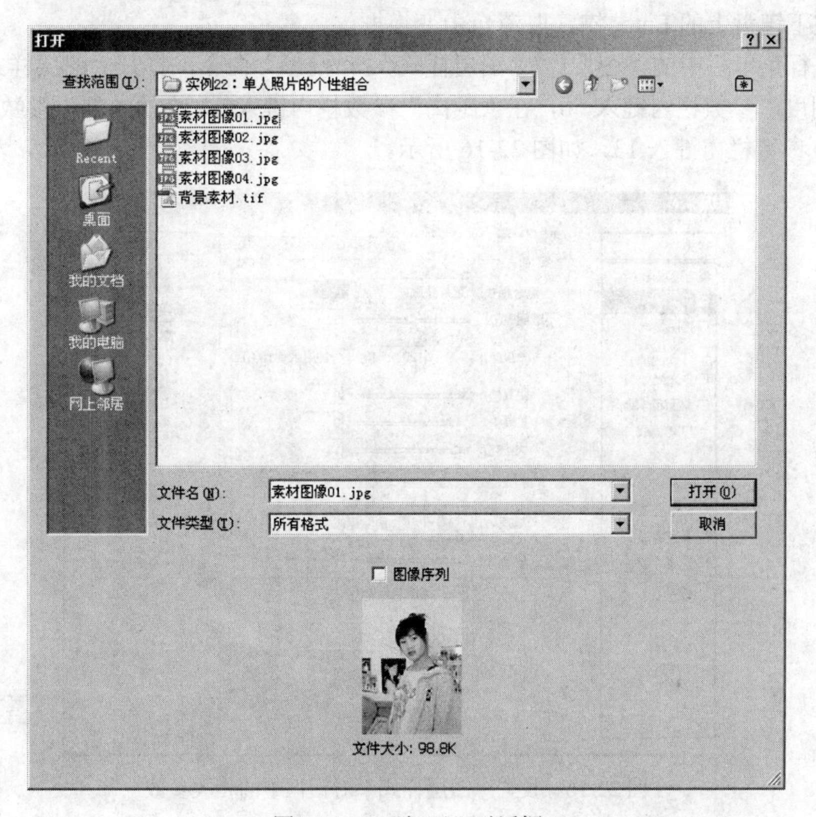

图 22-13 “打开”对话框

16 右击工具箱中的“套索工具”下拉按钮，在弹出的下拉选项栏中选择“磁性套索工具”选项。使用该工具参照图 22-14 沿人物边缘绘制选区。

17 确定选区内的图像处于选择状态，使用工具箱中的“移动工具”将选区内的图像拖动至“单人照片的个性组合.psd”文档窗口中，这时在“图层”调板中自动生成新图层——“图层 5”。

18 选择“图层 5”，按下键盘上的 Ctrl+T 组合键，打开自由变换框，然后参照图 22-15 调整图像的位置和大小。

图 22-14　绘制选区

图 22-15　调整图像的位置和大小

19 按下键盘上的 Enter 键，取消自由变换框。

20 执行菜单栏中的“图层”/“图层样式”/“投影”命令，打开“图层样式”对话框。在“不透明度”参数栏内键入 50，在“距离”参数栏内键入 0，在“扩展”参数栏内键入 0，在“大小”参数栏内键入 13，如图 22-16 所示。

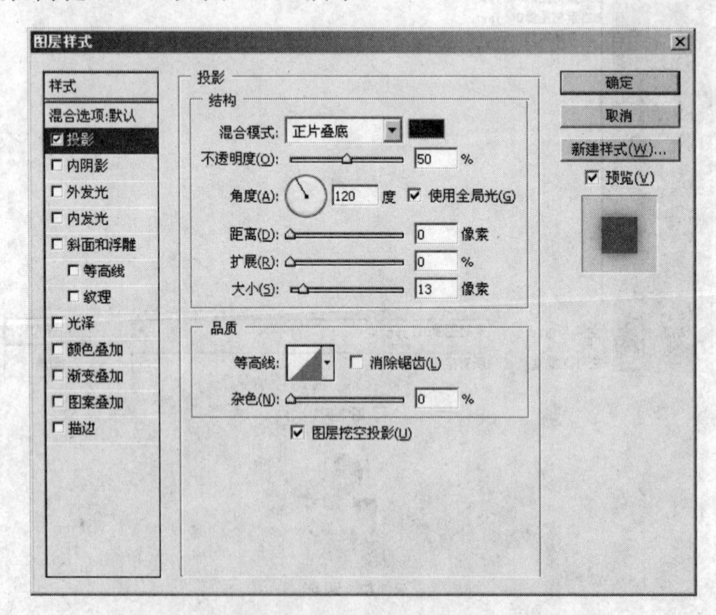

图 22-16　设置“图层样式”对话框中的相关参数

21 在“图层样式”对话框中单击“确定”按钮，退出该对话框。图 22-17 为设置投影后的图像效果。

图 22-17　设置投影效果

22 接下来分别打开本书光盘中附带的“个性照片编辑/实例 22：单人照片的个性组合/素材图像 02.jpg”、“素材图像 03.jpg”、“素材图像 04.jpg”文件，如图 22-18 所示。

图 22-18　打开素材图像

23 使用“磁性套索工具”分别设置“素材图像 02.jpg”、“素材图像 03.jpg”、“素材图像 04.jpg”内的人物选区，并依次将人物图像拖动至“单人照片的个性组合.psd”文档窗口中，这时在“图层”调板中会自动生成新图层。

24 选择“图层 5”，右击鼠标，在弹出的快捷菜单中选择“拷贝图层样式”选项，然后依次选择“图层 6”、“图层 7”和“图层 8”，右击鼠标，在弹出的快捷菜单中选择“粘贴图层样式”选项。图 22-19 为拷贝图层样式后的图像效果。

图 22-19　拷贝图层样式

25 在“图层”调板中选择“图层 4”，然后按住键盘上的 Shift 键，分别单击“图层 5”、“图层 6”、“图层 7”和“图层 8”，依次加选这些图层，如图 22-20 所示。

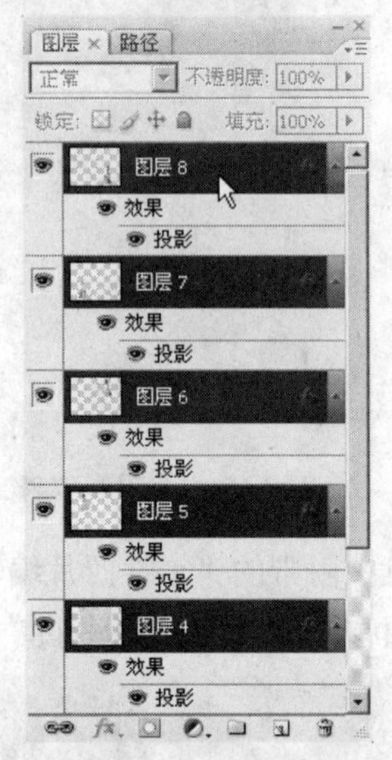

图 22-20　加选图层

26 将所选的图层拖动至“图层”调板底部的“创建新图层”按钮上，复制所选的图层。然后按下键盘上的 Ctrl+E 组合键，合并所选图层，并自动生成新图层——“图层 8 副本”层。

27 将“图层 8 副本”层拖动至“图层 4”底部。然后按下键盘上的 Ctrl+T 组合键，打开自由变换框，参照如图 22-21 所示调整图像的旋转角度。

图 22-21　调整图像的旋转角度

28 按下键盘上的 Enter 键，取消自由变换操作。

29 使用工具箱中的“自定形状工具”，在“属性”栏中单击“点按可打开‘自定形状’拾色器”按钮，在弹出的形状调板中选择“左脚”选项。如图 22-22 所示。

30 创建一个新图层——“图层 9”。在“属性”栏中激活“填充像素”按钮，将前景色设置为灰色（R：161、G：161、B：161），参照如图 22-23 所示绘制左脚图形。

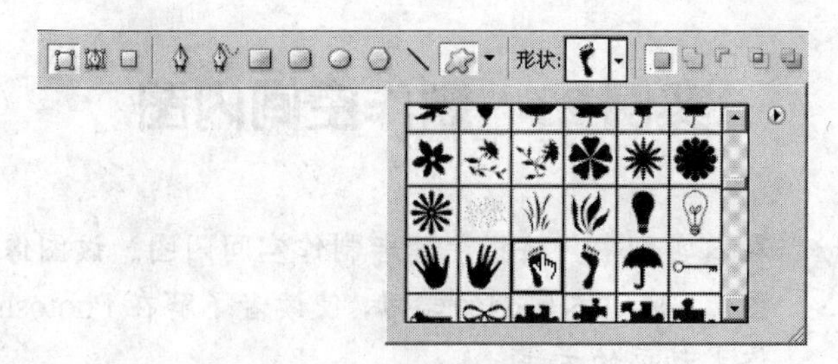

图 22-22　选择“左脚”选项

31 接下来使用同样的方法，单击工具箱中的“自定形状工具”按钮，在“属性”栏中单击“点按可打开‘自定形状’拾色器”按钮，在弹出的“形状”调板中选择“右脚”选项。参照如图 22-24 所示绘制右脚图形。

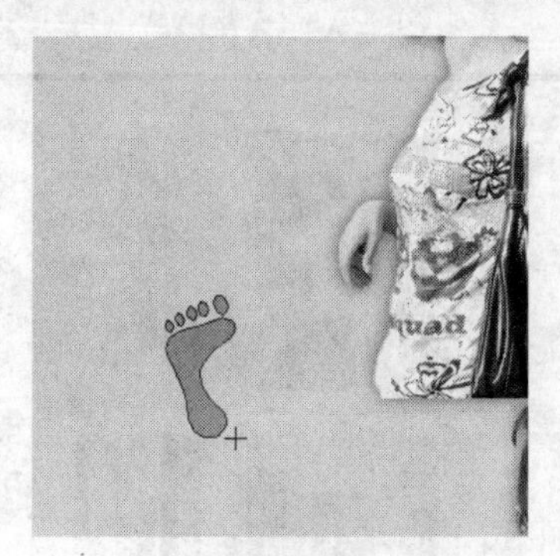

图 22-23　绘制左脚图形

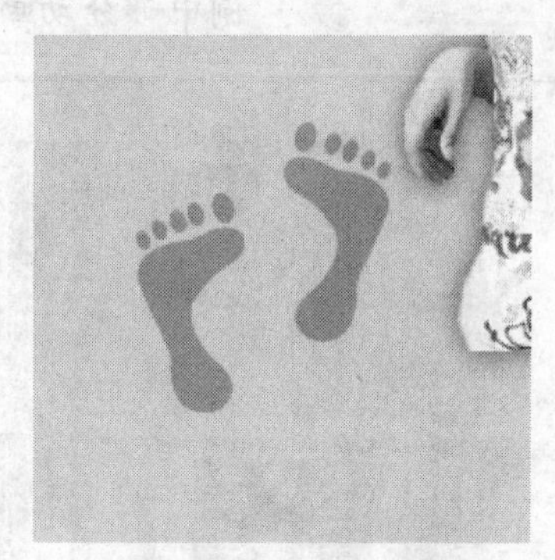

图 22-24　绘制右脚图形

32 单击工具箱中的 T “横排文字工具”按钮，在“属性”栏中的“设置字体系列”下拉选项栏中选择 Comic Sans MS 选项，在“设置字体大小”参数栏内键入 40，设置文本颜色为灰色（R：81、G：81、B：81），在如图 22-25 所示的位置键入 Hkeiwx 字样。

33 通过以上制作本实例就全部完成了，完成后的效果如图 22-26 所示。如果读者在制作过程中遇到什么问题，可以打开本书光盘中附带的“个性照片编辑/实例 22：单人照片的个性组合/单人照片的个性组合. psd”文件，该文件为本实例完成后的文件。

图 22-25　键入文本

图 22-26　单人照片的个性组合

实例 23 制作空间闪图

在本实例中，将指导读者制作空间闪图。该图像为 gif 格式的动画图像，通过本实例的学习，使读者了解在 Photoshop CS4 中制作 gif 格式动画的方法。

在制作本实例时，首先使用矩形选框工具绘制背景素材，然后导入人物素材图像进行编辑，使用直排文字工具添加文本，最后打开动画调板，设置帧动画，完成本实例的制作。如图 23-1 所示为本实例中部分动画静帧画面。

图 23-1　部分动画静帧画面

1 运行 Photoshop CS4，执行菜单栏中的“文件”/“新建”命令，打开“新建”对话框，在“名称”文本框中键入“空间闪图”，创建一个名为“空间闪图”的新文档。在“宽度”参数栏内键入 680，在“高度”参数栏内键入 438，在“分辨率”参数栏内键入 72，在“设置分辨率的单位”下拉选项栏中选择“像素/厘米”选项，其他参数使用默认设置，如图 23-2 所示。单击“确定”按钮，退出“新建”对话框。

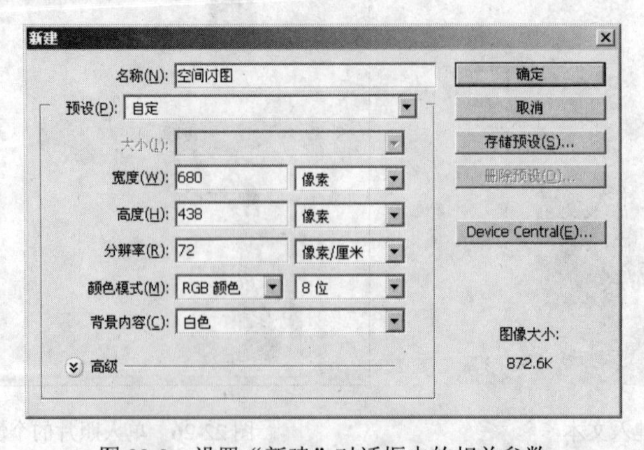

图 23-2　设置“新建”对话框中的相关参数

2 创建一个新图层——“图层 1”。使用工具箱中的 “矩形选框工具”，在如图 23-3 所示的位置绘制一个矩形选区，并将该选区填充为黄色（R：253、G：228、B：2）。

3 确定 “矩形选框工具”处于选择状态，将该选区向右移至如图 23-4 所示的位置。

图 23-3 绘制选区

图 23-4 移动选区位置

4 创建一个新图层——“图层 2”。将选区填充为蓝色（R：253、G：228、B：2），如图 23-5 所示。

5 确定 “矩形选框工具”处于选择状态，将该选区向右移至如图 23-6 所示的位置。创建新图层——“图层 3”，将选区填充为红色（R：214、G：1、B：1）。

图 23-5 填充选区

图 23-6 填充选区

6 确定 “矩形选框工具”处于选择状态，将该选区向右移至如图 23-7 所示的位置。创建新图层——“图层 4”，将选区填充为橘红色（R：253、G：115、B：3）。

7 使用以上方法，设置 4 种颜色循环平铺于画面，每种颜色为一个单独的图层，如图 23-8 所示。

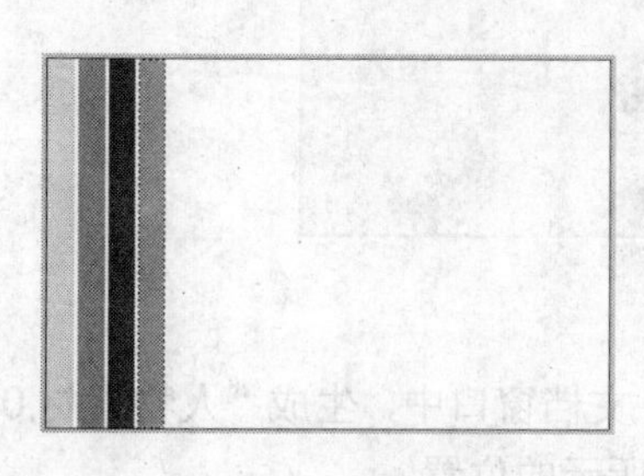

图 23-7 填充选区

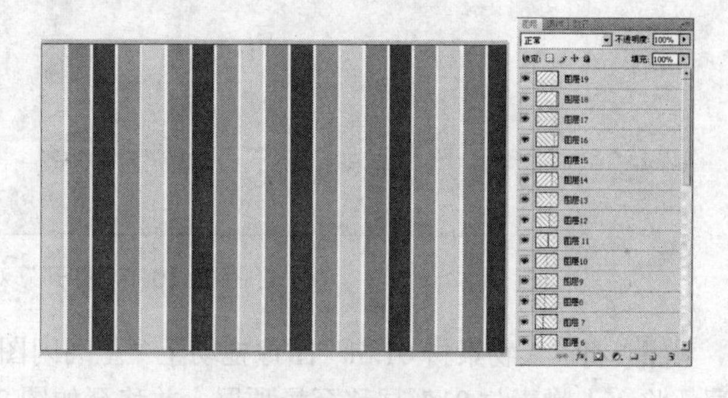

图 23-8 创建其他图层

8 按住键盘上的 Ctrl 键，加选“图层 1”至“图层 19”的全部图层，将所选图层进行复制，然后按下键盘上的 Ctrl+E 组合键，将复制生成的“图层 1 副本”至“图层 19 副本”进行合并。

9 将合并后的图层命名为“背景素材”，将“背景素材”层移至“图层1”底部，如图23-9所示。

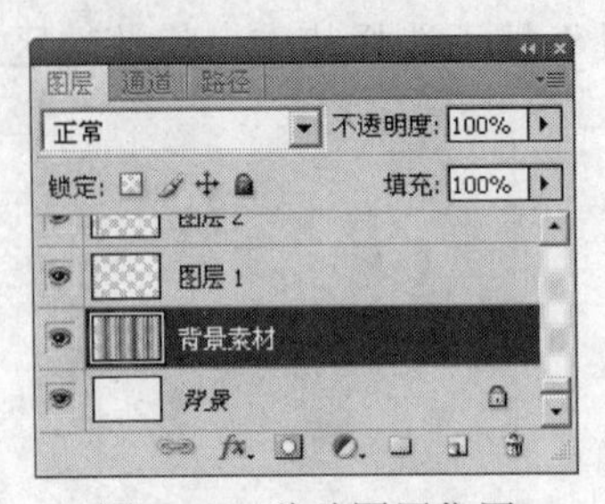

图 23-9　移动图层位置

10 执行菜单栏中的“文件”/“打开”命令，打开“打开”对话框，导入本书光盘中附带的“个性照片编辑/实例23：制作空间闪图/人物素材01.tif”文件，如图23-10所示。单击“打开”按钮，退出该对话框。

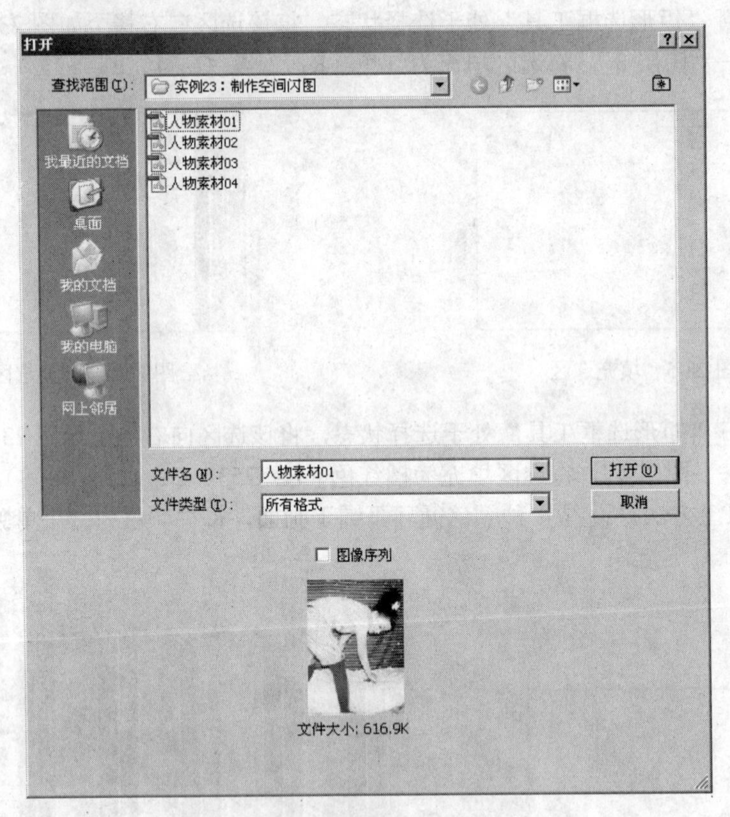

图 23-10　“打开”对话框

11 将“人物素材01.tif”图像拖动至“空间闪图.psd”文档窗口中，生成“人物素材01”层，将“人物素材01”层移至最顶层，并移至如图23-11所示的位置。

12 确定“人物素材 01”层处于选择状态，单击“图层”调板底部的 *fx.* “添加图层样式”按钮，在弹出的快捷菜单中选择“外发光”选项，打开“图层样式”对话框，在“混合模式”下拉选项栏中选择“滤色”选项，在“不透明度”参数栏内键入100，设置发光颜色为黄色（R：253、G：228、B：2），在“扩展”参数栏内键入15，在“大小”参数栏内键入

20，其他参数使用默认设置，如图 23-12 所示。单击“确定”按钮，退出该对话框。

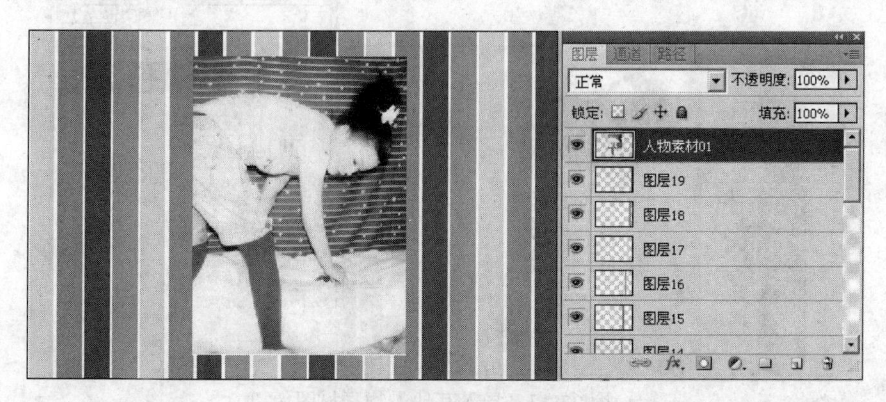

图 23-11 移动图像位置

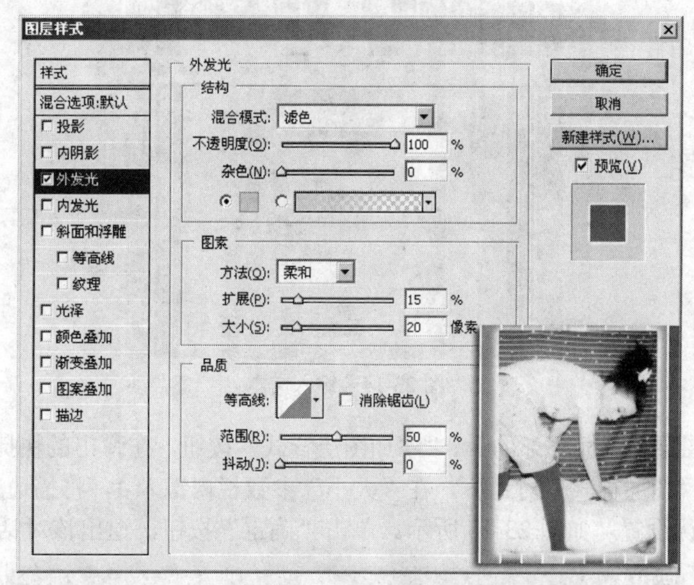

图 23-12 设置“图层样式”对话框中的相关参数

13 使用以上方法，分别导入“人物素材 02.tif”、“人物素材 03.tif”、“人物素材 04.tif”图像，设置外发光颜色分别为蓝色（R：253、G：228、B：2）、红色（R：214、G：1、B：1）、橘红色（R：253、G：115、B：3），如图 23-13 所示。

提示

读者应注意，导入的人物素材图像位置须一致。

14 选择工具箱中的 IT “直排文字工具”，单击“属性”栏中的“设置字体系列”下拉按钮，在弹出的下拉选项栏中选择 Stencil Std 选项，在“设置字体大小”参数栏内键入 6.3 点，将文本颜色设置为灰色（R：168、G：168、B：168），在如图 23-14 所示的位置键入 www.mingjing.com 文本。

图 23-13　导入其他人物素材图像

图 23-14　键入文本

15 单击“图层”调板底部的 fx.“添加图层样式”按钮，在弹出的快捷菜单中选择“描边”选项，打开“图层样式”对话框，在“大小”参数栏内键入 1，将描边颜色设置为白色，其他参数使用默认设置，如图 23-15 所示。单击“确定”按钮，退出该对话框。

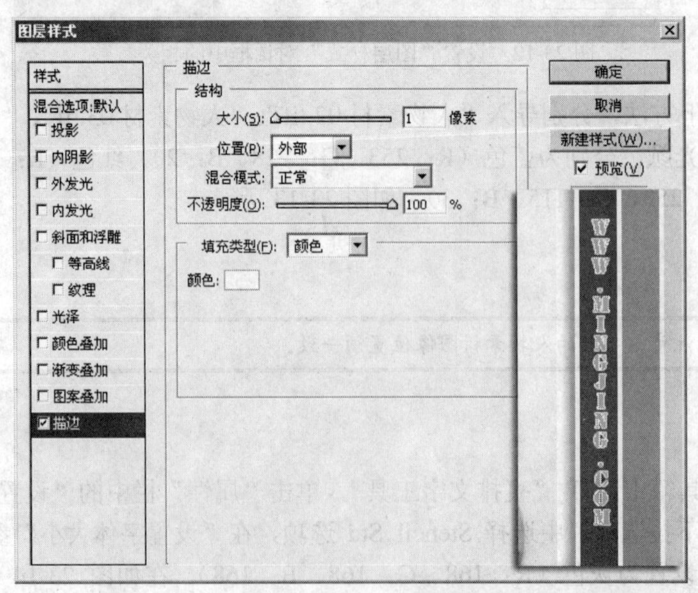

图 23-15　设置“图层样式”对话框中的相关参数

16 创建一个新图层，并将该图层命名为“方框”。使用工具箱中的“矩形选框工具”，参照图23-16所示绘制两个矩形选区，并将该选区填充为白色。

17 在“图层”调板中将“方框”层的“不透明度”值设置为40%。

18 单击除“背景”层和“背景素材”层外的全部图层左侧的“指示图层可见性”按钮，隐藏所有图层，如图23-17所示。

图23-16 绘制选区

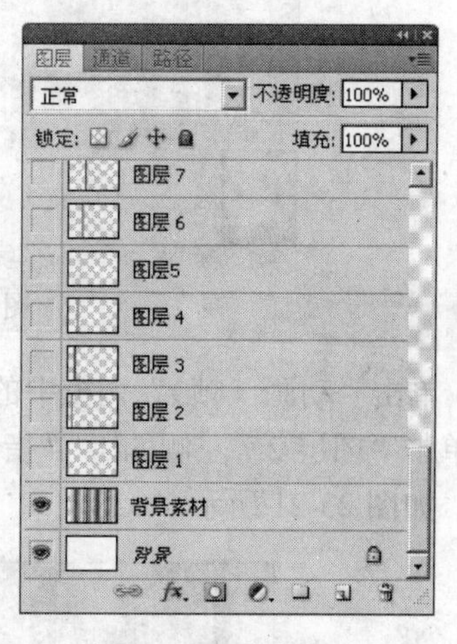

图23-17 隐藏图层

19 接下来打开“动画（帧）”调板，设置动画效果。

20 执行菜单栏中的“窗口”/“动画”命令，打开“动画（帧）”调板，如图23-18所示。

图23-18 “动画（帧）”调板

21 在“图层”调板中将“背景素材”层的“不透明度”值设置为50%，并将该图层中的图像向右移动一个色块的位置，如图23-19所示。

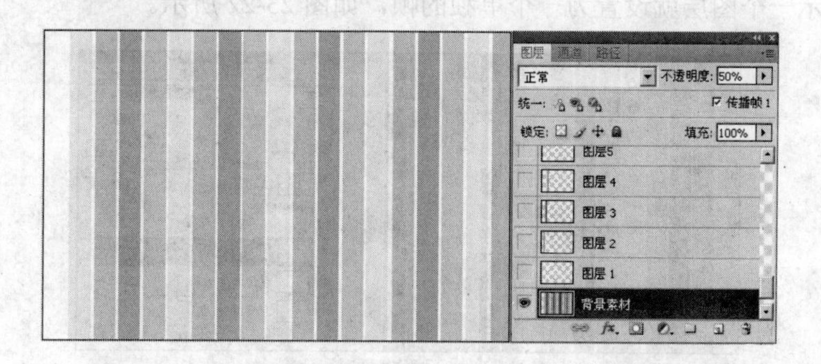

图23-19 移动图层位置

22 单击“图层1”左侧的“指示图层可见性”按钮，显示“图层1”，完成第1帧动画的设置，如图23-20所示。

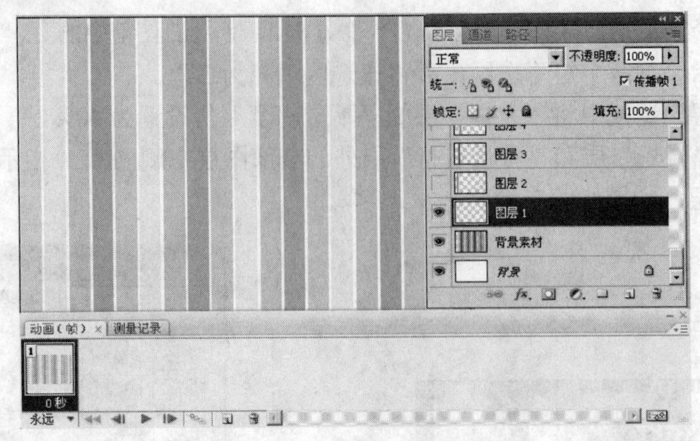

图 23-20　设置第 1 帧动画

23 单击“动画（帧）”调板中的 “复制所选帧”按钮，复制到第 2 帧。在“图层”调板中单击“图层 2”左侧的 “指示图层可见性”按钮，显示“图层 2”，完成第 2 帧动画的设置，如图 23-21 所示。

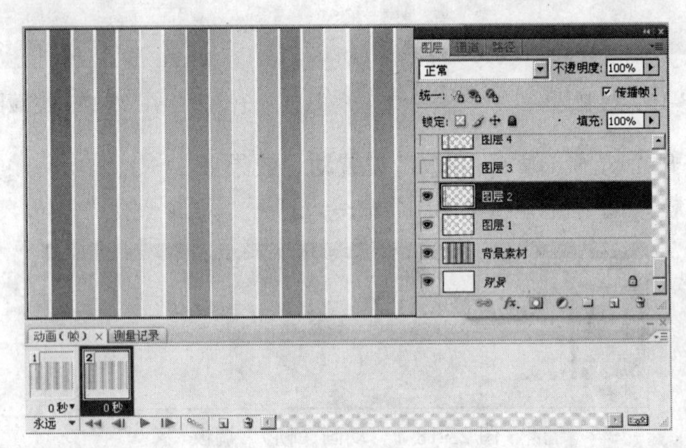

图 23-21　设置第 2 帧动画

24 使用同样的方法，依次复制到第 19 帧，分别按图层顺序取消隐藏的“图层 1”至“图层 19”，每显示一个图层就设置为一个单独的帧，如图 23-22 所示。

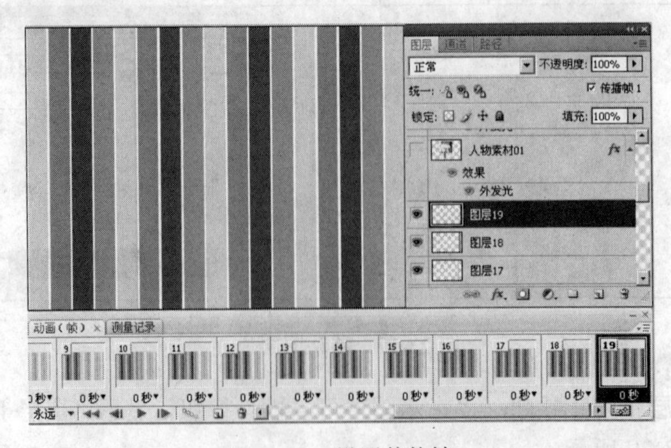

图 23-22　设置其他帧

25 选择“动画（帧）”调板中的全部帧，右击“选择帧延迟时间”选项，在弹出的快捷菜单中选择 0.2 选项，将每个帧的延迟时间设置为 0.2 秒，如图 23-23 所示。

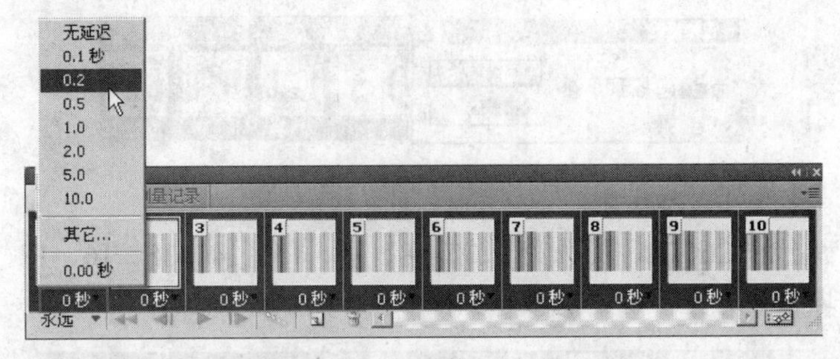

图 23-23　设置帧延迟时间

26 按住键盘上的 Ctrl 键，加选第 2、3、4 帧，在“图层”调板中取消“人物素材 01”层和 www.migjing.com 层的隐藏，如图 23-24 所示。

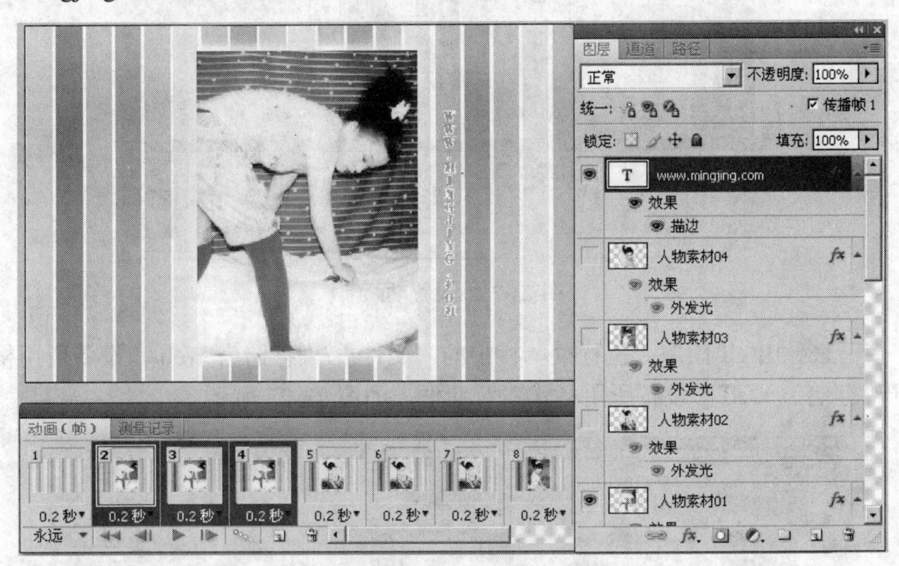

图 23-24　设置第 2、3、4 帧中的动画效果

27 按住键盘上的 Ctrl 键，加选第 5、6、7 帧，在“图层”调板中取消“人物素材 02”层和 www.migjing.com 层的隐藏。

28 按住键盘上的 Ctrl 键，加选第 8、9、10 帧，在“图层”调板中取消“人物素材 03”层和 www.migjing.com 层的隐藏。

29 按住键盘上的 Ctrl 键，加选第 11、12、13 帧，在“图层”调板中取消“人物素材 04”层和 www.migjing.com 层的隐藏。

30 按住键盘上的 Ctrl 键，加选第 16、17、18、19 帧，右击“选择帧延迟时间”选项，在弹出的快捷菜单中选择“其他”选项，打开“设置帧延迟”对话框，在“设置延迟”参数栏内键入 0.3，将每个帧的延迟时间设置为 0.3 秒，如图 23-25 所示。单击“确定”按钮，退出该对话框。

31 选择第 16 帧，在“图层”调板中取消“人物素材 01”层和 www.migjing.com 层的隐藏；选择第 17 帧，在“图层”调板中取消“人物素材 02”层和 www.migjing.com 层的隐藏；选择第18帧，在“图层”调板中取消“人物素材03”层和www.migjing.com层的隐藏；选择第19帧，在“图层”调板中取消“人物素材04”层和www.migjing.com层的隐藏。

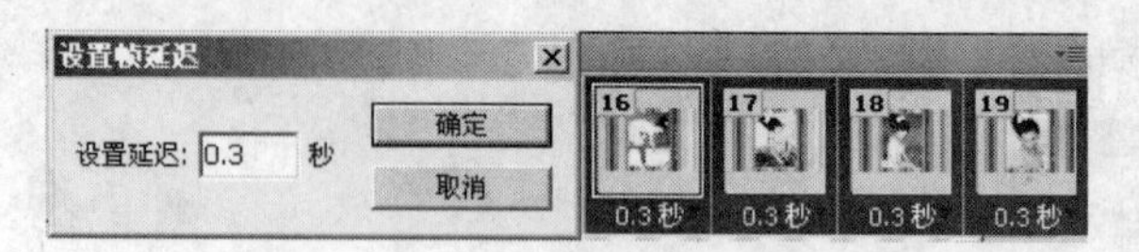

图23-25　设置帧延迟时间

32 按住键盘上的Ctrl键，加选第2、5、8、11、13、14、15、16、17、18、19帧，在“图层”调板中取消“方框”层的隐藏，如图23-26所示。

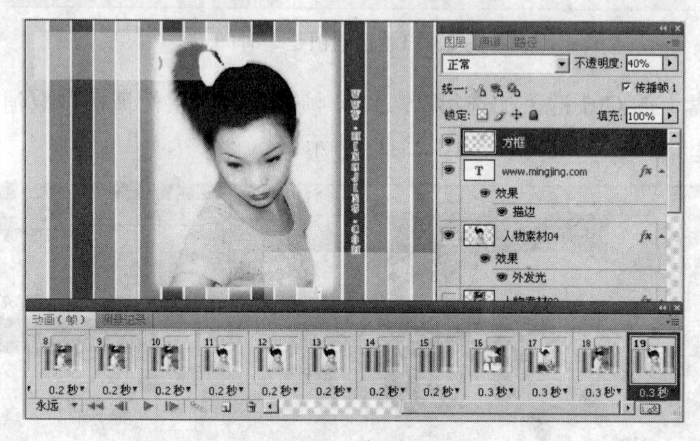

图23-26　设置动画帧

33 接下来导出gif图像。执行菜单栏中的“文件”/“存储为Web和设备所用格式”命令，打开“存储为Web和设备所用格式”对话框，如图23-27所示。

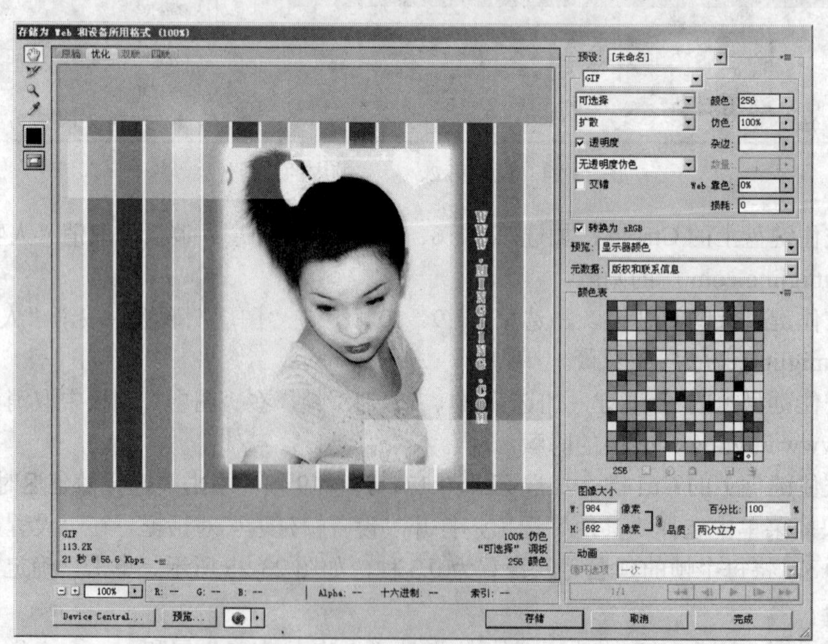

图23-27　“存储为Web和设备所用格式”对话框

34 使用“存储为 Web 和设备所用格式”对话框中的默认设置，单击“存储”按钮，打开“将优化结果存储为”对话框，在“文件名”文本框中键入“空间闪图”字样，在“保存类型”下拉选项栏中选择“仅限图像（*.gif）”选项，如图 23-28 所示。单击“保存”按钮，将文件保存在读者所需的文件夹中。

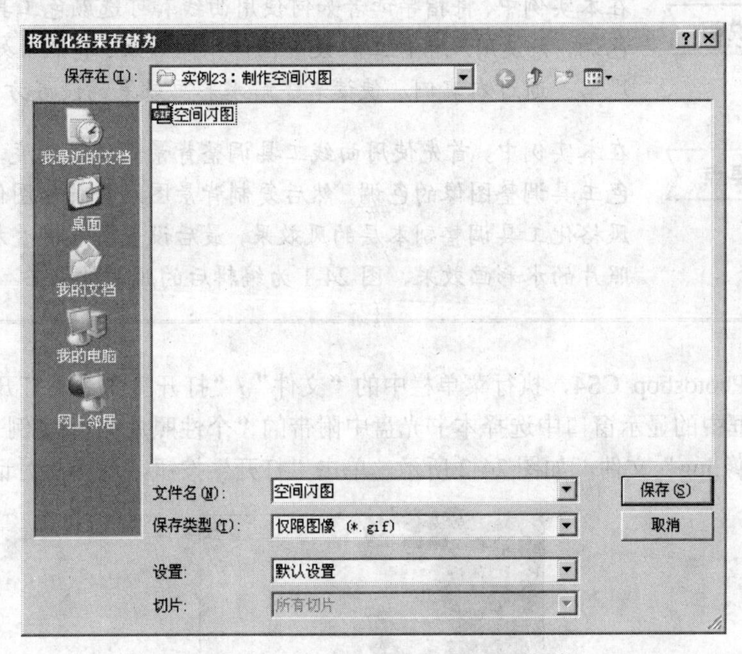

图 23-28 “将优化结果存储为”对话框

35 通过以上制作本实例就全部完成了，完成后的文件部分动画静帧画面如图 23-29 所示。如果读者在制作过程中遇到什么问题，可以打开本书光盘中附带的“个性照片编辑/实例23：制作空间闪图/空间闪图.psd”文件，该文件为本实例完成后的文件。

图 23-29 部分动画静帧画面

实例24　设置水彩画效果

在本实例中，将指导读者如何使用曲线和可选颜色工具调整图像的色调，并使用风格化工具设置图像的风效果，将照片处理为水彩画风格。通过本实例，使读者了解水彩画效果的设置方法。

在本实例中，首先使用曲线工具调整背景图像的亮度，使用可选颜色工具调整图像的色调，然后复制背景图层并旋转图像角度，使用风格化工具调整副本层的风效果，最后设置图层的叠加模式，完成照片的水彩画效果。图24-1为编辑后的照片效果。

---

1 运行Photoshop CS4，执行菜单栏中的"文件"/"打开"命令，打开"打开"对话框，从该对话框中的显示窗口中选择本书光盘中附带的"个性照片编辑/实例 24：设置水彩画效果/素材图像.jpg"文件，如图24-2所示。单击"打开"按钮，退出该对话框。

图24-1　设置水彩画效果

2 执行菜单栏中的"图像"/"调整"/"曲线"命令，打开"曲线"对话框。在曲线上任意处单击，确认点的位置，在"输出"参数栏内键入250，在"输入"参数栏内键入180，如图24-3所示。

3 在"曲线"对话框中单击"确定"按钮，退出该对话框。图24-4为设置曲线后的图像效果。

4 接下来执行菜单栏中的"图像"/"调整"/"可选颜色"命令，打开"可选颜色"对话框。在"颜色"下拉选项栏中选择"红色"选项；在"青色"参数栏内键入+100；在"洋红"参数栏内键入-40；在"黄色"参数栏内键入+100；在"黑色"参数栏内键入+100，如图24-5所示。然后单击"确定"按钮，退出该对话框。

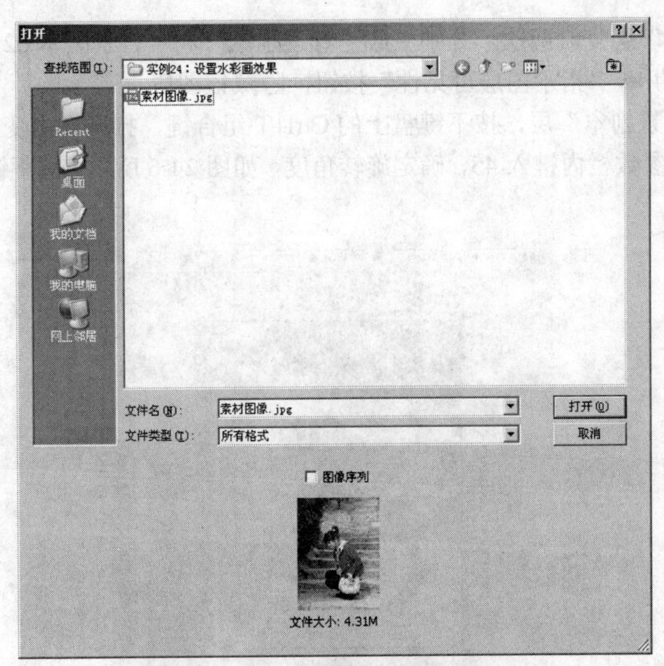

图 24-2　“打开”对话框

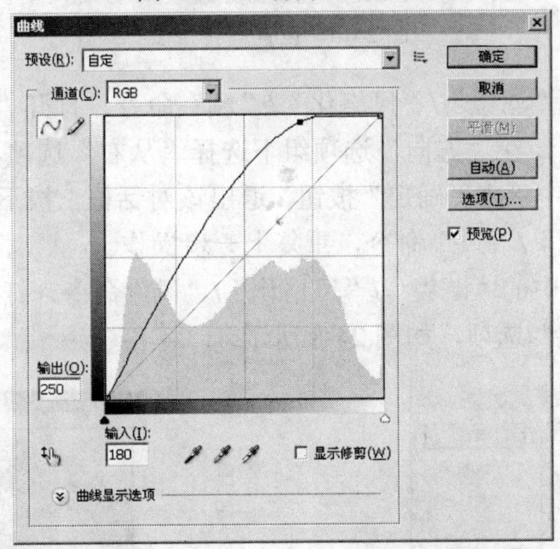

图 24-3　设置“曲线”对话框中的相关参数

图 24-4　设置曲线

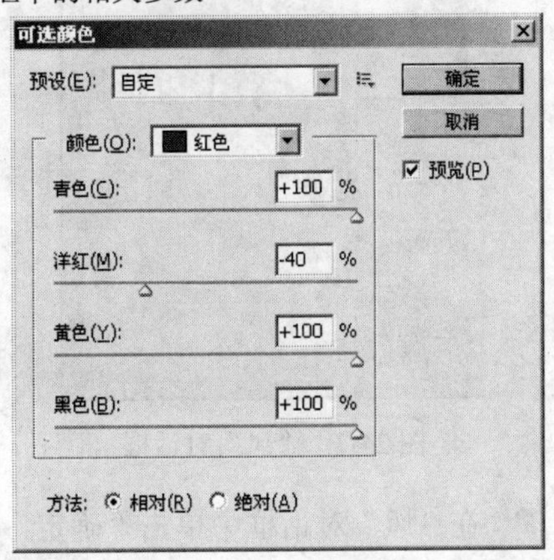

图 24-5　设置“可选颜色”对话框中的相关参数

5 将“背景”层复制两次，分别生成“背景副本”和“背景副本02”层。单击“背景副本02”层左侧的 “指示图层可见性”按钮，隐藏该图层。

6 选择“背景副本”层，按下键盘上的Ctrl+T组合键，打开自由变换框。在“属性”栏的“设置旋转”参数栏内键入45，确定旋转角度，如图24-6所示。按下键盘上的Enter键，取消自由变换框。

图24-6　设置旋转角度

7 执行菜单栏中的“滤镜”/“风格化”/“风”命令，打开“风”对话框。在“方法”选项组下选择“风”选项，在“方向”选项组下选择“从右”选项，如图24-7所示。

8 在“风”对话框中单击“确定”按钮，退出该对话框。按下键盘上的Ctrl+F组合键，或执行菜单栏中的“滤镜”/“风”命令，重复上一步操作。

9 再次执行菜单栏中的“滤镜”/“风格化”/“风”命令，打开“风”对话框。在“方向”选项组中选择“从左”选项，如图24-8所示。

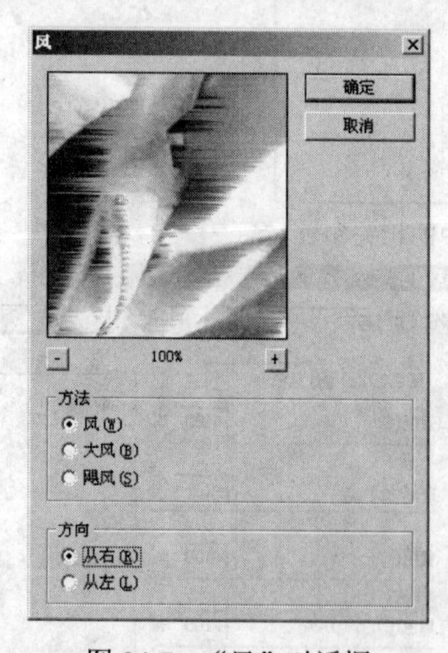

图24-7　“风”对话框

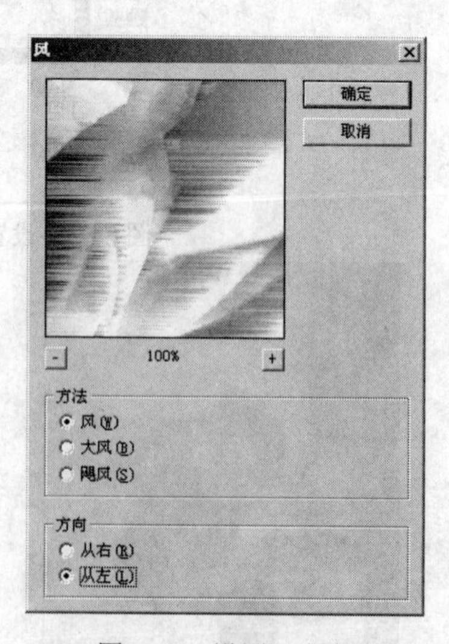

图24-8　设置风方向

10 在“风”对话框中单击“确定”按钮，退出该对话框。按下键盘上的Ctrl+F组合键，重复上一步操作。图24-9为设置风向后的图像效果。

11 接下来按下键盘上的Ctrl+T组合键，在“属性”栏的“设置旋转”参数栏内键入-45，确定旋转角度。按下键盘上的Enter键，结束自由变换操作，这时图像旋转为原来状态，如图24-10所示。

图24-9　设置风效果

图24-10　旋转图像角度

12 单击“背景副本02”层左侧的“指示图层可见性”按钮，显示该图层。按下键盘上的Ctrl+T组合键，打开自由变换框，并将图像旋转为-45º。

13 接下来参照上述设置“背景副本02”层的方法，设置“背景副本”层的风效果，如图24-11所示。

14 将“背景副本02”层旋转45º，恢复原来状态。

15 选择“背景副本02”层，在“图层”调板的“设置图层的混合模式”下拉选项栏中选择“叠加”选项。图24-12为设置叠加模式后的图像效果。

图24-11　设置风效果

图24-12　设置图像的叠加模式

16 执行菜单栏中的“图像”/“调整”/“色相/饱和度”命令，打开“色相/饱和度”对话框，在“色相”参数栏内键入128，在“饱和度”参数栏内键入40，如图24-13所示。

17 在“色相/饱和度”对话框中单击“确定”按钮，退出该对话框。图24-14为设置色相/饱和度后的图像效果。

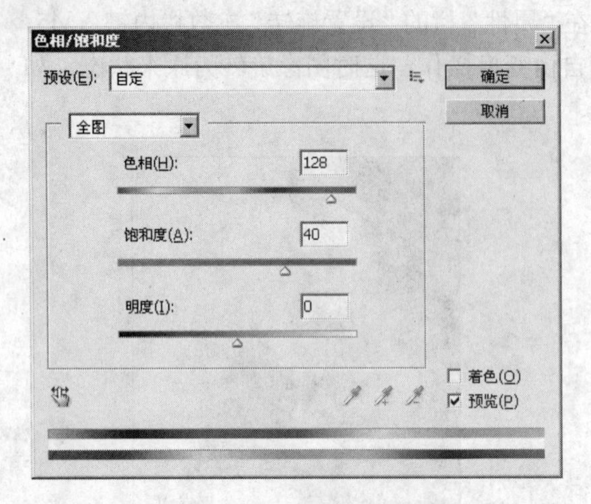

图 24-13　设置“色相/饱和度”对话框中的相关参数

图 24-14　设置图像色相/饱和度

18 执行菜单栏中的“图像”/“调整”/“曲线”命令，打开“曲线”对话框。在曲线上任意处单击，确认点的位置，在“输出”参数栏内键入 80，在“输入”参数栏内键入 150，如图 24-15 所示。然后单击“确定”按钮，退出该对话框。

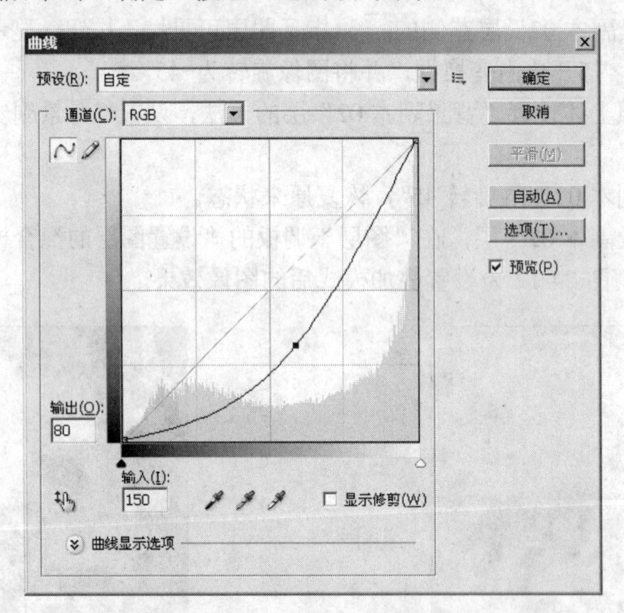

图 24-15　设置“曲线”对话框中的相关参数

19 选择“背景副本 02”层，执行菜单栏中的“图层”/“向下合并”命令，合并“背景副本 02”和“背景副本”层。

20 单击“背景”层左侧的“指示图层可见性”按钮，将“背景”层隐藏。使用工具箱中的“橡皮擦工具”，在“属性”栏中适当调整画笔大小，参照图 24-16 所示擦除“背景副本 02”层的人物图像。

21 单击“背景”层左侧的“指示图层可视性”按钮，显示该图层。

22 通过以上制作本实例就全部完成了，完成后的效果如图 24-17 所示。如果读者在制作过程中遇到什么问题，可以打开本书光盘中附带的“个性照片编辑/实例 24：设置水彩画效果/设置水彩画效果. psd”文件，该文件为本实例完成后的文件。

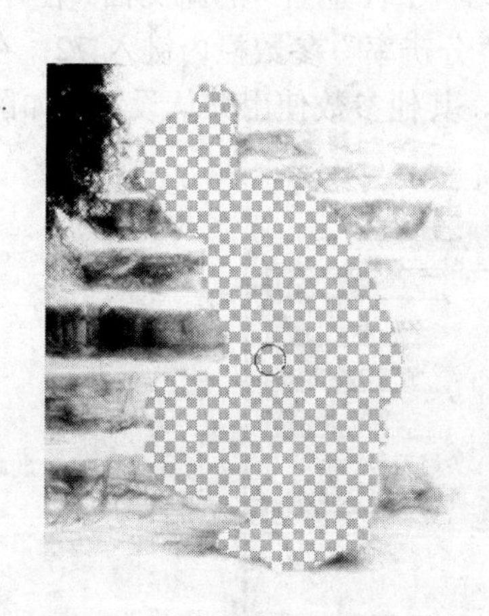

图 24-16 使用“橡皮擦工具”

图 24-17 设置水彩画效果

实例 25 制作个性签名

在本实例中，将指导读者制作个性签名，个性签名用于空间或论坛，是具有强烈个人特征的图像，本实例整体风格淡雅，色彩明快，由淡蓝色和白色两大色系组成。通过本实例的学习，使读者了解在 Photoshop CS4 中投影工具和描边工具的使用方法。

在制作本实例时，首先导入背景素材图像，然后使用矩形工具绘制图形，使用投影工具添加投影效果，然后导入人物素材图像，使用描边工具和投影工具对人物素材图像进行编辑，最后使用横排文字工具添加相关文本，完成本实例的制作。图 25-1 为本实例完成后的效果。

图 25-1 制作 个性签名

1 运行 Photoshop CS4，执行菜单栏中的“文件”/“新建”命令，打开“新建”对话框，在“名称”参数栏内键入“个性签名”，创建一个名为“个性签名”的新文档。在“宽度”参数栏内键入 720，在“高度”参数栏内键入 705，在“分辨率”参数栏内键入 72，在“设置分辨率的单位”下拉选项栏中选择“像素/厘米”选项，其他参数使用默认设置，如图 25-2 所示。单击“确定”按钮，退出“新建”对话框。

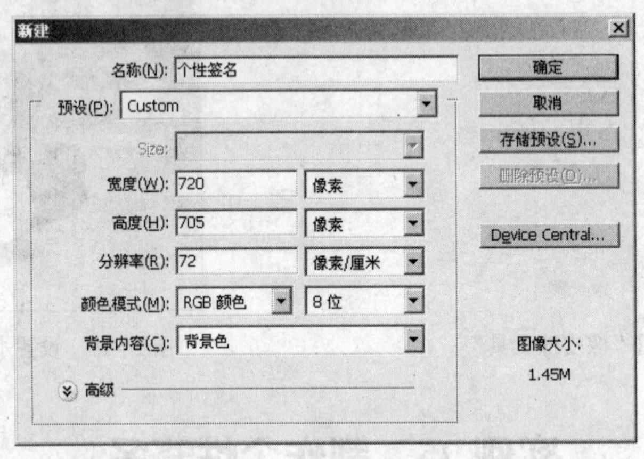

图 25-2 “打开”对话框

2 执行菜单栏中的“文件”/“打开”命令，打开“打开”对话框，导入本书光盘中附带的“个性照片编辑/实例 25：制作个性签名/背景素材.jpg”文件，如图 25-3 所示。单击“打开”按钮，退出该对话框。

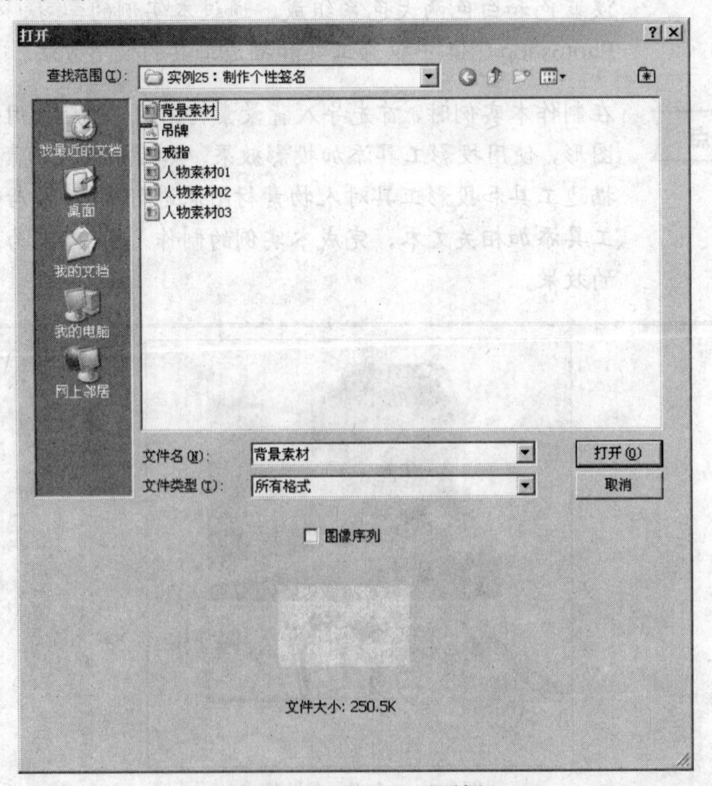

图 25-3 “打开”对话框

3 将“背景素材.jpg”图像拖动至“个性签名.psd”文档窗口中，并将其移至如图 25-4 所示的位置，生成“图层 1”。

4 创建一个新图层——“图层 2”。使用工具箱中的“矩形选框工具”，在如图 25-5 所示的位置绘制一个矩形选区。

图 25-4 移动图像位置

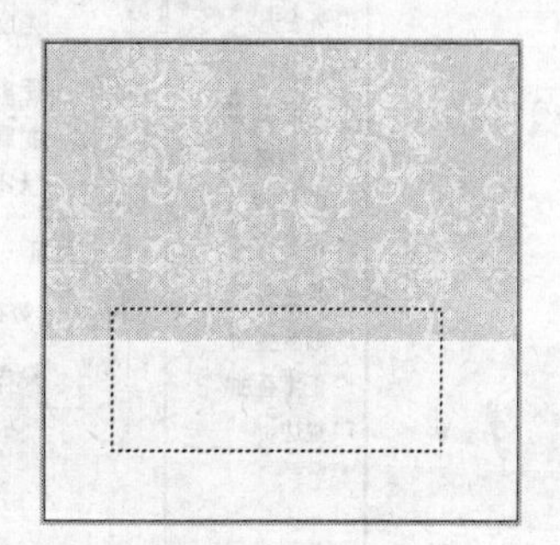

图 25-5 绘制选区

5 选择工具箱中的“椭圆选框工具”，按住键盘上的 Shift 键，在如图 25-6 所示的位置绘制一个椭圆选区。

图 25-6 绘制椭圆选区

6 在选区内右击鼠标，在弹出的快捷菜单中选择“描边”选项，打开“描边”对话框，在“宽度”参数栏内键入 3 px，选择“位置”选项组下的“内部”单选按钮，如图 25-7 所示。单击“确定”按钮，退出该对话框。

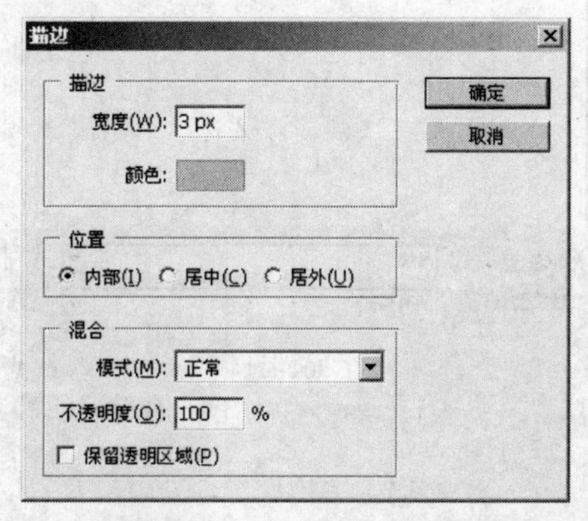

图 25-7 “描边”对话框

7 单击“图层”调板底部的 *fx*.“添加图层样式”按钮，在弹出的快捷菜单中选择“投影”选项，打开“图层样式”对话框，在“不透明度”参数栏内键入 60，在“角度”参数栏内键入-16，在“距离”参数栏内键入 2，在“扩展”参数栏内键入 40，在“大小”参数栏内键入 3，其他参数使用默认设置，如图 25-8 所示。单击“确定”按钮，退出该对话框。

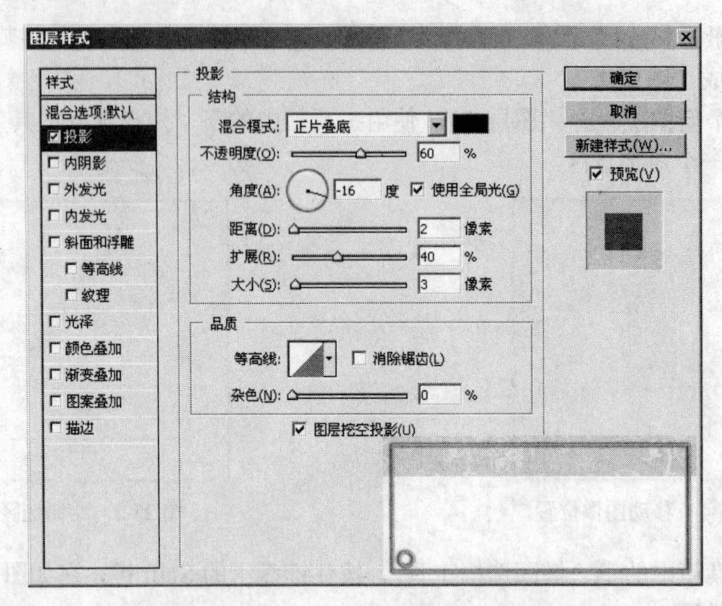

图 25-8　设置“图层样式”对话框中的相关参数

8 执行菜单栏中的“文件”/“打开”命令，打开“打开”对话框，导入本书光盘中附带的“个性照片编辑/实例 25：制作个性签名/吊牌.tif”文件，如图 25-9 所示。单击“打开”按钮，退出该对话框。

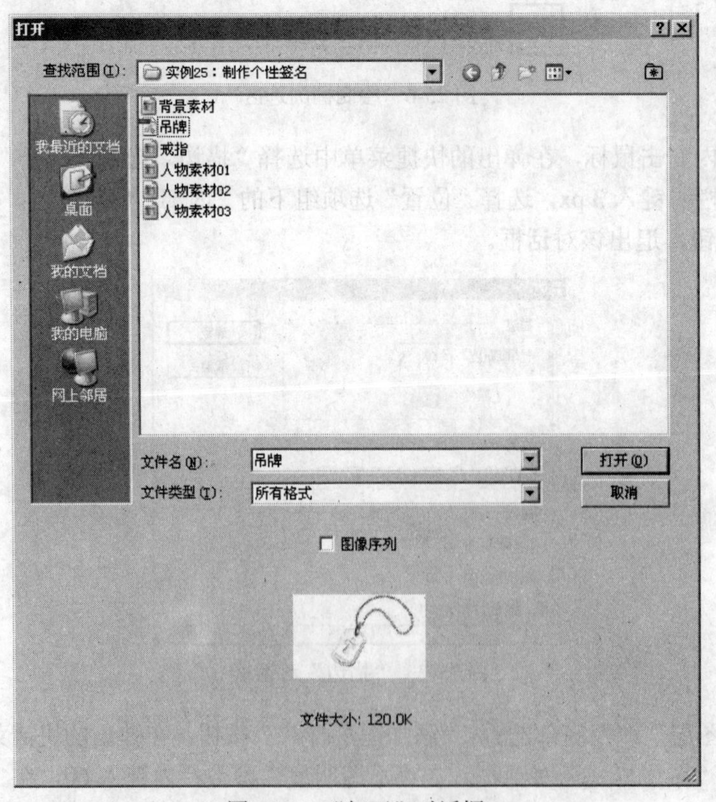

图 25-9　“打开”对话框

9 将“吊牌.tif”图像拖动至“个性签名.psd”文档窗口中，将其移至如图 25-10 所示的位置并调整其角度。

10 选择工具箱中的⬚“矩形选框工具”，在如图 25-11 所示的位置绘制一个矩形选区。

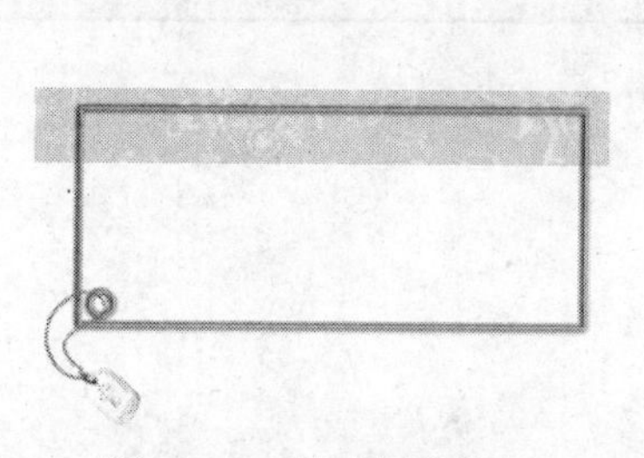

图 25-10　移动图像位置

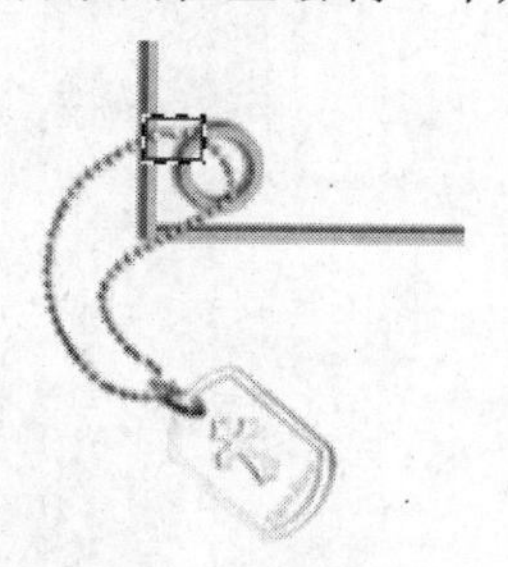

图 25-11　绘制选区

11 按下键盘上的 Delete 键，删除选区内的图像。按下键盘上的 Ctrl+D 组合键，取消选区，如图 25-12 所示。

12 执行菜单栏中的“文件”/“打开”命令，打开“打开”对话框，导入本书光盘中附带的“个性照片编辑/实例 25：制作个性签名/戒指.jpg”文件，如图 25-13 所示。单击“打开”按钮，退出该对话框。

图 25-12　删除选区内图像

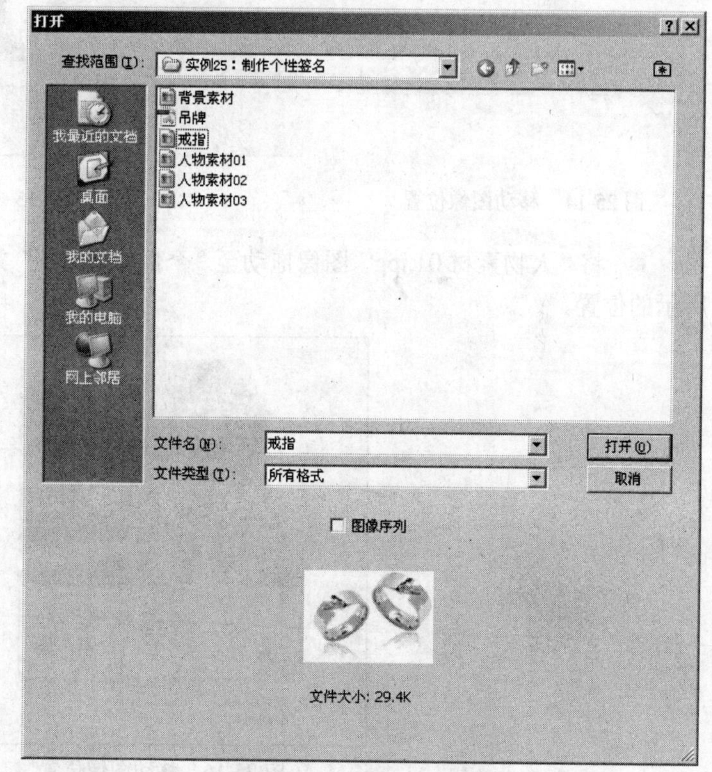

图 25-13　“打开”对话框

13 将“戒指.jpg”图像拖动至“个性签名.psd”文档窗口中，将其移至如图 25-14 所示的位置。

14 执行菜单栏中的“文件”/“打开”命令，打开“打开”对话框，导入本书光盘中附带的“个性照片编辑/实例 25：制作个性签名/人物素材 01.jpg”文件，如图 25-15 所示。单击“打开”按钮，退出该对话框。

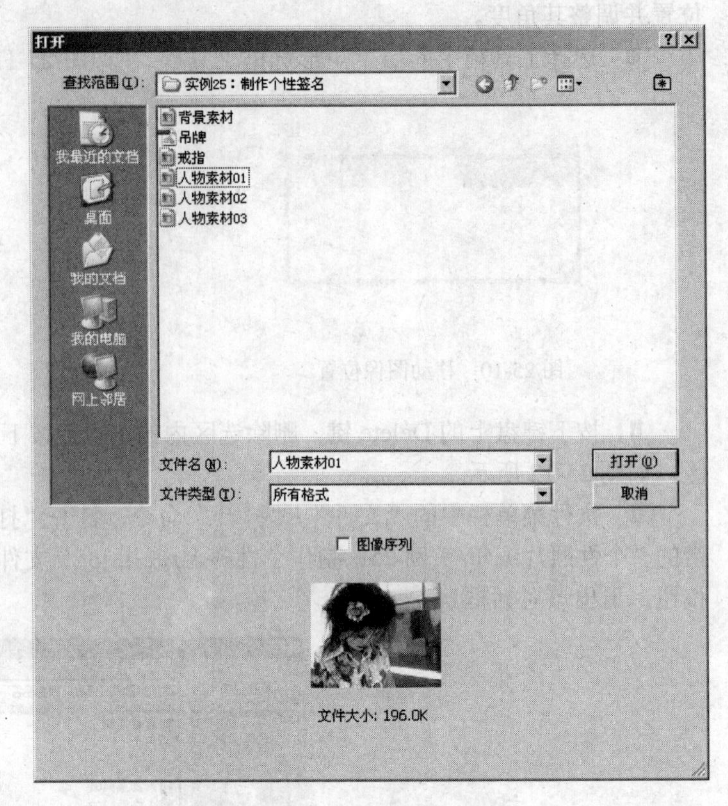

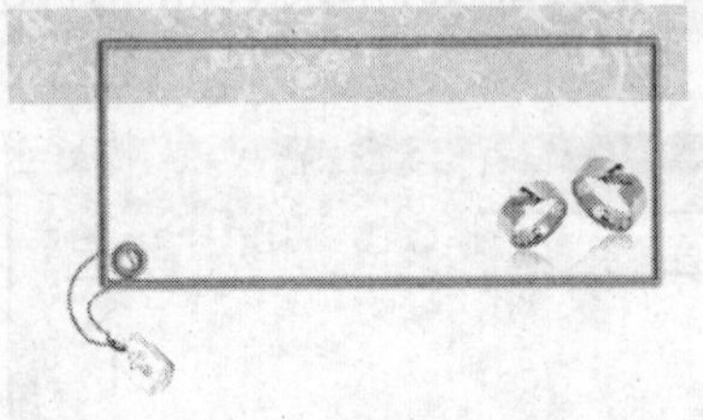

图 25-14　移动图像位置

图 25-15　“打开”对话框

15 将“人物素材 01.jpg”图像拖动至“个性签名.psd”文档窗口中，将其移至如图 25-16 所示的位置。

图 25-16　移动图像位置

16 单击“图层”调板底部的 fx “添加图层样式”按钮，在弹出的快捷菜单中选“描边”选项，打开“图层样式”对话框，在“大小”参数栏内键入 8，将颜色设置为白色，其他参数使用默认设置，如图 25-17 所示。

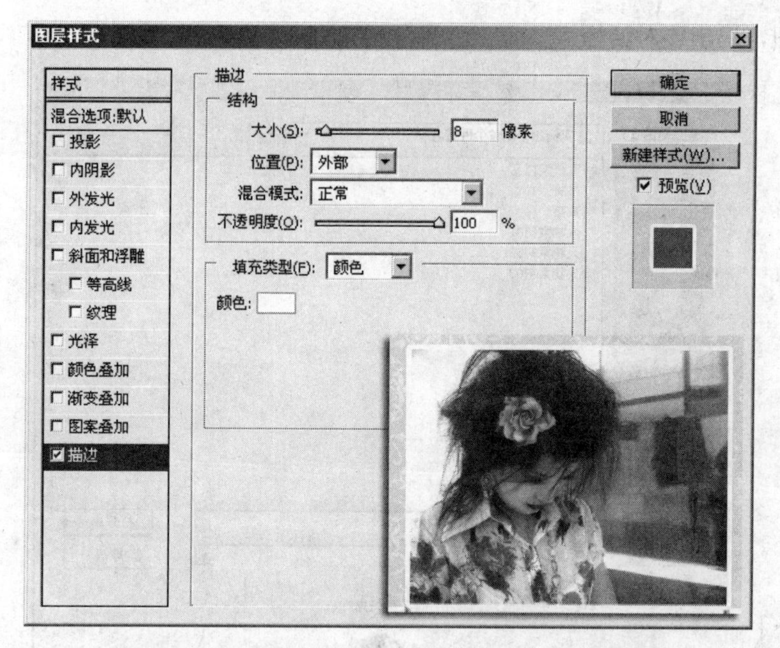

图 25-17 设置“图层样式”对话框中的相关参数

17 双击“样式”选项组下的“投影”复选框，进入“投影”编辑窗口，取消“使用全局光”复选框，在“角度”参数栏内键入 132，在“距离”参数栏内键入 8，在“扩展”参数栏内键入 15，在“大小”参数栏内键入 8，其他参数使用默认设置，如图 25-18 所示。单击“确定”按钮，退出该对话框。

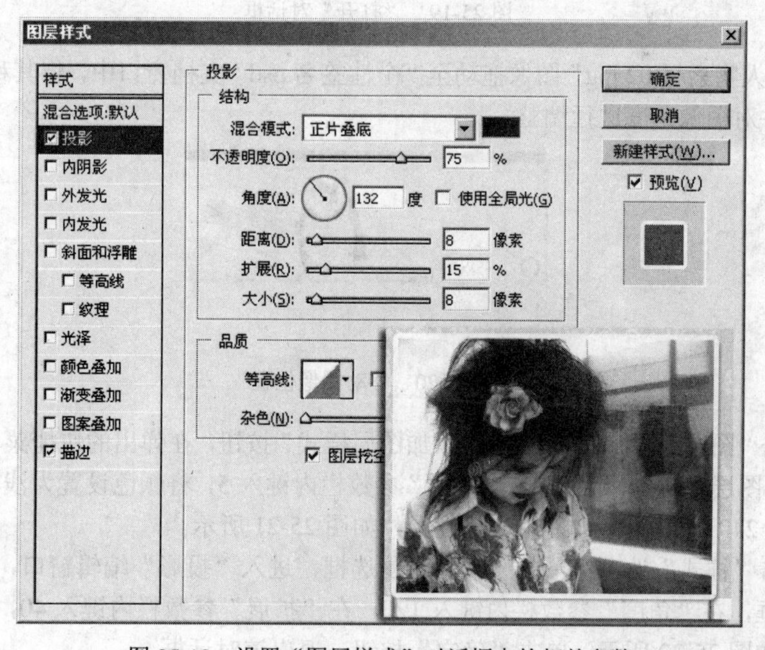

图 25-18 设置“图层样式”对话框中的相关参数

18 执行菜单栏中的“文件”/“打开”命令，打开“打开”对话框，导入本书光盘中附带的“个性照片编辑/实例 25：制作个性签名/人物素材 02.jpg”文件，如图 25-19 所示。单击

"打开"按钮，退出该对话框。

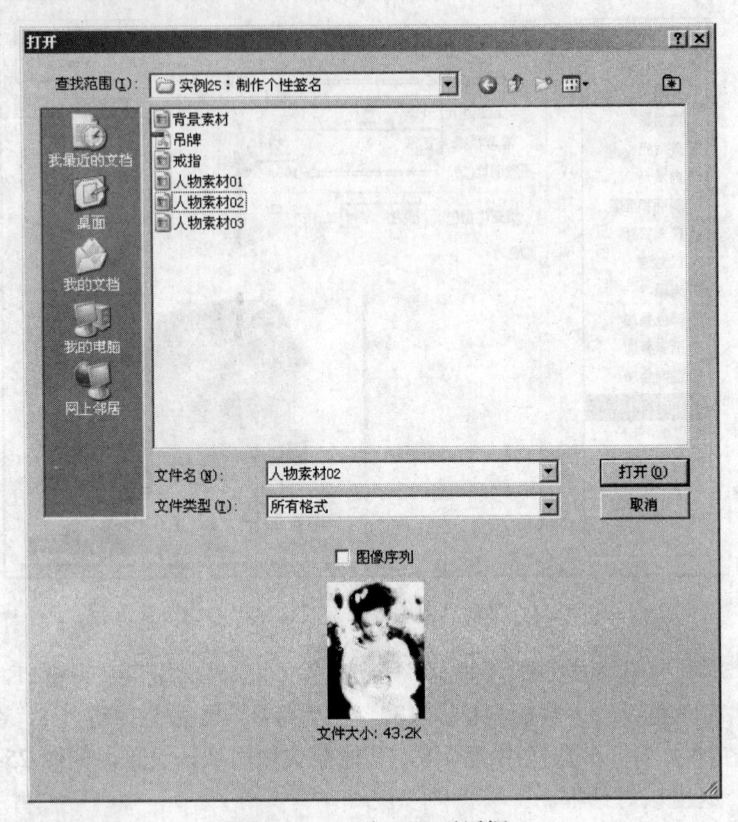

图 25-19 "打开"对话框

19 将"人物素材 02.jpg"图像拖动至"个性签名.psd"文档窗口中，将其移至如图 25-20 所示的位置并对图像角度进行调整。

图 25-20 移动图像位置

20 单击"图层"调板底部的 fx."添加图层样式"按钮，在弹出的快捷菜单中选"描边"选项，打开"图层样式"对话框，在"大小"参数栏内键入 5，将颜色设置为浅灰色（R：240、G：240、B：240），其他参数使用默认设置，如图 25-21 所示。

21 双击"样式"选项组下的"投影"复选框，进入"投影"编辑窗口，取消"使用全局光"复选框，在"角度"参数栏内键入 120，在"扩展"参数栏内键入 40，其他参数使用默认设置，如图 25-22 所示。单击"确定"按钮，退出该对话框。

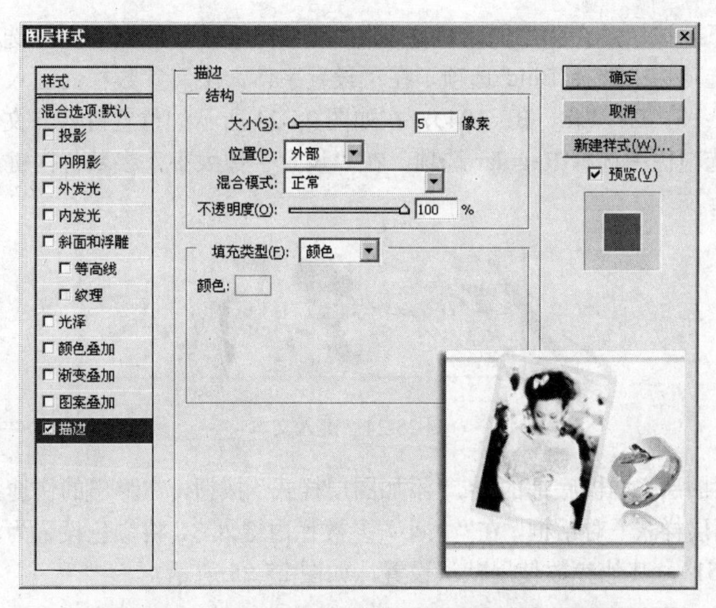

图 25-21　设置“图层样式”对话框中的相关参数

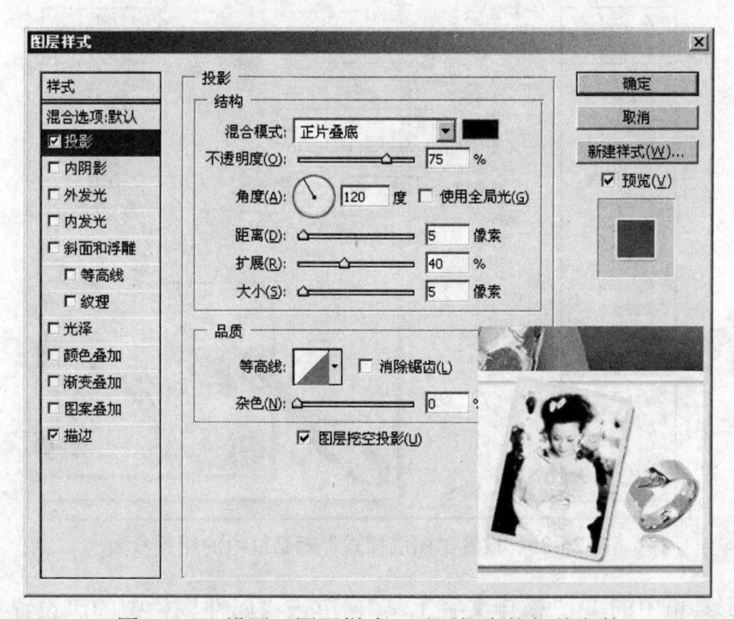

图 25-22　设置“图层样式”对话框中的相关参数

22 使用同样的方法，导入“人物素材 03.jpg”图像，并对其进行设置。如图 25-23 所示。

图 25-23　导入“人物素材 03.jpg”图像

23 接下来添加文本。选择工具箱中的 T “横排文字工具”，单击“属性”栏中的“设置字体系列”下拉按钮，在弹出的下拉选项栏中选择 Bickham Script Pro 选项，在“设置字体样式”下拉选项栏中选择 Bold 选项，在“设置字体大小”参数栏内键入 45，将文本颜色设置为蓝色（R：3、G：148、B：184），在如图 25-24 所示的位置键入 ji 文本；在“设置字体样式”下拉选项栏中选择 Regular 选项，在“设置字体大小”参数栏内键入 32，在 ji 文本右侧键入 ngjing 文本。

图 25-24 键入文本

24 单击“图层”调板底部的 fx.“添加图层样式”按钮，在弹出的快捷菜单中选“描边”选项，打开“图层样式”对话框，在“大小”参数栏内键入 3，将颜色设置为浅蓝色（R：206、G：242、B：251），其他参数使用默认设置，如图 25-25 所示。

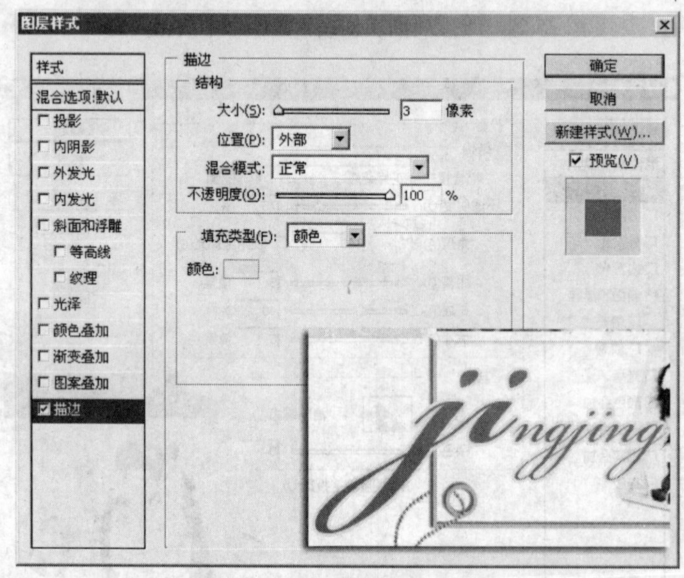

图 25-25 设置“图层样式”对话框中的相关参数

25 选择工具箱中的 T.“横排文字工具”，单击“属性”栏中的“设置字体系列”下拉按钮，在弹出的下拉选项栏中选择 Charlemagne Std 选项，在“设置字体样式”下拉选项栏中选择 Bold 选项，在“设置字体大小”参数栏内键入 4.5，将文本颜色设置为灰色（R：84、G：84、B：84），在如图 25-26 所示的位置键入 GEXINGQIANMING 文本。

图 25-26 键入文本

26 选择工具箱中的 T.“横排文字工具”，单击“属性”栏中的“设置字体系列”下拉按钮按钮，在弹出的下拉选项栏中选择 Giddyup Std 选项，在“设置字体大小”参数栏内键入 10，将文本颜色设置为灰色（R：67、G：67、B：67），在文档右下角键入 www.mingjing_liu5682770@163.com 文本。再次单击“属性”栏中的“设置字体系列”下拉按钮，在弹出的下拉选项栏中选择 Gautami 选项，在“设置字体大小”参数栏内键入 5.5，在 www.mingjing_liu5682770@163.com 文本底部键入 2008_11_19　16:08 文本，如图 25-27 所示。

图 25-27　键入文本

27 通过以上制作本实例就全部完成了，完成后的效果如图 25-28 所示。如果读者在制作过程中遇到什么问题，可以打开本书光盘中附带的“个性照片编辑/实例 25：制作个性签名/个性签名.psd”文件，该文件为本实例完成后的文件。

图 25-28　制作个性签名

实例 26　设置个性界面

在本实例中，将指导读者制作个性界面，个性界面可以作为博客空间的素材或背景。通过对本实例的制作，使读者了解如何设置多个图层的混合模式，并调整文字的特殊效果。

在本实例中，首先使用混合模式设置图层的叠加模式，使用画笔工具中的裂纹画笔绘制裂纹效果，然后使用云彩工具设置云彩效果，并设置图层的混合模式，最后导入人物图像，使用文字工具键入文本，并设置文字的旋转角度，完成个性界面的设置。图 26-1 为编辑后的效果。

图 26-1　设置个性界面

1 运行 Photoshop CS4，按下键盘上的 Ctrl+N 组合键，创建一个“宽度”为 1024 像素，“高度”为 768 像素，模式为 RGB 颜色，名称为“设置个性界面”的新文档。

2 执行菜单栏中的“文件”/“打开”命令，打开“打开”对话框，从该对话框中的显示窗口中选择本书光盘中附带的“个性照片编辑/实例 26：设置个性界面/素材图像 01.jpg”文件，如图 26-2 所示。单击“打开”按钮，退出该对话框。

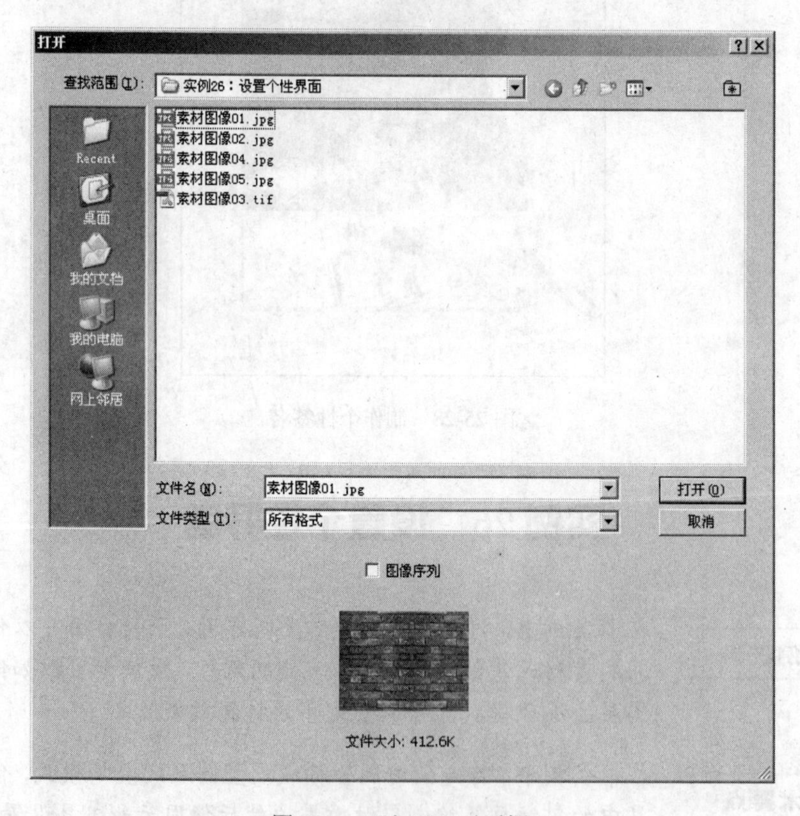

图 26-2　“打开”对话框

3 使用工具箱中的“移动工具”将“素材图像 01.jpg”图像拖动至“设置个性界面.psd”文档窗口中，如图 26-3 所示。这时在“图层”调板中自动生成新图层——“图层 1”。

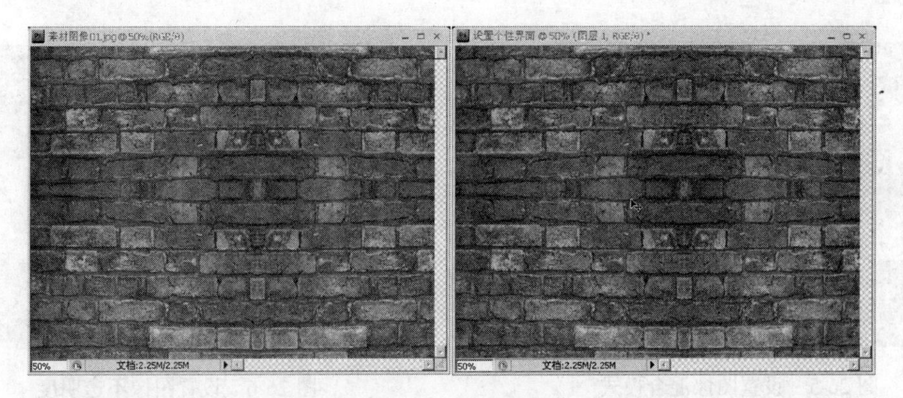

图 26-3　移动图像

4 接下来打开本书光盘中附带的“个性照片编辑/实例 26：设置个性界面/素材图像 02.jpg”文件，如图 26-4 所示。然后将该图像拖动至“设置个性界面.psd”文档窗口中，并自动生成新图层——“图层 2”。

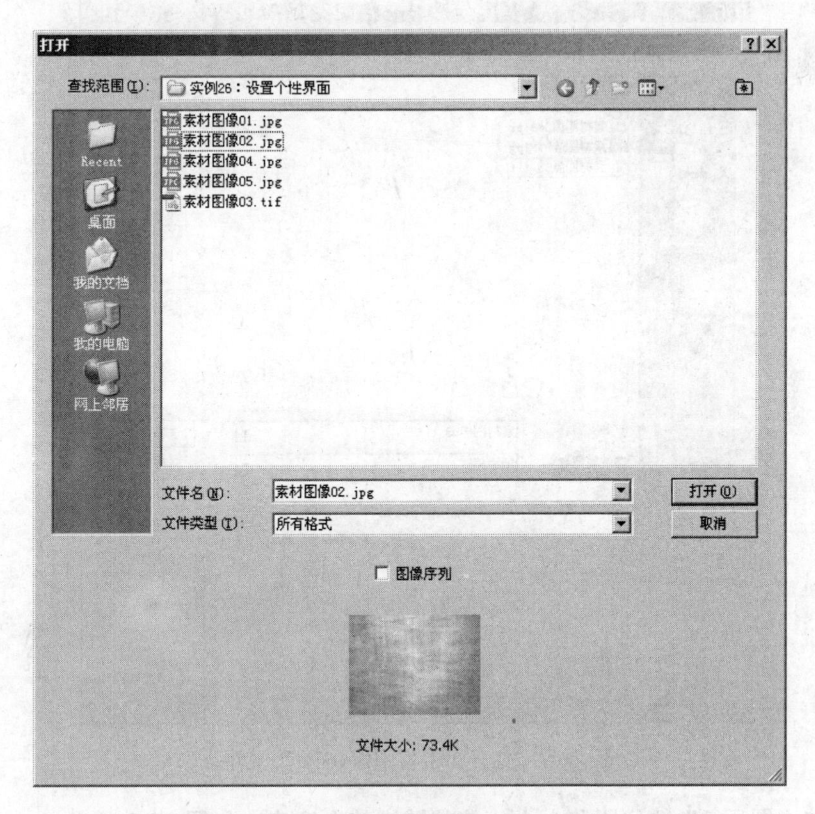

图 26-4　打开“素材图像 02.jpg”文件

5 选择“图层 2”，在“图层”调板中的“设置图层的混合模式”下拉选项栏中选择“叠加”选项，设置图层的混合模式。图 26-5 为设置混合模式后的图像效果。

6 在“图层”调板中的“不透明度”参数栏内键入 40，确定图像的不透明度值。图 26-6 为设置不透明度后的图像效果。

图 26-5　设置图像混合模式

图 26-6　设置图像不透明度

7 打开本书光盘中附带的“个性照片编辑/实例 26：设置个性界面/素材图像 03.tif”文件，如图 26-7 所示。然后将该图像拖动至“设置个性界面.psd”文档窗口中，并自动生成新图层——“图层 3”。

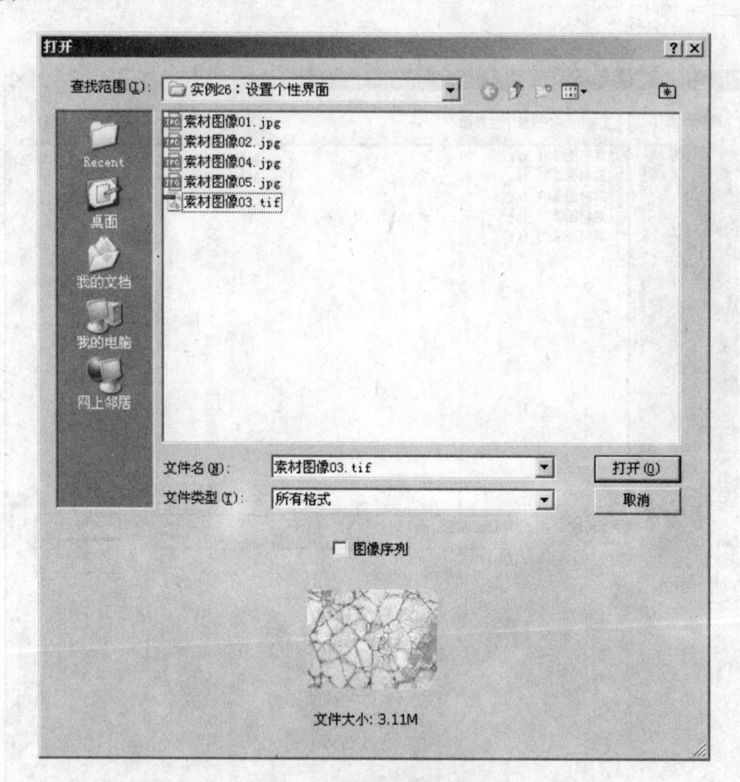

图 26-7　打开“素材图像 03.tif”文件

8 调整“图层 3”的位置和大小，使其铺满整个窗口，如图 26-8 所示。

9 确定“图层 3”处于选择状态，在“图层”调板的“设置图层的混合模式”下拉选项栏中选择“正片叠加”选项，确定图层的混合模式。

10 选择“图层 3”，执行菜单栏中的“图层”/“拼合图像”命令，拼合图像，并合并成“背景”层。

11 执行菜单栏中的“图像”/“调整”/“色相/饱和度”命令，打开“色相/饱和度”对话框。在“饱和度”参数栏内键入-60，如图 26-9 所示。

图 26-8 调整图像大小和位置

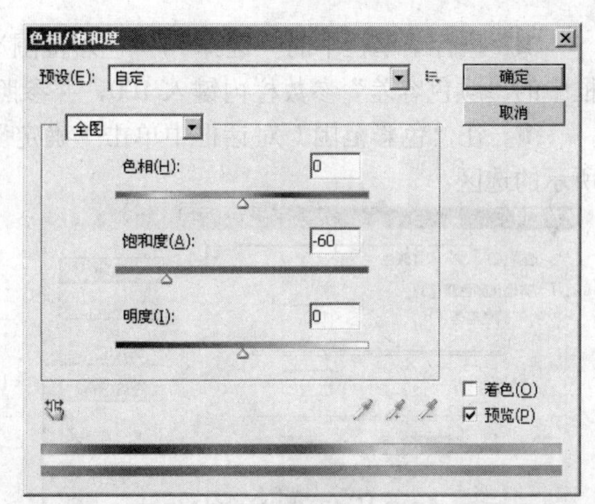

图 26-9 设置“色相/饱和度”对话框中的参数

12 在“色相/饱和度”对话框中单击“确定”按钮，退出该对话框。图 26-10 为设置色相/饱和度后的图像效果。

13 创建一个新图层——“图层 4”。执行菜单栏中的“滤镜”/“渲染”/“云彩”命令，设置云彩效果，如图 26-11 所示。

图 26-10 设置图像色相/饱和度效果

图 26-11 设置云彩效果

14 执行菜单栏中的“图像”/“调整”/“亮度/对比度”命令，打开“亮度/对比度”对话框。在“亮度”参数栏内键入 50，如图 26-12 所示。

15 在“亮度/对比度”对话框中单击“确定”按钮，退出该对话框。图 26-13 为设置亮度后的图像效果。

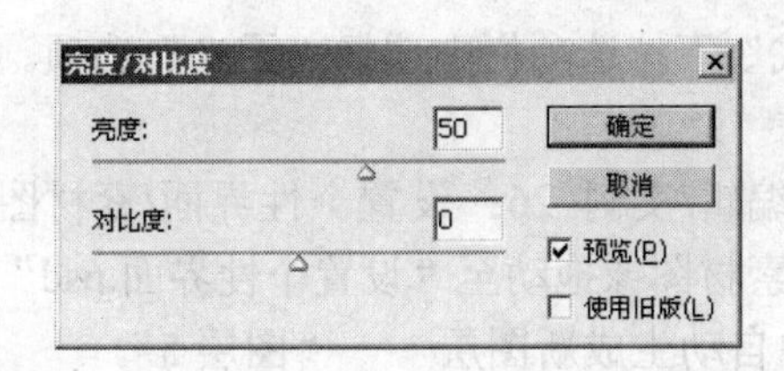

图 26-12 设置“亮度/对比度”对话框中的相关参数

图 26-13 设置图像亮度

16 执行菜单栏中的“选择”/“色彩范围”命令，打开“色彩范围”对话框。在该对话框中的“颜色容差”参数栏内键入100，并参照图26-14所示拾取白色部分。

17 在“色彩范围”对话框中单击“确定”按钮，退出该对话框。这时出现如图26-15所示的选区。

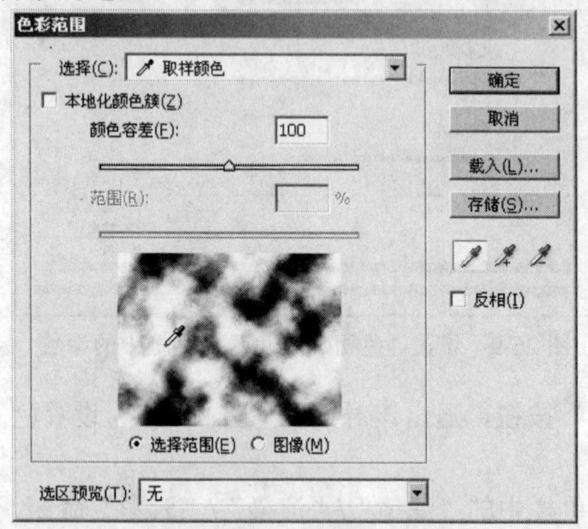

图26-14 “色彩范围”对话框

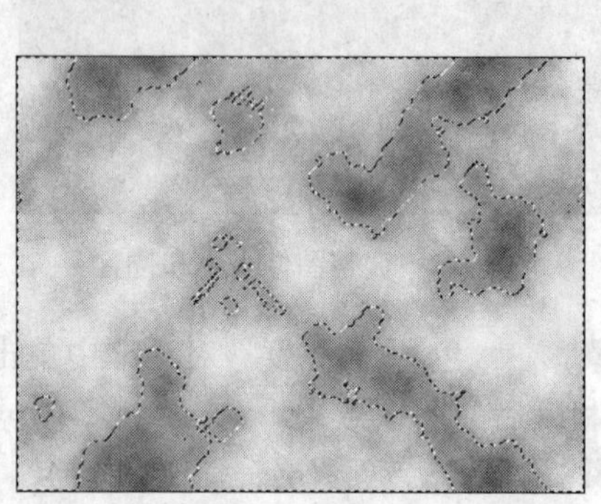

图26-15 设置选区

18 确定选区内的图像处于选择状态，按下键盘上的Delete键，删除选区内的图像。图26-16为删除选区内图像效果。

19 按下键盘上的Ctrl+D组合键，取消选区。执行菜单栏中的“图像”/“调整”/“亮度/对比度”命令，打开“亮度/对比度”对话框。在“亮度”参数栏内键入150，如图26-17所示。

图26-16 删除选区内图像

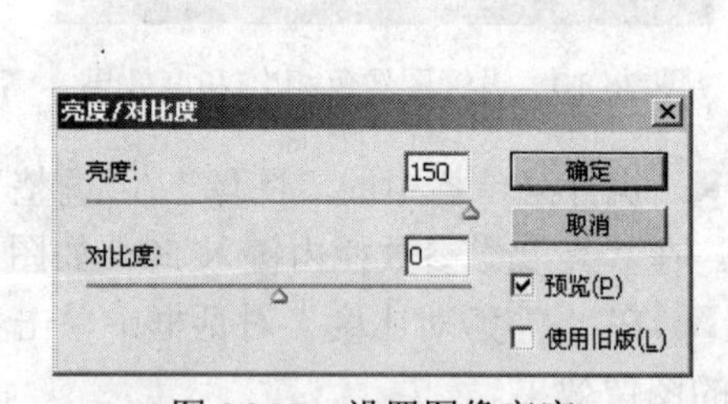

图26-17 设置图像亮度

20 在“亮度/对比度”对话框中单击“确定”按钮，退出该对话框。图26-18为调整图像亮度后的图像效果。

21 在“图层”调板中的“设置图层的混合模式”下拉选项栏中选择“柔光”选项。图26-19为设置图像混合模式后的效果。

22 接下来打开本书光盘中附带的“个性照片编辑/实例 26：设置个性界面/素材图像03.jpg”文件。使用工具箱中的“移动工具”将该素材图像拖动至“设置个性界面.psd”文档窗口中，如图26-20所示。这时在“图层”调板中自动生成新图层——“图层5”。

23 选择“图层5”，单击工具箱中的“橡皮擦工具”按钮，在“属性”栏的“画笔”调板中选择“柔角200像素”选项，然后参照图26-21所示在图像右侧进行擦除。

图 26-18 调整图像亮度后的图像效果

图 26-19 设置图像混合模式

图 26-20 复制图像

图 26-21 使用“橡皮擦工具”

24 执行菜单栏中的“图像”/“调整”/“色相/饱和度”命令，打开“色相/饱和度”对话框。在“色相”参数栏内键入-15，在“饱和度”参数栏内键入-20，如图 26-22 所示。然后单击“确定”按钮，退出该对话框。

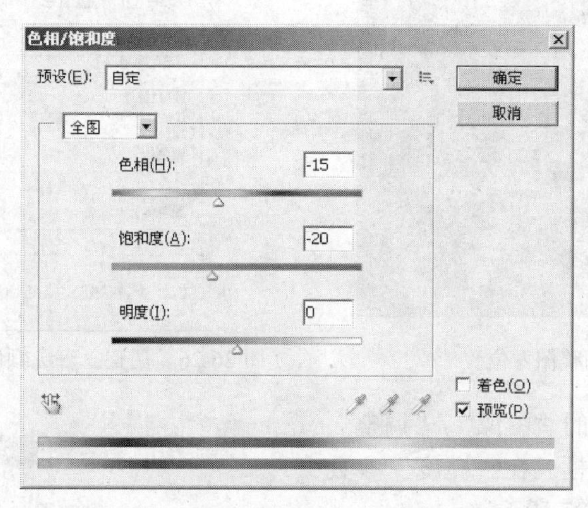

图 26-22 设置“色相/饱和度”对话框中的相关参数

25 接下来打开本书光盘中附带的“个性照片编辑/实例 26：设置个性界面/素材图像04.jpg”文件，如图 26-23 所示。

26 右击工具箱中的“套索工具”下拉按钮，在弹出的下拉选项栏中选择“磁性套索工具”选项，使用该工具参照图 26-24 沿人物边缘绘制选区。

图 26-23 “素材图像 04.jpg”文件

图 26-24 绘制选区

27 确定选区内的图像处于选择状态，然后使用工具箱中的“移动工具”将选区内的图像拖动至“设置个性界面.psd”文档窗口中。这时在“图层”调板中会自动生成新图层——“图层 6”。

28 选择“图层 6”，将该图层图像拖动至如图 26-25 所示的位置。

29 执行菜单栏中的“图像”/“调整”/“可选颜色”命令，打开“可选颜色”对话框。在“颜色”下拉选项栏中选择“红色”选项，在“青色”参数栏内键入+100，如图 26-26 所示。单击“确定”按钮，退出该对话框。

图 26-25 调整图像位置

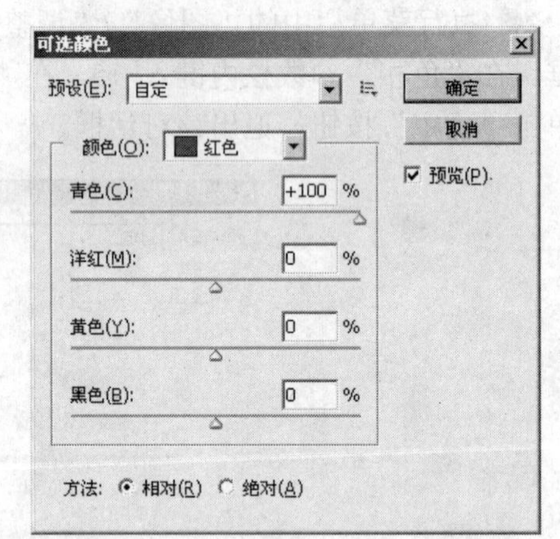

图 26-26 调整“可选颜色”对话框中的相关参数

30 执行菜单栏中的“图像”/“调整”/“亮度/对比度”对话框。在“亮度”参数栏内键入 35，如图 26-27 所示。

31 在“亮度/对比度”对话框中单击“确定”按钮，退出该对话框。图 26-28 为调整图像亮度后的效果。

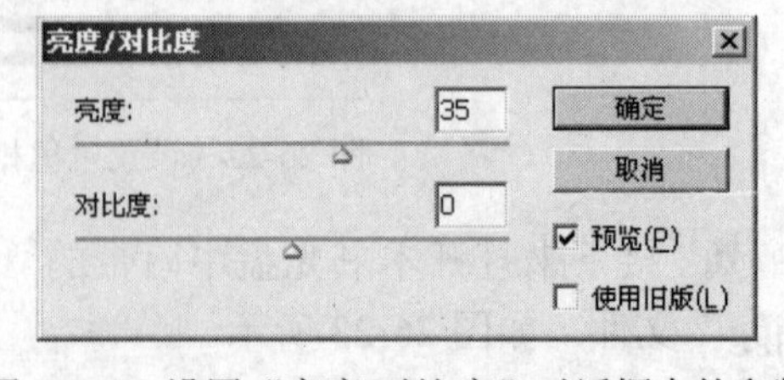

图 26-27 设置“亮度/对比度”对话框中的参数

32 单击工具箱中的 T “横排文字工具”按钮，在“属性”栏中的“设置字体系列”下拉选项栏中选择“楷体_GB2312”选项，在“设置字体大小”参数栏内键入 160 点，设置文本颜色为白色。在如图 26-29 所示的位置键入“等”字样。

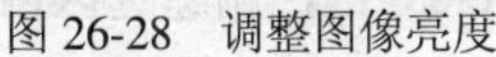

图 26-28　调整图像亮度

图 26-29　键入文本

33 单击工具箱中的任意按钮，退出文本输入状态。按下键盘上的 Ctrl+T 组合键，打开自由变换框，在“属性”栏中的“设置垂直缩放比例”参数栏内键入 85%，调整文字的高度，如图 26-30 所示。

34 按下键盘上的 Enter 键，取消自由变换框。

35 单击工具箱中的 T “横排文字工具”按钮，在“属性”栏中的“设置字体系列”下拉选项栏中选择“方正胖头鱼简体”，设置字体大小为 80，设置文本颜色为白色，在如图 26-31 所示的位置键入“待”字样，如图 26-31 所示。

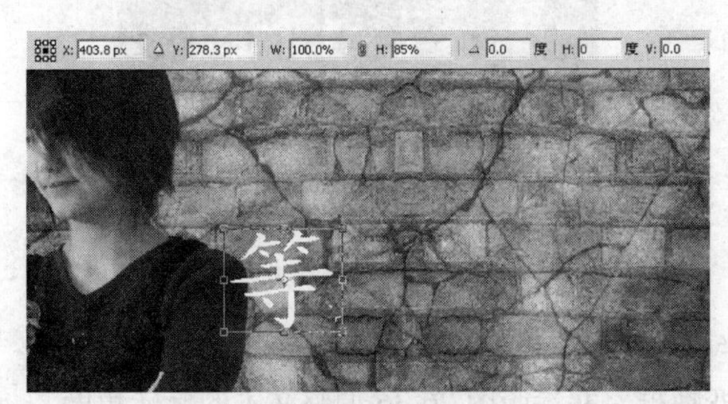

图 26-30　调整文字的高度

图 26-31　键入文本

36 单击工具箱中的任意按钮，退出文本输入状态。按下键盘上的 Ctrl+T 组合键，打开自由变换框。在“属性”栏中的“设置水平缩放”参数栏内键入 68，调整文字的水平宽度，如图 26-32 所示。

37 按下键盘上的 Enter 键，取消自由变换框。

38 执行菜单栏中的“图层”/“栅格化”/“文字”命令，栅格化文字。按住键盘上的 Ctrl 键，单击“待”图层缩览图，加载该图层选区。

39 执行菜单栏中的“选择”/“修改”/“收缩”命令，打开“收缩选区”对话框。在“收缩量”参数栏内键入 3，如图 26-33 所示。在“收缩选区”对话框中单击“确定”按钮，退出该对话框。

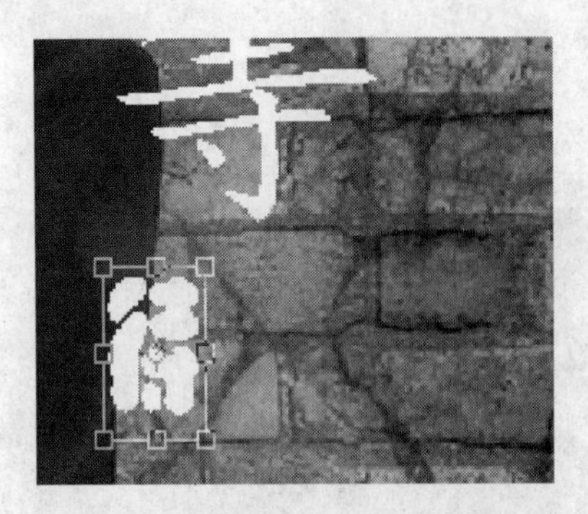

图 26-32　调整文字的水平宽度

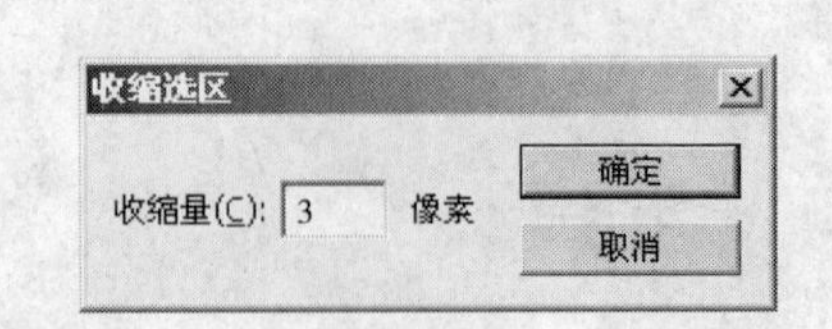

图 26-33　设置收缩量

40 确定选区内的图像处于选择状态，按下键盘上的 Delete 键，删除选区内的图像，图 26-34 为删除选区内的图像效果。

41 按下键盘上的 Ctrl+D 组合键，取消选区。

42 单击工具箱中的 T “横排文字工具”按钮，在“属性”栏中的“设置字体系列”下拉选项栏中选择 Comic Sans MS，设置字体大小为 48，设置文本颜色为白色，参照图 26-35 分别键入 Wait for、Let me、Know 、Alogical 字样。

图 26-34　删除选区内图像效果

图 26-35　键入文本

43 选择刚刚键入的文本层，执行菜单栏中的“图层”/“合并图层”命令，合并所选图层。按下键盘上的 Ctrl+T 组合键，打开自由变换框，并参照图 26-36 调整文本的旋转角度。

44 按下键盘上的 Enter 键，取消自由变换框。在“图层”调板的“设置图层的混合模式”下拉选项栏中选择“叠加”选项。图 26-37 为设置叠加后的图像效果。

图 26-36　调整文本的旋转角度

图 26-37　设置图像叠加效果

45 通过以上制作本实例就全部完成了，完成后的效果如图 26-38 所示。如果读者在制作过程中遇到什么问题，可以打开本书光盘中附带的“个性照片编辑/实例 26：设置个性界面/设置个性界面. psd”文件，该文件为本实例完成后的文件。

图 26-38　设置个性界面

实例 27　制作怀旧风格照片

在本实例中，将指导读者制作怀旧风格照片，为了突出怀旧风格，照片色调柔和，色彩单一。通过本实例的学习，使读者了解在 Photoshop CS4 中工具通道调板和喷色描边工具的使用方法。

在制作本实例时，首先导入背景素材图像，使用以快速蒙版模式编辑工具处理背景图像的远近关系，然后导入人物素材图像，通过复制图层，使用高斯模糊工具处理照片的模糊效果，使其与背景素材相融合，最后进入通道调板，使用矩形工具及喷色描边工具制作撕边效果，完成本实例的制作。图 27-1 为本实例完成后的效果。

图 27-1　制作怀旧风格照片

1 运行 Photoshop CS4，执行菜单栏中的“文件”/“打开”命令，打开“打开”对话框，导入本书光盘中附带的“个性照片编辑/实例27：制作怀旧风格照片/背景素材.jpg”文件，如图27-2所示。单击“打开”按钮，退出该对话框。

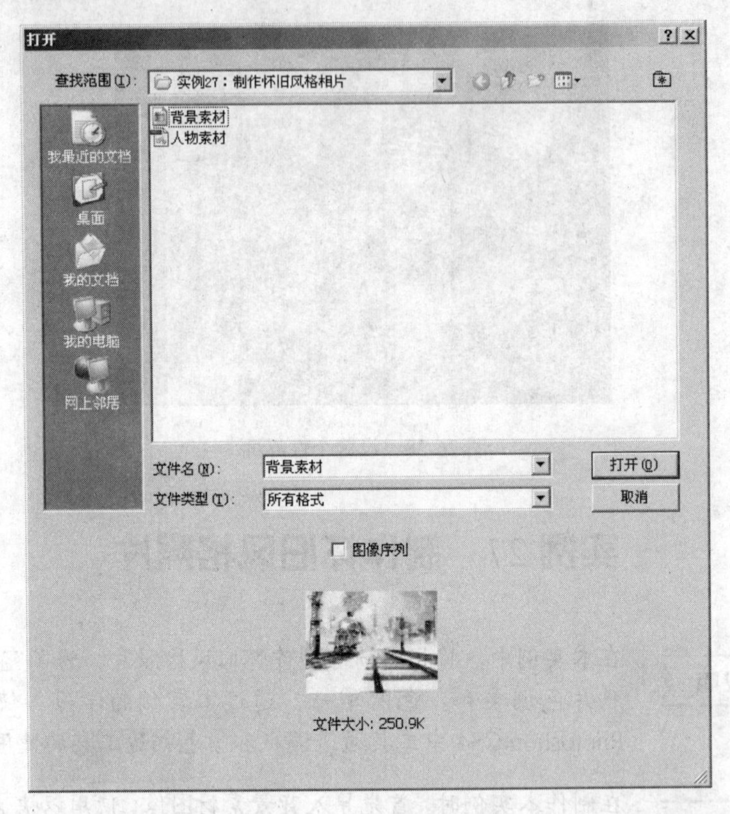

图27-2 “打开”对话框

2 选择工具箱中的“以快速蒙版模式编辑”按钮，进入快速蒙版模式编辑状态，选择工具箱中的“渐变工具”，按住键盘上的 Shift 键，从左向右拖动鼠标，产生如图27-3所示的蒙版效果。

3 单击工具箱的“以标准模式编辑”按钮，进入标准模式编辑状态，刚刚创建的蒙版区域变为选区，如图27-4所示。

图27-3 创建蒙版区域

图27-4 进入标准模式

4 执行菜单栏中的“滤镜”/“模糊”/“高斯模糊”命令，打开“高斯模糊”对话框，在“半径”参数栏内键入 6，如图 27-5 所示。单击“确定”按钮，退出该对话框。

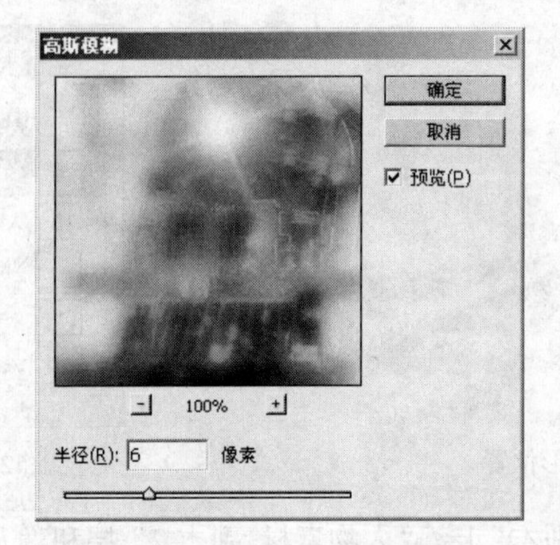

图 27-5　设置“高斯模糊”对话框中的相关参数

5 按下键盘上的 Ctrl+D 组合键，取消选区。

6 执行菜单栏中“文件”/“打开”命令，打开“打开”对话框，导入本书光盘中附带的“个性照片编辑/实例 27：制作怀旧风格照片/人物素材.tif”文件，如图 27-6 所示。单击“打开”按钮，退出该对话框。

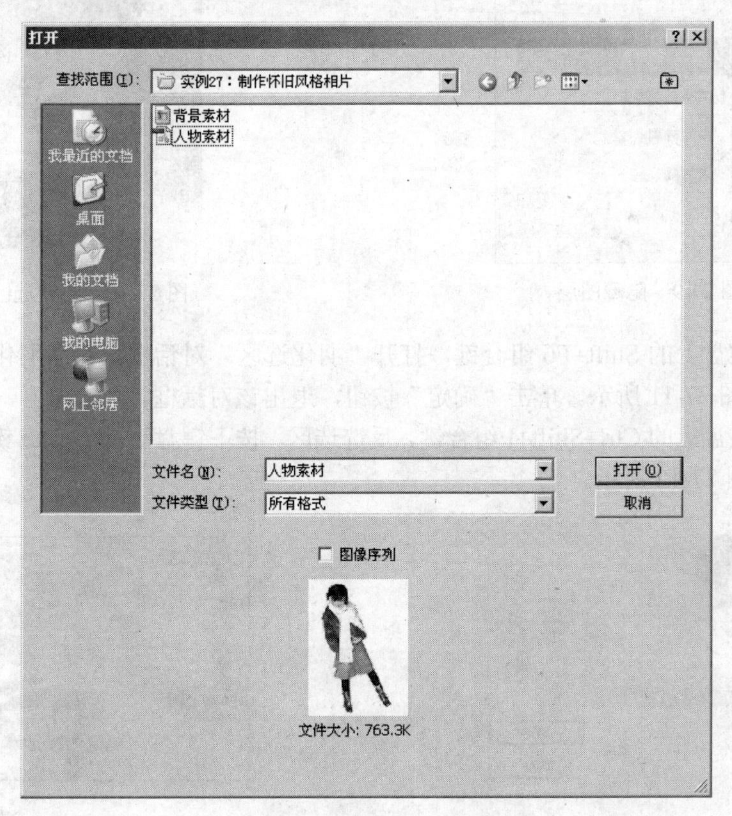

图 27-6　“打开”对话框

7 将“人物素材.tif”图像拖动至“背景素材.jpg”文档窗口中，并移动至如图 27-7 所示的位置。

8 将导入的人物素材图像复制 3 次，生成 3 个人物素材副本，如图 27-8 所示。

图 27-7　移动图形位置

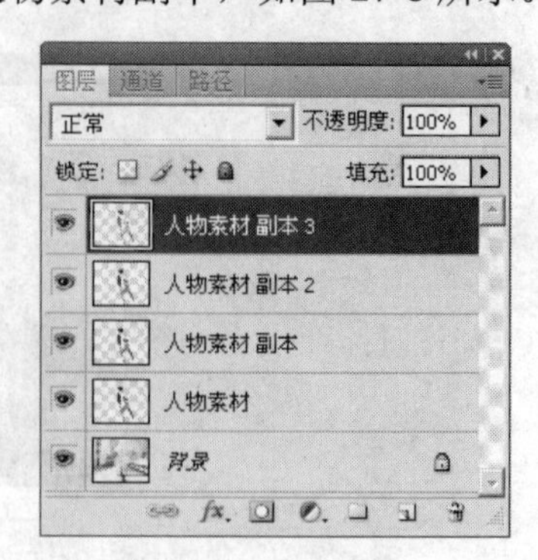

图 27-8　复制图层

9 单击“人物素材 副本”层、“人物素材 副本 2”层和“人物素材 副本 3”层左侧的“指示图层可见性”按钮，隐藏这些图层，如图 27-9 所示。

10 选择“人物素材”层。单击工具箱中的“椭圆选框工具”按钮，在如图 27-10 所示的位置绘制一个选区。

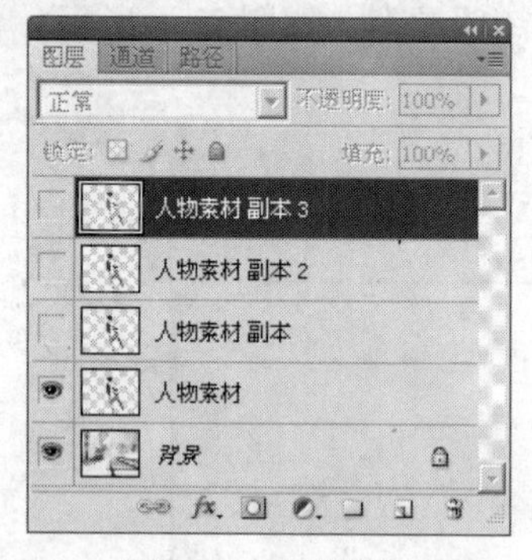

图 27-9　隐藏图层

图 27-10　绘制选区

11 按下键盘上的 Shift+F6 组合键，打开“羽化选区”对话框，在“羽化半径”参数栏内键入 10，如图 27-11 所示。单击“确定”按钮，退出该对话框。

12 按下键盘上的 Ctrl+Shift+I 组合键，反选选区，按下键盘上的 Delete 键，将选区内的图像删除，如图 27-12 所示。

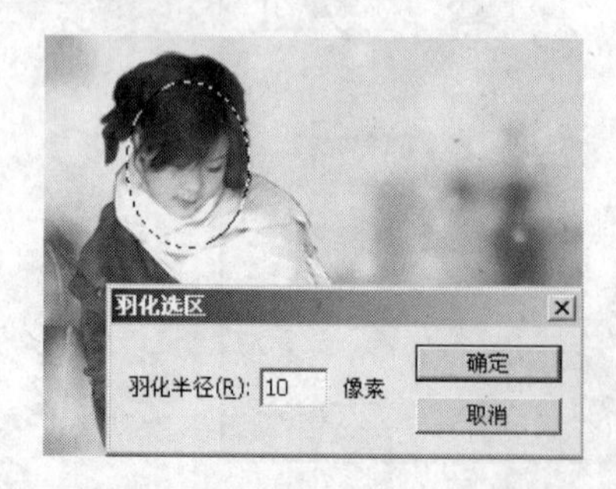

图 27-11　设置“羽化选区”对话框中的相关参数

图 27-12　删除选区内图像

13 按下键盘上的 Ctrl+D 组合键，取消选区。

14 执行菜单栏中的“图像”/“调整”/“亮度/对比度”命令，打开“亮度/对比度”对话框，在“亮度”参数栏内键入 20，在“对比度”参数栏内键入 50，如图 27-13 所示。单击“确定”按钮，退出该对话框。

15 选择“人物素材 副本”层，单击“人物素材 副本”层左侧的 “指示图层可见性”按钮，取消该图层的隐藏。执行菜单栏中的“滤镜”/“模糊”/“高斯模糊”命令，打开“高斯模糊”对话框，在“半径”参数栏内键入 2.0，如图 27-14 所示。单击“确定”按钮，退出该对话框。

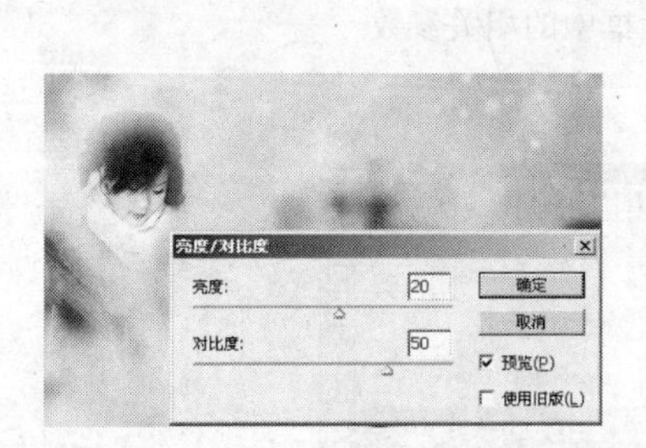

图 27-13 设置“亮度/对比度”对话框中的相关参数

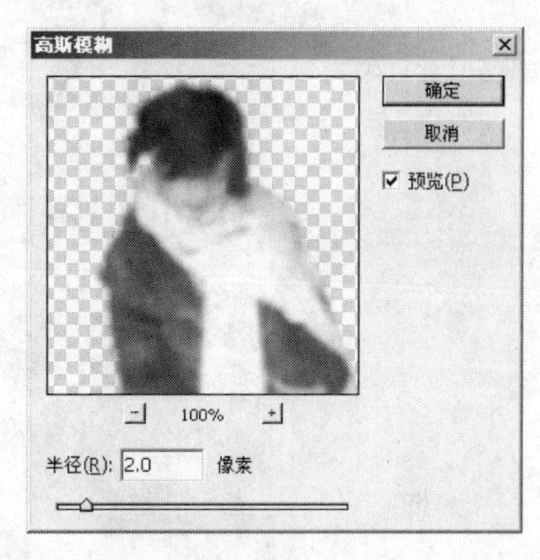

图 27-14 设置“高斯模糊”对话框中的相关参数

16 执行菜单栏中的“图像”/“调整”/“去色”命令，将图像去色。

17 执行菜单栏中的“图像”/“调整”/“亮度/对比度”命令，打开“亮度/对比度”对话框，在“亮度”参数栏内键入-42，在“对比度”参数栏内键入 72，如图 27-15 所示。单击“确定”按钮，退出该对话框。

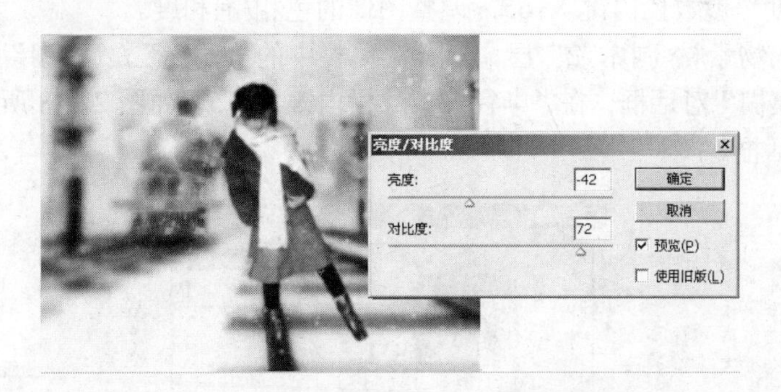

图 27-15 设置“亮度/对比度”对话框中的相关参数

18 执行菜单栏中的“图像”/“调整”/“色彩平衡”命令，打开“色彩平衡”对话框，在“青色”参数栏内键入 25，在“洋红”参数栏内键入 48，在“黄色”参数栏内键入 66，如图 27-16 所示。单击“确定”按钮，退出该对话框。

19 在“图层”调板中，将“人物素材 副本”层的“不透明度”值设置为 65%，如图 27-17 所示。

20 选择“人物素材 副本 2”层，单击“人物素材 副本 2”层左侧的 “指示图层可见性”按钮，取消该图层的隐藏。执行菜单栏中的“图像”/“调整”/“亮度/对比度”命令，打开“亮度/对比度”对话框，在“亮度”参数栏内键入-40，在“对比度”参数栏内键入 65，调整图像的亮度/对比度。

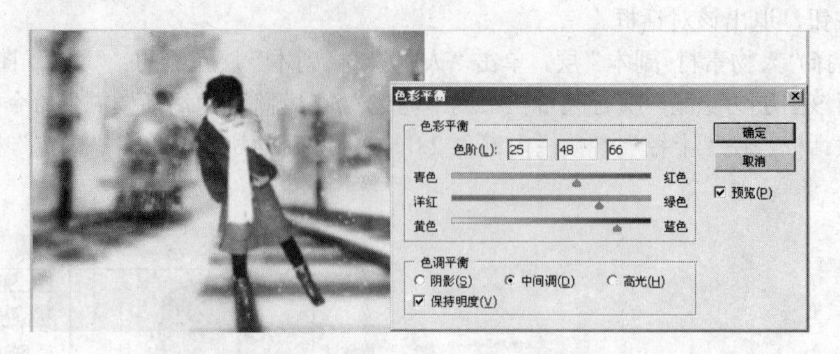

图 27-16 设置“色彩平衡”对话框中的相关参数

图 27-17 设置图层“不透明度”参数

21 执行菜单栏中的“图像”/“调整”/“色相/饱和度”命令，打开“色相/饱和度”对话框，在“饱和度”参数栏内键入-65，调整图像的色相/饱和度。

22 选择“人物素材 副本 2”层。执行菜单栏中的“滤镜”/“模糊”/“高斯模糊”命令，打开“高斯模糊”对话框，在“半径”参数栏内键入4.5，如图27-18所示。单击“确定”按钮，退出该对话框。

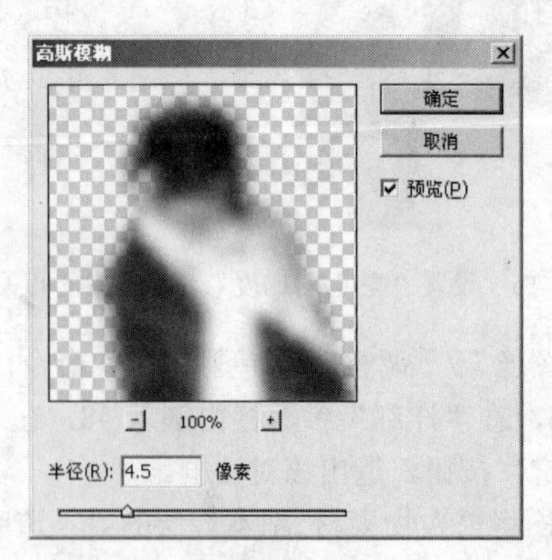

图 27-18 设置“高斯模糊”对话框中的相关参数

23 在“图层”调板中将“人物素材 副本 2”层的“不透明度”值设置为50%。

24 选择“人物素材 副本 3”层，单击“人物素材 副本 3”层左侧的 “指示图层可见性”按钮，取消该图层的隐藏。执行菜单栏中的“图像”/“调整”/“亮度/对比度”命令，打开“亮度/对比度”对话框，在“亮度”参数栏内键入41，在“对比度”参数栏内键入-50，调整图像的亮度/对比度。

25 执行菜单栏中的“滤镜”/“模糊”/“高斯模糊”命令，打开“高斯模糊”对话框，在“半径”参数栏内键入4.5，设置图像的模糊效果。

26 在“图层”调板中将“人物素材”层移至最顶层。选择工具箱中的 “橡皮擦工具”，参照图27-19所示将边缘进行适当擦除。

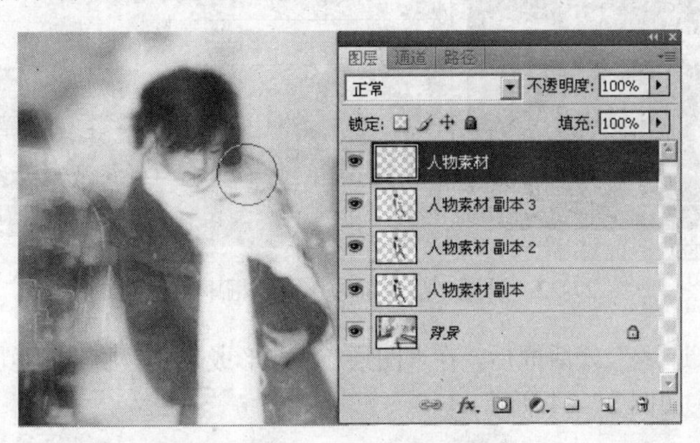

图27-19 擦除图像边缘

27 进入“通道”调板。单击“通道”调板底部的 “创建新通道”按钮，创建Alpha 1，如图27-20所示。

28 选择工具箱中的 “矩形选框工具”，按下键盘上的Alt键，减选如图27-21所示的选区，并将该选区填充为白色。

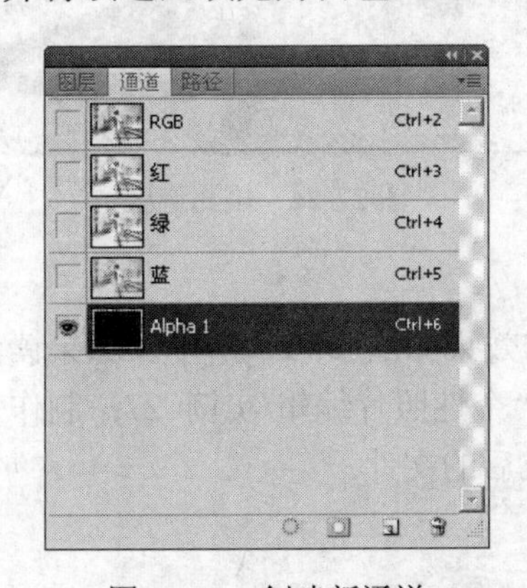

图27-20 创建新通道

图27-21 绘制选区

29 执行菜单栏中的“滤镜”/“画笔描边”/“喷色描边”命令，打开“喷色描边”对话框，在“描边长度”参数栏内键入20，在“喷色半径”参数栏内键入25，在“描边方向”下拉选项栏中选择“右对角线”选项，如图27-22所示。单击“确定”按钮，退出该对话框。

30 进入“图层”调板，创建一个新图层——“图层1”。执行菜单栏中的“选择”/“载入选区”命令，打开“载入选区”对话框，在“通道”下拉选项栏中选择Alpha 1选项，如图27-23所示。单击“确定”按钮，退出该对话框。

图 27-22　设置“喷色描边”对话框中的相关参数

31 退出“载入选区”对话框后，在“图层 1”中形成选区，将选区填充为黄色（R：249、G：250、B：218），如图 27-24 所示。

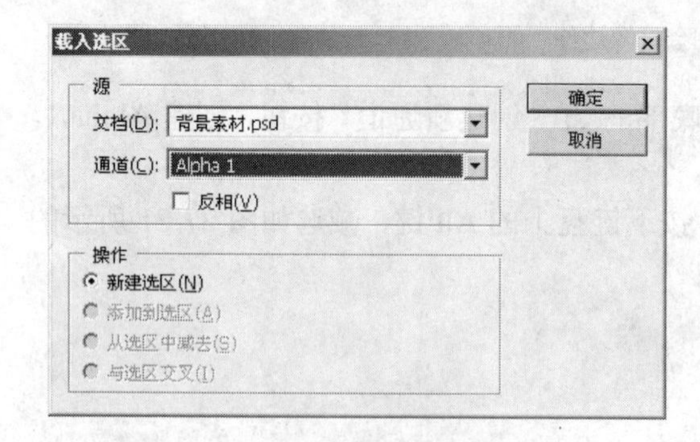

图 27-23　“载入选区”对话框

图 27-24　填充选区

32 按下键盘上的 Ctrl+D 组合键，取消选区。

33 通过以上制作本实例就全部完成了，完成后的效果如图 27-25 所示。如果读者在制作过程中遇到什么问题，可以打开本书光盘中附带的“个性照片编辑/实例 27：制作怀旧风格照片/怀旧风格照片.psd”文件，该文件为本实例完成后的文件。

图 27-25　制作怀旧风格照片

实例 28 设置个性海报

在本实例中，将指导读者制作一幅个性海报。通过海报的制作，使读者了解如何设置图像的虚化效果，以及怎样绘制简单图形。

在本实例中，首先使用橡皮擦工具设置图像的虚化效果，使用渐变工具绘制纹理效果，然后导入人物图像，并调整图像色调。最后设置文字的投影效果，完成个性海报的设置。图 28-1 为编辑后的效果。

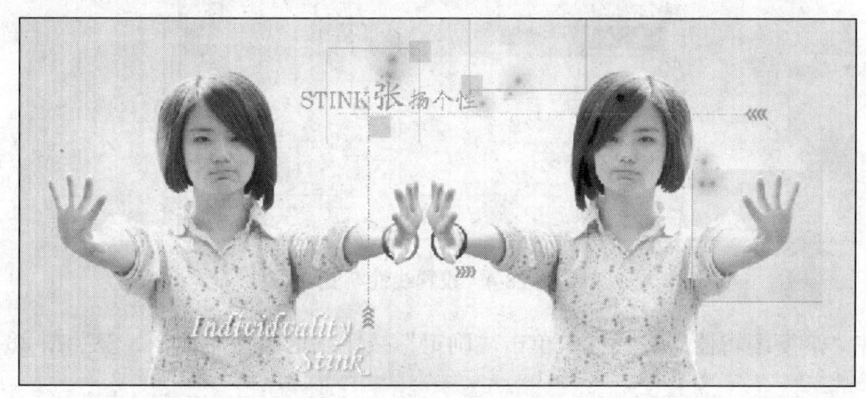

图 28-1 设置个性海报

1 运行 Photoshop CS4，按下键盘上的 Ctrl+N 组合键，创建一个“宽度”为 1800 像素，“高度”为 768 像素，模式为 RGB 颜色，名称为“设置个性海报”的新文档。

2 将前景色设置为黄色（R：252、G：217、B：167），按下键盘上的 Alt+Delete 组合键，使用前景色填充背景。

3 创建一个新图层——“图层 1”，将前景色设置为灰色（R：236、G：235、B：233），并使用前景色填充图层。

4 单击工具箱中的“橡皮擦工具”按钮，在“属性”栏的画笔调板中选择“柔角 257 像素”选项，并沿图像周围进行擦拭，如图 28-2 所示。

5 选择“图层 1”，在“图层”调板的“设置图层的混合模式”下拉选项栏中选择“叠加”选项。图 28-3 为设置图层的叠加模式后的图像效果。

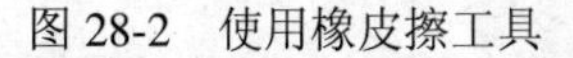

图 28-2 使用橡皮擦工具

图 28-3 设置图层的叠加模式

6 创建一个新图层——“图层 2”，单击工具箱中的“渐变工具”按钮，在“属性”

栏中激活“线性渐变”按钮。然后单击“点按可编辑渐变”按钮，打开“编辑渐变器”对话框，选择“前景到透明”缩览图，参照图28-4设置为由黑色到透明的渐变。

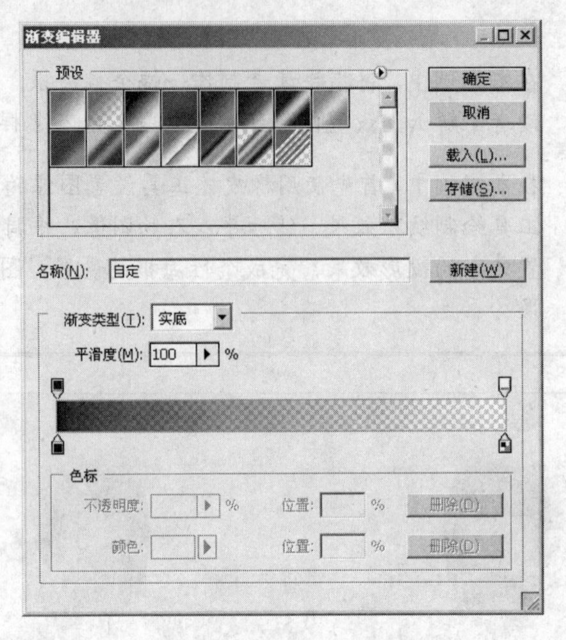

图28-4 设置线性渐变

7 在“渐变编辑器”对话框中单击“确定”按钮，退出该对话框。参照图28-5绘制渐变图形。

8 使用工具箱中的“矩形选框工具”，参照图28-6左图绘制选区，按住键盘上的Alt键，使用工具箱中的“移动工具”，拖动选区内的图像至图28-6右图所示的位置。

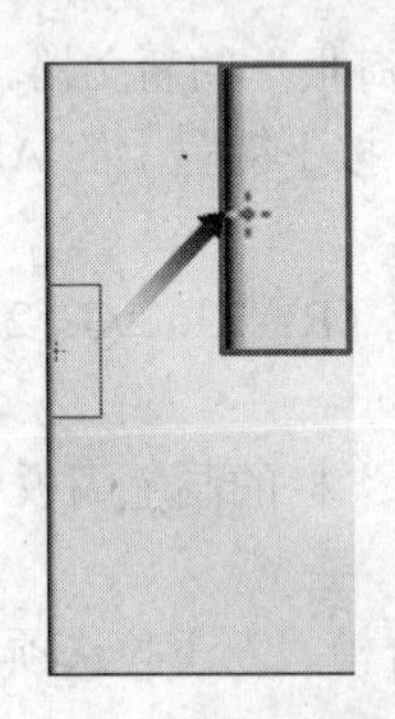

图28-5 绘制渐变图形

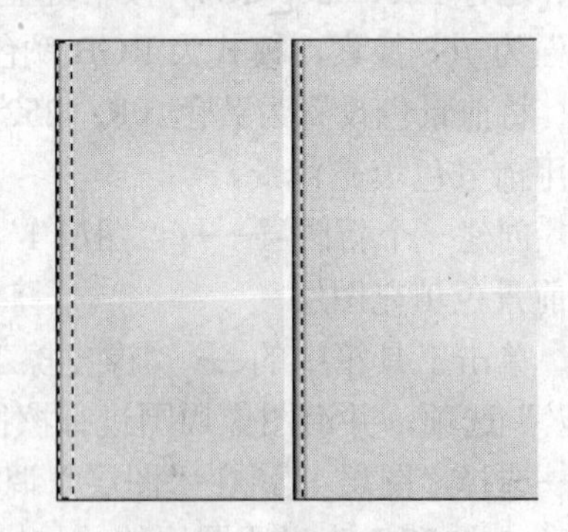

图28-6 复制选区图像

9 接下来重复多次以上操作，使铺满整个窗口，如图28-7所示。按下键盘上的Ctrl+D组合键，取消选区。

10 单击工具箱中的“以快速蒙版模式编辑”按钮，进入快速蒙版模式编辑状态。单击工具箱中的“渐变工具”按钮，设置渐变为黑色到白色的线性渐变。并参照图28-8所示设置蒙版区域。

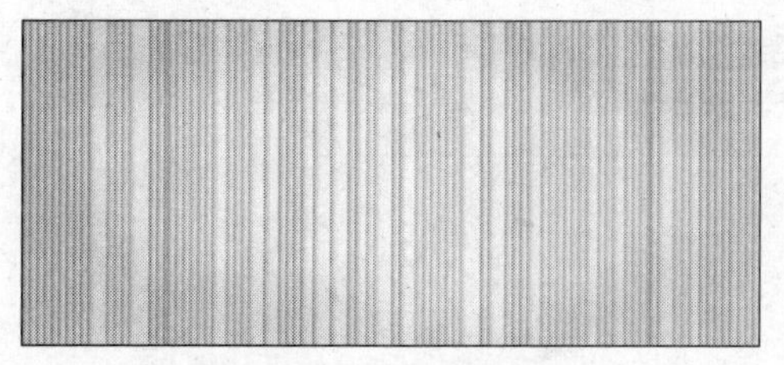
图 28-7　重复操作

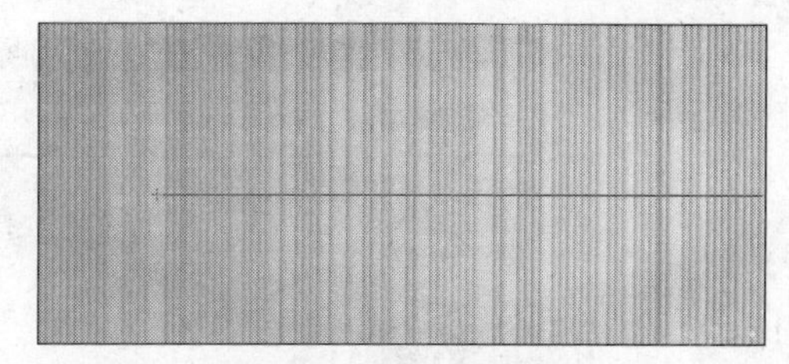
图 28-8　设置蒙版区域

11 单击工具箱中的 “以标准模式编辑”按钮，进入标准模式编辑状态，这时生成一个如图 28-9 所示的选区。

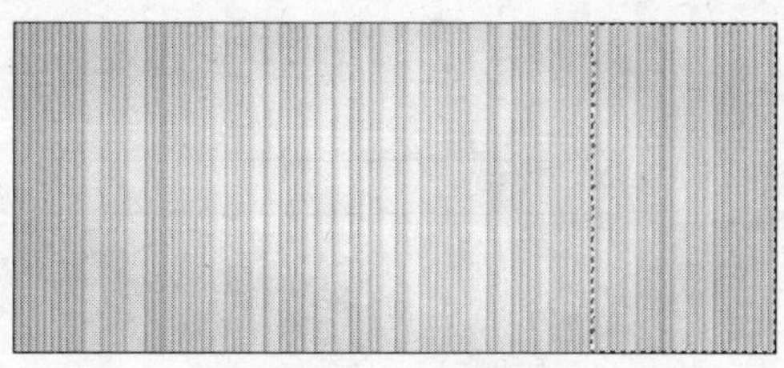
图 28-9　生成选区

12 确定选区内的图像处于选择状态，按下键盘上的 Delete 键，删除选区内的图像，图 28-10 为删除选区内的图像效果。

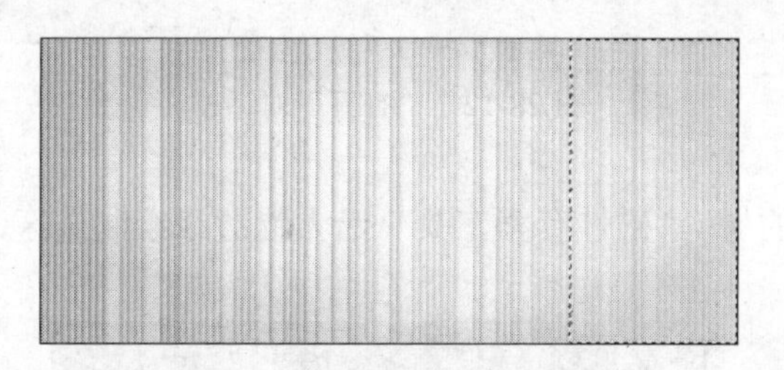
图 28-10　删除选区内的图像

13 按下键盘上的 Ctrl+D 组合键，取消选区。在“图层”调板的“设置图层的混合模式”下拉选项栏中选择“叠加”选项，图 28-11 为设置图层混合模式后的图像效果。

图 28-11　设置图层混合模式

14 接下来执行菜单栏中的“文件”/“打开”命令，打开“打开”对话框，从该对话框中的显示窗口中选择本书光盘中附带的“个性照片编辑/实例 28：设置个性海报/素材图像 01.jpg”文件，如图 28-12 所示。单击“打开”按钮，退出该对话框。

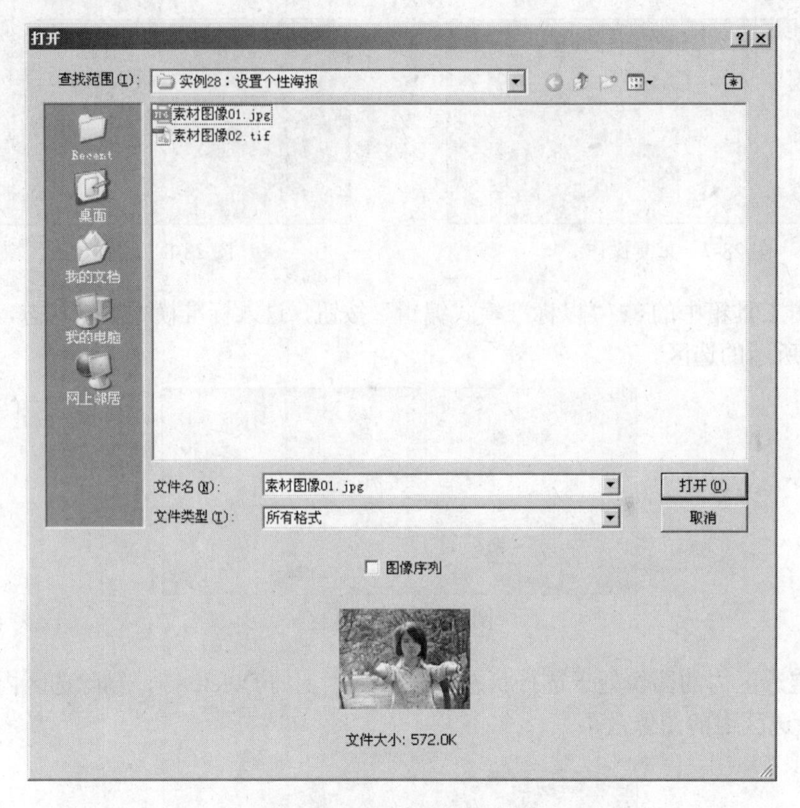

图 28-12 “打开”对话框

15 使用工具箱中的“磁性套索工具”沿人物边缘绘制选区，如图 28-13 所示。

图 28-13 绘制选区

16 确定选区内图像处于选择状态，使用工具箱中的“移动工具”将选区内的图像拖动至“设置个性海报.psd”文档窗口中。这时在“图层”调板内会生成一个新图层——“图层 3”。

17 选择“图层 3”，执行菜单栏中的“图像”/“调整”/“曲线”命令，打开“曲线”对话框。在曲线上任意处单击鼠标，确认点的位置，在“输出”参数栏内键入 200，在“输入”参数栏内键入 150，如图 28-14 所示。

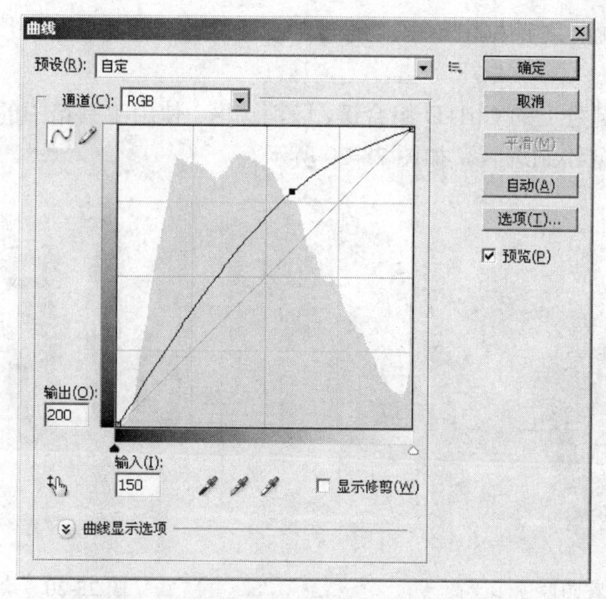

图 28-14　设置“曲线”对话框中的相关参数

18 在“曲线”对话框中单击“确定”按钮，退出该对话框。图 28-15 为设置曲线后的图像效果。

19 将“图层 3”进行复制，并生成“图层 3 副本”。选择“图层 3 副本”，执行菜单栏中的“编辑”/“变换”/“水平翻转”命令，水平翻转图像，并将水平翻转后的图像移动至如图 28-16 所示的位置。

图 28-15　设置图像曲线

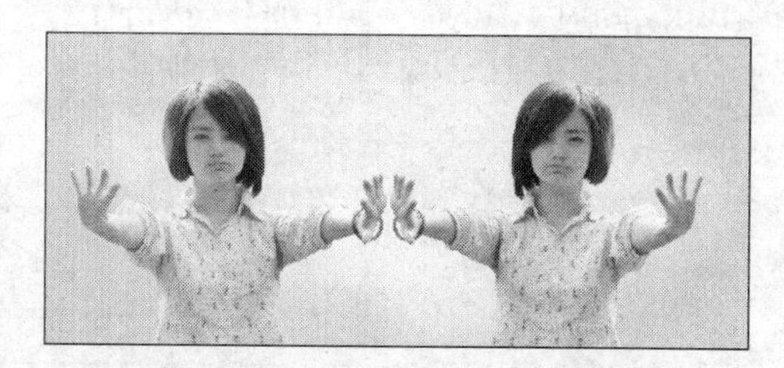

图 28-16　复制并调整图像位置

20 使用工具箱中的“磁性套索工具”参照图 28-17 沿人物图像的头发部分绘制选区。

21 确定选区内的图像处于选择状态，执行菜单栏中的“图像”/“调整”/“色彩平衡”命令，打开“色彩平衡”对话框。在“色阶”参数栏内键入+100、0、0，如图 28-18 所示。

图 28-17　绘制选区

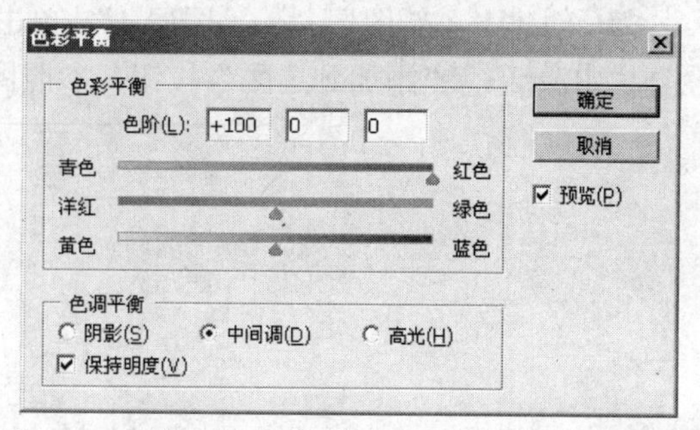

图 28-18　设置“色彩平衡”对话框中的相关参数

22 在“色彩平衡”对话框中单击“确定”按钮，退出该对话框。图 28-19 为设置色彩平衡后的图像效果。

23 接下来按下键盘上的 Ctrl+D 组合键，取消选区。使用工具箱中的“磁性套索工具”沿人物图像的手镯部分绘制选区。如图 28-20 所示。

图 28-19　设置图像色彩平衡

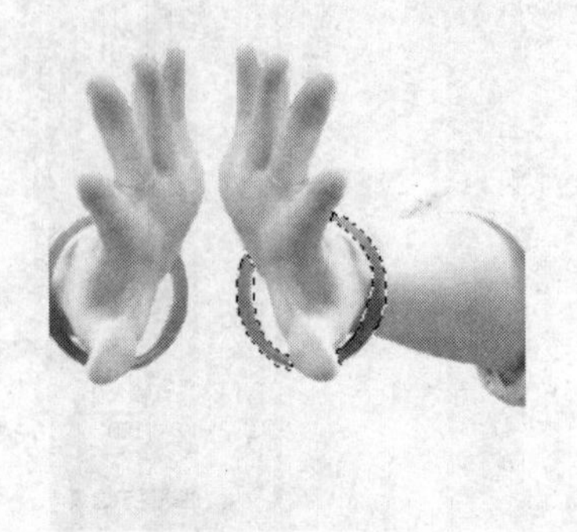
图 28-20　绘制选区

24 确定选区内的图像处于选择状态，执行菜单栏中“图像”/“调整”/“色相/饱和度”命令，打开“色相/饱和度”对话框。在“色相”参数栏内键入+180。如图 28-21 所示。单击“确定”按钮，退出该对话框。

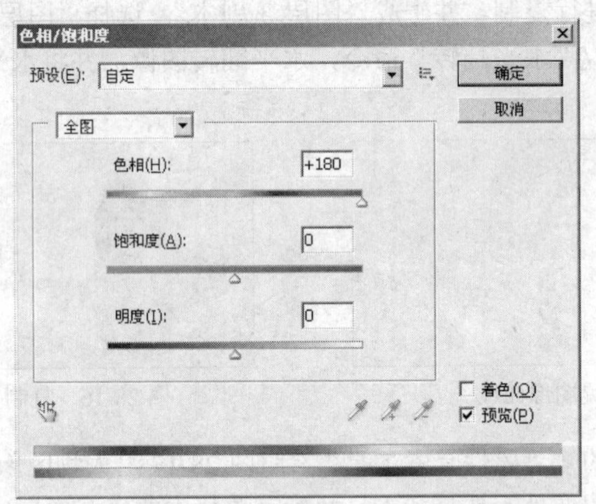

图 28-21　设置“色相/饱和度”对话框中的相关参数

25 创建一个新图层——“图层 4”，单击工具箱中的“矩形选框工具”按钮，在“属性”栏中激活“添加到选区”按钮。参照图 28-22 所示绘制矩形选区。

图 28-22　绘制矩形选区

26 执行菜单栏中的“编辑”/“描边”命令，打开“描边”对话框。在“描边”选项组的“宽度”参数栏内键入 2 px，将颜色设置为红色（R：232、G：136、B：126），如图 28-23 所示。单击“确定”按钮，退出该对话框。

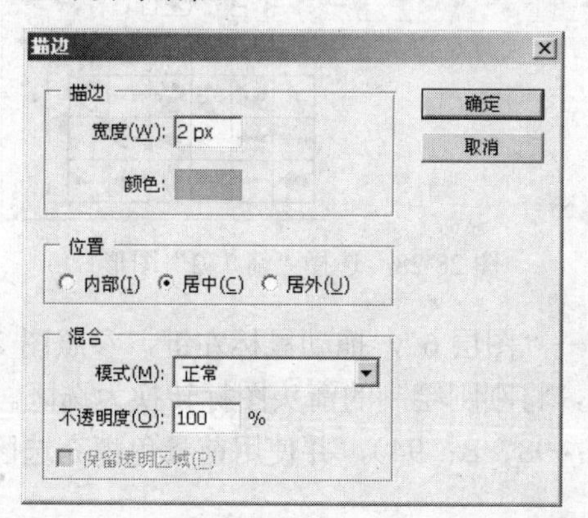

图 28-23 设置“描边”对话框中的相关参数

27 按下键盘上的 Ctrl+D 组合键，取消选区。使用以上方法，使用工具箱中的“矩形选框工具”在如图 28-24 所示的位置绘制矩形选区，并设置描边效果。

28 确定选区处于可编辑状态，创建一个新图层——“图层 5”，将前景色设置为红色（R：232、G：136、B：126），并使用前景色填充选区，如图 28-25 所示。

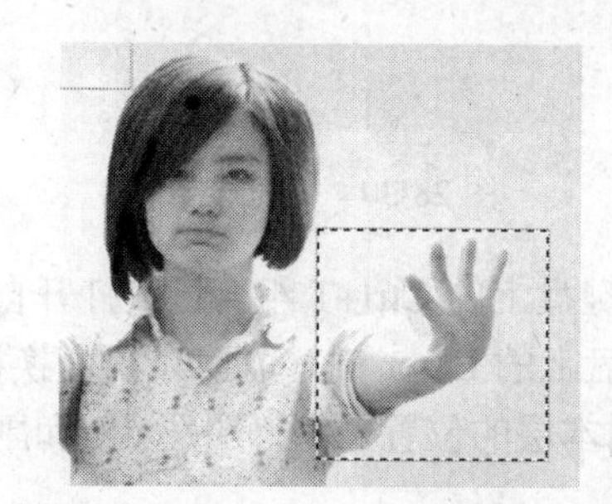

图 28-24 绘制矩形选区

图 28-25 填充选区

29 按下键盘上的 Ctrl+D 组合键，取消选区。在“图层”调板的“不透明度”参数栏内键入 15，设置图层的不透明度值。

30 将“图层 5”进行复制，生成“图层 5 副本”，按下键盘上的 Ctrl+T 组合键，打开自由变换框，参照图 28-26 所示调整图像的大小和位置。

31 将“图层 5 副本”的不透明度值设置为 50%，将该图层复制两次，并参照图 28-27 调整副本图像的位置。

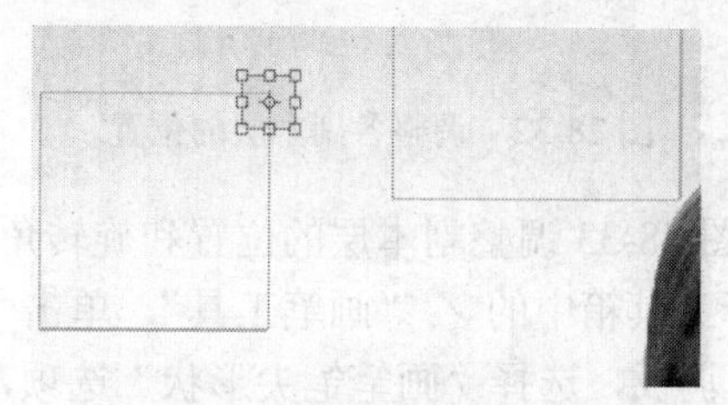

图 28-26 调整图像的大小和位置

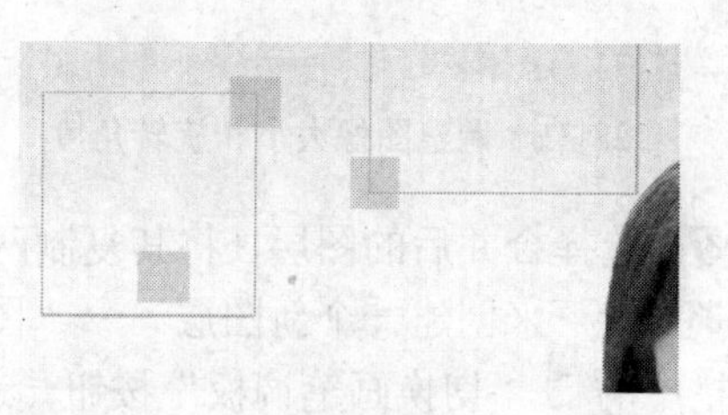

图 28-27 调整副本图像的位置

32 使用工具箱中的 "自定形状工具"，在"属性"栏中单击"点按可打开'自定形状'拾色器"按钮，在弹出的形状调板中选择"箭头2"图形，如图28-28所示。

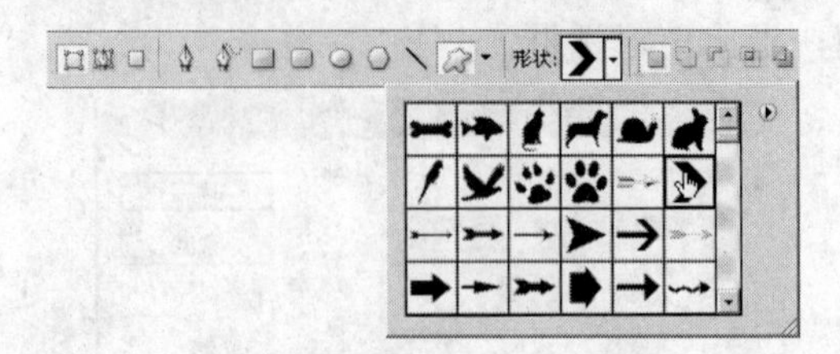

图28-28 选择"箭头2"图形

33 创建一个新图层——"图层6"，拖动鼠标左键，参照图28-29绘制箭头图标，

34 进入"路径"调板，将刚刚绘制的箭头图标转换为选区。进入"图层"调板，设置前景色为红色（R：224、G：98、B：94），并使用前景色填充选区，如图28-30所示。

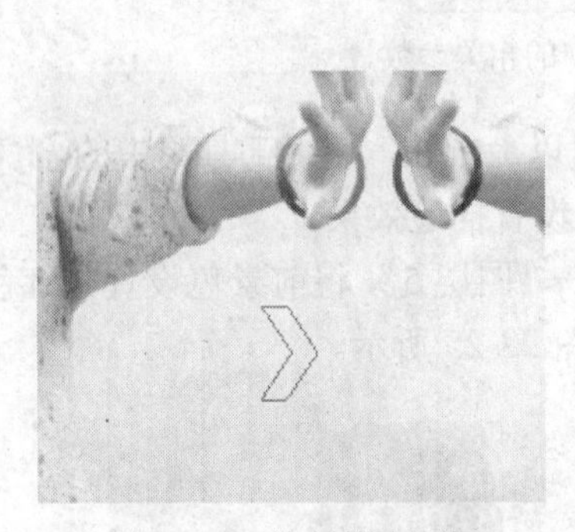

图28-29 绘制箭头图标

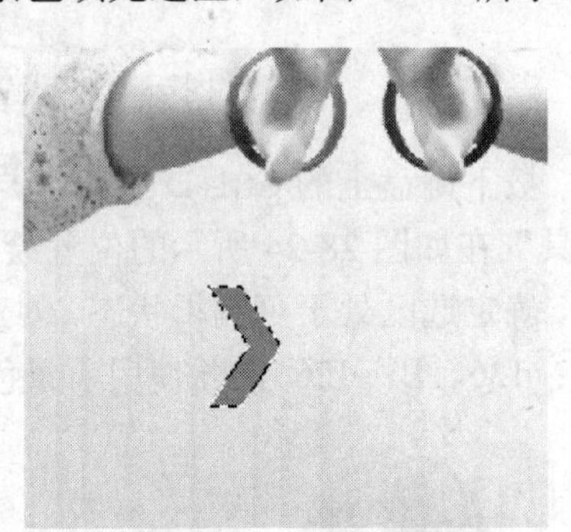

图28-30 填充选区

35 按下键盘上的Ctrl+D组合键，取消选区。按下键盘上的Ctrl+T组合键，打开自由变换框，参照图28-31调整图像大小和旋转角度。按下键盘上的Enter键，取消自由变换框。

36 将"图层6"复制3次，参照图28-32调整各副本层的位置。将"图层6"和副本层合并。

图28-31 调整图像大小和旋转角度

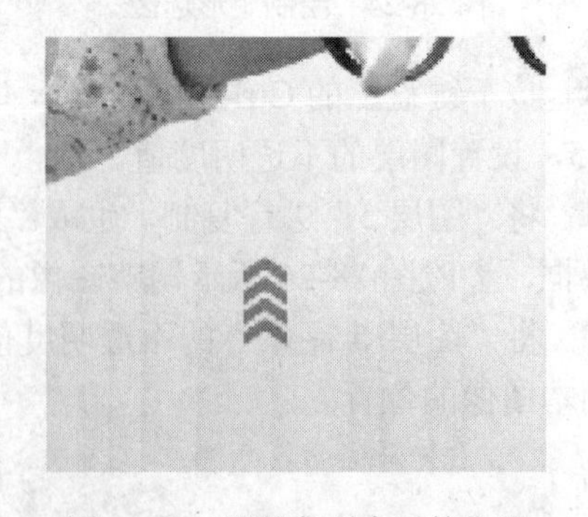

图28-32 调整各副本层的位置

37 选择合并后的图层，将其复制两次，并参照图28-33调整副本层的位置和旋转角度。

38 接下来创建一个新图层——"图层7"。选择工具箱中的 "画笔工具"，单击"属性"栏中的 "切换画笔调板"按钮，进入"画笔"调板，选择"画笔笔尖形状"选项，进入"调整画笔笔尖形状"编辑窗口，在"直径"参数栏内键入4px，在"角度"参数栏内键入 90 度，在“圆度”参数栏内键入 10%，在“间距”参数栏内键入 600%，如图 28-34 所示。

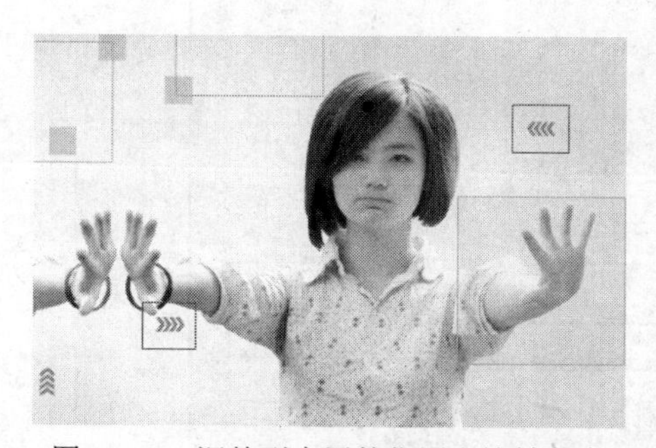

图 28-33　调整副本层的位置和旋转角度

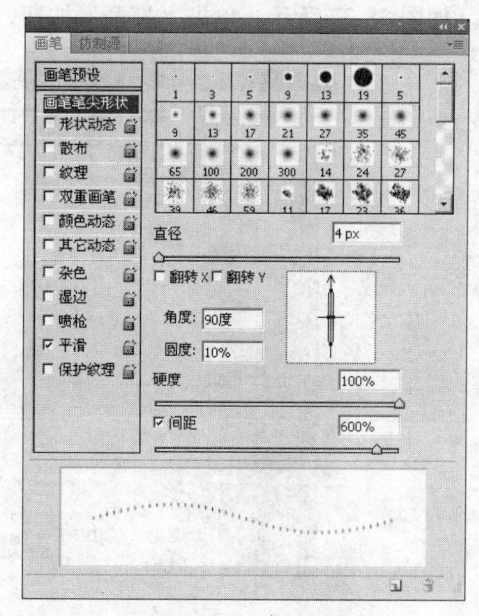

图 28-34　设置画笔属性

39 按住键盘上的 Shift 键，参照图 28-35 所示绘制虚线。

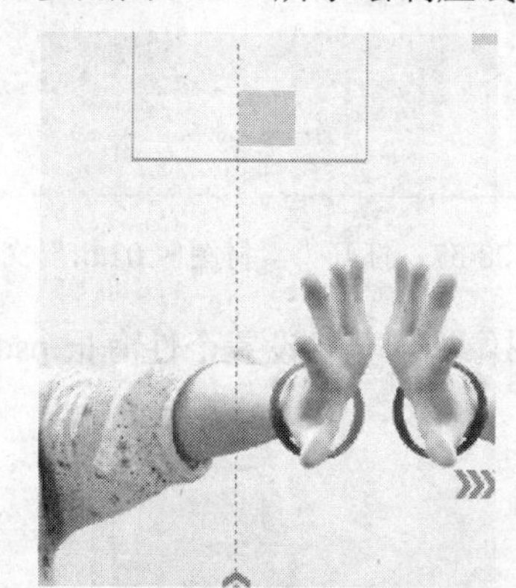

图 28-35　绘制虚线

40 参照上述绘制虚线的方法，绘制另外两条虚线，如图 28-36 所示。

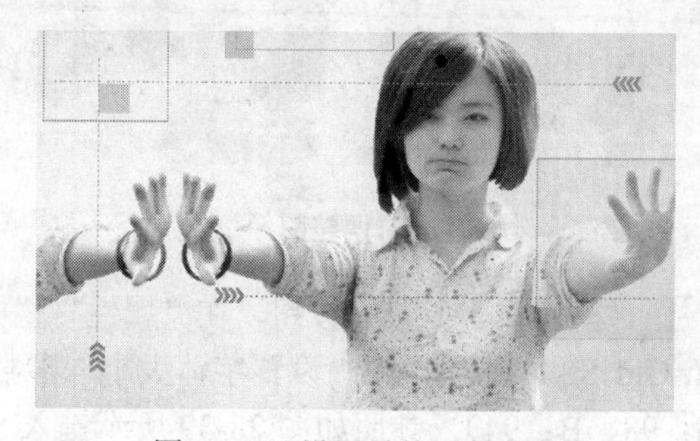

图 28-36　设置另外两条虚线

41 执行菜单栏中的“文件”/“打开”命令，打开“打开”对话框，从该对话框中的显示窗口中选择本书光盘中附带的“个性照片编辑/实例 28：设置个性海报/素材图像 02.tif”文件，如图 28-37 所示。单击“打开”按钮，退出该对话框。

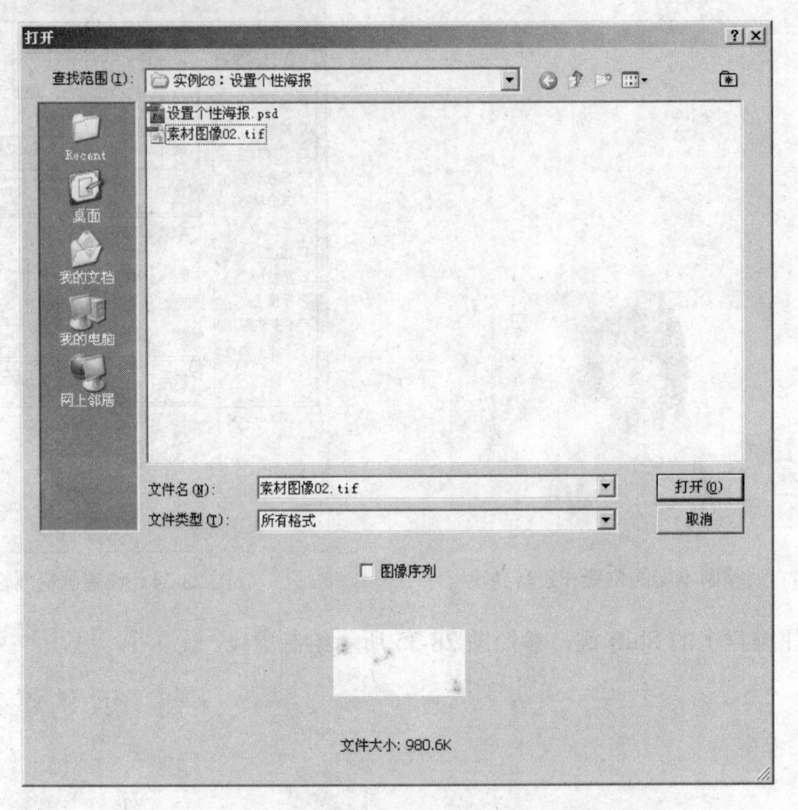

图 28-37　打开“素材图像 02.tif”文件

42 将“素材图像 02.tif”图像拖动至“设置个性海报.psd”文档窗口中，并参照图 28-38 调整图像的位置。

图 28-38　调整图像位置

43 单击工具箱中的 T “横排文字工具”按钮，在“属性”栏中的“设置字体系列”下拉选项栏中选择 Bookman Old Style 选项，在“设置字体大小”参数栏内键入 19，设置字体颜色为红色（R：224、G：98、B：94），参照如图 28-39 所示键入 STINK 字样。

44 单击工具箱中的 T “横排文字工具”按钮，在“属性”栏中的“设置字体系列”下拉选项栏中选择“方正宋黑繁体”，字体大小设置为 20 点，参照如图 28-40 所示键入“张扬个性”字样。

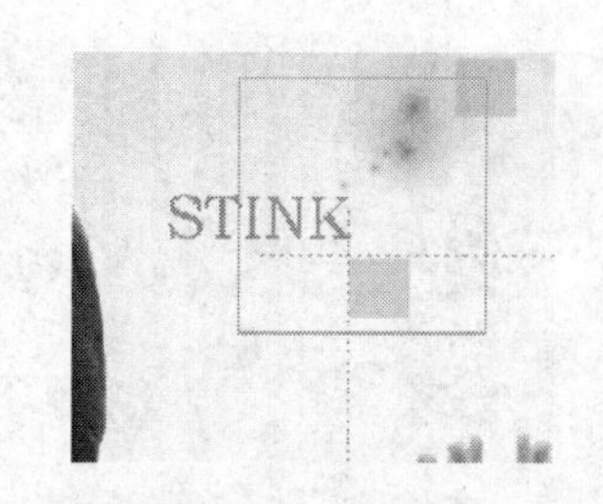

图 28-39　键入文本

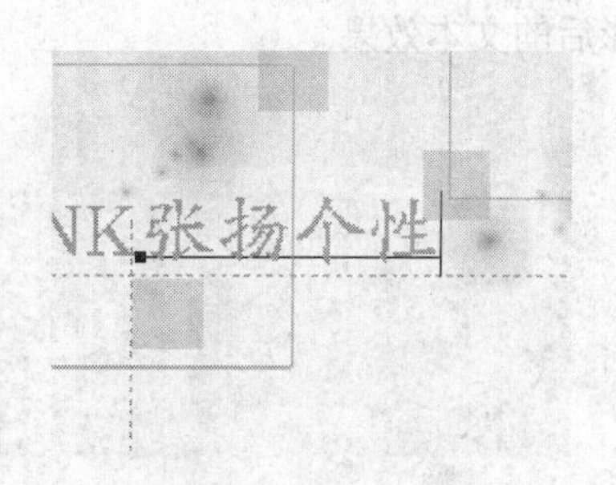

图 28-40　键入文本

45 选择“张”文本，将其字体大小设置为 30，如图 28-41 所示。

46 将字体设置为 Monotype Corsiva，字体大小设置为 19，设置字体颜色为白色，参照如图 28-42 所示分别键入 Individvality 和 Stink 字样。

图 28-41　设置字体大小

图 28-42　键入文本

47 将刚刚键入的文本合并，执行菜单栏中的“图层”/“图层样式”/“投影”命令，打开“图层样式”对话框。在该对话框中设置阴影颜色为黄色（R：180、G：120、B：32），在“距离”参数栏内键入 5，在“扩展”参数栏内键入 0，在“大小”参数栏内键入 5，如图 28-43 所示。

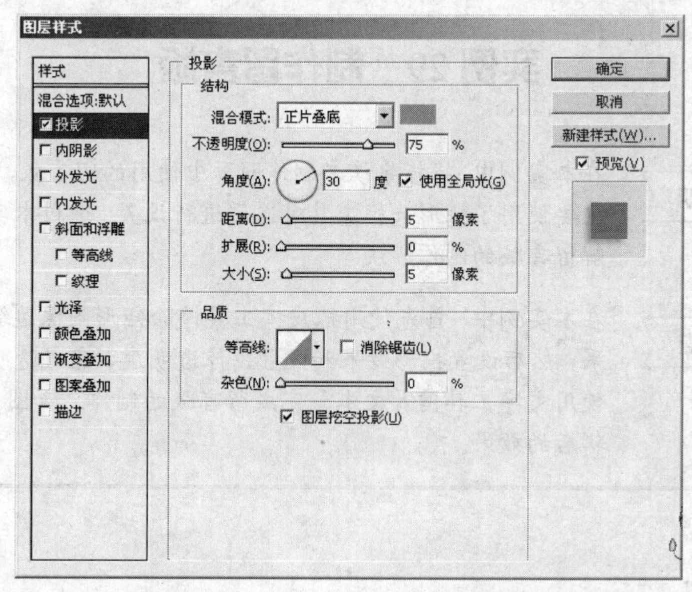

图 28-43　设置“图层样式”对话框中的相关参数

48 在“图层样式”对话框中单击“确定”按钮，退出该对话框。如图 28-44 所示为设置投影后的文本效果。

图 28-44 设置文本投影效果

49 通过以上制作本实例就全部完成了，完成后的效果如图 28-45 所示。如果读者在制作过程中遇到什么问题，可以打开本书光盘中附带的“个性照片编辑/实例 28：设置个性海报/设置个性海报. psd”文件，该文件为本实例完成后的文件。

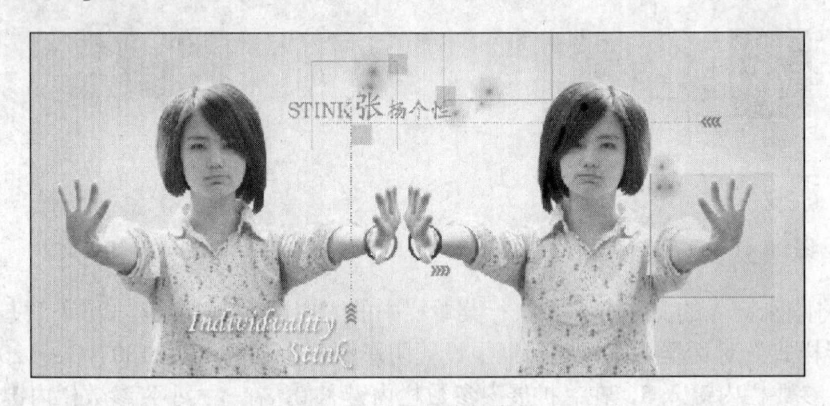

图 28-45 设置个性海报

实例 29 制作留言版

实例说明

在本实例中，将指导读者制作网页中使用的留言版，在制作过程中，主要使用了矩形选框工具对选区进行设置。通过本实例，使读者了解留言版的制作方法。

技术要点

在本实例中，首先使用橡皮擦工具擦除矩形图像边缘，具有锯齿效果，然后设置投影效果和设置图像透明度，完成透明胶效果，最后使用文字工具键入文本，完成留言版的制作。如图 29-1 所示为编辑后的效果。

图 29-1 制作留言版

1 运行 Photoshop CS4，按下键盘上的 Ctrl+N 组合键，创建一个“宽度”为 600 像素，“高度”为 400 像素，模式为 RGB 颜色，名称为“制作留言版”的新文档。

2 将前景色设置为灰绿色（R：244、G：248、B：243），按下键盘上的 Alt+Delete 组合键，使用前景色填充背景。

3 执行菜单栏中的“文件”/“打开”命令，打开“打开”对话框，从该对话框中的显示窗口中选择本书光盘中附带的“个性照片编辑/实例 29：制作留言版/素材图像 01.jpg”文件，如图 29-2 所示。单击“打开”按钮，退出该对话框。

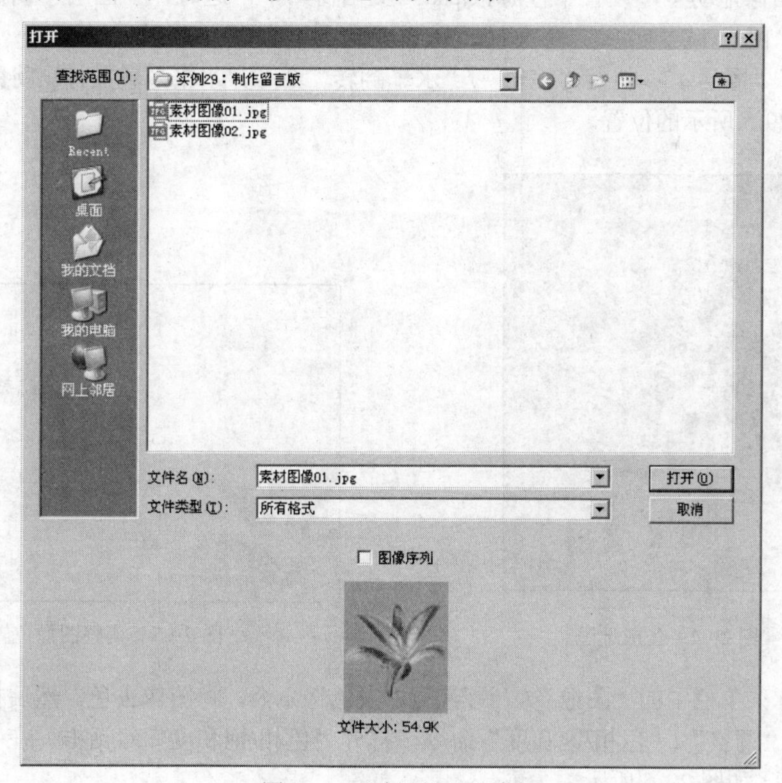

图 29-2 “打开”对话框

4 执行菜单栏中的“选择”/“色彩范围”命令，打开“色彩范围”对话框。在“颜色容差”参数栏内键入60，在图像的空白区域设置取样点，如图29-3所示。

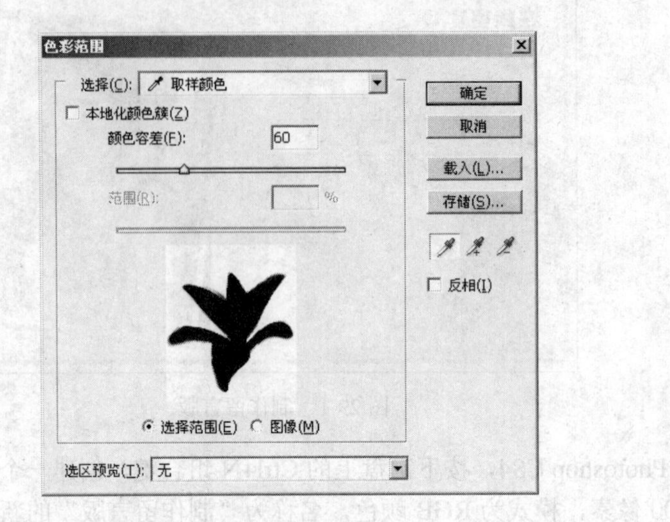

图29-3　设置取样点

5 在“色彩范围”对话框中单击“确定”按钮，退出该对话框。这时会生成一个如图29-4所示的选区。

6 执行菜单栏中的“选择”/“反向”命令，反选选区。使用工具箱中“移动工具”将选区内的图像拖动至“设置个性海报.psd”文档窗口中。这时在“图层”调板中自动生成新图层——“图层1”

7 选择“图层1”，执行“编辑”/“水平翻转”命令，水平翻转图像。将翻转后的图像拖动至如图29-5所示的位置。

图29-4　生成选区

图29-5　调整图像位置

8 执行菜单栏中的“图像”/“调整”/“去色”命令，将图像去色。然后执行菜单栏中的“图像”/“调整”/“色相/饱和度”命令，打开“色相/饱和度”对话框。在“明度”参数栏内键入+50，如图29-6所示。

9 在“色相/饱和度”对话框中单击“确定”按钮，退出该对话框。如图29-7所示为设置图像色调后的图像效果。

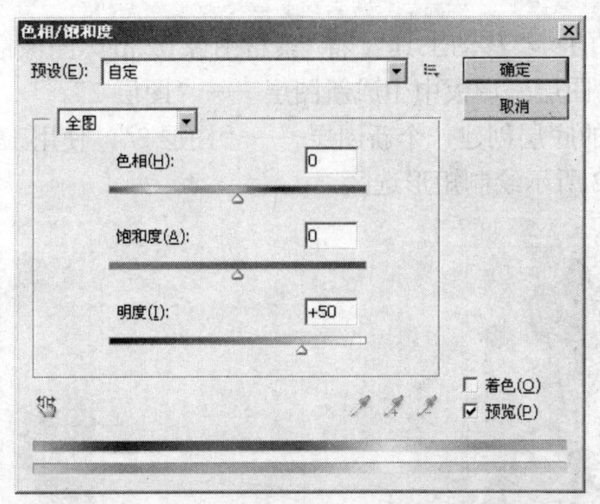

图 29-6 设置“色相/饱和度”对话框中的相关参数

10 使用工具箱中的“矩形选框工具”，绘制如图 29-8 所示的矩形选区。

图 29-7 设置图像色调

图 29-8 绘制矩形选区

11 确定选区处于可编辑状态，执行菜单栏中的“编辑”/“描边”命令，打开“描边”对话框。在“宽度”参数栏内键入 5 px，将“颜色”设置为粉红（R：230、G：139、B：178），在“位置”选项组选择“居外”选项，如图 29-9 所示。

12 在“描边”对话框中单击“确定”按钮，退出该对话框。如图 29-10 所示为设置描边后的图像效果。

13 按下键盘上的 Ctrl+D 组合键，取消选区。打开本书光盘中附带的“个性照片编辑/实例 29：制作留言版/素材图像 02.jpg”文件，如图 29-11 所示。

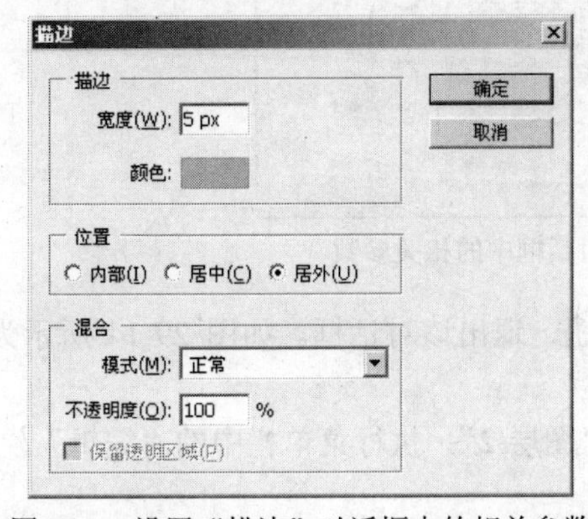

图 29-9 设置“描边”对话框中的相关参数

图 29-10 设置描边效果

14 使用工具箱中的“移动工具”，将“素材图像 02.jpg”图像拖动至“制作留言版.psd”文档窗口中。这时在“图层”调板中生成新图层——“图层 2”。

15 在“图层 2”的底层创建一个新图层——“图层 3”，使用工具箱中的“矩形选框工具”，参照如图 29-12 所示绘制矩形选区。

图 29-11　“素材图像 02.jpg”文件

图 29-12　绘制矩形选区

16 确定选区处于可编辑状态，将前景色设置为白色，并使用前景色填充选区。按下键盘上的 Ctrl+D 组合键，取消选区。

17 执行菜单栏中的“图层”/“图层样式”/“投影”命令，打开“图层样式”对话框。在“不透明度”参数栏内键入 20，在“距离”参数栏内键入 1，在“扩展”参数栏内键入 10，在“大小”参数栏内键入 6，如图 29-13 所示。

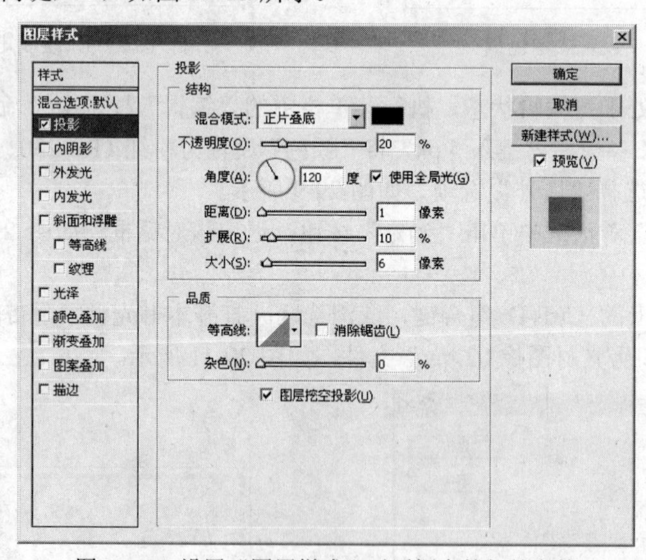

图 29-13　设置“图层样式”对话框中的相关参数

18 在“图层样式”对话框中单击“确定”按钮，退出该对话框。如图 29-14 所示为设置投影后的图像效果。

19 将“图层 2”和“图层 3”合并，合并为“图层 2”。执行菜单栏中的“编辑”/“变换”/“水平翻转”命令，水平翻转合并后的图层。

20 选择“图层 2”，按下键盘上的 Ctrl+T 组合键，打开自由变换框。然后参照如图 29-15

所示调整图像的位置和旋转角度。

图 29-14　设置图像投影效果

图 29-15　调整图像的位置和旋转角度

21 将“图层 2”进行复制，生成“图层 2 副本”。参照如图 29-16 所示调整“图层 2 副本”的位置和旋转角度。

22 使用工具箱中的 [ ] “矩形选框工具”，参照如图 29-17 所示绘制矩形选区。

图 29-16　调整副本图像的位置和旋转角度

图 29-17　绘制矩形选区

23 确定选区处于可编辑状态，分别选择“图层 2”和“图层 2 副本”层，并按下键盘上的 Delete 键，删除选区内的图像，如图 29-18 所示。

24 按下键盘上的 Ctrl+D 组合键，取消选区。创建一个新图层——“图层 3”，使用工具箱中的 [ ] “矩形选框工具”，参照如图 29-19 所示绘制一个矩形选区。

图 29-18　删除选区内的图像

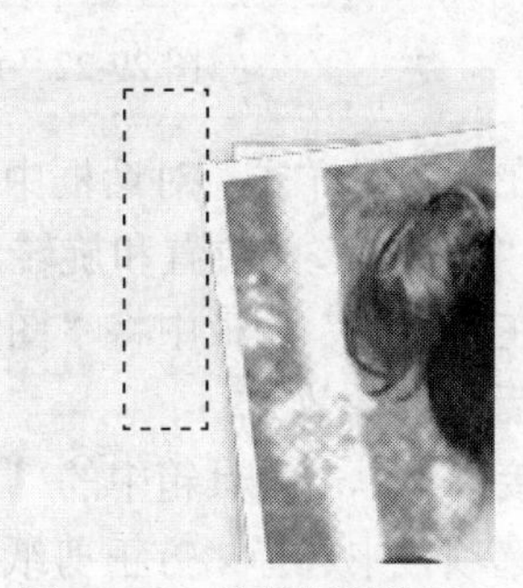

图 29-19　绘制矩形选区

25 确定选区处于可编辑状态，将前景色设置为灰色（R：219、G：219、B：219），并使用前景色填充选区，如图 29-20 所示。

26 按下键盘上的 Ctrl+D 组合键，取消选区。单击工具箱中的“橡皮擦工具”按钮，在“属性”栏的画笔调板中适当调整画笔大小，并参照如图 29-21 所示进行擦拭，使图像具有锯齿效果。

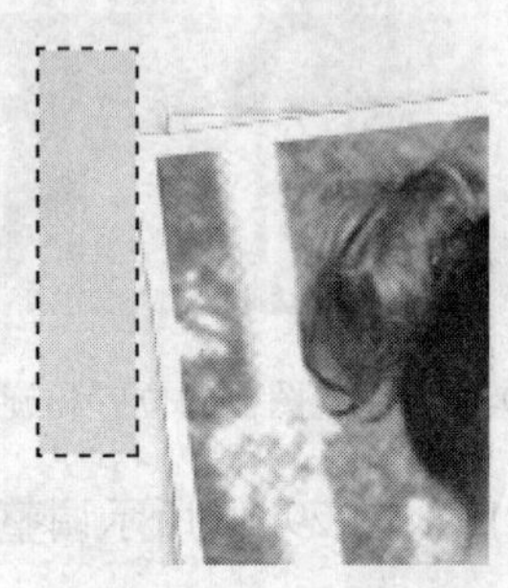

图 29-20　填充选区

图 29-21　使用“橡皮擦工具”

27 执行菜单栏中“图层”/“图层样式”/“投影”命令，打开“图层样式”对话框。在“不透明度”参数栏内键入 60，在“距离”参数栏内键入 3，在“扩展”参数栏内键入 6，在“大小”参数栏内键入 7，如图 29-22 所示。

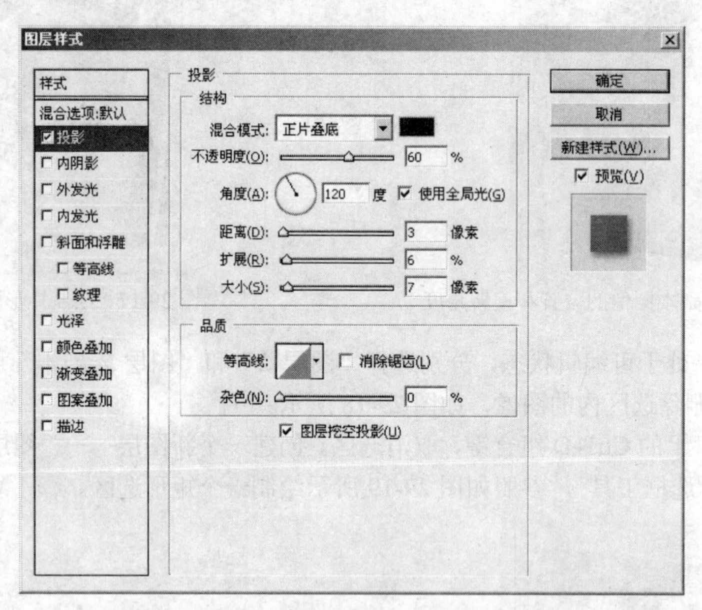

图 29-22　设置“图层样式”对话框中的相关参数

28 在“图层样式”对话框中单击“确定”按钮，退出该对话框。然后参照如图 29-23 所示调整“图层 3”的位置和旋转角度。

29 在“图层”调板中将“图层 3”的不透明度值设置为 35%，如图 29-24 所示为设置不透明度后的图像效果。

30 接下来单击工具箱中的 T “横排文字工具”按钮，在“属性”栏中的“设置字体系列”下拉选项栏中选择“方正剪纸简体”选项，在“设置字体大小”参数栏内键入 24，将字体颜色设置为粉红色（R：240、G：60、B：154），在如图 29-25 所示的位置键入“在线留言”

字样。

图 29-23　调整“图层 3”的位置和旋转角度

图 29-24　设置图像不透明度

31 选择工具箱中的 T “横排文字工具”，在“属性”栏中的“设置字体系列”下拉选项栏中选择“方正铁筋隶书简体”选项，在“设置字体大小”参数栏内键入 16，将字体颜色设置为黑色，参照如图 29-26 所示分别键入“昵称：”、“爱好：”、“留言通道：”字样。

图 29-25　键入文本

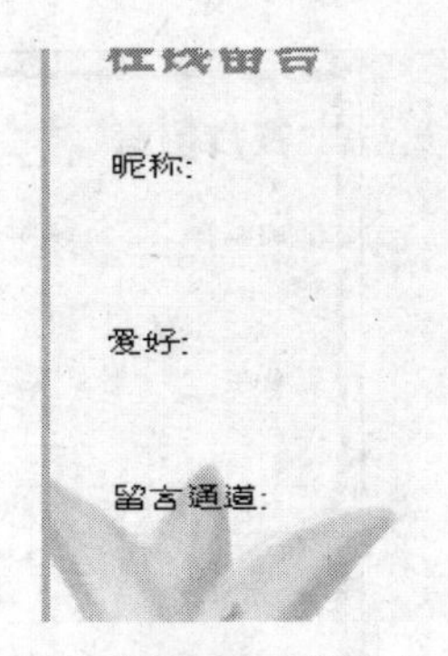

图 29-26　键入文本

32 选择工具箱中的 T “横排文字工具”，在“属性”栏中的“设置字体系列”下拉选项栏中选择“仿宋_GB2312”选项，在“设置字体大小”参数栏内键入 12，将字体颜色设置为粉红色（R：240、G：60、B：154），参照如图 29-27 所示分别键入“BBS 论坛”、“Bolg 博客”、“ASK 提问”、“杂志讨论区”字样。

留言通道:

BBS论坛　Bolg博客　ASK提问　杂志讨论区

图 29-27　键入文本

33 创建一个新图层——“图层 4”，右击工具箱中的“画笔工具”下拉按钮，在弹出的下拉选项栏中选择“铅笔工具”选项。在画笔调板中选择“尖角 1 像素”选项，并按住键盘上的 Shift 键，参照如图 29-28 所示绘制线段。

34 接下来参照上述绘制线段的方法，绘制其他的线段，如图 29-29 所示。

图 29-28　绘制线段

图 29-29　绘制其他的线段

35 通过以上制作本实例就全部完成了，完成后的效果如图 29-30 所示。如果读者在制作过程中遇到什么问题，可以打开本书光盘中附带的“个性照片编辑/实例 29：制作留言版/制作留言版. psd”文件，该文件为本实例完成后的文件。

图 29-30　制作留言版

实例 30　制作杂志封面

在本实例中，将指导读者制作杂志封面。杂志封面主要由照片与文字组成，封面整体效果简单大方，文本排列整齐，突出封面杂志特点。通过本实例的学习，使读者了解在 Photoshop CS4 中栅格化文字工具和描边工具的使用方法。

在制作本实例时，首先导入背景素材，使用矩形选框工具和投影工具绘制杂志封面及书脊，然后导入人物素材图像进行编辑，最后使用横排文字工具添加文本，并通过描边工具将文本进行编辑，完成本实例的制作。图 30-1 为本实例完成后的效果。

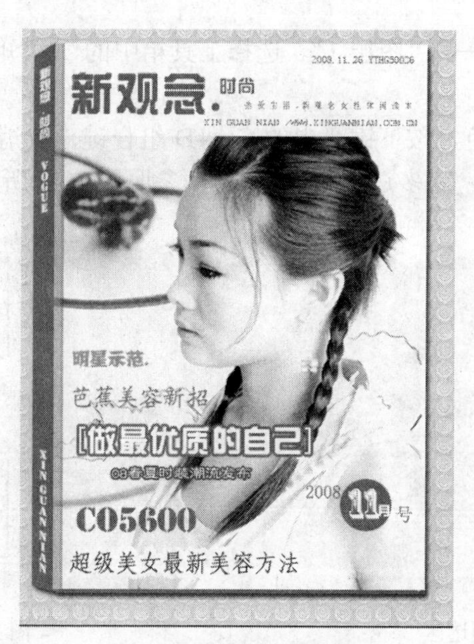

图 30-1　制作杂志封面

1 运行 Photoshop CS4，执行菜单栏中的“文件”/“打开”命令，打开“打开”对话框，导入本书光盘中附带的“个性照片编辑/实例 30：制作杂志封面/背景素材.jpg”文件，如图 30-2 所示。单击“打开”按钮，退出该对话框。

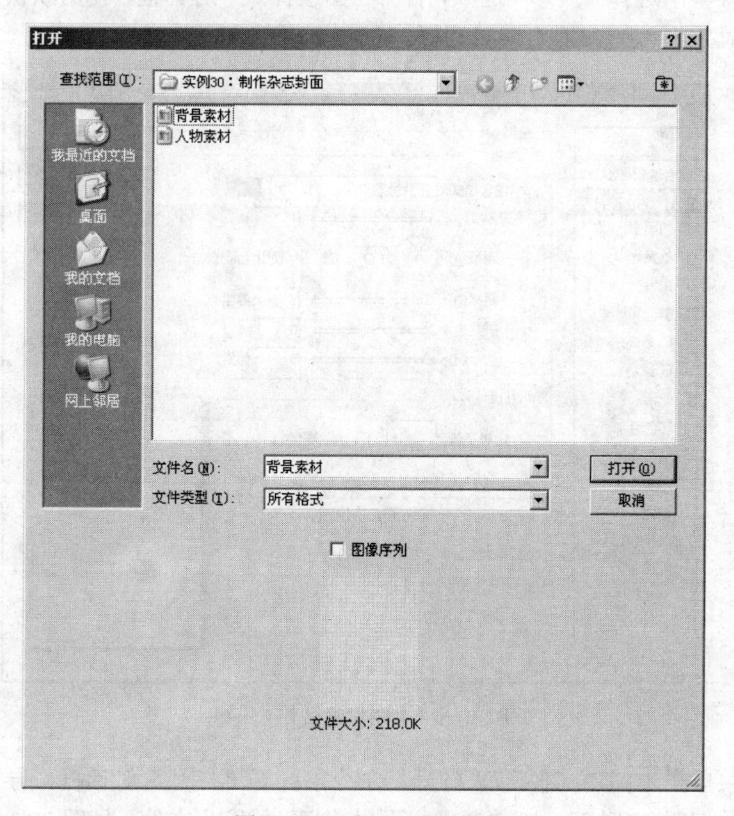

图 30-2　“打开”对话框

2 创建一个新图层——“图层 1”。选择工具箱中的“矩形选框工具”，在如图 30-3 所示的位置绘制一个选区。

3 将选区填充为白色，按下键盘上的 Ctrl+D 组合键，取消选区。

4 选择工具箱中的“多边形套索工具”，参照图 30-4 所示绘制一个选区。

图 30-3 绘制选区

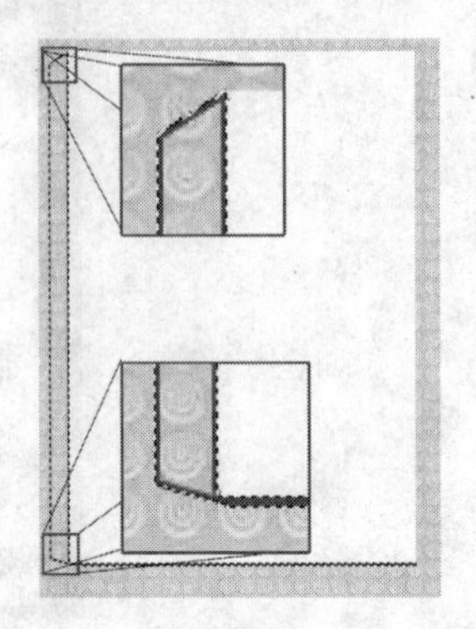

图 30-4 绘制选区

5 将选区填充为粉色（R：206，G：55，B：95），按下键盘上的 Ctrl+D 组合键，取消选区。

6 确定“图层 1”处于选择状态，单击“图层”调板底部的“添加图层样式”按钮，在弹出的快捷菜单中选择“投影”选项，打开“图层样式”对话框，使用默认设置。如图 30-5 所示。单击“确定”按钮，退出该对话框。

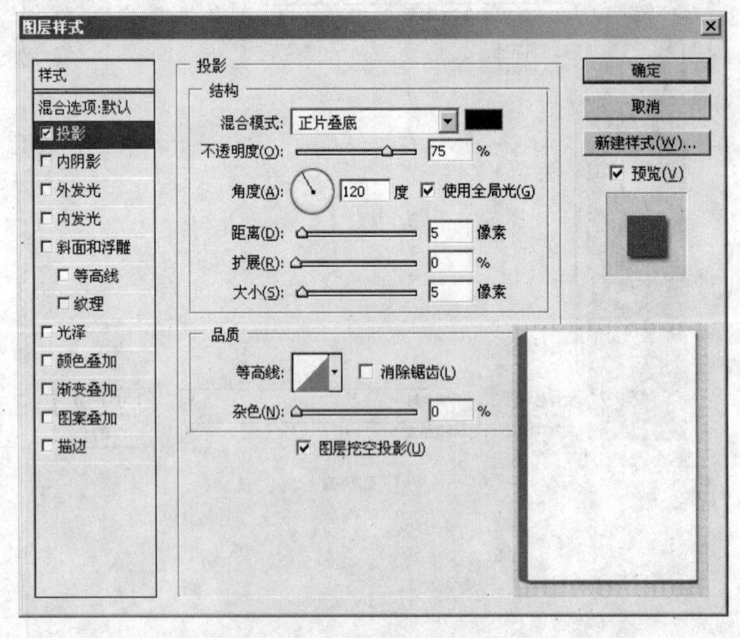

图 30-5 “图层样式”对话框

7 执行菜单栏中的“文件”/“打开”命令，打开“打开”对话框，导入本书光盘中附带的“个性照片编辑/实例 30：制作杂志封面/人物素材.jpg”文件，如图 30-6 所示。单击“打开”按钮，退出该对话框。

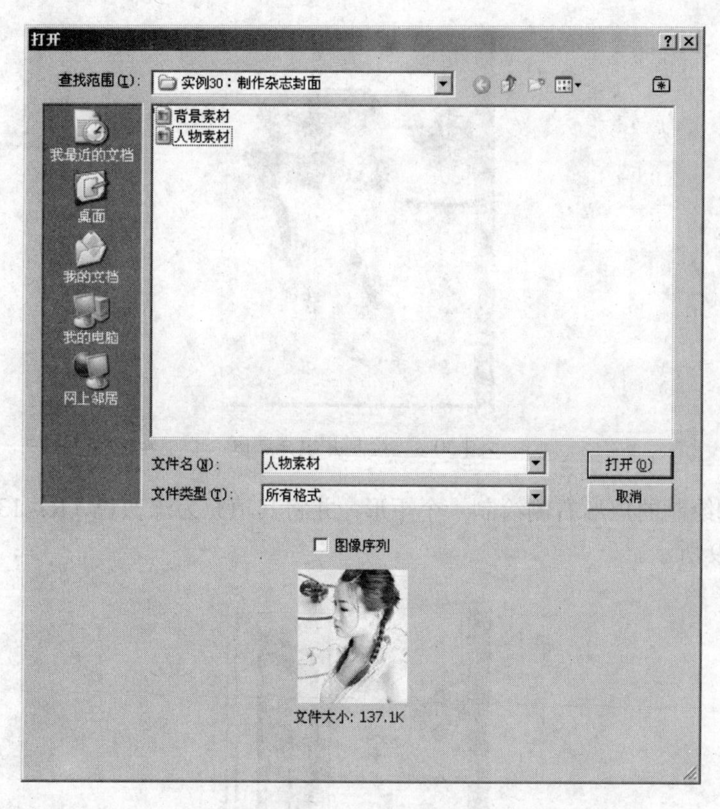

图 30-6　“打开”对话框

8 将导入的“人物素材.jpg”图像移至“背景素材.jpg”文档窗口中，生成“图层 2”。将该图像的位置及大小进行调整，如图 30-7 所示。

图 30-7　移动图像位置

9 创建一个新图层——“图层 3”。选择工具箱中的“矩形选框工具”，在如图 30-8 所示的位置绘制一个矩形选区，并将该选区填充为灰色（R：134、G：134、B：134）。

图 30-8　绘制并填充选区

10 在刚刚绘制的矩形右侧绘制一个矩形，并将其填充为深灰色（R：134、G：134、B：134），如图 30-9 所示。

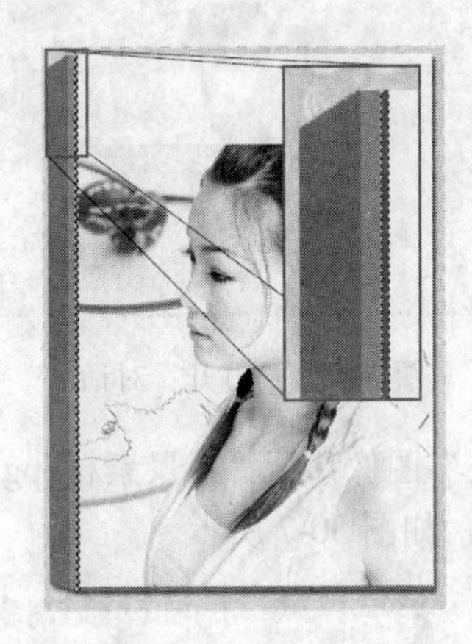

图 30-9　绘制并填充选区

11 在“图层”调板中将“图层 3”的“不透明度”值设置为 50%。

12 创建一个新图层——“图层 4”。选择工具箱中的 “椭圆选框工具”，在如图 30-10 所示的位置绘制一个选区，并将该选区填充为粉色（R：206、G：55、B：95）。

图 30-10　绘制并填充选区

13 选择工具箱中的IT“直排文字工具”，单击“属性”栏中的“设置字体系列”下拉按钮，在弹出的下拉选项栏中选择“综艺体”选项，在“设置字体大小”参数栏内键入9点，将文本颜色设置为米色（R：252、G：229、B：201），在如图30-11所示的位置键入“新观念.时尚”文本，单击“属性”栏中的“设置字体系列”下拉按钮，在弹出的下拉选项栏中选择Stencil Std选项，在“设置字体大小”参数栏内键入8，在刚刚键入的“新观念.时尚”文本底部键入VOGUE XIN GUAN NIAN文本。

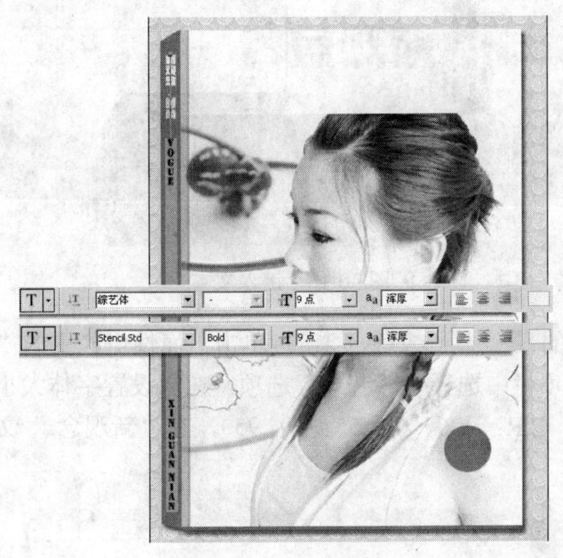

图30-11 键入文本

14 在刚刚键入的“新观念.时尚VOGUE XIN GUAN NIAN”文本层中右击鼠标，在弹出的快捷菜单中选择“栅格化文字”选项，将文本层转换为普通图层。

15 按下键盘上的Ctrl+T组合键，打开自由变换框。右击自由变换框，在打开的快捷菜单中选择“斜切”选项，参照如图30-12所示将自由变换框形态进行调整。

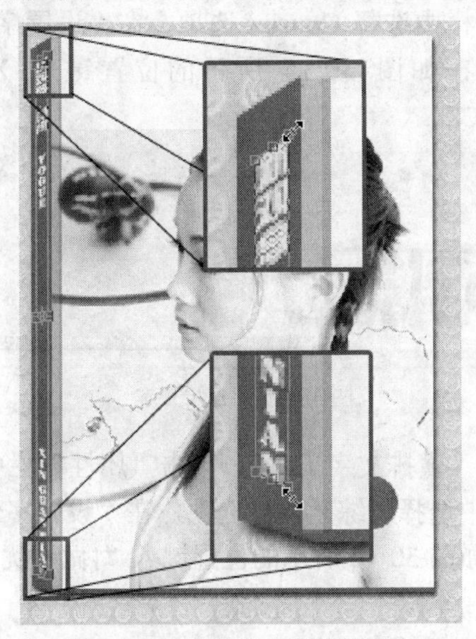

图30-12 调整自由变换框形态

16 按下键盘上的 Enter 键，取消自由变换框。

17 选择工具箱中的 T “横排文字工具”，单击“属性”栏中的“设置字体系列”下拉按钮，在弹出的下拉选项栏中选择“综艺体”选项，在“设置字体大小”参数栏内键入 50，将文本颜色设置为粉色（R：206、G：55、B：95），在如图 30-13 所示的位置键入“新观念.”文本。

图 30-13 键入文本

18 选择工具箱中的 T “横排文字工具”，单击“属性”栏中的“设置字体系列”下拉按钮，在弹出的下拉选项栏中选择“综艺体”选项，在“设置字体大小”参数栏内键入 14，将文本颜色设置为粉色 （R：206、G：55、B：95），在“新观念.”文本右侧键入“时尚”文本，如图 30-14 所示。

图 30-14 键入文本

19 选择工具箱中的 T “横排文字工具”，单击“属性”栏中的“设置字体系列”下拉按钮，在弹出的下拉选项栏中选择 Courier 选项，在“设置字体大小”参数栏内键入 8，将文本颜色设置为黑色，在如图 30-15 所示的位置键入 XIN GUAN NIAN /WWW. XINGUANMIAN.COM.CN 文本。

图 30-15 键入文本

20 选择工具箱中的 T “横排文字工具”，单击“属性”栏中的“设置字体系列”下拉按钮，在弹出的下拉选项栏中选择“综艺体”选项，在“设置字体大小”参数栏内键入 24，将文本颜色设置为白色，在如图 30-16 所示的位置键入“[做最优质的自己]”文本。

为了便于读者确定文本的位置，作者在出示图 30-16 时将文本以黑色显示。

提示

图 30-16　键入文本

21 单击"图层"调板底部的 fx."添加图层样式"按钮，在弹出的快捷菜单中选择"描边"选项，打开"图层样式"对话框，在"大小"参数栏内键入 3，将描边颜色设置为粉色（R：206、G：55、B：95），其他参数使用默认设置，如图 30-17 所示。单击"确定"按钮，退出该对话框。

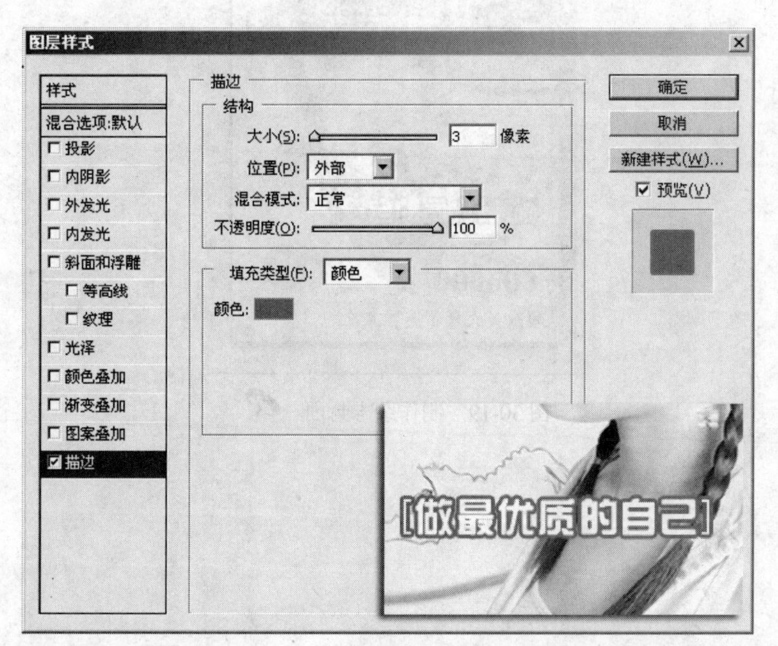

图 30-17　设置"图层样式"对话框中的相关参数

22 接下来，参照图 30-18 使用不同的字体和图层样式来设置其他文本效果。

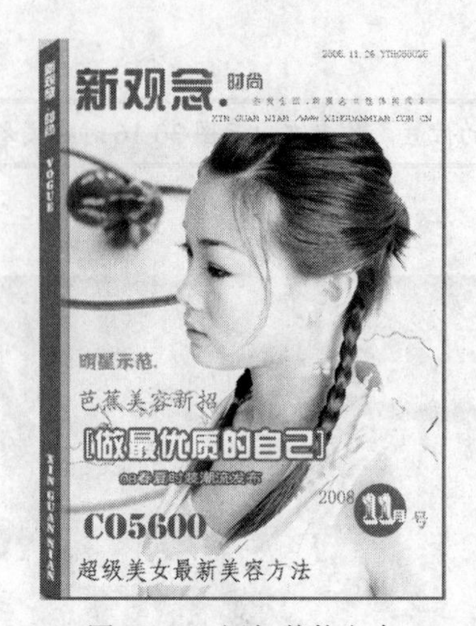

图 30-18　添加其他文本

23 通过以上制作本实例就全部完成了，完成后的效果如图 30-19 所示。如果读者在制作过程中遇到什么问题，可以打开本书光盘中附带的“个性照片编辑/实例 30：制作杂志封面/杂志封面.psd”文件，该文件为本实例完成后的文件。

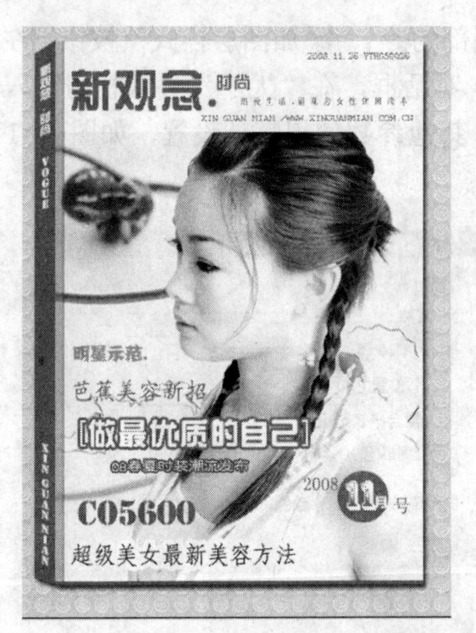

图 30-19　制作杂志封面

第4篇

艺术照片处理

个人写真、婚纱摄影等都属于艺术照片，这一类的照片使用各种技术手段，弥补照片的缺陷，添加装饰性的图案、文本等内容，并对照片的色彩等元素进行编辑，使照片更具美感。在这一部分中，将指导读者设置艺术照片。

实例 31 处理个人写真

在本实例中，将指导读者处理一幅个人写真照片，在制作过程中，主要对人物图像的摆放和对图像的混合模式进行了设置。通过本实例，使读者了解在 Photoshop CS4 中处理个人写真的方法。

在本实例中，首先使用蒙版工具设置选区，并删除选区内的图像，然后使用橡皮擦工具对图像进一步擦除并设置图像的虚化效果，最后使用文字工具键入文本，完成个人写真的处理。图 31-1 为编辑后的效果。

图 31-1 处理个人写真

1 运行 Photoshop CS4，按下键盘上的 Ctrl+N 组合键，创建一个“宽度”为 1000 像素，“高度”为 650 像素，模式为 RGB 颜色，名称为“处理个人写真”的新文档。

2 将背景色设置为黑色，然后按下键盘上的 Ctrl+Delete 组合键，使用背景色填充背景。

3 创建一个新图层——“图层 1”。单击工具箱中的“渐变工具”按钮，在“属性”栏中激活“径向渐变”按钮，然后双击“点按可编辑渐变”显示窗口，打开“渐变编辑器”对话框。在该对话框中设置渐变颜色由棕色（R：237、G：238、B：189）、土黄色（R：229、G：224、B：108）和白色组成，如图 31-2 所示。

4 在“渐变编辑器”对话框中单击“确定”按钮，退出该对话框。然后按住键盘上的 Shift 键，从左向右拖动鼠标左键，如图 31-3 所示。

5 选择“图层 1”，在“图层”调板的“设置图层的混合模式”下拉选项栏中选择“强光”选项，如图 31-4 所示为设置强光后的图像效果。

6 执行菜单栏中的“文件”/“打开”命令，打开“打开”对话框，打开本书光盘中附带的“艺术照片处理/实例 31：处理个人写真/素材图像 01. tif”文件，如图 31-5 所示。单击“打开”按钮，退出该对话框。

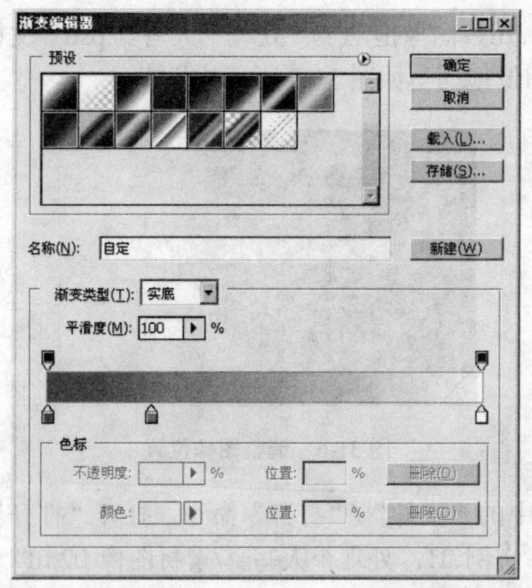

图 31-2　设置“渐变编辑器”对话框中的渐变颜色

图 31-3　设置渐变填充效果

图 31-4　设置图像强光效果

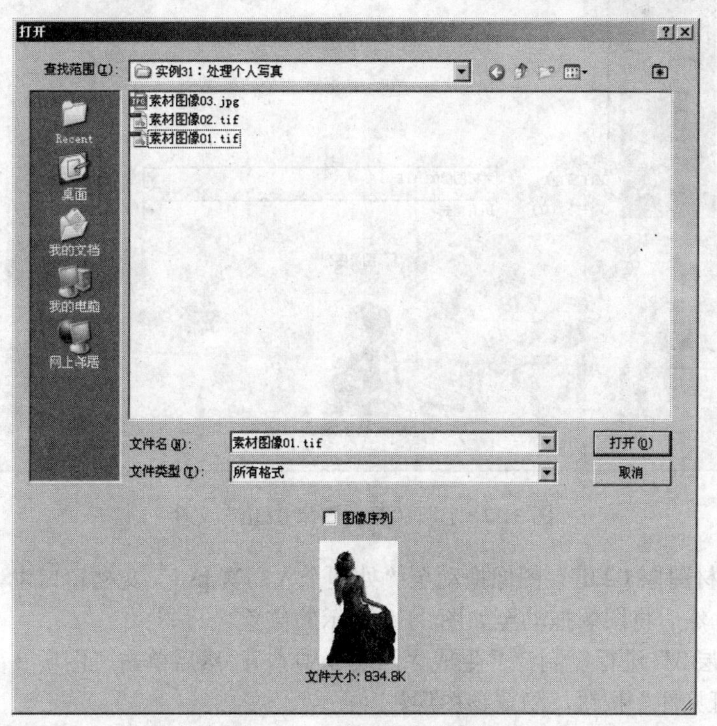

图 31-5　“打开”对话框

7 将“素材图像 01. tif”图像拖动至“处理个人写真.psd”文档窗口中，并生成新图层——“图层 2”，然后将图像拖动至如图 31-6 所示的位置。

图 31-6　调整图像位置

8 再次执行菜单栏中的“文件”/“打开”命令，打开“打开”对话框，打开本书光盘中附带的“艺术照片处理/实例 31：处理个人写真/素材图像 02.tif”文件，如图 31-7 所示。单击“打开”按钮，退出该对话框。

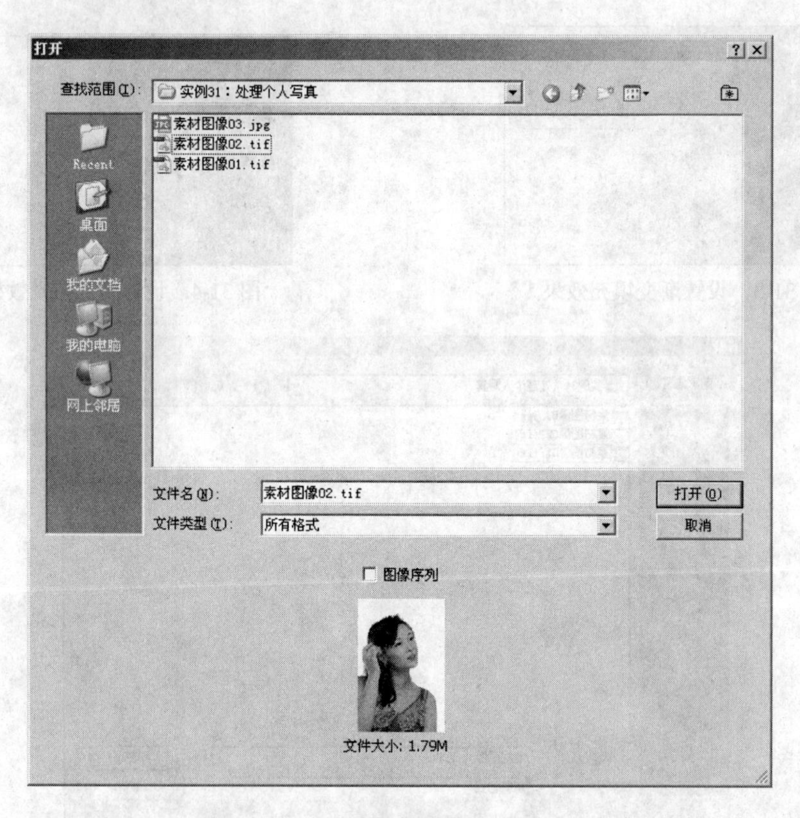

图 31-7　打开“素材图像 02.tif”文件

9 将“素材图像 02.tif”图像拖动至“处理个人写真.psd”文档窗口中，并生成新图层——“图层 3”，然后将图像拖动至如图 31-8 所示的位置。

10 将“图层 3”进行复制，并生成“图层 3 副本”，然后单击“图层 3 副本”层左侧的“指示图层可见性”按钮，隐藏该图层。

11 选择“图层 3”，单击工具箱中的“渐变工具”按钮，在“属性”栏中激活“径向渐变”按钮，然后单击工具箱中的 “以快速蒙版模式编辑”按钮，进入快速蒙版模式编辑状态，参照如图 31-9 所示设置蒙版区域。

图 31-8 调整图像位置

图 31-9 设置蒙版区域

12 单击工具箱中的 “以标准模式编辑”按钮，进入标准模式编辑状态，生成如图 31-10 所示的选区。

13 执行菜单栏中的“选择”/“反向”命令，反选选区。按下键盘上的 Delete 键两次，删除选区内的图像，如图 31-11 所示。

图 31-10 生成选区

图 31-11 删除选区内的图像

14 按下键盘上的 Ctrl+D 组合键，取消选区。单击工具箱中的 “橡皮擦工具”按钮，在“画笔”调板中选择“柔角 200 像素”选项，并参照如图 31-12 所示在人物边缘进行擦拭。

15 在“图层”调板的“设置图层的混合模式”下拉选项栏中选择“滤色”选项，图 31-13 为设置滤色后的图像效果。

图 31-12 使用“橡皮擦”工具

图 31-13 设置图像效果

16 单击“图层 3 副本”左侧的 “指示图层可见性”按钮，显示该图层。执行菜单栏中的“编辑”/“变换”/“水平翻转”命令，水平翻转图像，如图 31-14 所示。

17 按下键盘上的Ctrl+T组合键，打开自由变换框，参照图31-15调整图像的大小和位置。

图31-14 水平翻转图像

图31-15 调整图像的大小和位置

18 按下键盘上的Enter组合键，取消自由变换操作。

19 创建一个新图层——“图层4”，使用工具箱中的“矩形选框工具”参照图31-16绘制矩形选区。

20 将前景色设置为灰绿色（R：125、G：144、B：122），按下键盘上的Alt+Delete组合键，使用前景色填充选区，如图31-17所示。

图31-16 绘制矩形选区

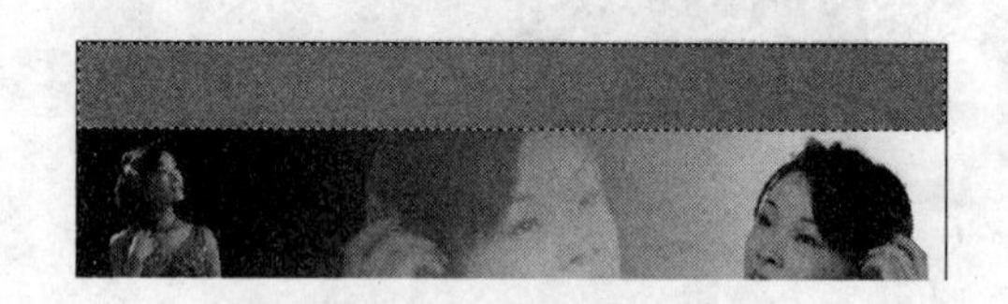

图31-17 填充选区

21 确定选区内的图像处于选择状态，按住键盘上的Alt键，使用工具箱中的“移动工具”拖动图像至如图31-18所示的位置。

图31-18 移动图像位置

22 按下键盘上的Ctrl+D组合键，取消选区。

23 打开本书光盘中附带的“艺术照片处理/实例31：处理个人写真/素材图像03.jpg”文件，如图31-19所示。

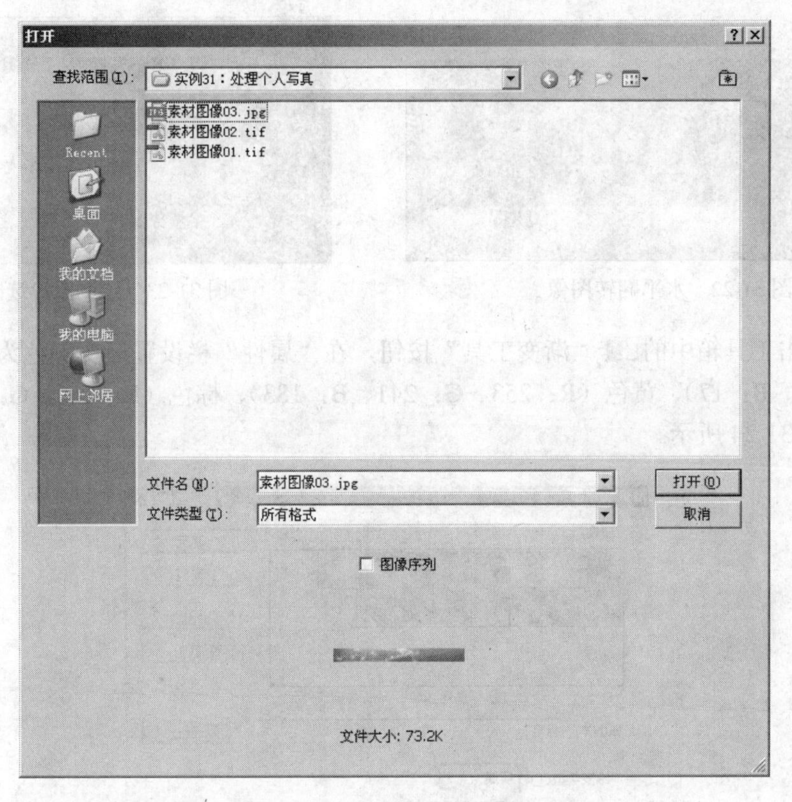

图 31-19　打开“素材图像 03.jpg”文件

24 将“素材图像 03.jpg”图像拖动至“处理个人写真.psd”文档窗口中，生成新图层——“图层 5”。

25 将“图层 5”进行复制生成“图层 5 副本”，调整这两个图像位置，使覆盖“图层 4”中的图像，如图 31-20 所示。

26 依次将“图层 5”和“图层 5 副本”图层的混合模式设置为叠加，如图 31-21 所示为设置叠加模式后的图像效果。

图 31-20　调整图像位置

图 31-21　设置图像叠加模式效果

27 选择“图层 5 副本”层，执行菜单栏中的“编辑”/“变换”/“水平翻转”命令，水平翻转该图层，如图 31-22 所示。

28 创建一个新图层——“图层 6”，使用工具箱中的“矩形选框工具”参照图 31-23 绘制矩形选区。

图 31-22　水平翻转图像

图 31-23　绘制矩形选区

29 单击工具箱中的"渐变工具"按钮，在"属性"栏设置渐变颜色为由土色（R：165、G：84、B：17）、黄色（R：253、G：241、B：183）、棕色（R：165、G：84、B：17）组成，如图 31-24 所示。

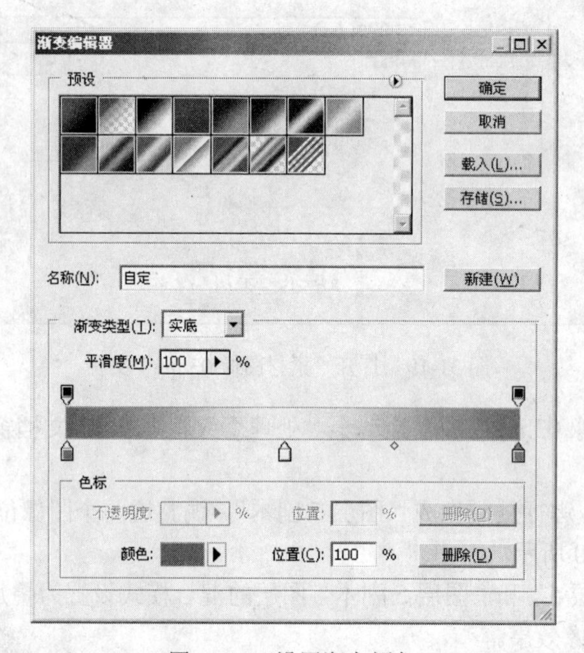

图 31-24　设置渐变颜色

30 确定选区处于选择状态，按住键盘上的 Shift 键，从左向右拖动鼠标左键，如图 31-25 所示。

31 将选区内的图像进行复制，并将复制后的图像拖动至如图 31-26 所示的位置。

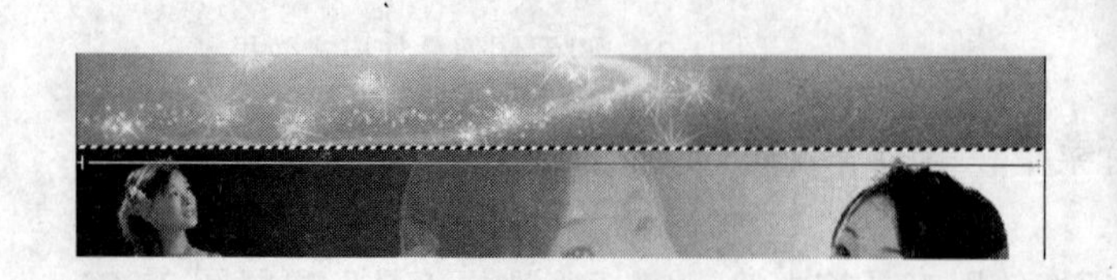
图 31-25　填充选区

图 31-26　移动选区图像位置

32 按下键盘上的 Ctrl+D 组合键，取消选区。

33 接下来单击工具箱中的 T “横排文字工具”按钮，在“属性”栏的“设置字体系列”下拉选项栏中选择 Georgia 选项，在“设置字体大小”参数栏内键入 14，将字体颜色设置为土黄色（R：201、G：166、B：136），在如图 31-27 所示的位置键入 Conviviality 字样。

34 将字体设置为 Monotype Corsiva，设置字体大小为 8，将字体颜色设置为白色，参照如图 31-28 所示键入 Joys are our wings, sorrows are our spurs.字样。

图 31-27 键入文本

图 31-28 键入文本

35 通过以上制作本实例就全部完成了，完成后的效果如图 31-29 所示。如果读者在制作过程中遇到什么问题，可以打开本书光盘中附带的“艺术照片处理/实例 31：处理个人写真/处理个人写真. psd”文件，该文件为本实例完成后的文件。

图 31-29 处理个人写真

实例 32 处理水墨风格照片

在本实例中，将指导读者处理水墨风格照片，照片背景为一幅水墨山水画。通过设置照片效果将照片处理为水墨风格，以适应于背景。

在本实例中，首先导入背景素材，然后导入卷丝图像，通过矩形工具绘制填充卷丝图像内空白区域，导入人物素材，通过去色工具将照片处理为黑白效果，使用图层混合模式及模糊工具设置水墨效果，完成本实例的制作，如图 32-1 所示为本实例完成后的效果。

图 32-1　处理水墨风格照片

1 运行 Photoshop CS4，执行菜单栏中的“文件”/“打开”命令，打开“打开”对话框，从该对话框中选择本书光盘中附带的“艺术照片处理/实例 32：处理水墨风格照片/背景素材.jpg”文件，如图 32-2 所示。单击“打开”按钮，退出该对话框。

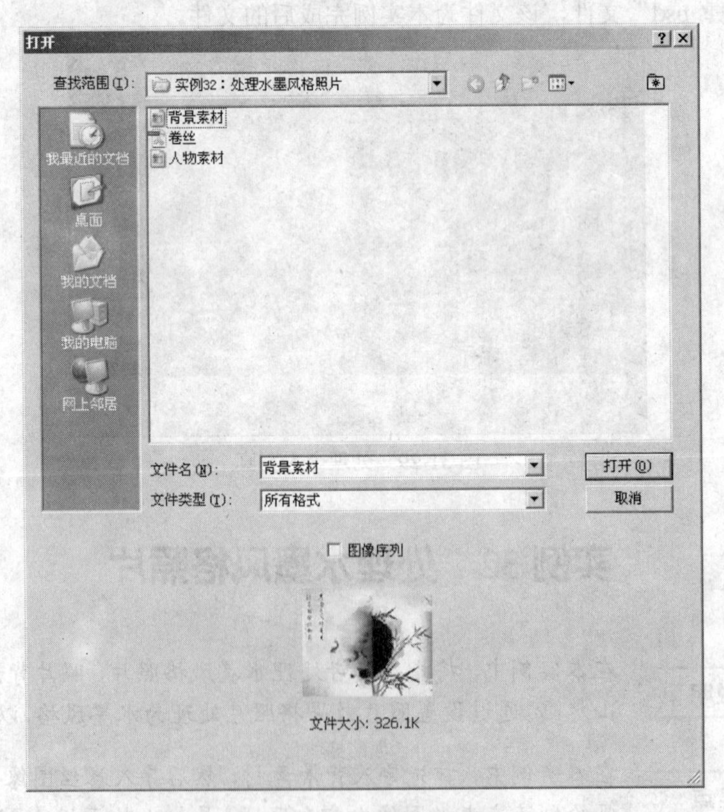

图 32-2　“打开”对话框

2 执行菜单栏中的“文件”/“打开”命令，打开“打开”对话框，从该对话框中选择本书光盘中附带的“艺术照片处理/实例 32：处理水墨风格照片/卷丝.tif”文件，如图 32-3 所示。单击“打开”按钮，退出该对话框。

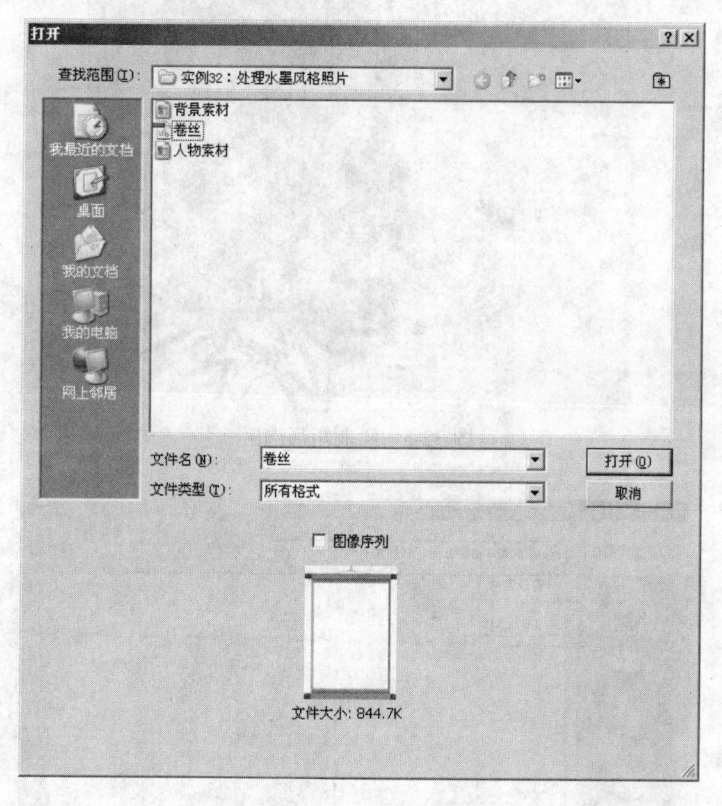

图 32-3　“打开”对话框

3 使用工具箱中的 “移动工具”，将“卷丝.tif”图像拖动至“背景素材.psd”文档窗口中，并移至如图 32-4 所示的位置。这时在“图层”调板内会生成一个新图层——“卷丝”。

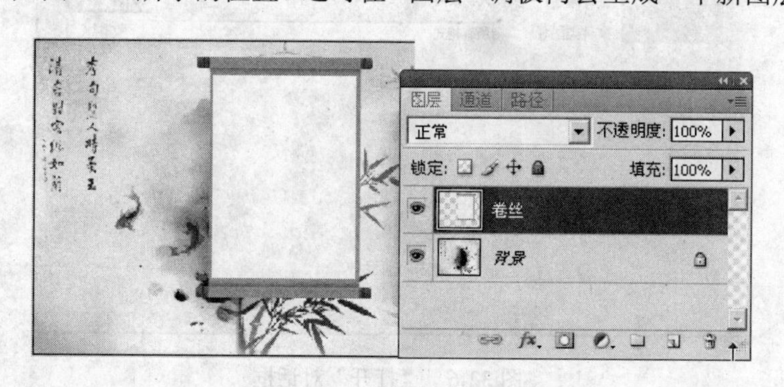

图 32-4　移动图像位置

4 选择工具箱中的 “矩形选框工具”，在如图 32-5 所示的位置绘制一个矩形选区，并将该选区填充为土黄色（R：157、G：142、B：111）。

5 按下键盘上的 Ctrl+D 组合键，取消选区。

6 执行菜单栏中的“文件”/“打开”命令，打开“打开”对话框，从该对话框中选择本书光盘中附带的“艺术照片处理/实例 32：处理水墨风格照片/人物素材.jpg”文件，如图 32-6 所示。单击“打开”按钮，退出该对话框。

图 32-5　绘制矩形选区

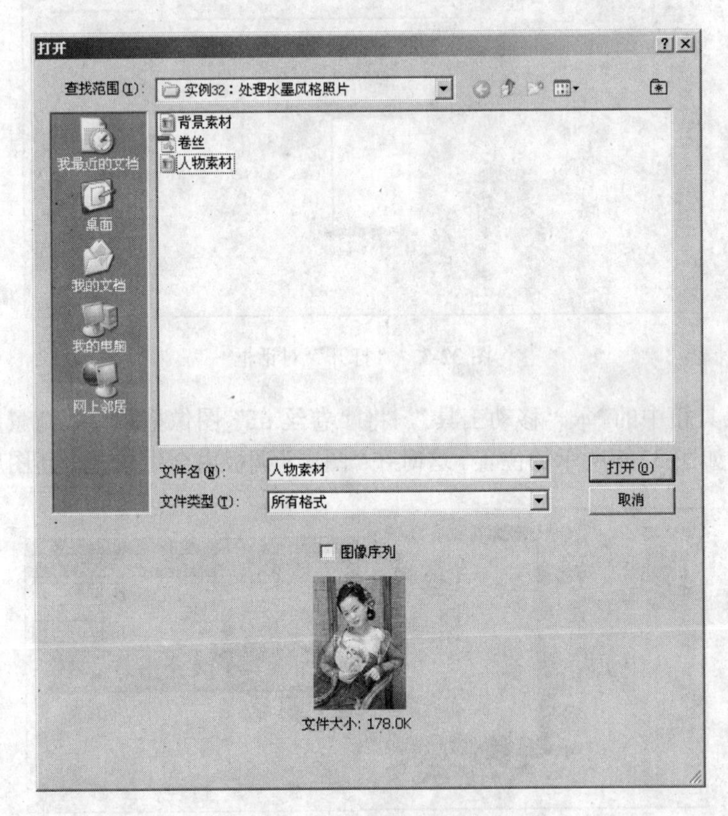

图 32-6　“打开”对话框

7 使用工具箱中的“移动工具”，将“人物素材.jpg”图像拖动至“背景素材.psd”文档窗口中，并移至如图 32-7 所示的位置。这时在“图层”调板内会生成一个新图层——“图层 1”。

8 复制“图层 1”，得到一个新图层“图层 1 副本”。执行菜单栏中的“图像” / “调整” / “去色”命令，去除图像颜色。

图 32-7　移动图像位置

9 复制“图层 1 副本”，得到一个新图层——“图层 1 副本 2”。执行菜单栏中的“图像”/“调整”/“反相”命令，将图像颜色反相，如图 32-8 所示。

10 在“图层”调板中，将“图层 1 副本 2”的“设置图层的混合模式”设置为“颜色减淡”。

11 执行菜单栏中的“滤镜”/“其他”/“最小值”命令，打开“最小值”对话框，在“半径”参数栏内键入 1，如图 32-9 所示。单击“确定”按钮，退出该对话框。

图 32-8　反相设置

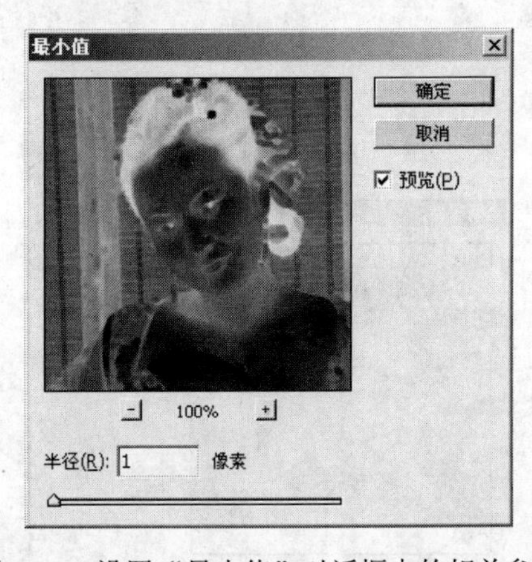

图 32-9　设置“最小值”对话框中的相关参数

12 双击“图层 1 副本 2”的图层缩览图，打开“图层样式”对话框，按住键盘上的 Alt 键，在“混合颜色带”下拉选项栏中参照如图 32-10 所示调整“下一图层”中的相关参数。单击“确定”按钮，退出该对话框。

13 选择“图层 1 副本”和“图层 1 副本 2”层，按下键盘上的 Ctrl+E 组合键，合并图层，生成“图层 1 副本 2”。

14 复制“图层 1 副本 2”，生成一个新图层——“图层 1 副本 3”。执行菜单栏中的“滤镜”/“模糊”/“高斯模糊”命令，打开“高斯模糊”对话框，在“半径”参数栏内键入 8，如图 32-11 所示。单击“确定”按钮，退出该对话框。

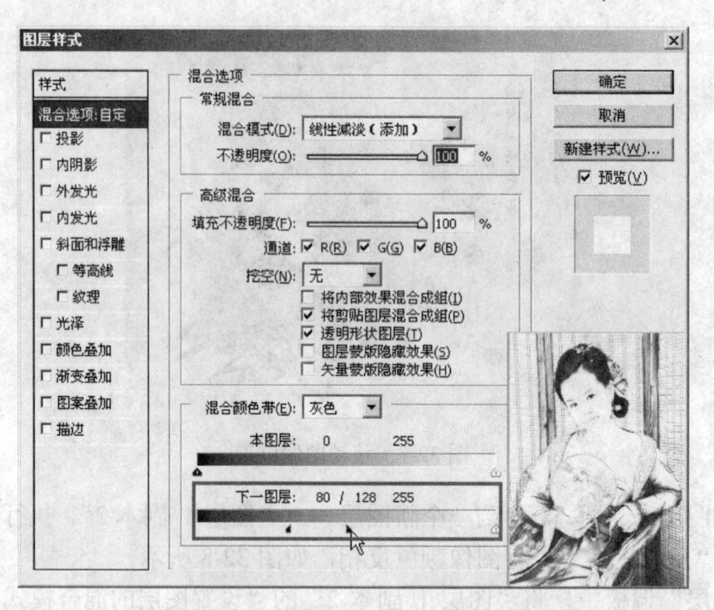

图 32-10　设置“图层样式”对话框中的相关参数

15 在“图层”调板中将“图层 1 副本 3”的“设置图层的混合模式”设置为“线性加深”，如图 32-12 所示。

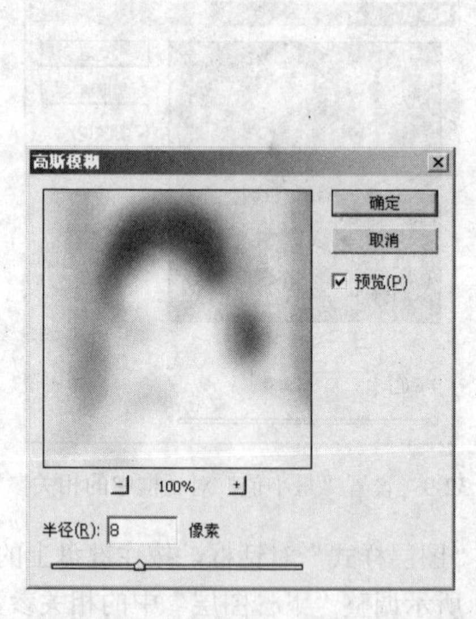

图 32-11　设置“高斯模糊”对话框中的相关参数

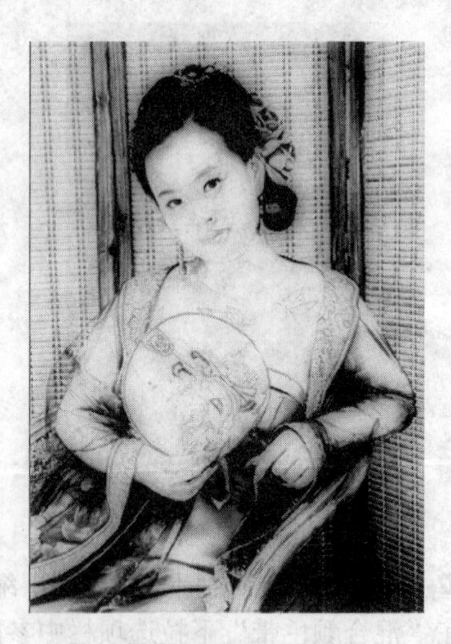

图 32-12　设置图层混合模式

16 复制“图层 1”层，将复制生成的“图层 1 副本”移至最顶层，并将“图层 1 副本”的“设置图层的混合模式”设置为“颜色”，如图 32-13 所示。

17 执行菜单栏中的“图像”/“调整”/“亮度/对比度”命令，打开“亮度/对比度”对话框，在“亮度”参数栏内键入 150，在“对比度”参数栏内键入 100，如图 23-14 所示。单击“确定”按钮，退出该对话框。

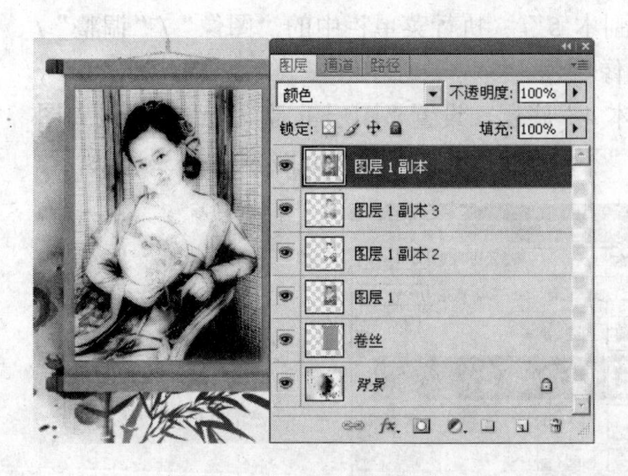

图 32-13　设置图层混合模式

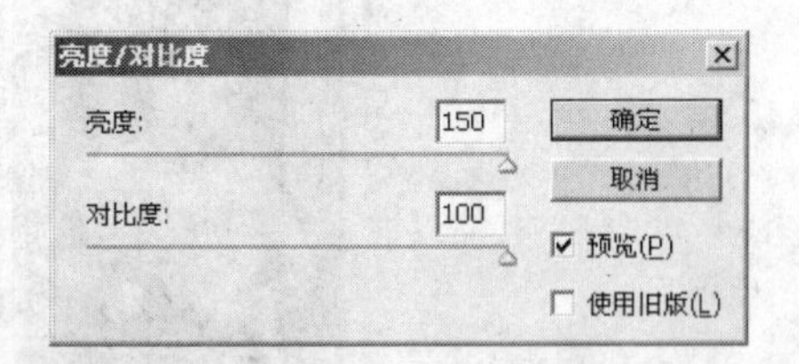

图 32-14　设置“亮度/对比度”对话框中的相关参数

18 再次复制“图层 1”，生成“图层 1 副本 4”。将该图层移至最顶层并将“图层 1 副本 4”的“设置图层的混合模式”设置为“叠加”，如图 32-15 所示。

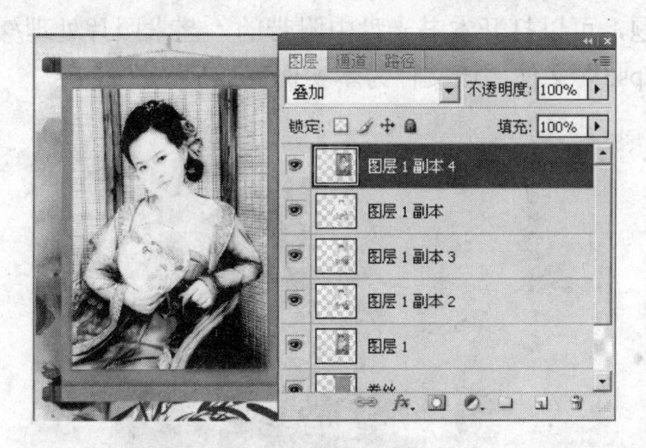

图 32-15　设置图层混合模式

19 执行菜单栏中的“图像”/“调整”/“去色”命令，去除“图层 1 副本 4”中的图像颜色。

20 执行菜单栏中的“滤镜”/“模糊”/“高斯模糊”命令，打开“高斯模糊”对话框，在“半径”参数栏内键入 1.5，如图 32-16 所示。单击“确定”按钮，退出该对话框。

图 32-16　设置“高斯模糊”对话框中的相关参数

21 再次复制“图层 1”，生成“图层 1 副本 5”， 执行菜单栏中的“图像”/“调整”/“去色”命令，去除“图层 1 副本 5”中的图像颜色。

22 将“图层 1 副本 5”移至“图层 1 副本 4”底层，设置“图层 1 副本 5”的“设置图层的混合模式”为“线性加深”，并将该图层的“不透明度”参数设置为 60%，如图 32-17 所示。

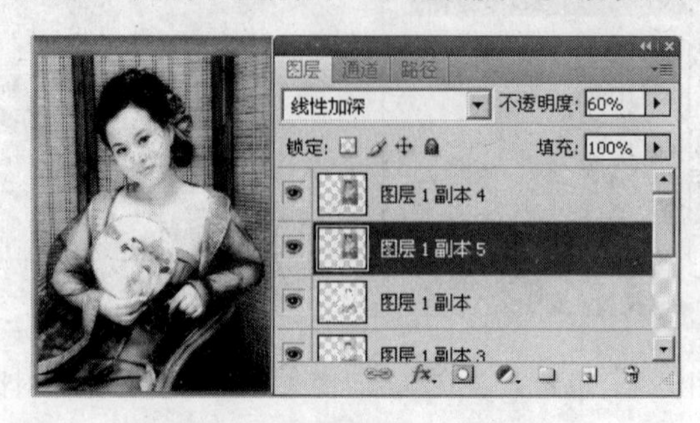

图 32-17　设置图层“不透明度”

23 通过以上制作本实例就全部完成了，完成后的效果如图 32-18 所示。如果读者在制作过程中遇到什么问题，可以打开本书光盘中附带的“艺术照片处理/实例 32：处理水墨风格照片/水墨风格照片.psd”文件，该文件为本实例完成后的文件。

图 32-18　处理水墨风格照片

实例 33　处理时尚风格个人写真

在本实例中，将指导读者制作时尚风格个人写真，在制作过程中，主要对人物图像进行了虚化处理，并对文本进行设置。通过本实例，使读者对 Photoshop CS4 处理时尚风格个人写真的方法有所了解。

在本实例中，首先使用渐变填充工具和蒙版工具设置图像选区，使用橡皮擦工具设置虚化效果，最后使用文字工具键入文本，完成时尚风格个人写真的处理，图 33-1 为编辑后的效果。

图 33-1　处理时尚风格个人写真

1 运行 Photoshop CS4，按下键盘上的 Ctrl+N 组合键，创建一个“宽度”为 1200 像素，“高度”为 750 像素，模式为 RGB 颜色，名称为“处理时尚风格个人写真”的新文档。

2 执行菜单栏中的“文件”/“打开”命令，打开“打开”对话框，打开本书光盘中附带的“艺术照片处理/实例 33：处理时尚风格个人写真/背景素材. jpg”文件，如图 33-2 所示。单击“打开”按钮，退出“打开”对话框。

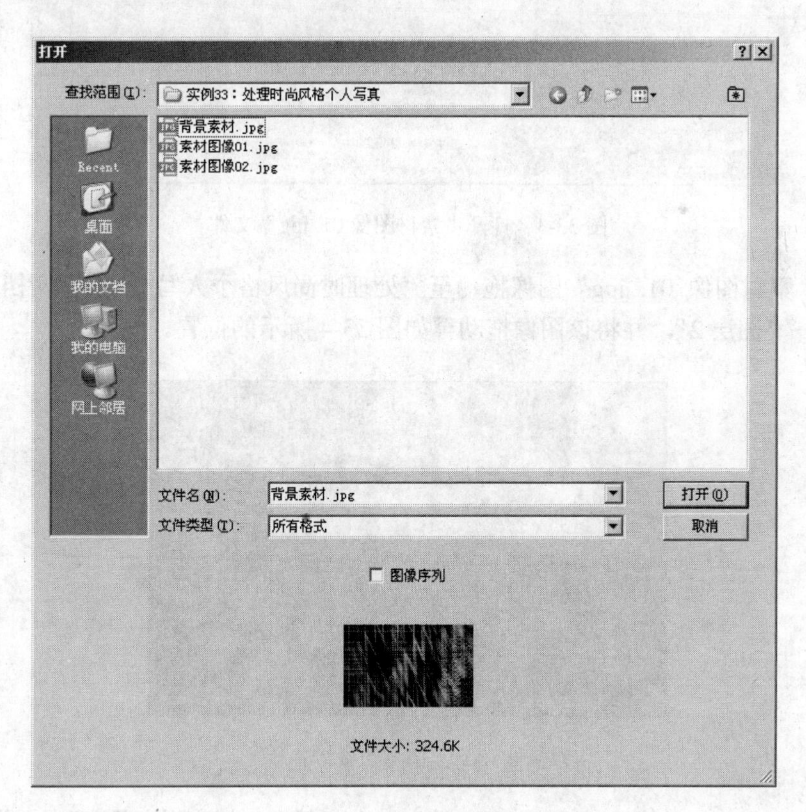

图 33-2　“打开”对话框

3 将“背景素材. jpg”图像拖动至“处理时尚风格个人写真.psd”文档窗口中，生在新图层——“图层 1”，并将图像铺满整个窗口。

4 打开本书光盘中附带的“艺术照片处理/实例 32：处理时尚风格个人写真/素材图像 01. jpg”文件，如图 33-3 所示。

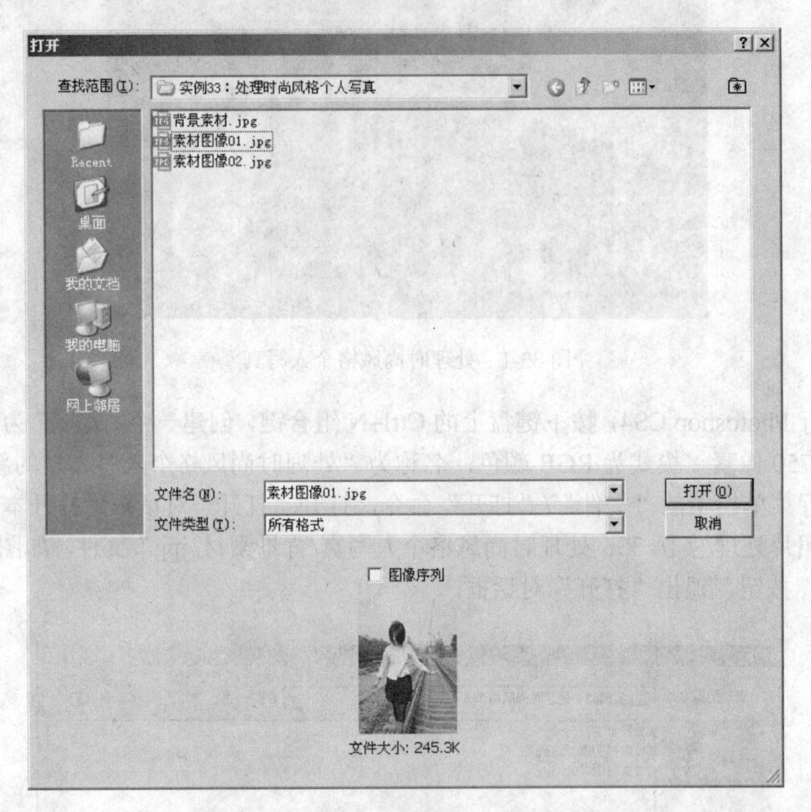

图 33-3　打开“素材图像 01. jpg”文件

5 将“素材图像 01. jpg”图像拖动至“处理时尚风格个人写真.psd”文档窗口中，生成新图层——“图层 2”，并将该图像拖动至如图 33-4 所示的位置。

图 33-4　调整图像位置

6 单击工具箱中的“渐变工具”按钮，在“属性”栏中激活“对称渐变”按钮，然后单击工具箱中的“以快速蒙版模式编辑”按钮，进入快速蒙版模式编辑状态，参照如图 33-5 所示设置蒙版区域。

图 33-5 设置蒙版区域

7 单击工具箱中的"以标准模式编辑"按钮，进入标准模式编辑状态，并生成如图33-6所示的选区。

图 33-6 生成选区

8 执行菜单栏中的"选择"/"反选"命令，反选选区，按下键盘上的Delete键，删除选区内的图像，如图33-7所示。

9 按下键盘上的Ctrl+D组合键，取消选区。使用工具箱中的"橡皮擦工具"，适当调整画笔主直径大小和不透明度值，参照如图33-8所示进行擦拭。

图 33-7 删除选区内的图像

图 33-8 使用"橡皮擦"工具

10 打开本书光盘中附带的"艺术照片处理/实例 33：处理时尚风格个人写真/素材图像02. jpg"文件，如图33-9所示。

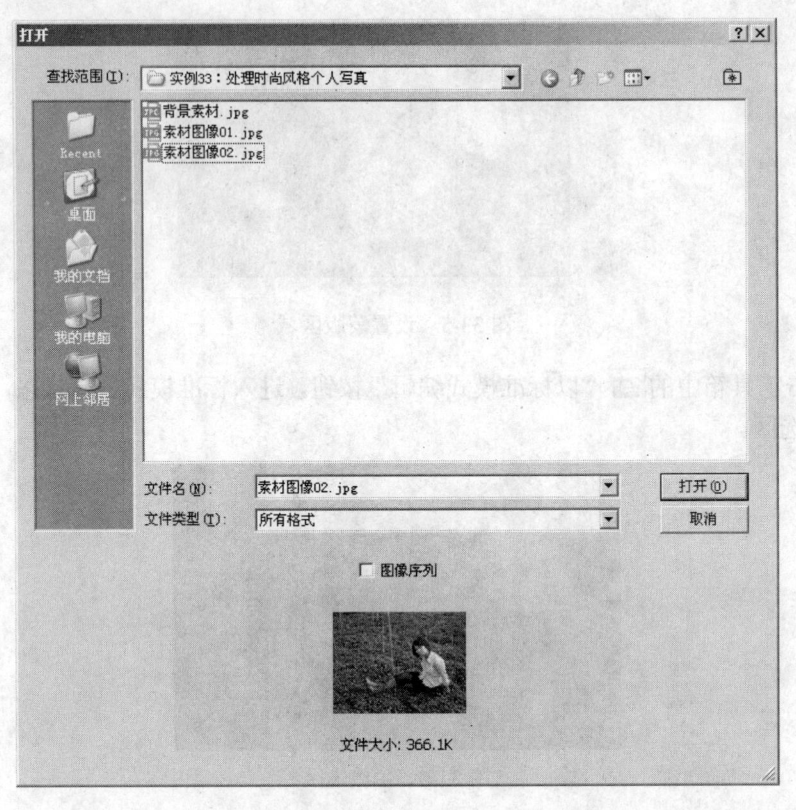

图 33-9 打开“素材图像 02. jpg”文件

11 将“素材图像 02.jpg”图像拖动至“处理时尚风格个人写真.psd”文档窗口中，生成新图层——“图层 3”，将图像拖动至如图 33-10 所示的位置。

12 使用工具箱中的“矩形选区工具”参照图 33-11 所示绘制选区。

图 33-10 调整图像位置

图 33-11 绘制选区

13 确定选区处于可编辑状态，右击鼠标在弹出的快捷菜单中选择“羽化”选项，打开“羽化选区”对话框，在“羽化半径”参数栏内键入 30，如图 33-12 所示。

14 在“羽化选区”对话框中单击“确定”按钮，退出该对话框，图 33-13 为羽化后的选区。

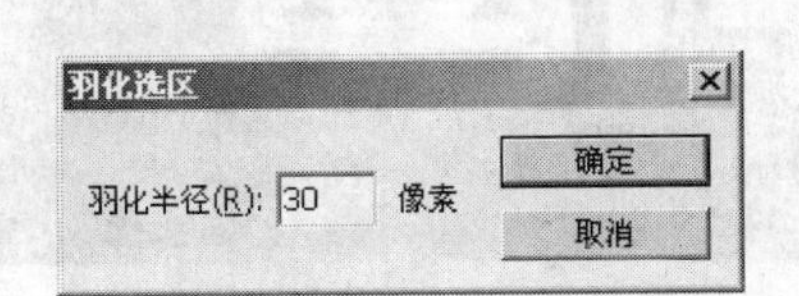

图 33-12　设置“羽化选区”对话框中的相关参数

图 33-13　羽化选区

15 确定选区内的图像处于选择状态，反选选区，并删除选区内的图像，如图 33-14 所示。

16 按下键盘上的 Ctrl+D 组合键，取消选区。

17 单击工具箱中的 T “横排文字工具”按钮，在“属性”栏的“设置字体系列”下拉选项栏中选择 Arial Black 选项，在“设置字体大小”参数栏内键入 24，将字体颜色设置为白色，然后在如图 33-15 所示的位置键入 Flee 字样。

图 33-14　删除选区内的图像

图 33-15　键入文本

18 将刚刚键入的文本进行复制，将复制生成的文本字体大小设置为 50，如图 33-16 所示。

19 确定文本副本层处于选择状态，在“图层”调板中将其不透明度值设置为 30%，如图 33-17 所示。

图 33-16　设置字体大小

图 33-17　调整文本不透明度

20 参照上述设置文本的方法，设置其他文本，并参照如图 33-18 所示调整文本的位置和大小。

21 将 Flee 文本再次进行复制，设置其大小为 36。并将其放置如图 33-19 所示的位置。

图 33-18　设置其他文本

图 33-19　设置文本位置

22 执行菜单栏中的“图层”/“栅格化”/“文本”命令，栅格化文本。

23 执行菜单栏中的“滤镜”/“模糊”/“高斯模糊”命令，打开“高斯模糊”对话框，在“半径”参数栏内键入 12.0，如图 33-20 所示。

24 在“高斯模糊”对话框中单击“确定”按钮，退出该对话框。如图 33-21 所示为设置高斯模糊后的图像效果。

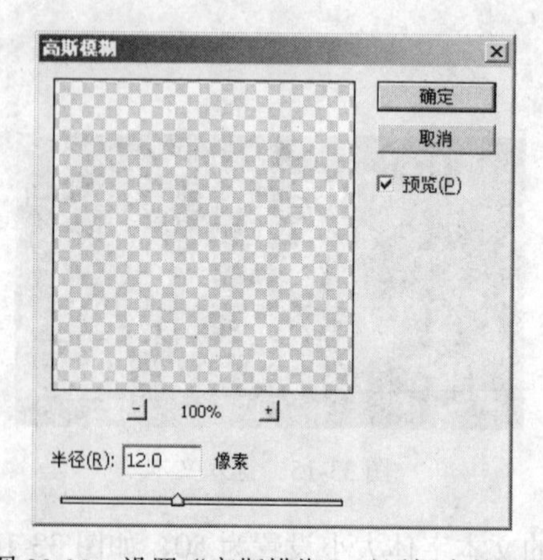

图 33-20　设置“高斯模糊”对话框中的参数

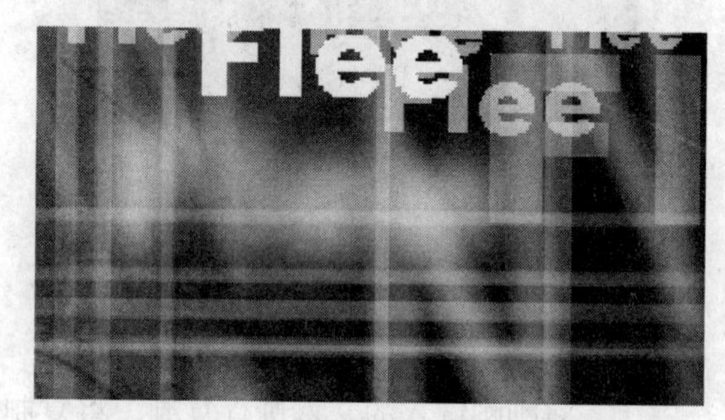

图 33-21　设置高斯模糊后的图像效果

25 设置图像高斯模糊后，在“图层”调板中将其不透明度值设置为 80%。

26 通过以上制作本实例就全部完成了，完成后的效果如图 33-22 所示。如果读者在制作过程中遇到什么问题，可以打开本书光盘中附带的“艺术照片处理/实例 33：处理时尚风格个人写真/处理时尚风格个人写真. psd”文件，该文件为本实例完成后的文件。

图 33-22　处理时尚风格个人写真

实例 34　处理个人写真——少女情怀

在本实例中，将指导读者制作一幅个人写真，在制作过程中，主要使用了画笔工具对花边图形的设置，并对人物图像的摆放位置和色调进行了调整。通过本实例，使读者了解个人写真的处理以及相关工具的使用方法。

在本实例中，首先导入背景素材，使用画笔工具绘制花边图形，使用圆角矩形工具绘制圆角矩形，并设置选区和设置描边效果，然后导入人物图像，使用色彩平衡工具调整图像色调。最后使用文字工具键入文本，完成该实例的设置。图 34-1 为编辑后的效果。

图 34-1　处理个人写真.少女情怀

1 运行 Photoshop CS4，按下键盘上的 Ctrl+N 组合键，创建一个“宽度”为 600 像素，“高度”为 300 像素，模式为 RGB 颜色，名称为“处理个人写真.少女情怀”的新文档。

2 创建一个新图层——“图层 1”，使用工具箱中的“自定形状工具”，在“属性”栏中单击“点按可打开‘自定形状’拾色器”按钮，在弹出的形状调板中选择“花 1”选项，如图 34-2 所示。

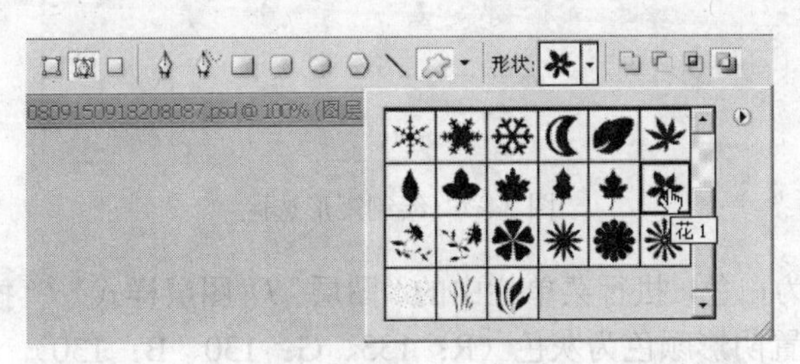

图 34-2　选择“花 1”选项

3 在“属性”栏中激活“路径”按钮，参照图 34-3 绘制花形路径。

4 进入“路径”调板，单击调板底部的“将路径作为选区载入”按钮，将路径转换为选区。

5 将前景色设置为红色（R：255、G：79、B：43），按下键盘上的 Alt+Delete 组合键，使用前景色填充选区，如图 34-4 所示。

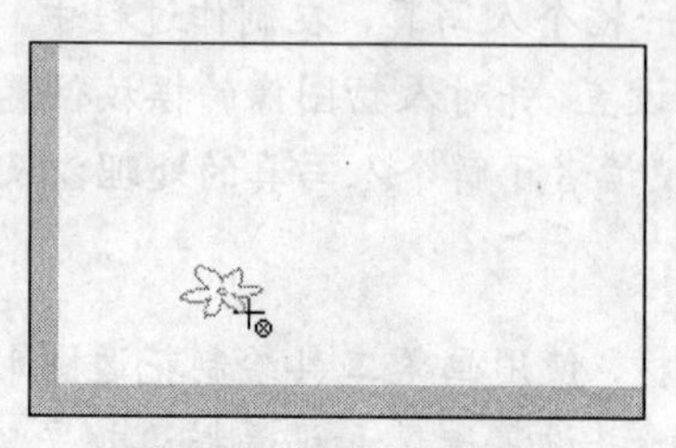

图 34-3　绘制花形路径

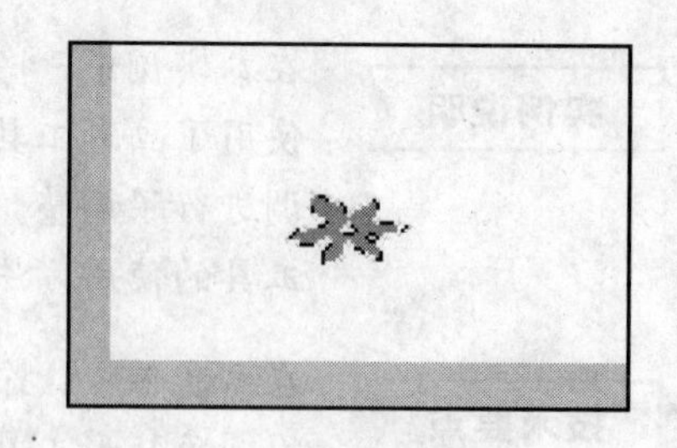

图 34-4　填充选区

6 确定选区内的图像处于可选择状态，按住键盘上的 Alt 键，使用工具箱中的“移动工具”拖动选区内的图像，使其进行复制。按下键盘上的 Ctrl+T 组合键，打开自由变换框，并参照图 34-5 调整选区内图像的大小和位置。

7 使用上述设置方法，参照图 34-6 对选区图像进行多次复制并适当调整大小。

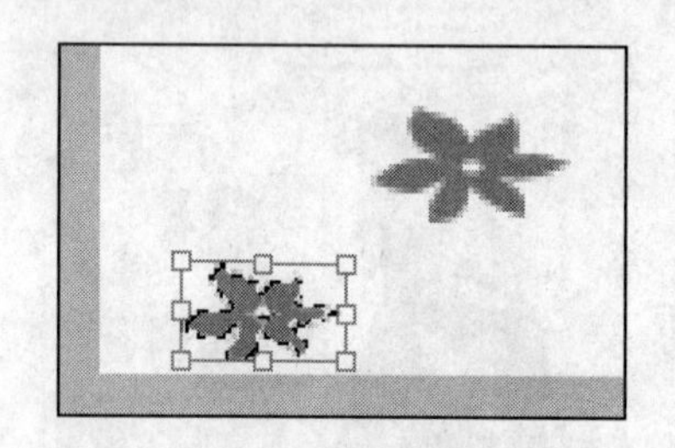

图 34-5　调整图像的大小和位置

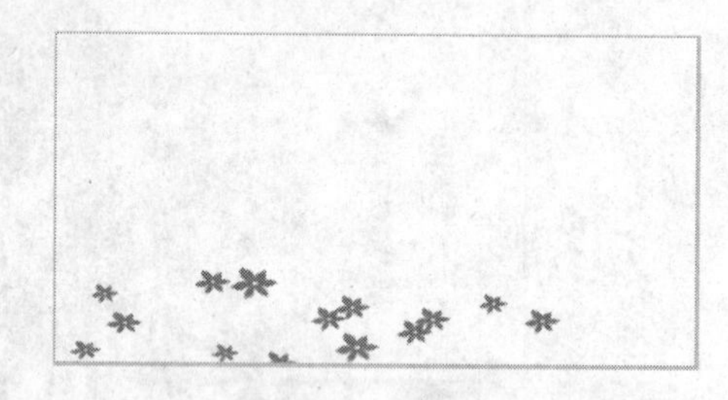

图 34-6　复制图像

8 依次按下键盘上的 Enter 键和 Ctrl+D 组合键，分别取消自由变换框和选区。

9 创建一个新图层——“图层 2”，使用工具箱中的“矩形选框工具”参照图 34-7 绘制矩形选区。

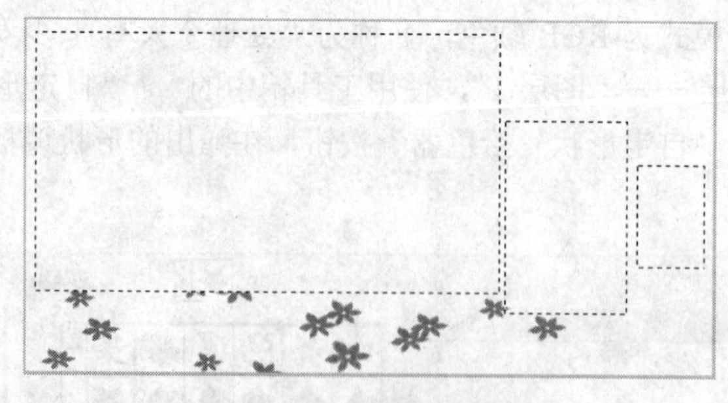

图 34-7　绘制矩形选区

10 将选区填充为白色，执行菜单栏中的“图层”/“图层样式”/“投影”命令，打开“图层样式”对话框。设置阴影颜色为灰色（R：133、G：130、B：130），在“不透明度”参数栏内键入 75，在“距离”参数栏内键入 5，在“大小”参数栏内键入 6，其他参照使用默认设置，如图 34-8 所示。

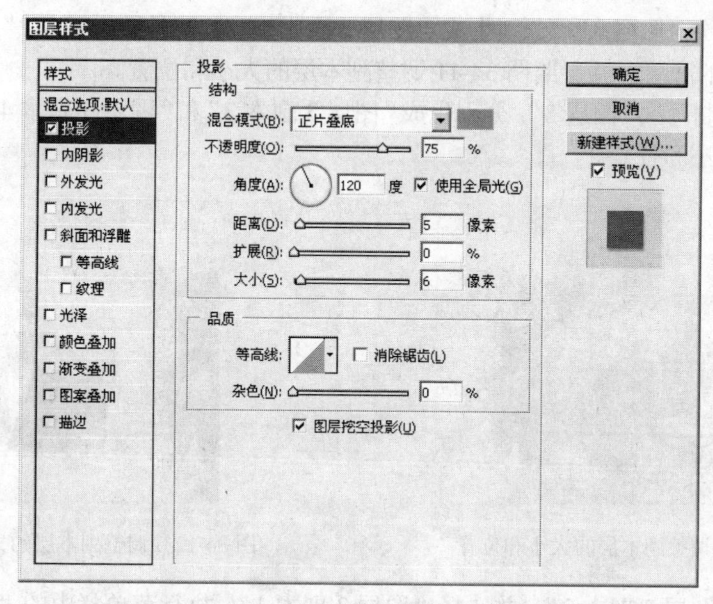

图 34-8　设置“图层样式”对话框中的相关参数

11 在“图层样式”对话框中单击“确定”按钮，退出该对话框。图 34-9 为设置投影后的图像效果。

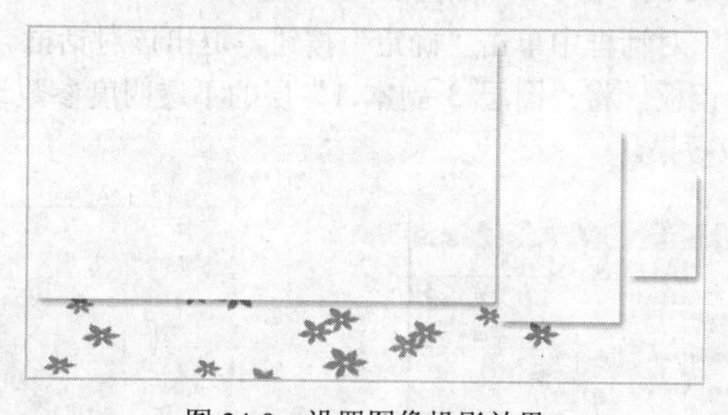

图 34-9　设置图像投影效果

12 打开本书光盘中附带的“艺术照片处理/实例 34：处理个人写真.少女情怀/素材图像.tif”文件，将其拖动至“处理个人写真.少女情怀.psd”文档窗口中，生成新图层——“图层 3”，并参照图 34-10 调整图像的大小和位置。

图 34-10　调整图像的大小和位置

13 复制两次“图层 3”，分别生成“图层 3 副本 1”和“图层 3 副本 2”。将副本层均拖动至“图层 3”的底层，并参照图 34-11 调整副本层的大小和位置。

14 再次复制两次“图层 3”，分别生成“图层 3 副本 3”和“图层 3 副本 4”。参照图 34-12 调整副本层的大小和位置。

图 34-11　调整副本层的大小和位置

图 34-12　调整副本层的大小和位置

15 隐藏“图层 3 副本 2”，并选择“图层 3 副本 1”，执行菜单栏中的“图像”/“调整”/“去色”命令，为该图像去色。

16 执行菜单栏中的“图像”/“调整”/“色彩平衡”命令，打开“色彩平衡”对话框，在“色阶”参数栏内键入 0、-25、0，如图 34-13 所示。

17 在“色彩平衡”对话框中单击“确定”按钮，退出该对话框。

18 进入“图层”调板，将“图层 3 副本 1”层的不透明度参数设置为 45%，图 34-14 为设置不透明后的图像效果。

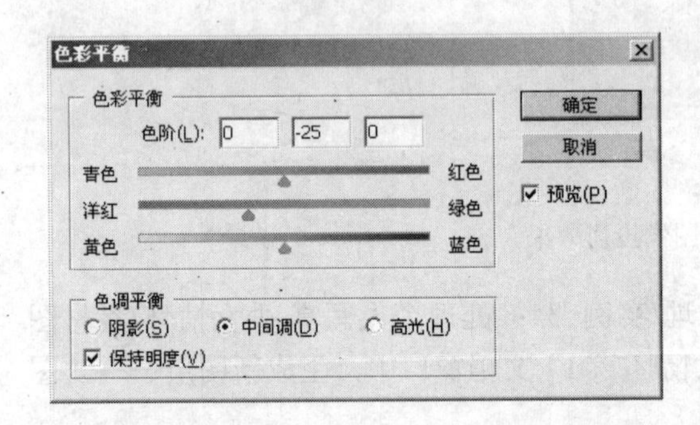

图 34-13　设置“色彩平衡”对话框中的相关参数

图 34-14　设置图像不透明后的效果

19 在“图层”调板中单击“图层 3 副本 2”左侧的 “指示图层可见性”按钮，显示该图层。参照上述设置“图层 3 副本 1”层的方法，设置“图层 3 副本 2”层，将其不透明度参数设置为 30%，图 34-15 为设置“图层 3 副本 2”层后的图像效果。

20 按住键盘上的 Ctrl 键，依次选择“图层 3”、“图层 3 副本 1”和“图层 3 副本 2”层，按下键盘上的 Ctrl+E 组合键，合并所选图层并生成“图层 3”。

21 按住键盘上的 Ctrl 键，单击“图层 2”的图层缩览图，加载该图层选区。

22 确定选区处于可编辑状态，选择“图层 3”，并执行菜单栏中的“选择”/“反向”命令，反选选区，如图 34-16 所示。

图 34-15　设置“图层 3 副本 2”图像

图 34-16　反选选区

23 按下键盘上的 Delete 键，取消选区内的图像。图 34-17 为删除选区内的图像效果。

24 按下键盘上的 Ctrl+D 组合键，取消选区。

25 单击工具箱中的 T “横排文字工具”按钮，在“属性”栏的“设置字体系列”下拉选项栏中选择 Bell Gothic Std 选项，在“设置字体大小”参数栏内键入 2，将字体颜色设置为棕色（R：186、G：105、B：49），参照图 34-18 键入如下文本。

图 34-17　删除选区内的图像

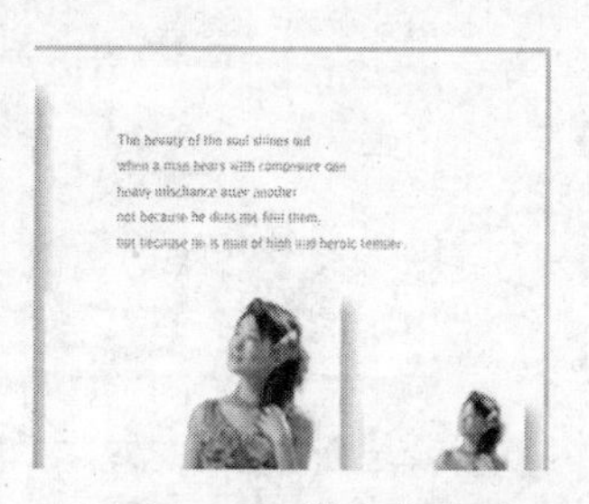

图 34-18　键入文本

26 在“属性”栏的“设置字体系列”下拉选项栏中选择 Basemic Symbol 选项，在“设置字体大小”参数栏内键入 6，将字体颜色设置为棕色（R：186、G：105、B：49），参照图 34-19 键入 Lilies And Roses 字样。

27 再次使用 T “横排文字工具”，将字体设置为 Garamond，设置字体大小为 4，字体颜色为棕色（R：186、G：105、B：49），参照图 34-20 键入 Lilies And Roses 字样。

图 34-19　键入文本

图 34-20　键入文本

28 创建一个新图层——“图层 4”。单击工具箱中的 “画笔工具”按钮，在“属性”栏中单击“点按可打开‘画笔预设’选取器”按钮，打开画笔调板，在“主直径”参数栏内键入 1，将前景色设置为棕色（R：186、G：105、B：49），按住键盘上的 Shift 键，参照图 34-21 绘制直线。

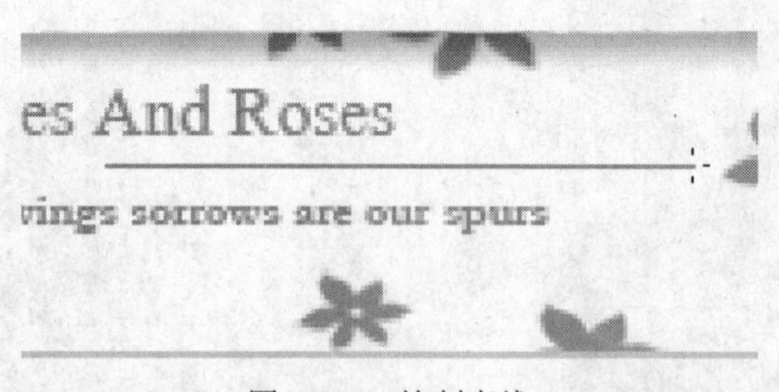

图 34-21　绘制直线

29 通过以上制作本实例就全部完成了，完成后的效果如图 34-22 所示。如果读者在制作过程中遇到什么问题，可以打开本书光盘中附带的“艺术照片处理/实例 34：处理时尚风格个人写真/处理个人写真.少女情怀.psd”文件，该文件为本实例完成后的文件。

图 34-22　处理个人写真.少女情怀

实例 35　制作电子圣诞贺卡

在本实例中，将指导读者制作电子圣诞贺卡。本实例制作的贺卡色彩丰富，突出圣诞贺卡的喜庆特点。通过本实例的学习，使读者了解在 Photoshop CS4 中描边工具和内发光工具的使用方法。

在本实例中，首先导入背景素材，然后使用水平翻转工具及羽化工具制作背景效果；使用描边工具添加描边效果；最后使用横排文字工具添加文本并制作文本效果，完成本实例的制作。图 35-1 为本实例完成后的效果。

图 35-1　制作电子圣诞贺卡

1 运行 Photoshop CS4，执行菜单栏中的“文件”/“打开”命令，打开“打开”对话框，从该对话框中选择本书光盘中附带的“艺术照片处理/实例 35：制作电子圣诞贺卡/背景素材.jpg”文件，如图 35-2 所示。单击“打开”按钮，退出该对话框。

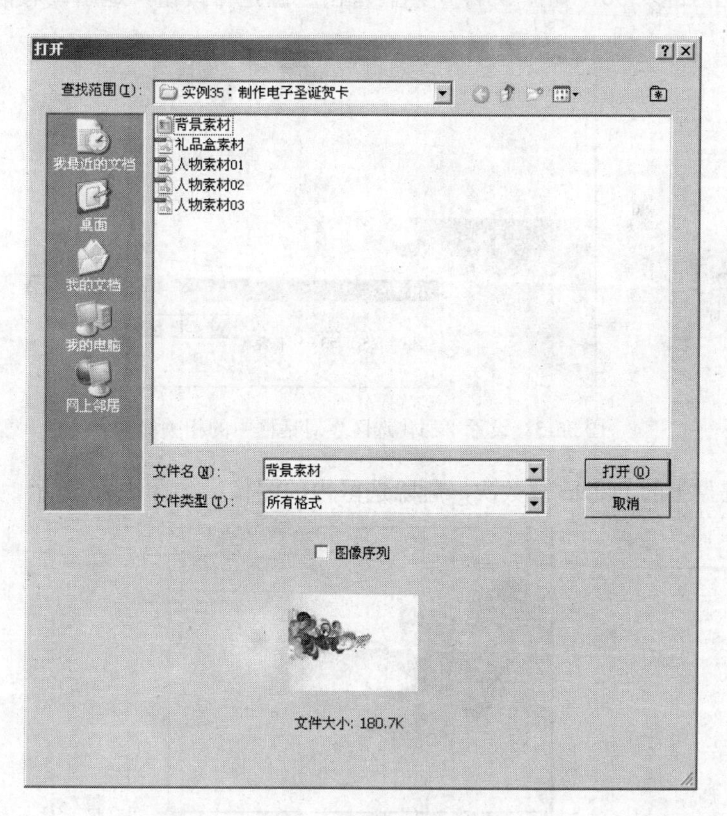

图 35-2　“打开”对话框

2 按下键盘上的 Ctrl+J 组合键，复制背景层并生成“图层 1”。

3 按下键盘上的 Ctrl+T 组合键，打开自由变换框，在自由变换框中右击鼠标，在弹出的快捷菜单中选择“水平翻转”选项，将图像水平翻转，并将翻转后的图像向上移动至如图35-3 所示的位置。

4 按下键盘上的 Enter 键，取消自由变换框。选择工具箱中的 “多边形套索工具”，参照图 35-4 所示绘制选区。

图 35-3　移动图像位置

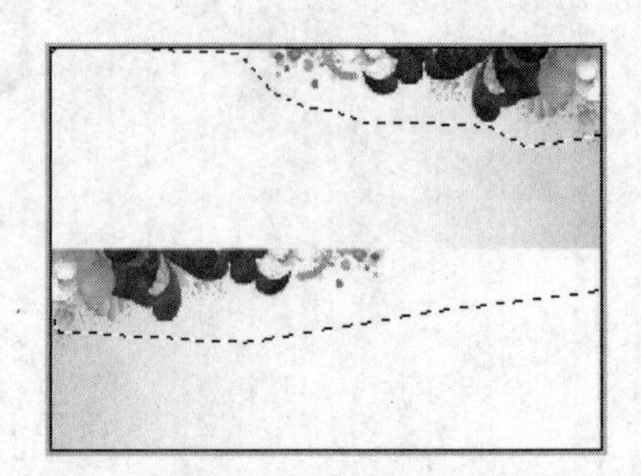

图 35-4　绘制选区

5 执行菜单栏中的“选择”/“修改”/“羽化”命令，打开“羽化选区”对话框，在“羽化半径”参数栏内键入 50，如图 35-5 所示。单击“确定”按钮，退出该对话框。

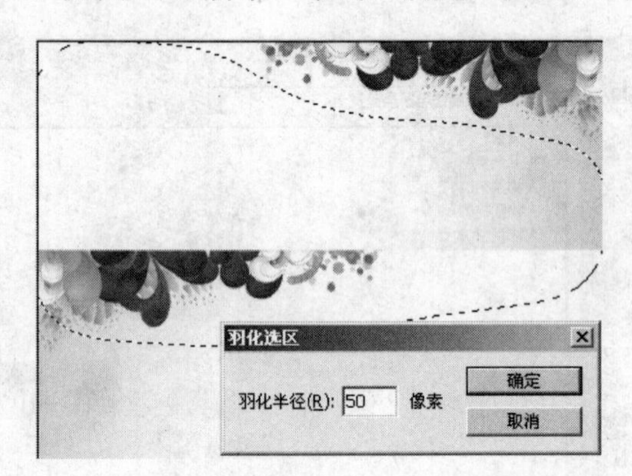

图 35-5　设置“羽化选区”对话框中的相关参数

6 按下键盘上的 Delete 键数次，删除选区内的图像，如图 35-6 所示。

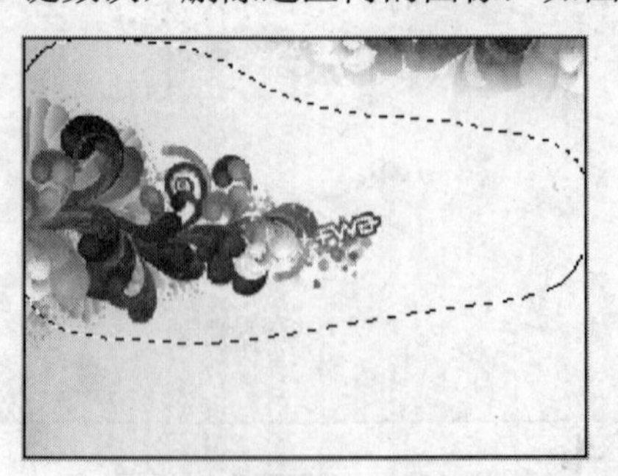

图 35-6　删除选区内的图像

7 按下键盘上的 Ctrl+D 组合键，取消选区。在“图层”调板中将“图层 1”的“不透明度”参数设置为 25%。

8 执行菜单栏中的“文件”/“打开”命令，打开“打开”对话框，从该对话框中选择本书光盘中附带的“艺术照片处理/实例 35：制作电子圣诞贺卡/人物素材 01.tif”文件，如图 35-7 所示。单击“打开”按钮，退出该对话框。

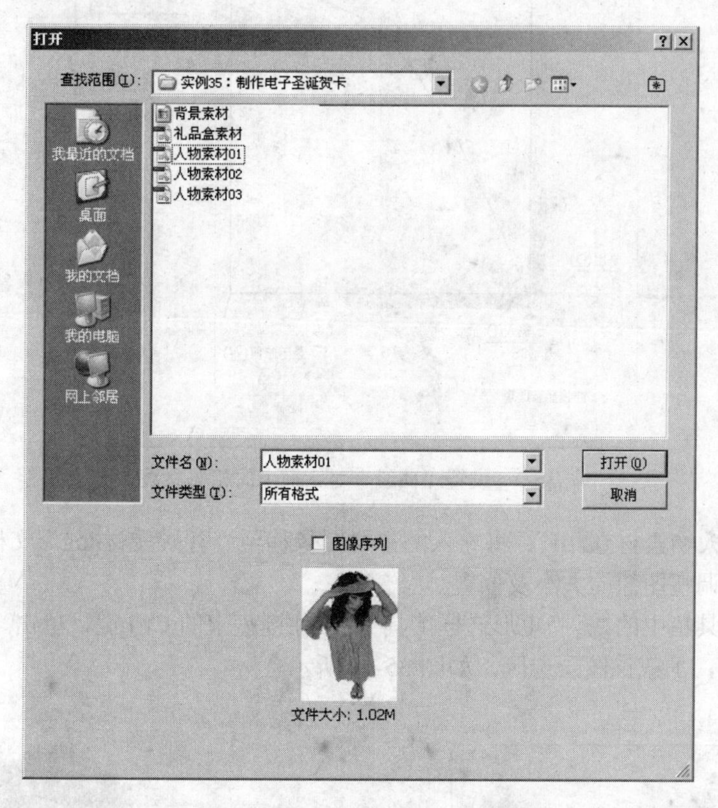

图 35-7 导入“人物素材 01.tif”文件

9 选择工具箱中的“移动工具”，将“人物素材 01.tif”图像拖动至“背景素材.jpg”文档窗口中，并移置如图 35-8 所示的位置。

图 35-8 移动图像位置

10 执行菜单栏中的“图像”/“调整”/“曲线”命令，打开“曲线”对话框，在曲线上任意处单击，确定点位置，在“输出”参数栏内键入 181，在“输入”参数栏内键入 95，如图 35-9 所示。单击“确定”按钮，退出该对话框。

态。

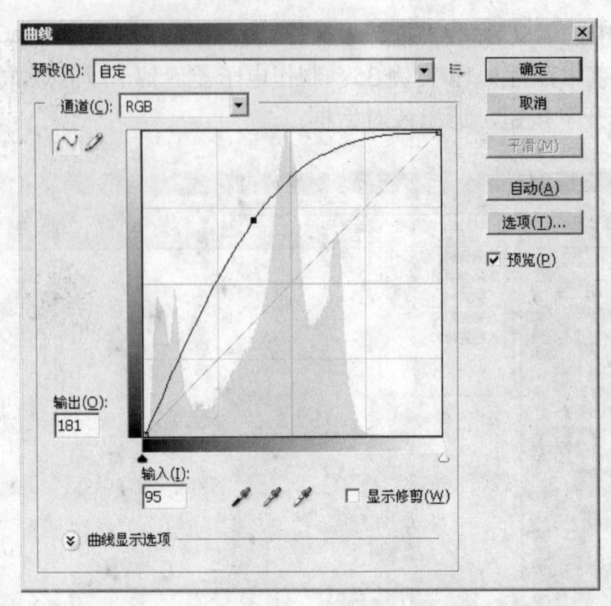

图 35-9　设置“曲线”对话框中的相关参数

11 导入“人物素材 02.tif”，将导入的素材图像移至“背景素材.jpg”文档窗口中，并参照图 35-10 所示调整图像的大小及位置。

12 选择工具箱中的 “矩形选框工具”，按住键盘上的 Ctrl 键，单击“人物素材 02”层的图层缩览图，加载该图层选区，如图 35-11 所示。

图 35-10　调整图像位置及大小

图 35-11　加载图层选区

13 在选区内右击鼠标，在弹出的快捷菜单中选择“描边”选项，打开“描边”对话框，在“宽度”参数栏内键入 2 px，将描边颜色设置为淡粉色（R：254、G：215、B：216），在“位置”选项组下选择“居外”单选按钮，如图 35-12 所示。单击“确定”按钮，退出该对话框。

14 按下键盘上的 Ctrl+D 组合键，取消选区。

15 导入“人物素材 03.tif”图像，使用同样的方法，将图像调整为如图 35-13 所示的形态。

16 创建一个新图层——“图层 2”，并将“图层 2”移至最顶层。

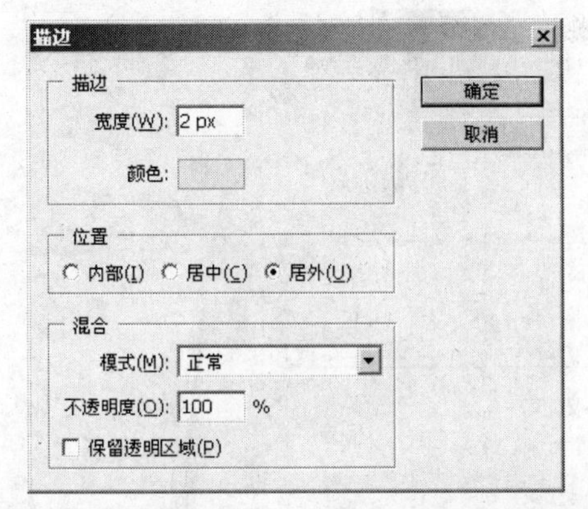

图 35-12　设置“描边”对话框中的相关参数

图 35-13　导入“人物素材 03.tif”图像

17 将前景色设置为淡粉色（R：254、G：215、B：216），选择工具箱中的“自定形状工具”，在“属性”栏中激活“填充像素”按钮，单击“点按可打开‘自定形状’拾色器”下拉按钮，打开形状调板，选择如图 35-14 所示的“边框 7”图形。

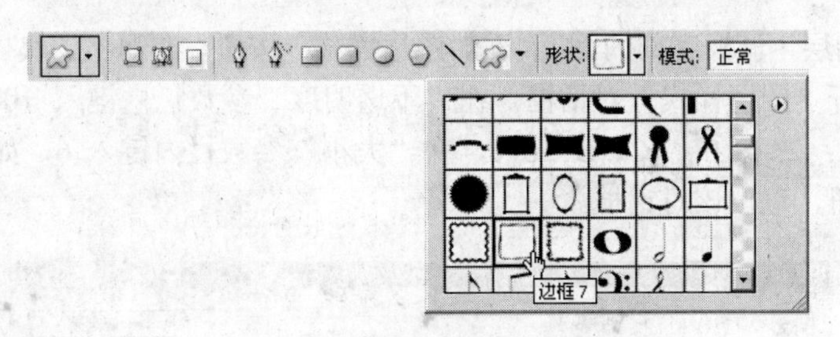

图 35-14　选择“边框 7”图形

18 参照图 35-15 所示在文档边缘绘制图形。

图 35-15　绘制图形

19 选择工具箱中的 T“横排文字工具”，单击“属性”栏中的“设置字体系列”下拉按钮，在弹出的下拉选项栏中选择 Arno Pro 选项，在“设置字体大小”参数栏内键入 14，将文本颜色设置为淡粉色（R：254、G：215、B：216），参照图 35-16 所示键入相关文本。

20 选择工具箱中的 T“横排文字工具”，单击“属性”栏中的“设置字体系列”下拉按钮，在弹出的下拉选项栏中选择“方正祥隶简体”选项，在“设置字体大小”参数栏内键入 60，将文本颜色设置为红色（R：162、G：19、B：70），在如图 35-17 所示的位置键入“圣诞快乐”文本。

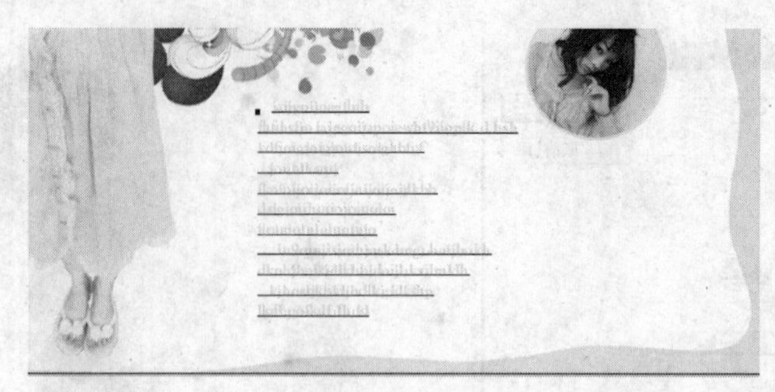

图 35-16 键入文本

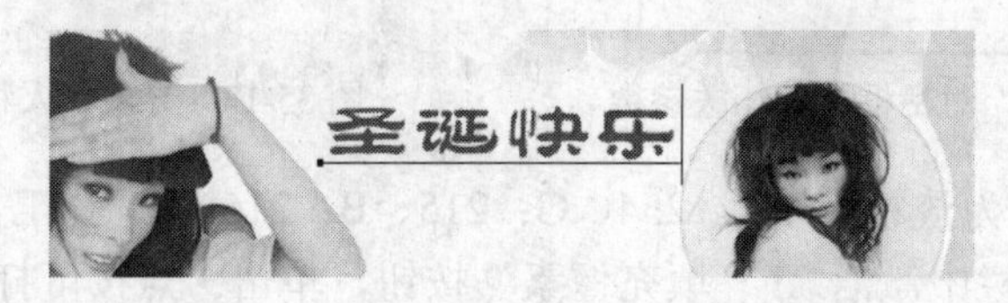

图 35-17 键入文本

21 单击“图层”调板底部的 fx.“添加图层样式”按钮，在弹出的快捷菜单中选择“内发光”选项，打开“图层样式”对话框，在“不透明度”参数栏内键入 100，将内发光颜色设置为淡粉色（R：230、G：62、B：67），在“大小”参数栏内键入 6，如图 35-18 所示。单击“确定”按钮，退出该对话框。

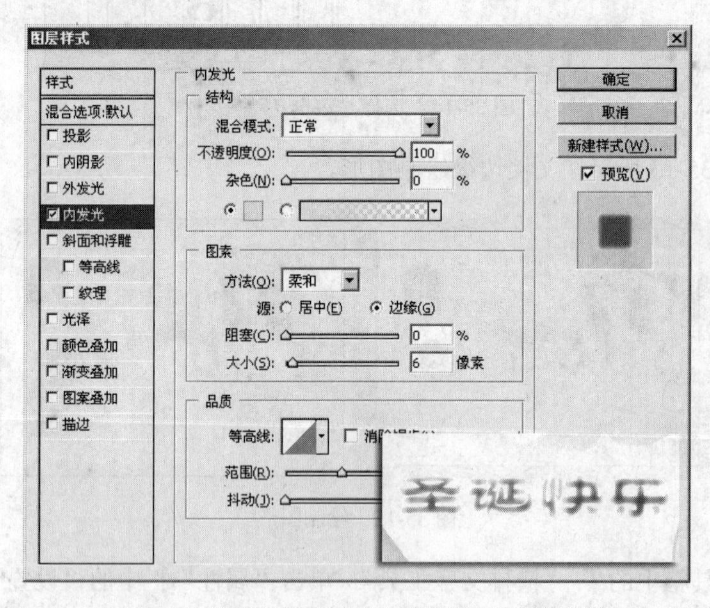

图 35-18 设置“图层样式”对话框中的相关参数

22 导入“礼品盒素材.tif”文件，将导入的素材图像移至“背景素材.jpg”文档窗口中，并参照图 35-19 所示调整图像的位置。

23 通过以上制作本实例就全部完成了，完成后的效果如图 35-20 所示。如果读者在制作过程中遇到什么问题，可以打开本书光盘中附带的“艺术照片处理/实例 35：制作电子圣诞贺卡/电子圣诞贺卡. psd”文件，该文件为本实例完成后的文件。

图 35-19　移动图像位置

图 35-20　制作电子圣诞贺卡

实例 36　处理田园风格婚纱照

在本实例中，将指导读者处理田园风格婚纱照，照片整体色调为绿色，体现田园风光特点。通过本实例的学习，使读者了解在 Photoshop CS4 中半调图案工具、色彩范围工具和外发光工具的使用方法。

在本实例中，首先导入人物素材图像，然后使用半调图案工具和色彩范围工具制作百叶窗效果，通过调整图层不透明度设置边框半透明效果，最后添加文本并设置文本外发光效果，完成本实例的制作。图 36-1 为本实例完成后的效果。

图 36-1　处理田园风格婚纱照

1 运行 Photoshop CS4，按下键盘上的 Ctrl+N 组合键，创建一个“宽度”为 1800 像素，“高度”为 768 像素，模式为 RGB 颜色，名称为“处理田园风格婚纱照”的新文档。

2 将前景色设置为淡绿色（R：199、G：255、B：186），按下键盘上的 Alt+Delete 组合键，使用前景色填充背景。

3 执行菜单栏中的“文件”/“打开”命令，打开“打开”对话框，从该对话框中选择本书光盘中附带的“艺术照片处理/实例 36：处理田园风格婚纱照/人物素材 01.jpg”文件，如图 36-2 所示。单击“打开”按钮，退出该对话框。

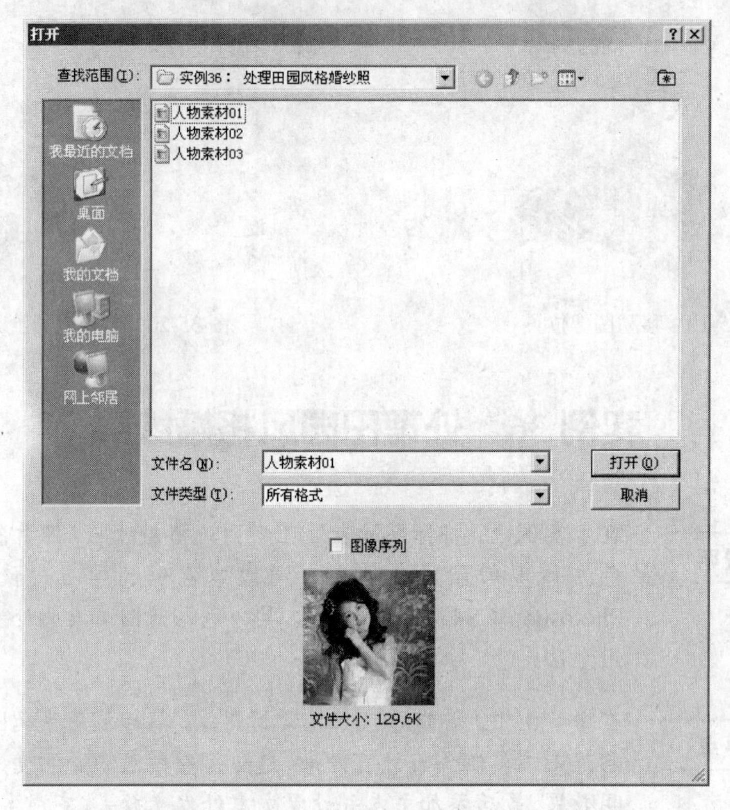

图 36-2 “打开”对话框

4 使用工具箱中的“移动工具”将“人物素材 01.jpg”图像拖动至“处理田园风格婚纱照.psd”文档窗口中，并移至如图 36-3 所示的位置。这时在“图层”调板内会生成一个新图层——“图层 1”。

图 36-3 移动图像位置

5 再次导入本书光盘中附带的“艺术照片处理/实例 36：处理田园风格婚纱照/人物素材 02.jpg”文件，并将该图像拖动至“处理田园风格婚纱照.psd”文档窗口中如图 36-4 所示的位置。这时在“图层”调板内会生成一个新图层——“图层 2”。

图 36-4　移动图像位置

6 创建一个新图层——“图层 3”，将前景色设置为绿色（R：1、G：251、B：0），按下键盘上的 Alt+Delete 组合键，使用前景色填充背景。

7 在“图层”调板中将“图层 3”的“不透明度”参数设置为 11%，在“设置图层的混合模式”下拉选项栏中选择“颜色”选项，如图 36-5 所示。

图 36-5　设置图层混合模式

8 创建一个新图层——“图层 4”，将前景色设置为红色（R：255、G：0、B：0），按下键盘上的 Alt+Delete 组合键，使用前景色填充背景。

9 执行菜单栏中的“滤镜”/“素描”/“半调图案”命令，打开“半调图案”对话框，在“大小”参数栏内键入 1，在“对比度”参数栏内键入 50，在“图案类型”下拉选项栏中选择“直线”选项，如图 36-6 所示。单击“确定”按钮，退出该对话框。

10 执行菜单栏中的“选择”/“色彩范围”命令，打开“色彩范围”对话框，在“选择”下拉选项栏中选择“红色”选项，如图 36-7 所示。单击“确定”按钮，退出该对话框。

11 按下键盘上的 Delete 键，删除选区内的图像。按下键盘上的 Ctrl+D 组合键，取消选区，如图 36-8 所示。

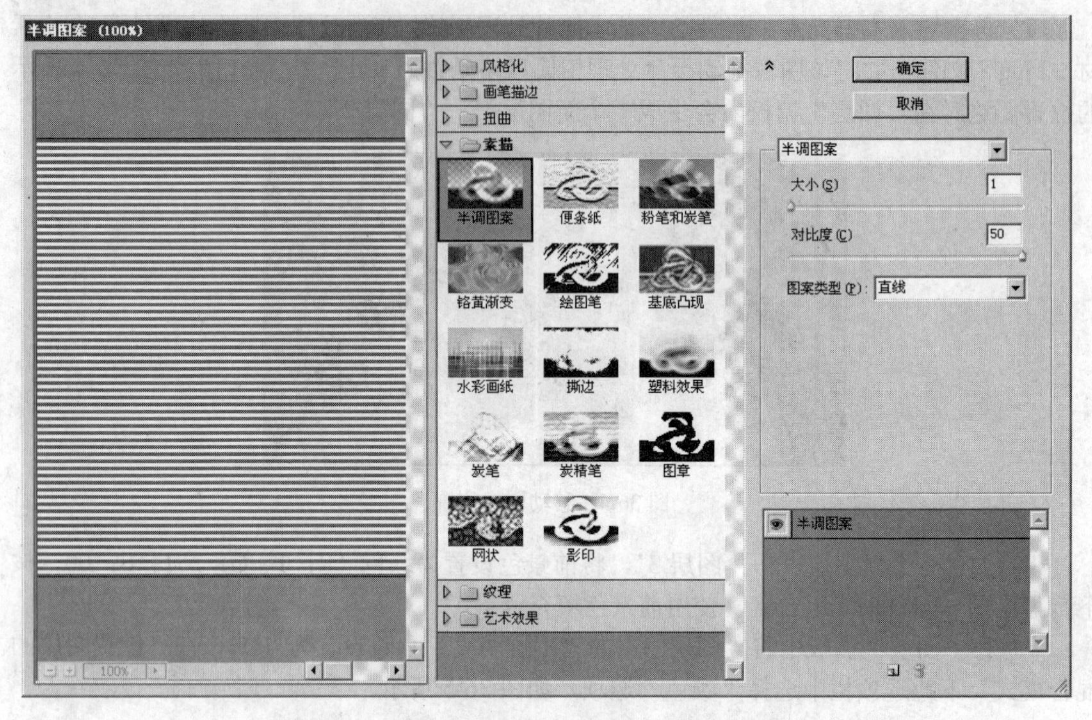

图 36-6　设置“半调图案”对话框中的相关参数

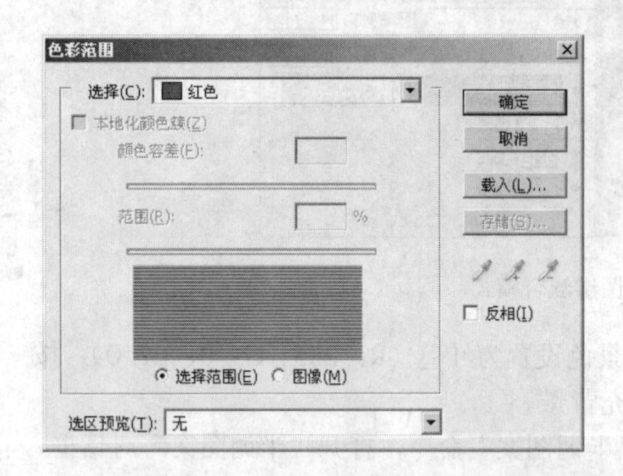

图 36-7　设置“色彩范围”对话框中的相关参数

图 36-8　删除选区内图像

12 在“图层”调板中将“图层 4”的“不透明度”参数设置为 30%，如图 36-9 所示。

图 36-9　设置图层不透明度

13 执行菜单栏中的“文件”/“打开”命令，打开“打开”对话框，从该对话框中选择本书光盘中附带的“艺术照片处理/实例 36：处理田园风格婚纱照/人物素材 03.jpg”文件，如图 36-10 所示。单击“打开”按钮，退出该对话框。

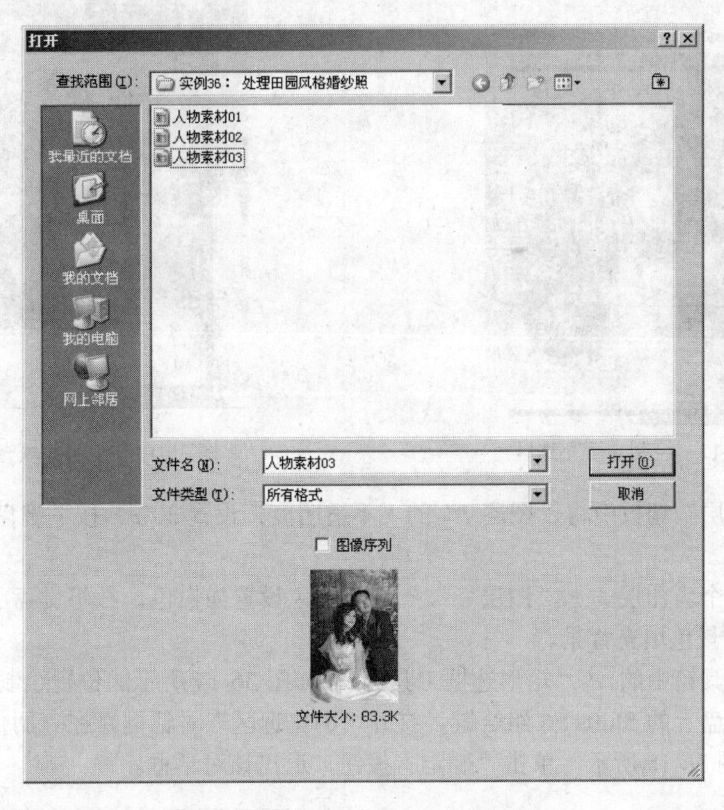

图 36-10 “打开”对话框

14 使用工具箱中的“移动工具”将“人物素材 03.jpg”图像拖动至“处理田园风格婚纱照.psd”文档窗口中，并移至如图 36-11 所示的位置。这时在“图层”调板中会生成一个新图层——“图层 5”。

图 36-11 移动图像位置

15 创建一个新图层——“图层 6”。选择工具箱中的“矩形选框工具”，在如图 36-12 所示的位置绘制两个矩形选区，并将该选区填充为黑色。

16 在“图层”调板中将“图层 6”的“不透明度”设置 30%，按下键盘上的 Ctrl+D 组合键，取消选区。

17 创建一个新图层——“图层 7”。选择工具箱中的 “矩形选框工具”，在如图 36-13 所示的位置绘制两个矩形选区，并将该选区填充为黑色。

图 36-12　绘制并填充选区

图 36-13　绘制并填充选区

18 在“图层”调板中将“图层 7”的“不透明度”设置 30%，按下键盘上的 Ctrl+D 组合键，取消选区。

19 创建一个新图层——“图层 8”。 将前景色设置为白色，按下键盘上的 Alt+Delete 组合键，使用前景色填充背景。

20 选择工具箱中的 “矩形选框工具”，在如图 36-14 所示的位置绘制一个选区。

21 按下键盘上的 Shift+F6 组合键，打开“羽化选区”对话框，在“羽化半径”参数栏内键入 30，如图 36-15 所示。单击“确定”按钮，退出该对话框。

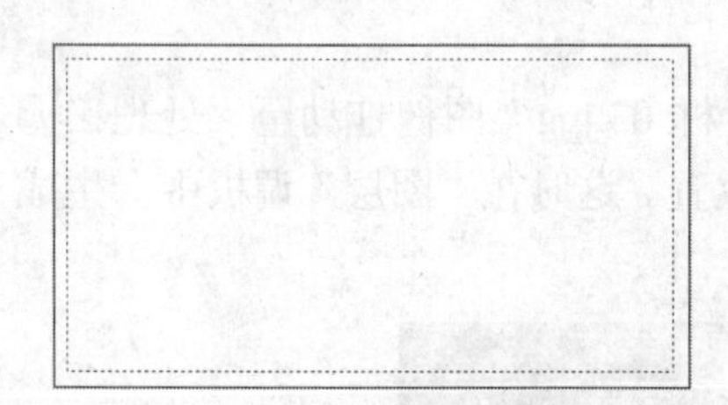

图 36-14　绘制选区

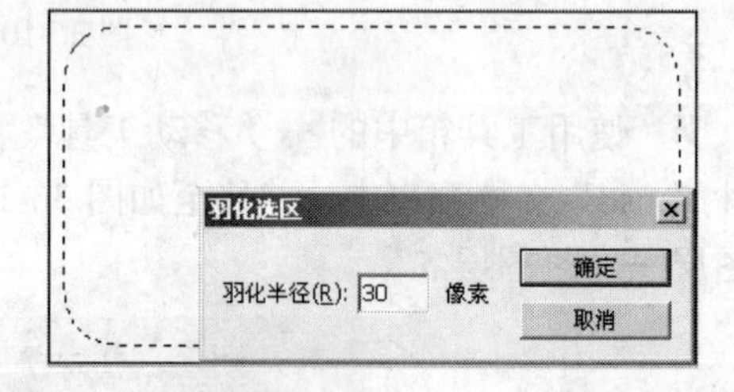

图 36-15　设置“羽化选区”对话框中的相关参数

22 按下键盘上的 Delete 键 2 次，删除选区内的图像，如图 36-16 所示。

图 36-16　删除选区内图像

23 按下键盘上的 Ctrl+D 组合键，取消选区。

24 接下来添加文本。单击工具箱中的 T “横排文字工具”按钮，在“属性”栏中的“设置字体系列”下拉选项栏中选择 Courier New 选项，在“设置字体大小”下拉选项栏中选择“6 点”，设置字体颜色为灰绿色（R：122、G：126、B：107），参照如图 36-17 所示键入 YUANYUANE 字样。

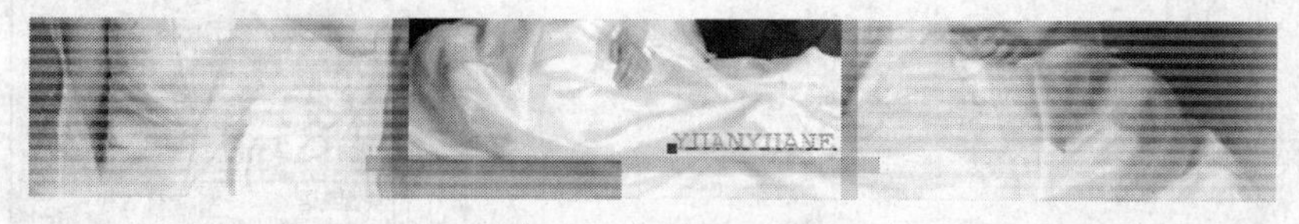

图 36-17 键入文本

25 执行菜单栏中的“图层”/“图层样式”/“外发光”命令，打开“图层样式”对话框。在“混合模式”下拉选项栏中选择“滤色”选项，在“不透明度”参数栏内键入 100，将发光颜色设置为黄色（R：252、G：250、B：75），在“扩展”参数栏内键入 13，在“大小”参数栏内键入 10，如图 36-18 所示。单击“确定”按钮，退出该对话框。

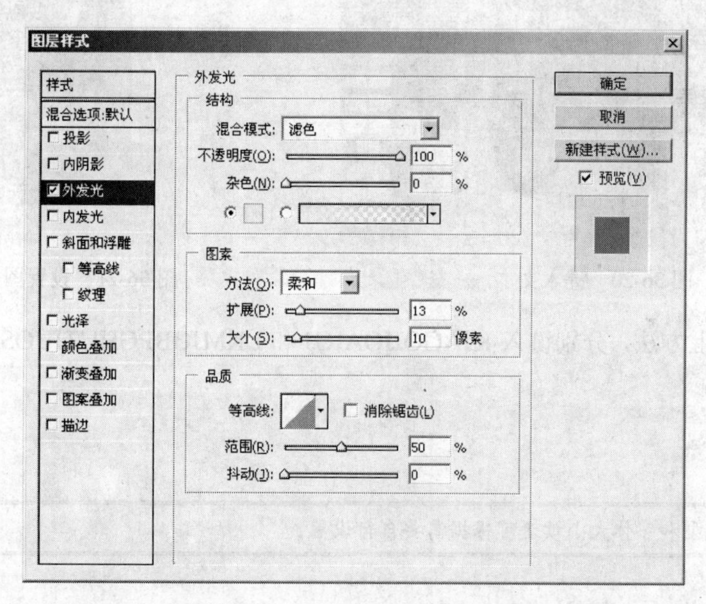

图 36-18 设置“图层样式”对话框中的相关参数

26 接下来添加文本。选择工具箱中的 IT “直排文字工具”，在“属性”栏中的“设置字体系列”下拉选项栏中选择 Poplar Std 选项，在“设置字体大小”下拉选项栏中选择“24 点”，设置字体颜色为白色，单击 “显示/隐藏字符和段落调板”按钮，进入“字符”调板，在“垂直缩放”参数栏内键入 50%，在“水平缩放”参数栏内键入 250%，如图 36-19 所示。

27 在如图 36-20 所示的位置键入 GUOQIANG 字样。

28 在“图层”调板中将 GUOQIANG 层的“不透明度”设置为 30%，如图 36-21 所示。

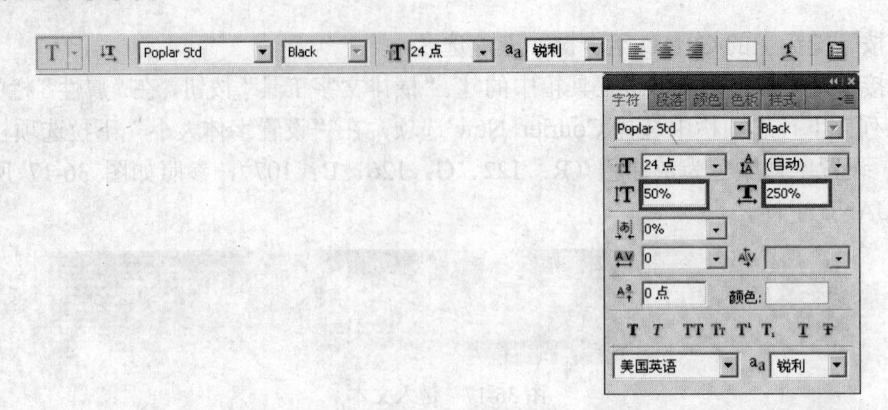

图 36-19 设置字体属性

图 36-20 键入文本

图 36-21 设置图层不透明度

29 使用以上方法，分别键入 KJAGOIJOAIGJ 和 LKMJGBPGHUTIUOSHFOUGH 文本，如图 36-22 所示。

提示

字体类型和字体大小读者可根据需要自行设置。

图 36-22 键入文本

30 在“图层”调板中分别将 KJAGOIJOAIGJ 和 LKMJGBPGHUTIUOSHFOUGH 文本的“不透明度”参数设置为 50%和 30%。

31 通过以上制作本实例就全部完成了，完成后的效果如图 36-23 所示。如果读者在制作过程中遇到什么问题，可以打开本书光盘中附带的“艺术照片处理/实例 36：处理田园风格婚纱照/处理田园风格婚纱照. psd”文件，该文件为本实例完成后的文件。

图 36-23　处理田园风格婚纱照

实例 37　处理欧式风格婚纱照

在本实例中，将指导读者制作一幅欧式风格婚纱照，照片整体呈金黄色，突出了华贵、富丽堂皇的特点。通过本实例，使读者了解欧式风格婚纱照的处理方法。

在本实例中，首先导入背景图像和人物素材图像，使用蒙版工具设置图像选区和添加图层蒙版，然后导入气泡图像，并调整气泡的大小和位置，最后导入文字，并调整文本的位置，完成欧式风格婚纱照的处理。图 37-1 为编辑后的效果。

图 37-1　处理欧式风格婚纱照

1 运行 Photoshop CS4，按下键盘上的 Ctrl+N 组合键，创建一个“宽度”为 1000 像素，“高度”为 715 像素，模式为 RGB 颜色，名称为“处理欧式风格婚纱照片”的新文档。

2 执行菜单栏中的“文件”/“打开”命令，打开“打开”对话框，打开本书光盘中附带的“艺术照片处理/实例 37：处理欧式风格婚纱照/素材图像 01. jpg”文件，如图 37-2 所示。单击“打开”按钮，退出该对话框。

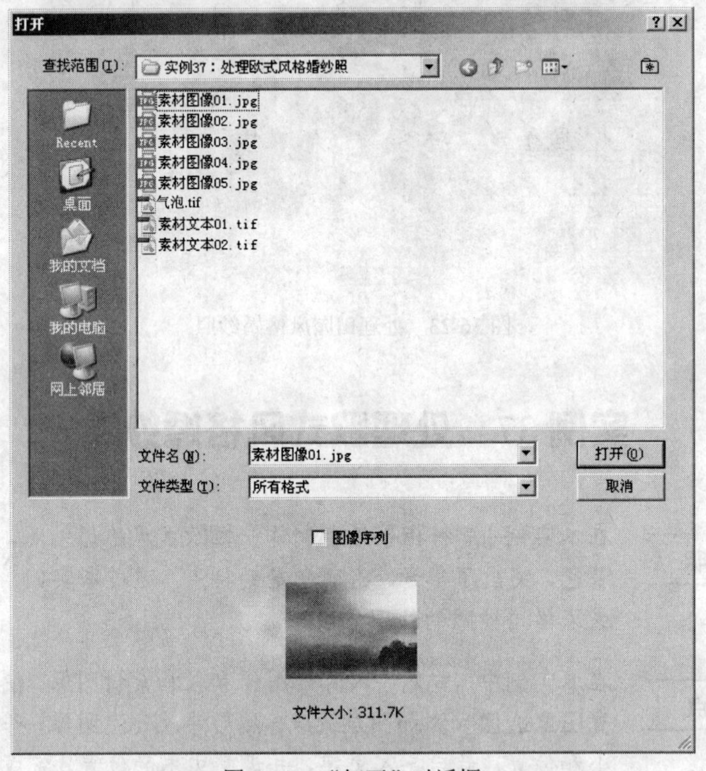

图 37-2 “打开”对话框

3 将“素材图像 01. jpg”图像拖动至“处理欧式风格婚纱照.psd”文档窗口中，生成新图层——“图层 1”，并将其铺满整个窗口。

4 打开本书光盘中附带的“艺术照片处理/实例 37：处理欧式风格婚纱照/素材图像 02. jpg”文件，如图 37-3 所示。

5 将“素材图像 02. jpg”图像拖动至“处理欧式风格婚纱照.psd”文档窗口中，生成新图层——“图层 2”，并将其拖动至如图 37-4 所示的位置。

6 单击工具箱中的“渐变工具”按钮，在“属性”栏中激活“径向渐变”按钮，单击工具箱中的“以快速蒙版模式编辑”按钮，进入快速蒙版模式编辑状态，参照如图 37-5 所示设置蒙版区域。

7 单击工具箱中的“以标准模式编辑”按钮，进入标准模式编辑状态，生成如图 37-6 所示的选区。

8 执行菜单栏中的“选择”/“反向”命令，反选选区。按键盘上的 Delete 键两次，删除选区内的图像，如图 37-7 所示。

图 37-3 打开“素材图像 02.jpg”文件

图 37-4 调整图像位置

图 37-5 设置蒙版区域

图 37-6 生成选区

图 37-7 删除选区内的图像

9 按下键盘上的 Ctrl+D 组合键，取消选区。单击工具箱中的 “橡皮擦工具” 按钮，在“画笔”调板中选择“柔角300像素”选项，并参照如图37-8所示在人物边缘进行擦拭。

图37-8　使用“橡皮擦”工具

10 打开本书光盘中附带的“艺术照片处理/实例37：处理欧式风格婚纱照/素材图像03.jpg”文件，如图37-9所示。

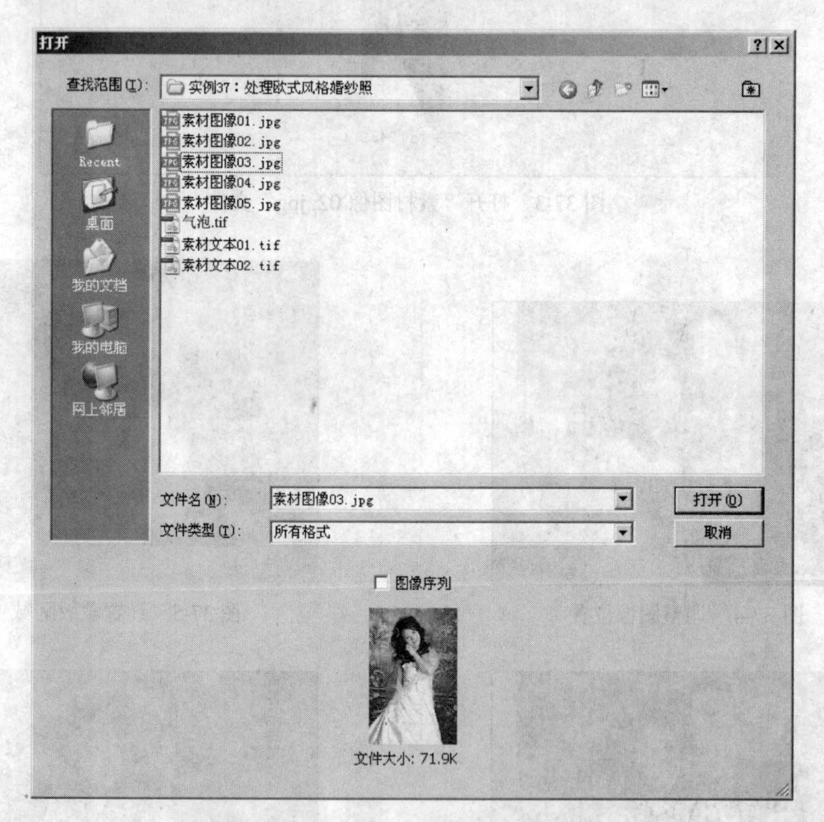

图37-9　打开“素材图像03.jpg”文件

11 将“素材图像 03. jpg”图像拖动至“处理欧式风格婚纱照.psd”文档窗口中，生成新图层——“图层3”，并将其移动至如图37-10所示的位置。

12 使用工具箱中的“椭圆选框工具”，在如图37-11所示的位置绘制椭圆选区。

13 右击鼠标，在弹出的快捷菜单中选择“羽化”选项，打开“羽化选区”对话框，在“羽化半径”参数栏内键入10，如图37-12所示。单击“确定”按钮，退出该对话框。

图 37-10 调整图像位置

图 37-11 绘制椭圆选区

14 确定选区处于选择状态，单击工具箱中的 “添加图层蒙版”按钮，如图 37-13 所示为添加图层蒙版后的图像效果。

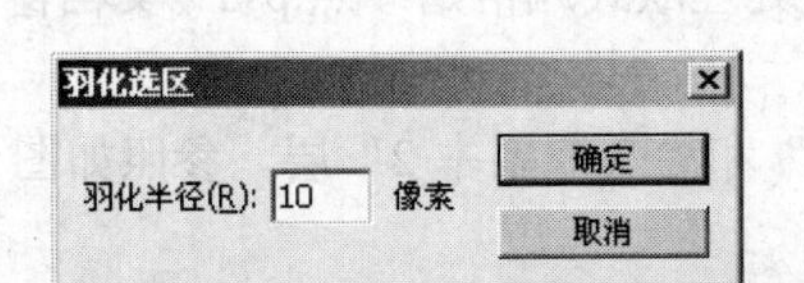

图 37-12 设置“羽化选区”对话框的参数

图 37-13 添加图层蒙版

15 依次将“艺术照片处理/实例 37：处理欧式风格婚纱照/素材图像 04. jpg”和“素材图像 05. jpg”图像拖动至“处理欧式风格婚纱照.psd”文档窗口中，分别生成新图层——“图层 4”和“图层 5”。使用上述设置图层蒙版的方法，参照如图 37-14 所示设置“图层 4”和“图层 5”的蒙版效果。

图 37-14 设置“图层 4”和“图层 5”的蒙版

16 打开本书光盘中附带的“艺术照片处理/实例 37：处理欧式风格婚纱照/气泡. tif”文件，如图 37-15 所示。

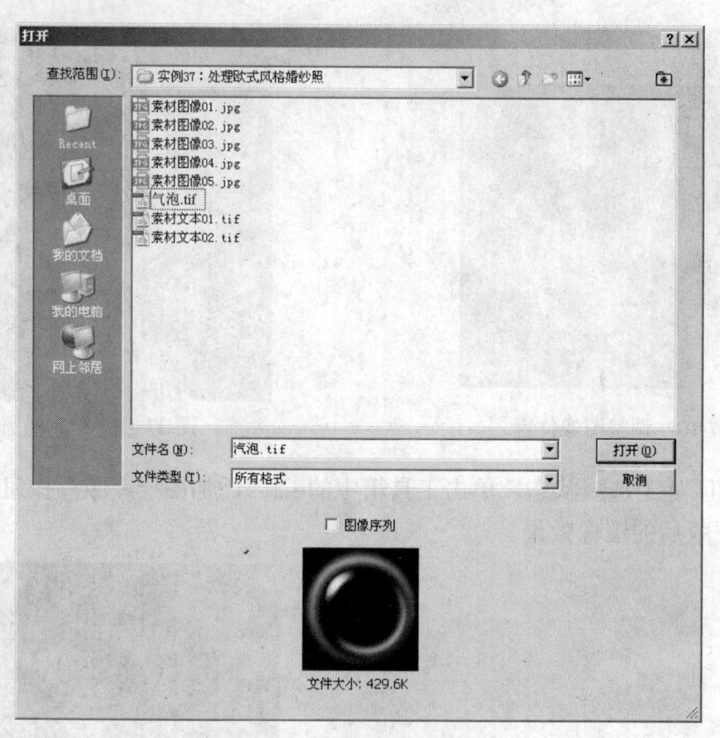

图 37-15　打开"气泡.tif"文件

17 将"气泡. tif"文件中的"气泡"层拖动至"处理欧式风格婚纱照.psd"文档窗口中，参照如图 37-16 所示调整图像的大小和位置。

18 将"气泡"层复制两次，生成"气泡副本 1"和"气泡副本 2"层。参照如图 37-17 所示调整副本层的大小和位置。

图 37-16　调整图像的大小和位置

图 37-17　调整副本层的大小和位置

19 打开本书光盘中附带的"艺术照片处理/实例 37：处理欧式风格婚纱照/素材文本 01. tif"文件，将该素材图像拖动至"处理欧式风格婚纱照.psd"文档窗口中，并拖动至如图 37-18 所示的位置。

20 打开本书光盘中附带的"艺术照片处理/实例 37：处理欧式风格婚纱照/素材文本 02. tif"文件，将该素材图像拖动至"处理欧式风格婚纱照.psd"文档窗口中，并拖动至如图 37-19 所示的位置。

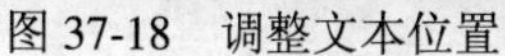
图 37-18 调整文本位置

图 37-19 调整文本位置

21 通过以上制作本实例就全部完成了，完成后的效果如图 37-20 所示。如果读者在制作过程中遇到什么问题，可以打开本书光盘中附带的“艺术照片处理/实例 37：处理欧式风格婚纱照/处理欧式风格婚纱照. psd”文件，该文件为本实例完成后的文件。

图 37-20 处理欧式风格婚纱照

实例 38 处理清新淡雅风格婚纱照

在本实例中，将指导读者处理清新淡雅风格婚纱照，照片整体色调为淡蓝色，色彩明快、简捷，突出清新淡雅特点。通过本实例，使读者了解在 Photoshop CS4 中描边工具、羽化工具和外发光工具的使用方法。

在本实例中，首先导入背景素材，然后导入人物素材，通过描边工具制作描边和外发光工具设置人物素材图像效果，最后使用横排文字工具添加文本，完成本实例的制作。图 38-1 所示为本实例完成后的效果。

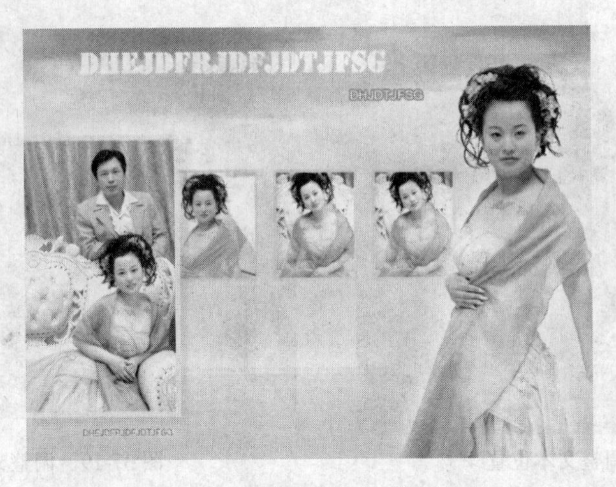

图 38-1　处理清新淡雅风格婚纱照

1 运行 Photoshop CS4，执行菜单栏中的“文件”/“打开”命令，打开“打开”对话框，从该对话框中选择本书光盘中附带的“艺术照片处理/实例 38：处理清新淡雅风格婚纱照/背景素材.jpg”文件，如图 38-2 所示。单击“打开”按钮，退出该对话框。

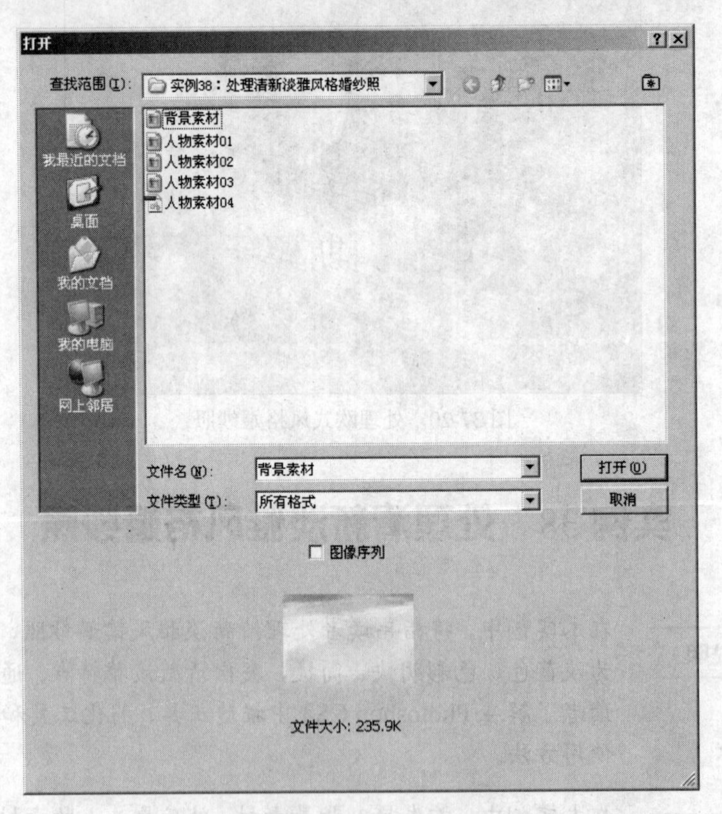

图 38-2　“打开”对话框

2 执行菜单栏中的“文件”/“打开”命令，打开“打开”对话框，从该对话框中选择本书光盘中附带的“艺术照片处理/实例 38：处理清新淡雅风格婚纱照/人物素材 01.jpg”文件，如图 38-3 所示。单击“打开”按钮，退出该对话框。

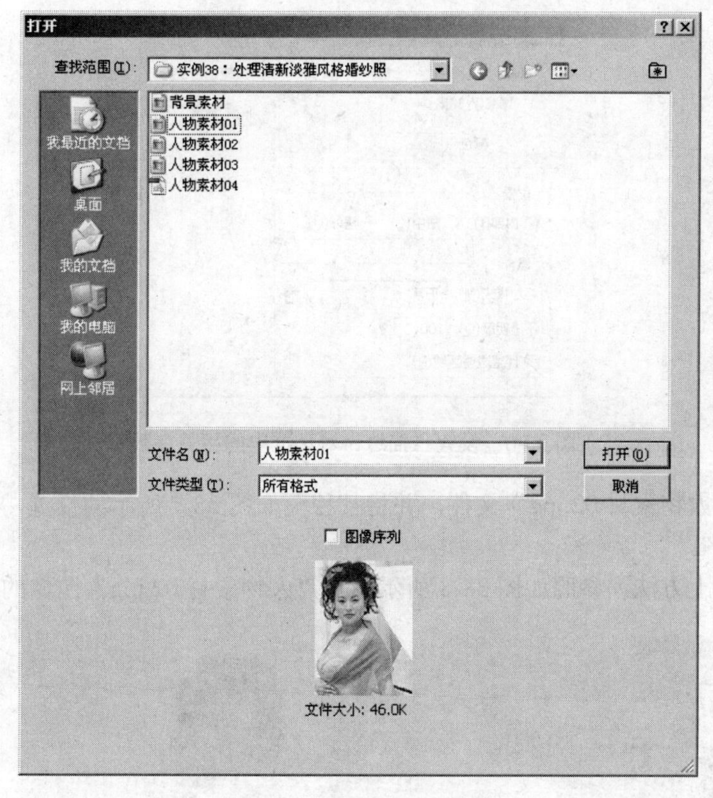

图 38-3　“打开”对话框

3 使用工具箱中的“移动工具”，将“人物素材 01.jpg”图像拖动至“背景素材.psd”文档窗口中，并移至如图 38-4 所示的位置。这时在“图层”调板内会生成一个新图层——“图层 1”。

4 按住键盘上的 Ctrl 键，单击“图层 1”的图层缩览图，加载该图层选区，如图 38-5 所示。

图 38-4　移动图像位置

图 38-5　加载图层选区

5 确定选区处于可编辑状态，选择工具箱中的“矩形选框工具”，在选区内右击鼠标，在弹出的快捷菜单中选择“描边”选项，打开“描边”对话框，在“宽度”参数栏内键入 3 px，将描边颜色设置为淡蓝色（R：172、G：222、B：254），在“位置”选项组下选择“居外”选项。如图 38-6 所示。单击“确定”按钮，退出该对话框。

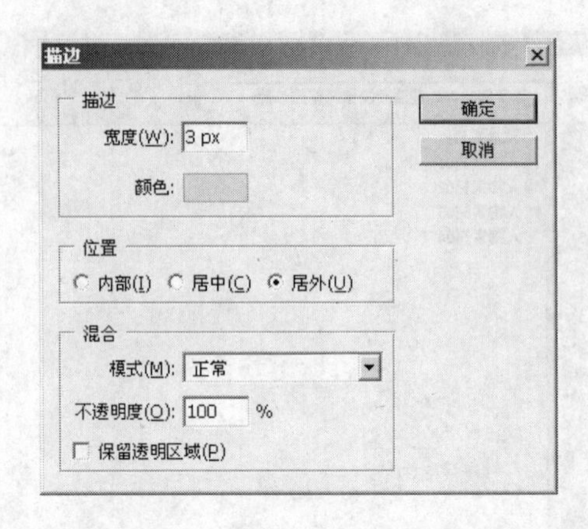

图 38-6　设置“描边”对话框中的相关参数

6 导入“人物素材 02.jpg”文件，并将其移至如图 38-7 所示的位置，在“图层”调板中生成“图层 2”。

7 使用以上方法，参照如图 38-8 所示设置“人物素材 02.jpg”图像的描边效果。

图 38-7　移动图像位置

图 38-8　添加描边效果

8 将“图层 2”中的图像进行复制，将生成的“图层 2 副本”移至如图 38-9 所示的位置。

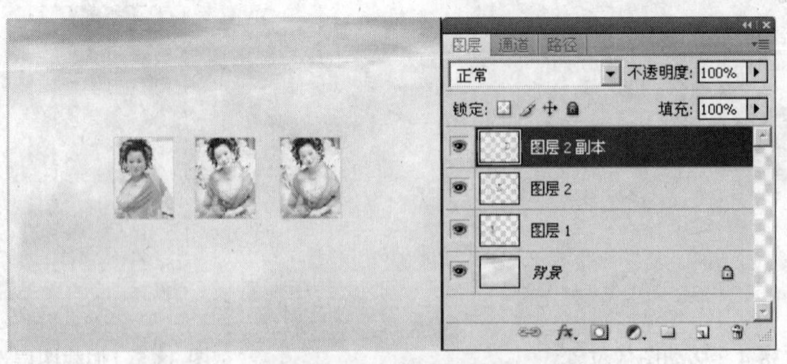

图 38-9　移动图像位置

9 创建一个新图层——“图层 3”。选择工具箱中的“矩形选框工具”，在如图 38-10 所示的位置绘制一个矩形。

10 按下键盘上的 Shift+F6 组合键，打开“羽化选区”对话框，在“羽化半径”参数栏内键入 50，如图 38-11 所示。单击“确定”按钮，退出该对话框。

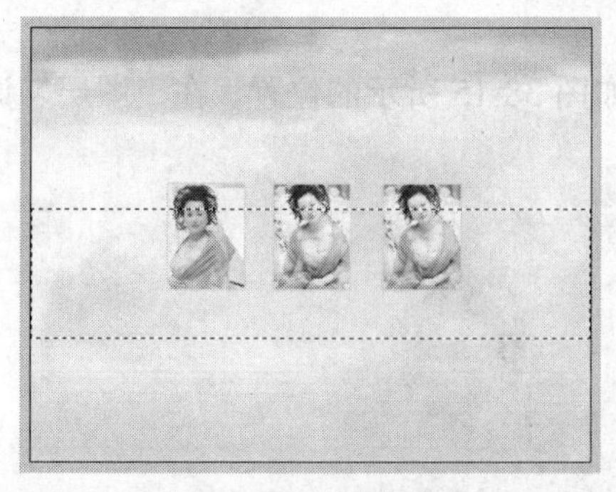

图 38-10　绘制矩形

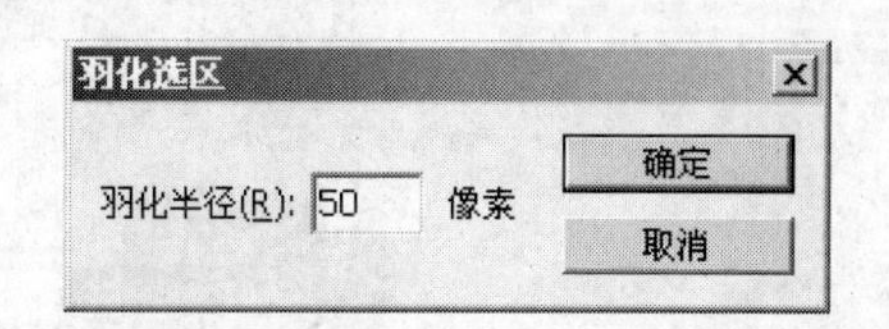

图 38-11　设置“羽化选区”对话框中的相关参数

11 将该选区填充为淡蓝色（R：172、G：222、B：254），在“图层”调板中设置该图层的“不透明度”为 30%，如图 38-12 所示。

12 按下键盘上的 Ctrl+D 组合键，取消选区。

13 导入“人物素材 03.jpg”文件，并将其移至如图 38-13 所示的位置，在“图层”调板中生成“图层 4”。

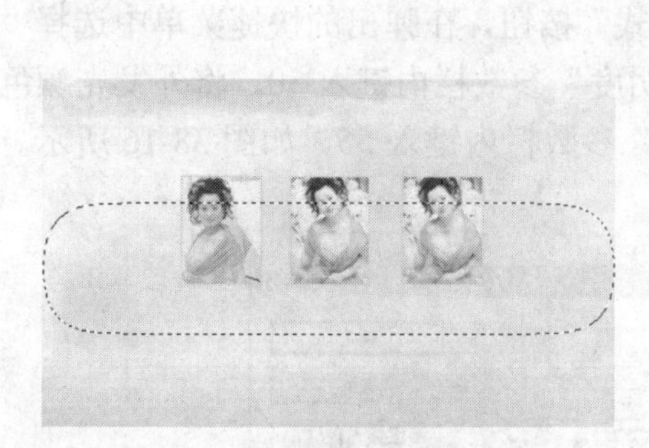

图 38-12　设置图层不透明度

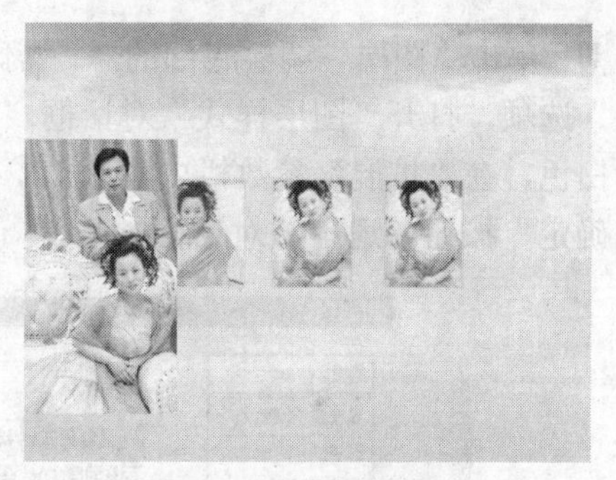

图 38-13　移动图像位置

14 按住键盘上的 Ctrl 键，单击“图层 4”的图层缩览图，加载该图层选区。

15 确定选区处于可编辑状态，选择工具箱中的 “矩形选框工具”，在选区内右击鼠标，在弹出的快捷菜单中选择“描边”选区，打开“描边”对话框，在“宽度”参数栏内键入 10 px，将描边颜色设置为淡蓝色（R：172、G：222、B：254），在“位置”选项组下选择“居外”选项。如图 38-14 所示。单击“确定”按钮，退出该对话框。

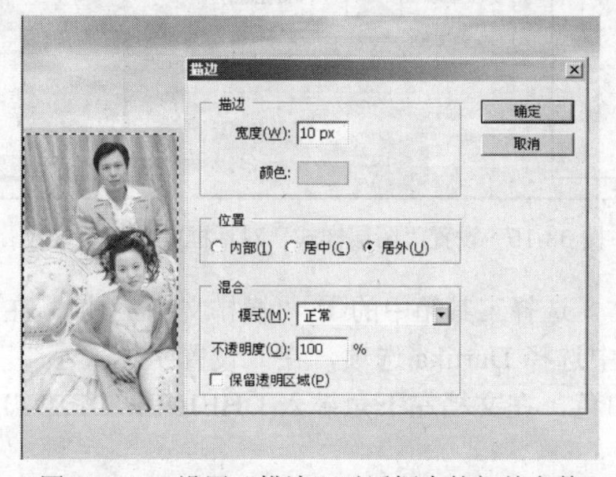

图 38-14　设置“描边”对话框中的相关参数

16 按下键盘上的 Ctrl+D 组合键，取消选区。

17 导入“人物素材 04.tif”文件，并将其移至如图 38-15 所示的位置，在“图层”调板中生成“人物素材 04”层。

图 38-15 移动图像位置

18 单击“图层”调板底部的 fx.“添加图层样式”按钮，在弹出的快捷菜单中选择“外发光”选项，打开“图层样式”对话框，在“不透明度”参数栏内键入 50，将外发光颜色设置为白色，在“扩展”参数栏内键入 12，在“大小”参数栏内键入 55，如图 38-16 所示。单击“确定”按钮，退出该对话框。

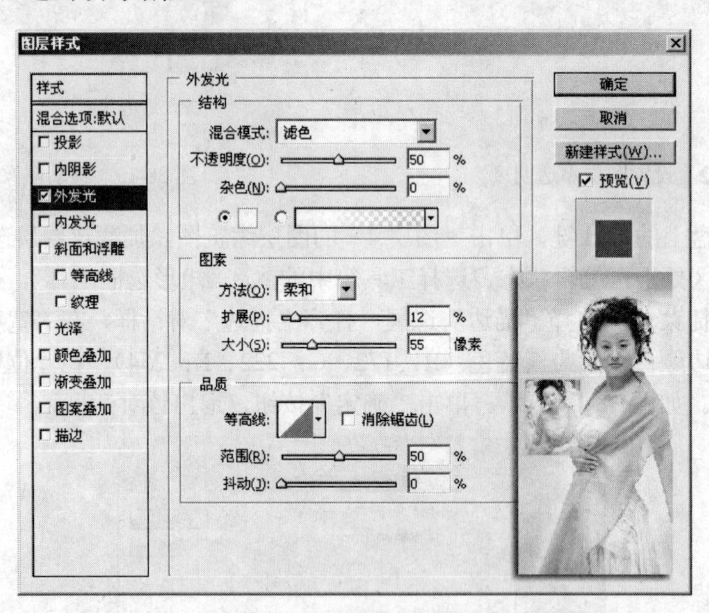

图 38-16 设置“图层样式”对话框中的相关参数

19 接下来添加文本。选择工具箱中的 T.“横排文字工具”，在“属性”栏中的“设置字体系列”下拉选项栏中选择 Dartika 选项，在“设置字体大小”下拉选项栏中选择“24 点”，设置字体颜色为白色，在文档左下角键入 DHEJDFRJDFJDTJFSG 字样，如图 38-17 所示。

图 38-17　键入文本

20 单击“图层”调板底部的 fx. “添加图层样式”按钮，在弹出的快捷菜单中选择“内阴影”选项，打开“图层样式”对话框，在“角度”参数栏内键入 148，如图 38-18 所示。

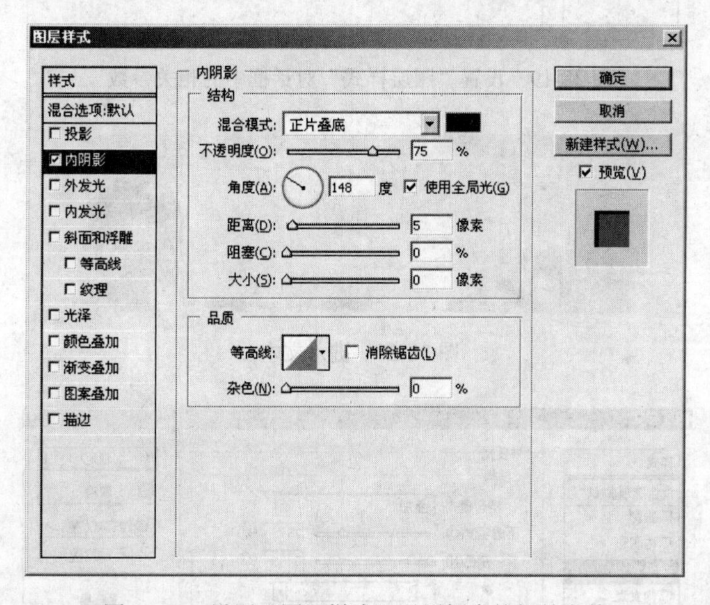

图 38-18　设置“图层样式”对话框中的相关参数

21 双击“图层样式”对话框中的“样式”选项组下的“外发光”选项，进入“外发光”编辑窗口，设置外发光颜色为白色，在“扩展”参数栏内键入 48，在“大小”参数栏内键入 7，如图 38-19 所示。单击“确定”按钮，退出该对话框。

22 选择工具箱中的 T. “横排文字工具”，在“属性”栏中的“设置字体系列”下拉选项栏中选择 Stencil Std 选项，在“设置字体大小”下拉选项栏中选择“48 点”，设置字体颜色为白色，在文档左下角键入 DHEJDFRJDFJDTJFSG 字样，如图 38-20 所示。

23 单击“图层”调板底部的 fx. “添加图层样式”按钮，在弹出的快捷菜单中选择“外发光”选项，打开“图层样式”对话框，在“扩展”参数栏内键入 14，在“大小”参数栏内键入 3，如图 38-21 所示。单击“确定”按钮，退出该对话框。

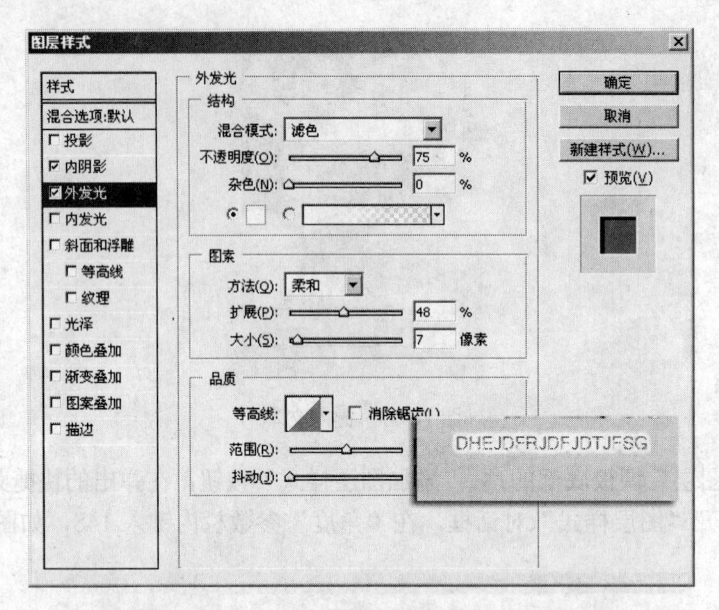

图 38-19 设置“图层样式”对话框中的相关参数

图 38-20 键入文本

图 38-21 设置“图层样式”对话框中的相关参数

24 选择工具箱中的T“横排文字工具”，在“属性”栏中的“设置字体系列”下拉选项栏中选择 Kartika 选项，在“设置字体大小”下拉选项栏中选择“36 点”，设置字体颜色为白色，在 DHEJDFRJDFJDTJFSG 文本底部键入 DHJDTJFSG 文本，设置该文本描边宽度为 3 像素，描边颜色为蓝色（R：93、G：172、B：224），如图 38-22 所示。

图 38-22　键入文本

25 通过以上制作本实例就全部完成了，完成后的效果如图 38-23 所示。如果读者在制作过程中遇到什么问题，可以打开本书光盘中附带的“艺术照片处理/实例 38：处理清新淡雅风格婚纱照/清新淡雅风格婚纱照. psd”文件，该文件为本实例完成后的文件。

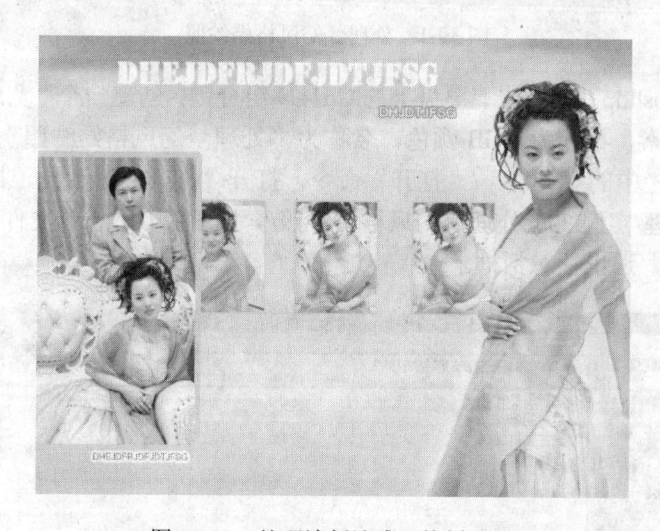

图 38-23　处理清新淡雅风格婚纱照

实例 39　处理梦幻风格婚纱照

在本实例中，将指导读者制作梦幻风格婚纱照。在制作过程中，主要使用了画笔工具绘制具有梦幻效果的星点，并使用镜头光晕工具设置镜头光晕效果。通过本实例，使读者了解梦幻风格婚纱照的处理方法。

在本实例中，首先导入背景图像和人物素材图像，然后使用画笔工具绘制虚化图形和设置光芒效果，使用镜头光晕工具设置光晕效果，并设置滤色模式，最后导入文字，并调整文本的位置，完成梦幻风格婚纱照的处理，如图 39-1 所示为编辑后的效果。

图 39-1　处理梦幻风格婚纱照

1 运行 Photoshop CS4，按下键盘上的 Ctrl+N 组合键，创建一个“宽度”为 1000 像素，“高度”为 710 像素，模式为 RGB 颜色，名称为“处理梦幻风格婚纱照”的新文档。

2 执行菜单栏中的“文件”/“打开”命令，打开“打开”对话框，打开本书光盘中附带的“艺术照片处理/实例 39：处理梦幻风格婚纱照/素材图像 01. jpg”文件，如图 39-2 所示。单击“打开”按钮，退出该对话框。

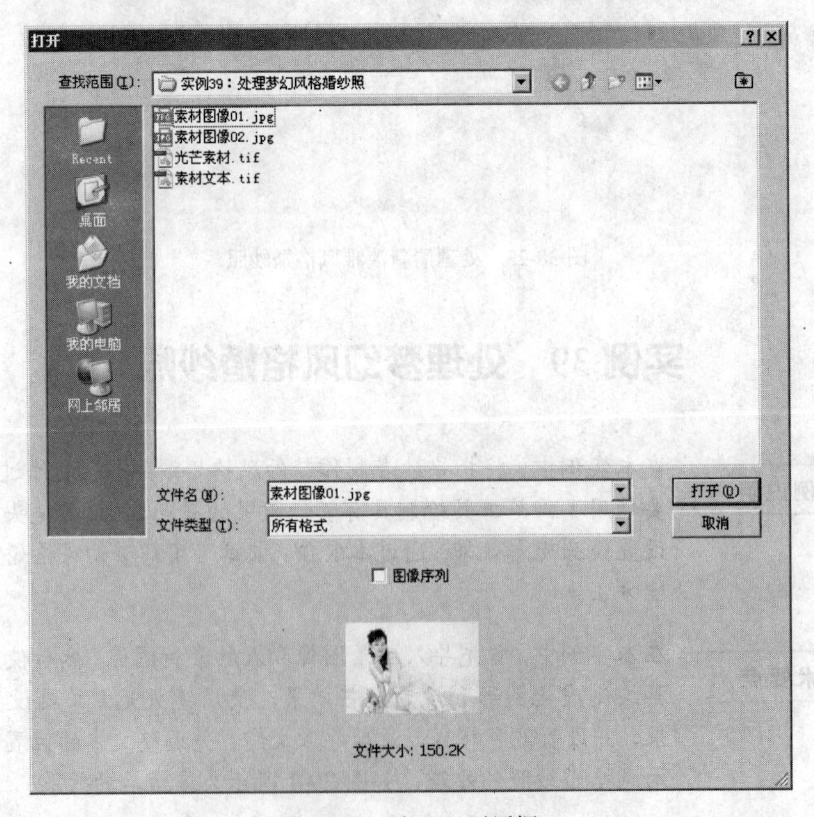

图 39-2　“打开”对话框

3 将“素材图像 01. jpg”图像拖动至“处理梦幻风格婚纱照.psd”文档窗口中，生成新图层——“图层 1”，并参照如图 39-3 所示调整图像的大小和位置。

4 选择工具箱中的“橡皮擦工具”，适当调整画笔主直径大小，参照如图 39-4 所示在图像边缘进行擦试。

图 39-3　调整图像的大小和位置

图 39-4　使用“橡皮擦工具”

5 接下来打开本书光盘中附带的“艺术照片处理/实例 39：处理梦幻风格婚纱照/素材图像 02.jpg”文件。将“素材图像 02. jpg”图像拖动至“处理欧式风格婚纱照.psd”文档窗口中，生成新图层——“图层 2”，并将其拖动至如图 39-5 所示的位置。

6 使用工具箱中的“橡皮擦工具”，参照如图 39-6 所示在图像边缘进行擦试。

图 39-5　调整图像位置

图 39-6　使用“橡皮擦工具”

7 创建一个新图层——“图层 3”，将前景色设置为粉色（R：226、G：184、B：178），选择工具箱中的“画笔工具”，在“属性”栏中选择“柔角 200 像素”，在图像中点击以设置虚化效果。适当调整画笔主直径大小，并参照如图 39-7 所示绘制图形。

图 39-7　使用“画笔工具”绘制图形

8 创建一个新图层——“图层 4”，将背景色设置为黑色，按下键盘上的 Delete 键，使用背景色填充背景。

9 执行菜单栏中的“滤镜”/“渲染”/“镜头光晕”命令，打开“镜头光晕”对话框。参照如图 39-8 所示调整“光晕中心”的位置，在“亮度”参数栏内键入 100。

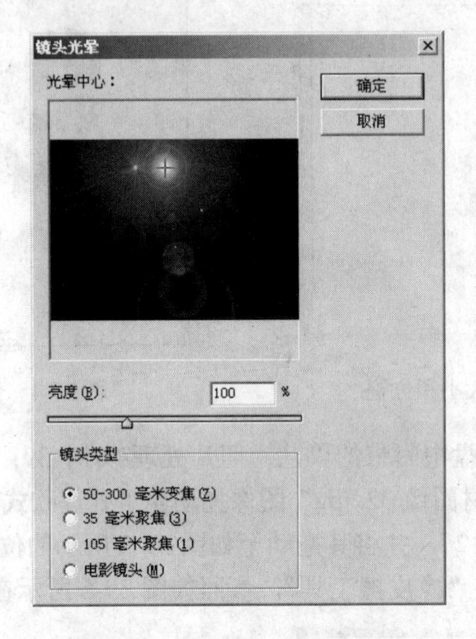

图 39-8 “镜头光晕”对话框

10 在“镜头光晕”对话框中单击“确定”按钮，退出该对话框，如图 39-9 所示为设置镜头光晕后的图像效果。

11 选择“图层 4”，在“图层”调板的“设置图层的混合模式”下拉选项栏中选择“滤色”选项，设置图层的混合模式，如图 39-10 所示。

图 39-9 设置镜头光晕

图 39-10 设置图层的混合模式

12 接下来打开本书光盘中附带的“艺术照片处理/实例 39：处理梦幻风格婚纱照/光芒素材.tif”文件，将“光芒素材. tif”图像拖动至“处理欧式风格婚纱照.psd”文档窗口中，生成新图层——“图层 5”，将其拖动至如图 39-11 所示的位置。

13 单击工具箱中的 T “横排文字工具”按钮，在“属性”栏中的“设置字体系列”下拉选项栏中选择 Monotype Corsiva 选项，在“设置字体大小”参数栏内键入 8，设置文字颜色为灰色（R：90、G：90、B：90），在如图 39-12 所示的位置键入 My life because had you and

would become more luck and opportunity 字样。

图 39-11　调整图像位置

图 39-12　键入文本

14 执行菜单栏中的“文件”/“打开”命令，打开“打开”对话框，打开本书光盘中附带的“艺术照片处理/实例 39：处理梦幻风格婚纱照/素材文本.tif”文件，如图 39-13 所示。单击“打开”按钮，退出该对话框。

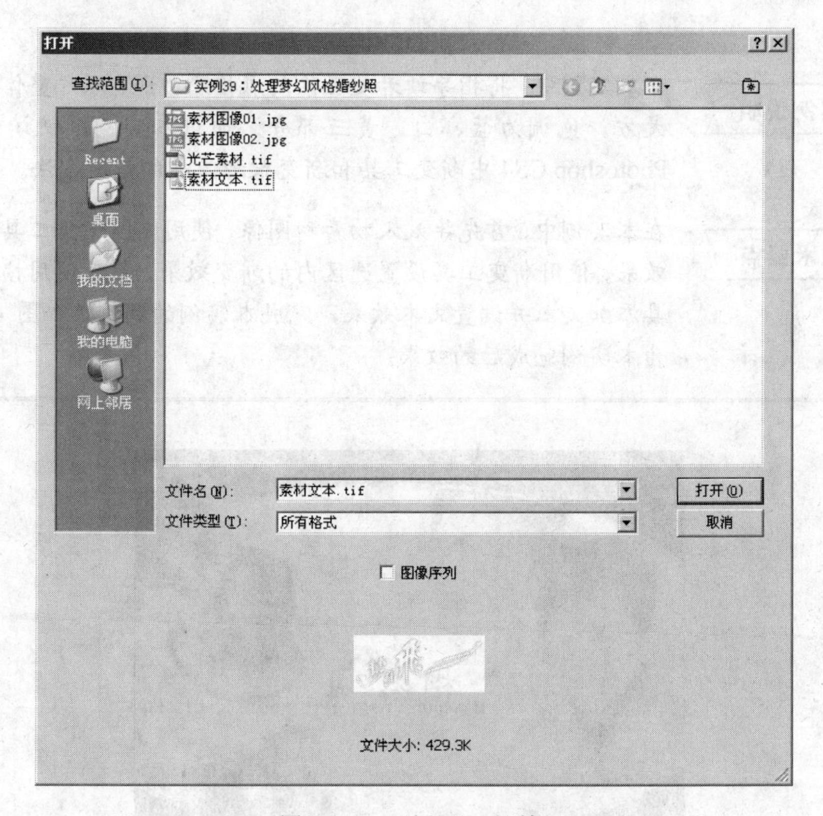

图 39-13　“打开”对话框

15 将“素材文本.tif”拖动至“处理梦幻风格婚纱照.psd”文档窗口中，并拖动至如图 39-14 所示的位置。

16 通过以上制作本实例就全部完成了，完成后的效果如图 39-15 所示。如果读者在制作过程中遇到什么问题，可以打开本书光盘中附带的“艺术照片处理/实例 39：处理梦幻风格婚纱照/处理梦幻风格婚纱照.psd”文件，该文件为本实例完成后的文件。

图 39-14　调整文本位置

图 39-15　处理梦幻风格婚纱照

实例 40　处理简约风格婚纱照

在本实例中，将指导读者处理简约风格婚纱照，照片整体风格简约大方，色调为蓝、白、黄三部分。通过本实例，使读者了解在Photoshop CS4中渐变工具和渐变投影工具的使用方法。

在本实例中，首先导入人物素材图像，使用椭圆选框工具绘制边框效果，使用渐变工具设置选区内的渐变效果，最后使用横排文字工具添加文本并设置文本效果，完成本实例的制作，如图 40-1 所示为本实例完成后的效果。

图 40-1　处理简约风格婚纱照

1 运行 Photoshop CS4，按下键盘上的 Ctrl+N 组合键，创建一个“宽度”为 800 像素，“高度”为 600 像素，模式为 RGB 颜色，名称为“处理简约风格婚纱照”的新文档。

2 执行菜单栏中的“文件”/“打开”命令，打开“打开”对话框，从该对话框中选择本书光盘中附带的“艺术照片处理/实例 40：处理简约风格婚纱照/人物素材 01.tif”文件，如图 40-2 所示。单击“打开”按钮，退出该对话框。

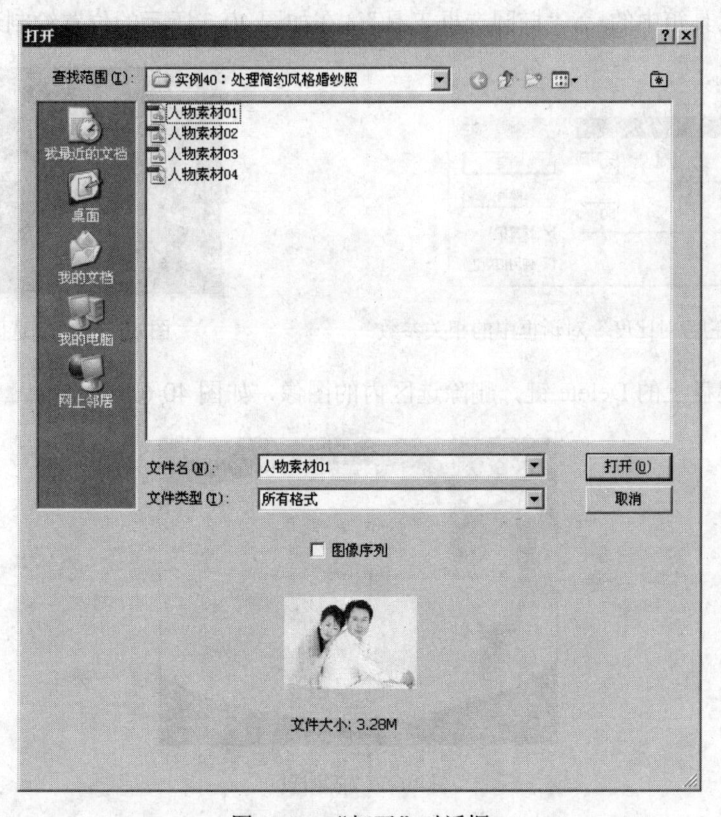

图 40-2 “打开”对话框

3 使用工具箱中的“移动工具”，将“人物素材 01.tif”图像拖动至“处理简约风格婚纱照.psd”文档窗口中，参照如图 40-3 所示调整图像的角度及位置。这时在“图层”调板内会生成一个新图层——“图层 1”。

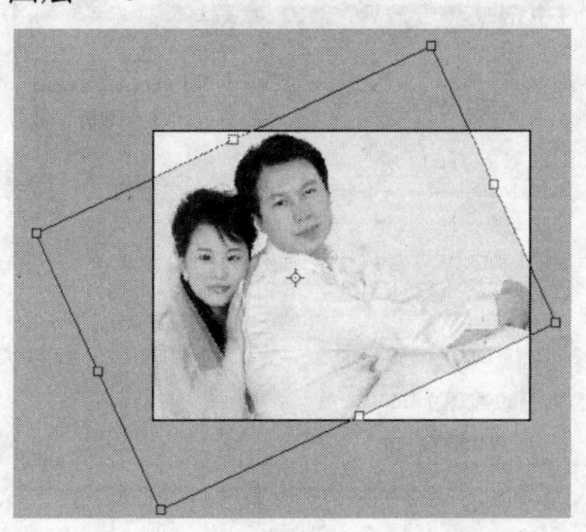

图 40-3 调整图像的角度及位置

4 执行菜单栏中的“图像”/“调整”/“亮度/对比度”命令，打开“亮度/对比度”对话框，在“亮度”参数栏内键入 20，在“对比度”参数栏内键入 50，如图 40-4 所示。单击

“确定”按钮，退出该对话框。

5 创建一个新图层——“图层 2”。将前景色设置为蓝色（R：37、G：43、B：57），按下键盘上的 Alt+Delete 组合键，使用前景色填充背景。

6 选择工具箱中的○.“椭圆选框工具”，在如图 40-5 所示的位置绘制选区。

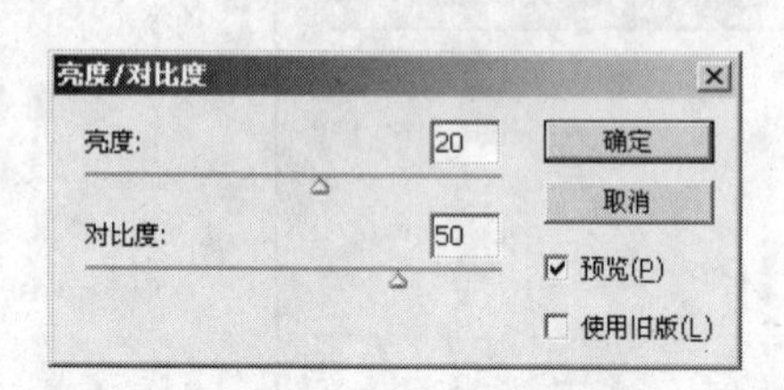

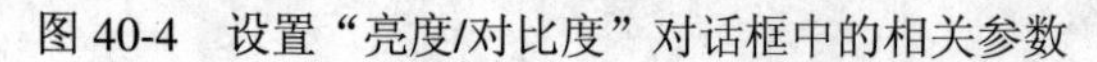

图 40-4　设置“亮度/对比度”对话框中的相关参数

图 40-5　绘制选区

7 按下键盘上的 Delete 键，删除选区内的图像，如图 40-6 所示。

图 40-6　删除选区

8 在选区内右击鼠标，在弹出的快捷菜单中选择“描边”选项，打开“描边”对话框，在“宽度”参数栏内键入 5 px，将描边颜色设置为黄色（R：255、G：223、B：104），在“位置”选项组选择“居外”单选按钮，如图 40-7 所示。单击“确定”按钮，退出该对话框。

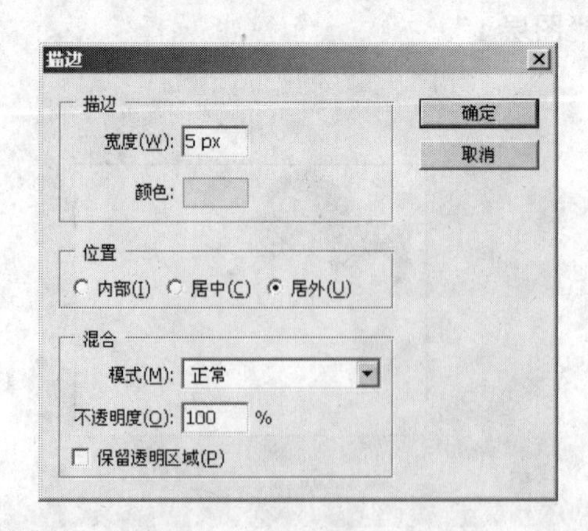

图 40-7　设置“描边”对话框中的相关参数

9 按下键盘上的 Ctrl+D 组合键，取消选区。

10 执行菜单栏中的“文件”/“打开”命令，打开“打开”对话框，按住键盘上的 Ctrl

键，从该对话框中选择本书光盘中附带的“艺术照片处理/实例 40：处理简约风格婚纱照/人物素材 02.tif、人物素材 03.tif、人物素材 04.tif”文件，如图 40-8 所示。单击“打开”按钮，退出该对话框。

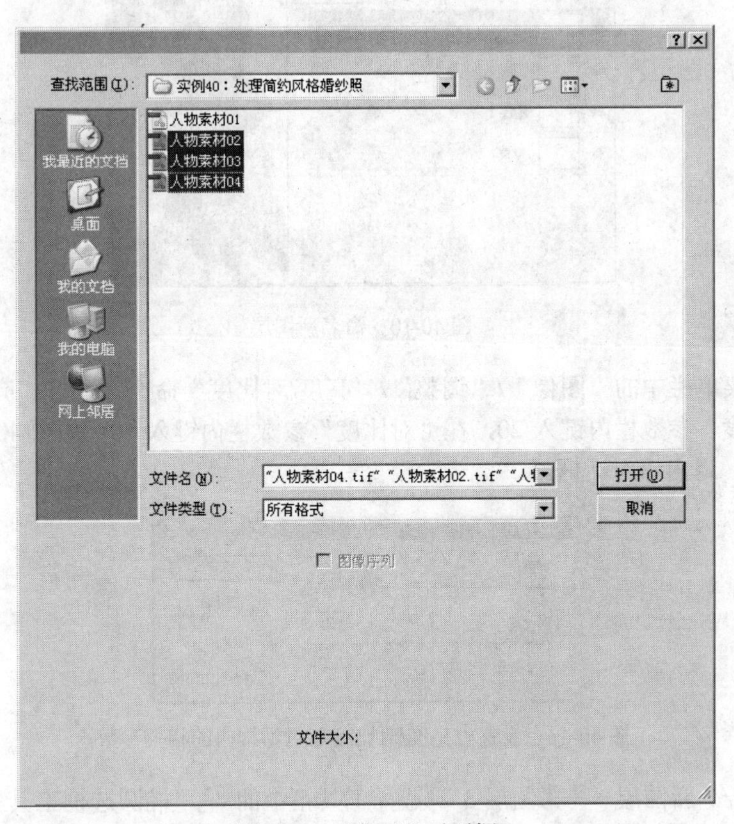

图 40-8 “打开”对话框

11 使用工具箱中的“移动工具”，将“人物素材 02.tif”、“人物素材 03.tif”、“人物素材 04.tif”图像拖动至“处理简约风格婚纱照.psd”文档窗口中，参照图 40-9 所示调整各个图像的位置。

图 40-9 调整图像位置

12 将刚刚导入的 3 个图层的图像进行合并，并将合并后的图层命名为“人物背景”，如图 40-10 所示。

图 40-10　命名新图层

13 执行菜单栏中的“图像”/“调整”/“亮度/对比度”命令，打开“亮度/对比度”对话框，在“亮度”参数栏内键入 20，在“对比度”参数栏内键入 50，如图 40-11 所示。单击“确定”按钮，退出该对话框。

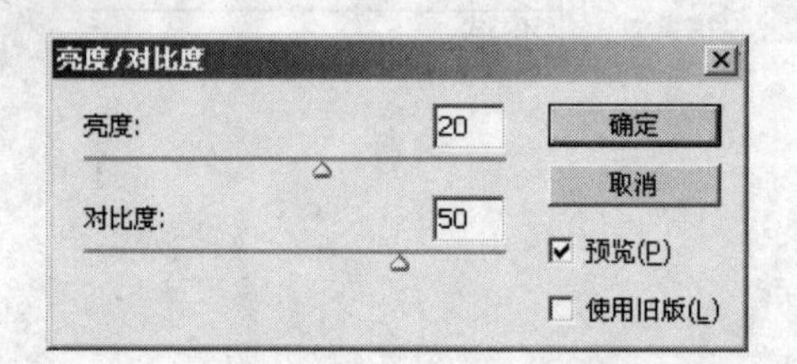

图 40-11　设置“亮度/对比度”对话框中的相关参数

14 创建一个新图层——“图层 3”。选择工具箱中的“椭圆选框工具”，在如图 40-12 所示的位置绘制 3 个椭圆图形。

图 40-12　绘制椭圆图形

15 按下键盘上的 Ctrl+Shift+I 组合键，反选选区。进入“人物背景”层，按下键盘上的 Delete 键，删除选区内的图像，如图 40-13 所示。

16 再次按下键盘上的 Ctrl+Shift+I 组合键，反选选区。将“图层 3”移至“人物背景”层底部。

图 40-13 删除选区

17 选择工具箱中的 "渐变工具"，在"属性"栏中单击"点按可编辑渐变"按钮，打开"渐变编辑器"对话框，设置渐变色由黄色（R：255、G：249、B：85）到白色组成，如图 40-14 所示。

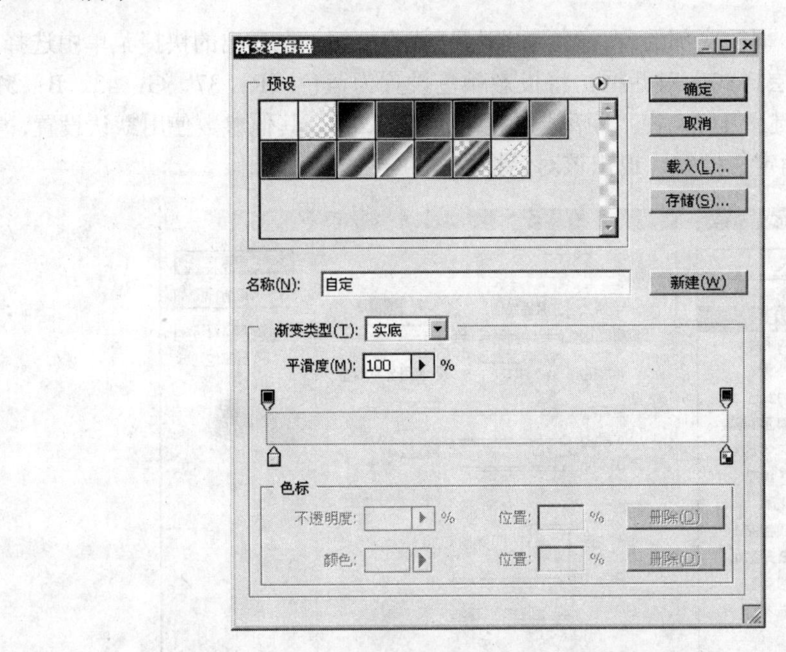

图 40-14 设置渐变色

18 参照如图 40-15 所示设置渐变色。

图 40-15 设置渐变色

19 选择工具箱中的〇“椭圆选框工具”，在选区内右击鼠标，在弹出的快捷菜单中选择“描边”选项，打开“描边”对话框，在“宽度”参数栏内键入5 px，如图40-16所示。

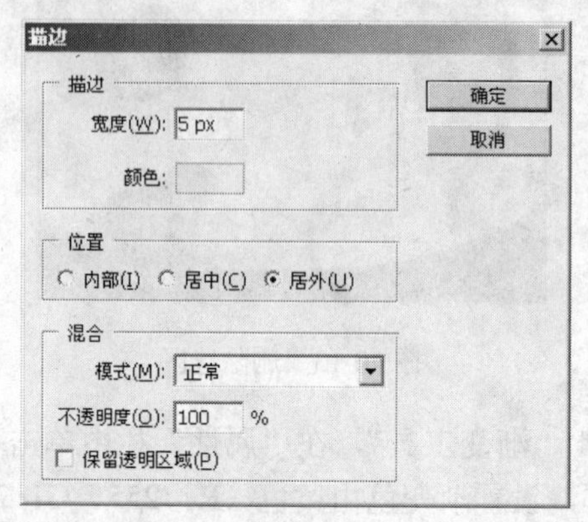

图40-16 设置“描边”对话框中的相关参数

20 单击“图层”调板底部的fx“添加图层样式”按钮，在弹出的快捷菜单中选择“投影”选项，打开“图层样式”对话框，将投影颜色设置为蓝色（R：37、G：43、B：57），在“角度”参数栏内键入117，在“距离”参数栏内键入10，其他参数使用默认设置，如图40-17所示。单击“确定”按钮，退出该对话框。

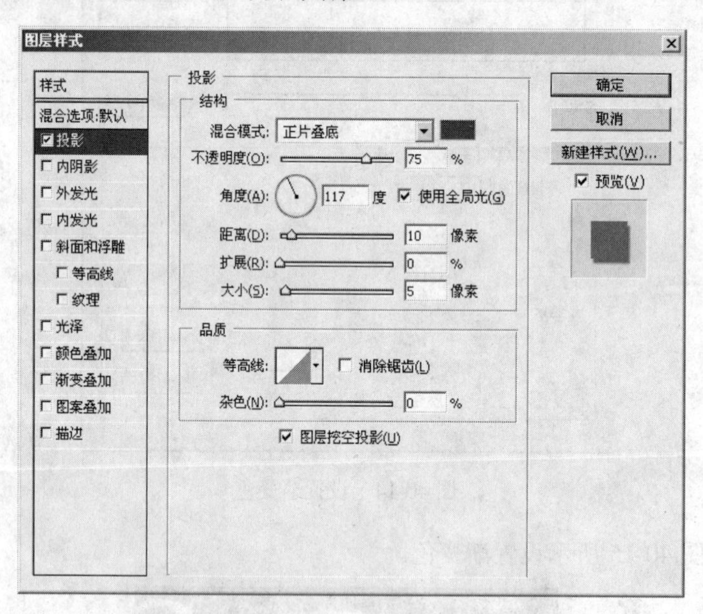

图40-17 设置“图层样式”对话框中的相关参数

21 接下来添加文本。选择工具箱中的T“横排文字工具”，在“属性”栏中的“设置字体系列”下拉选项栏中选择 Stencil Std 选项，在“设置字体大小”下拉选项栏中选择“8点”，设置字体颜色为灰蓝色（R：89、G：93、B：101），在如图 40-18 所示的位置键入XIANGQIDERENSHIYONGUANDEQIAAGFWTGGVAF字样。

22 单击“图层”调板底部的fx“添加图层样式”按钮，在弹出的快捷菜单中选择“描边”选项，打开“图层样式”对话框，在“大小”参数栏内键入 1，将描边颜色设置为黄色（G：255、R：249、B：85），如图40-19所示。单击“确定”按钮，退出该对话框。

图 40-18 键入文本

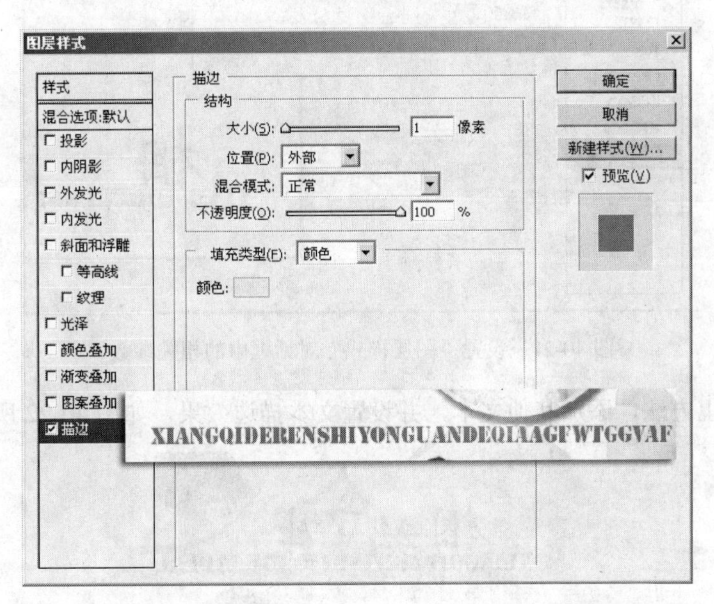

图 40-19 设置“图层样式”对话框中的相关参数

23 接下来添加文本。选择工具箱中的 T “横排文字工具”，在“属性”栏中的“设置字体系列”下拉选项栏中选择“楷体-GB2321”选项，在“设置字体大小”下拉选项栏中选择“24 点”，设置字体颜色为深蓝色（R：37、G：43、B：57），在如图 40-20 所示的位置键入“相”字样。

图 40-20 键入文本

24 单击“图层”调板底部的 fx “添加图层样式”按钮，在弹出的快捷菜单中选择“描边”选项，打开“图层样式”对话框，将描边颜色设置为黄色（G：255、R：249、B：85），其他参数使用默认设置，如图 40-21 所示。单击“确定”按钮，退出该对话框。

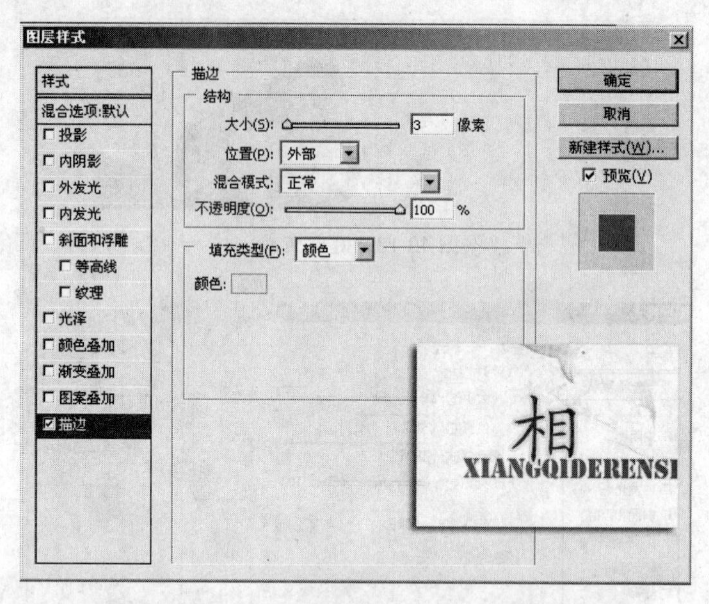

图 40-21　设置“图层样式”对话框中的相关参数

25 使用以上方法，添加其他文本，并设置文本描边效果，如图 40-22 所示。

图 40-22　添加其他文本

26 通过以上制作本实例就全部完成了，完成后的效果如图 40-23 所示。如果读者在制作过程中遇到什么问题，可以打开本书光盘中附带的“艺术照片处理/实例 40：处理简约风格婚纱照/简约风格婚纱照. psd”文件，该文件为本实例完成后的文件。

图 40-23　处理简约风格婚纱照

第5篇

儿童照片处理

儿童的形象总是天真可爱的，儿童数码照片的处理也与其他类型的照片有所区别。在这一部分中，将指导读者处理儿童照片。

实例 41　处理儿童相册封面

在本实例中，将指导读者处理儿童相册封面。画面整体风格清新优雅不凌乱，体现了儿童的天真烂漫。通过本实例，使读者了解在 Photoshop CS4 中纤维工具的使用方法。

在制作本实例时，首先通过使用纤维工具处理背景效果，使用快速蒙版模式编辑工具和渐变工具处理前景效果，最后使用文本工具添加相关文本并设置文本效果，完成本实例的制作。如图 41-1 所示为本实例完成后的效果。

图 41-1　儿童相册封面

1 运行 Photoshop CS4，执行菜单栏中的“文件”/“新建”命令，打开“新建”对话框，在“名称”文本框中键入“儿童相册封面”，创建一个名为“儿童相册封面”的新文档。在“宽度”参数栏内键入 600，在“高度”参数栏内键入 600，在“分辨率”参数栏内键入 72，在“设置分辨率的单位”下拉选项栏中选择“像素/厘米”选项，其他参数使用默认设置。

2 将“背景”层填充为黄色（R：253、G：239、B：215）。

3 单击“图层”调板底部的 “创建新图层”按钮，创建一个新图层——“图层 1”，将“图层 1”填充为黄色（R：253、G：239、B：215）。

4 将前景色设置为黄色（R：253、G：239、B：215），背景色设置为红色（R：239、G：50、B：48），执行菜单栏中的“滤镜”/“渲染”/“纤维”命令，打开“纤维”对话框，在“差异”参数栏内键入 10.0，在“强度”参数栏内键入 8.0，如图 41-2 所示。单击“确定”按钮，退出该对话框。

技巧

读者可以单击“纤维”对话框中的“随机化”按钮，选择所需要的纤维效果。

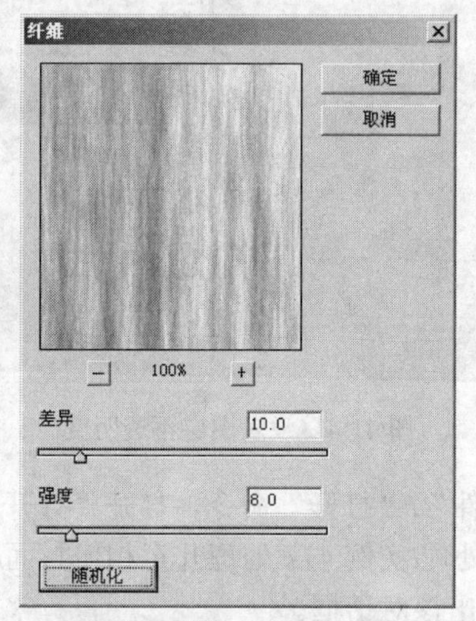

图 41-2 设置“纤维”对话框中的相关参数

5 在“图层”调板中将“图层 1”的“不透明度”参数设置为 70%。

6 执行菜单栏中的“文件”/“打开”命令，打开“打开”对话框，从该对话框中选择本书光盘中附带的“儿童照片处理/实例 41：处理儿童相册封面/背景素材.jpg”文件，如图 41-3 所示。单击“打开”按钮，退出该对话框。

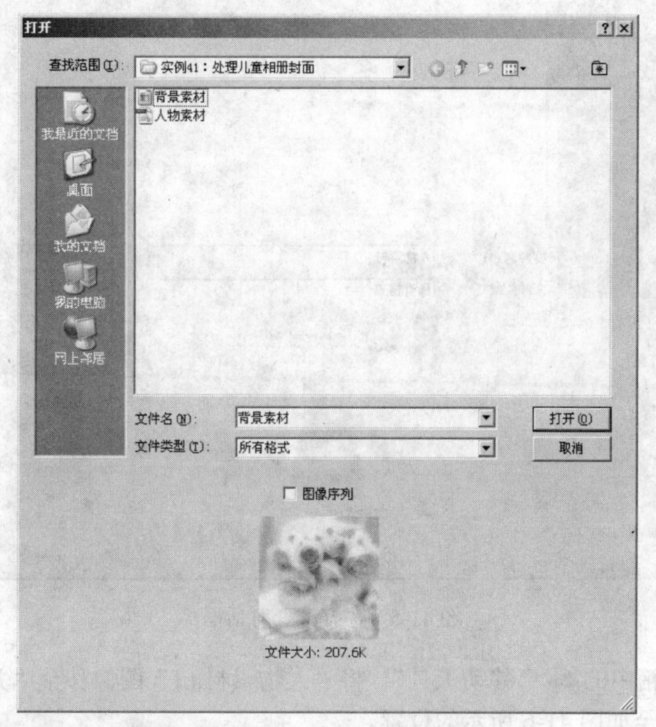

图 41-3 “打开”对话框

7 选择工具箱中的 “移动工具”，将“人物素材.jpg”图像移至“儿童相册封面.psd”文档窗口中，生成“图层 2”，将“图层 2”的“不透明度”参数设置为 60%。如图 41-4 所示。

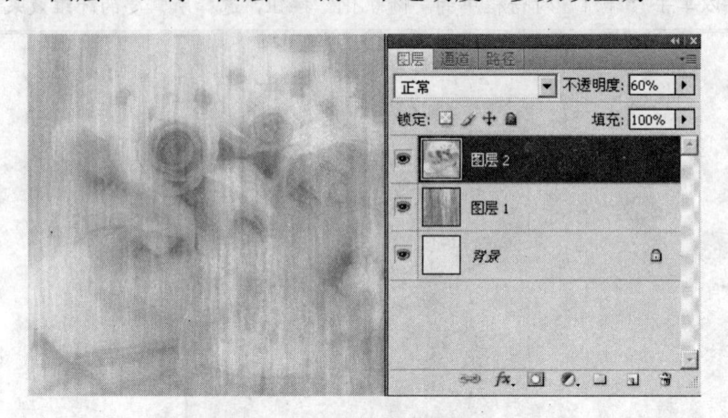

图 41-4　设置图层不透明度

8 执行菜单栏中的“文件”/“打开”命令，打开“打开”对话框，从该对话框中选择本书光盘中附带的“儿童照片处理/实例 41：处理儿童相册封面/人物素材.tif”文件，如图 41-5 所示。单击“打开”按钮，退出该对话框。

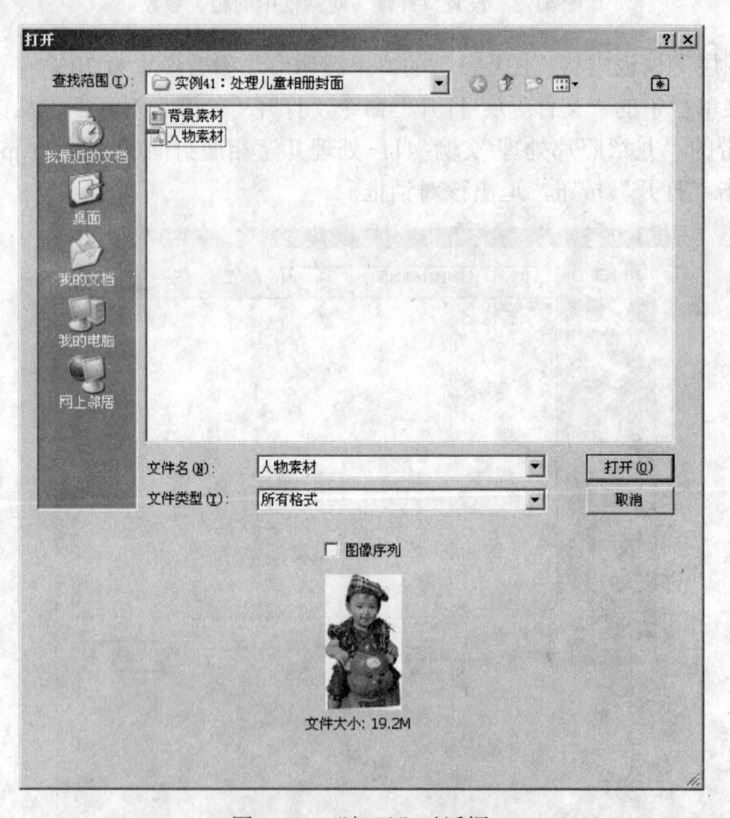

图 41-5　“打开”对话框

9 选择工具箱中的 “移动工具”，将“人物素材.tif”图像移至“儿童相册封面.psd”文档窗口中，并移至如图 41-6 所示的位置。

图 41-6　移动图像位置

10 执行菜单栏中的“图像”/“调整”/“色相/饱和度”命令，打开“色相/饱和度”对话框，在“饱和度”参数栏内键入 35，如图 41-7 所示。单击“确定”按钮，退出该对话框。

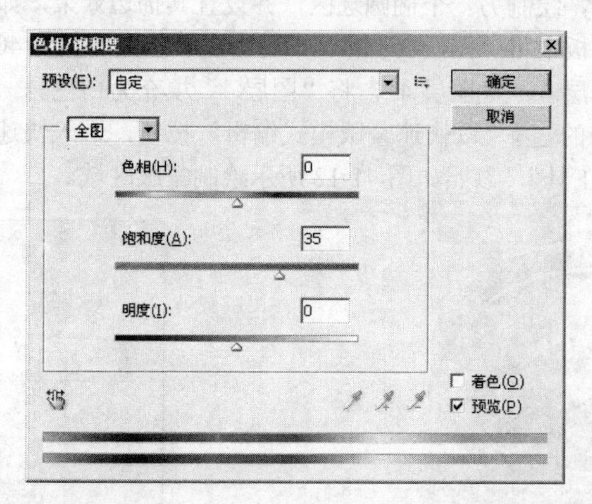

图 41-7　设置“色相/饱和度”对话框中的相关参数

11 执行菜单栏中的“图像”/“调整”/“亮度/对比度”命令，打开“亮度/对比度”对话框，在“亮度”参数栏内键入 50，在“对比度”参数栏内键入 20，如图 41-8 所示。单击“确定”按钮，退出该对话框。

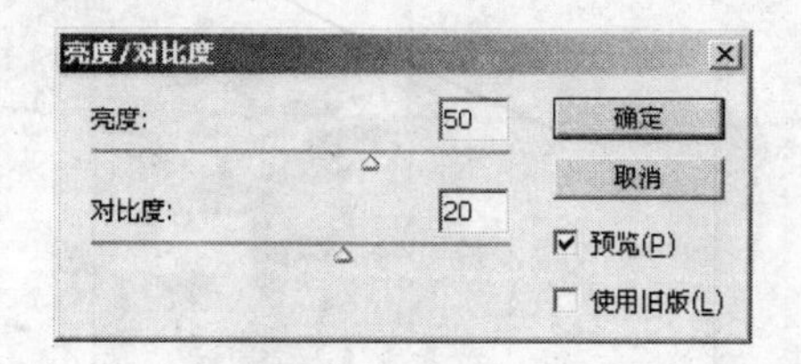

图 41-8　设置“亮度/对比度”参数栏内的相关参数

12 创建一个新图层——“图层 3”。选择工具箱中的 “椭圆选框工具”，在如图 41-9 所示的位置绘制椭圆选区。

13 右击选区内空白区域，在弹出的快捷菜单中选择“描边”选项，在“宽度”参数栏内键入 6 px，将描边颜色设置为白色，选择“位置”选项组下的“居外”单选按钮，如图 41-10 所示。单击“确定”按钮，退出该对话框。

图 41-9　绘制椭圆选区

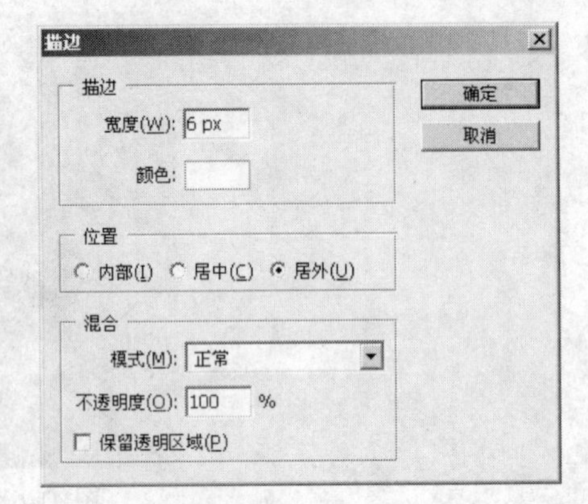

图 41-10　设置“描边”对话框中的相关参数

14 按下键盘上的 Ctrl+D 组合键，取消选区。

15 使用同样方法，绘制另一个椭圆选区，并设置其描边效果，如图 41-11 所示。

16 在“图层”调板中将“图层 3”的“不透明度”参数设置为 40%。

17 创建一个新图层——“图层 4”，将“图层 4”填充为白色。

18 单击工具箱中的 “以快速蒙版模式编辑”按钮，进入快速蒙版编辑模式，选择工具箱中的 “渐变工具”，参照如图 41-12 所示绘制蒙版区域。

图 41-11　设置描边效果

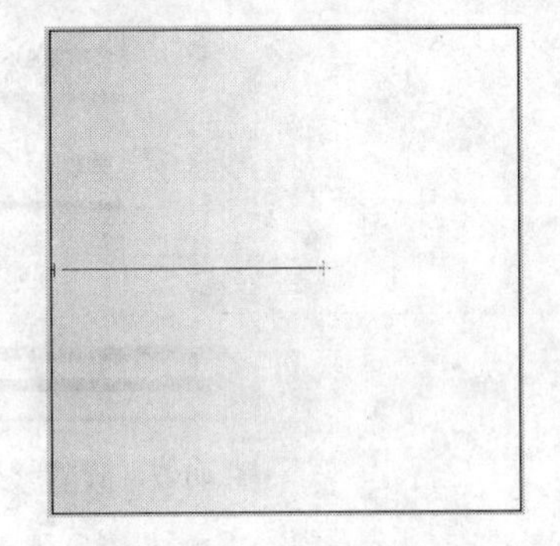

图 41-12　绘制蒙版区域

19 单击 “以标准模式编辑”按钮，退出快速蒙版编辑模式，按下键盘上的 Delete 键，删除选区内的图像，如图 41-13 所示。

图 41-13　删除选区内图像

20 按下键盘上的 Ctrl+D 组合键，取消选区。

21 创建一个新图层——“图层 5”。选择工具箱中的“矩形选框工具”，参照图 41-14 所示绘制两个矩形选区。

22 按下键盘上的 Shift+F6 组合键，打开“羽化选区”对话框，在“羽化半径”参数栏内键入 20，如图 41-15 所示。单击“确定”按钮，退出该对话框。

图 41-14　绘制矩形选区

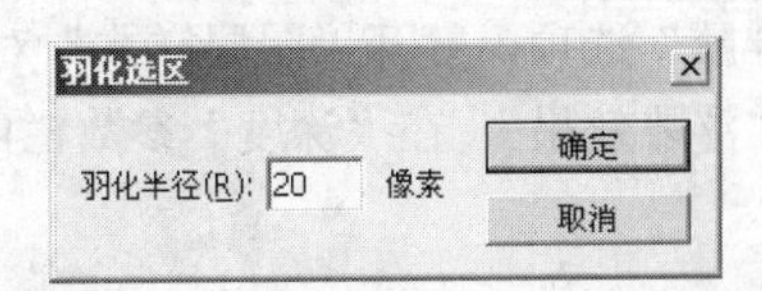

图 41-15　设置“羽化选区”对话框中的相关参数

23 将前景色设置为黄色（R：250、G：221、B：175），按下键盘上的 Alt+Delete 组合键，填充选区，如图 41-16 所示。

24 按下键盘上的 Ctrl+D 组合键，取消选区。

25 选择工具箱中的“矩形选框工具”，参照图 41-17 所示绘制一个矩形选区，并将该选区填充为黑色。

图 41-16　填充选区

图 41-17　绘制选区

26 接下来添加文字。选择工具箱中的 T “横排文字工具”，单击“属性”栏中的“设置字体系列”下拉按钮，在弹出的下拉选项栏中选择 Comic Sans MS 选项，在“设置字体大小”参数栏内选择“6 点”，将文本颜色设置为黄色（R：244、G：208、B：177），在如图 41-18 所示的位置键入 JINGYUE 文本。

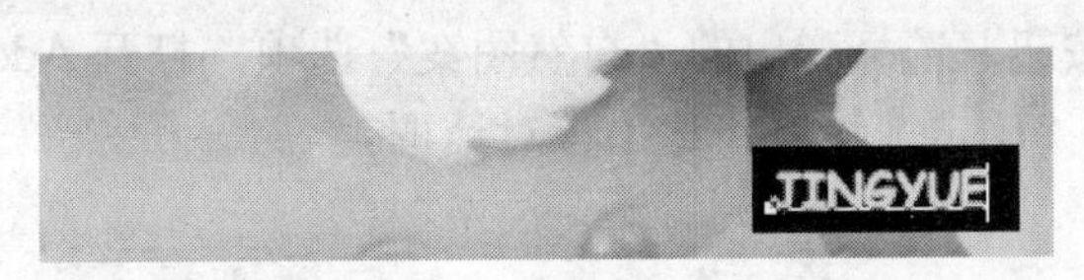

图 41-18　键入文本

27 选择工具箱中的T“横排文字工具”，单击“属性”栏中的“设置字体系列”下拉按钮，在弹出的下拉选项栏中选择“仿宋-GB2321”选项，在“设置字体大小”参数栏内选择“18 点”，将文本颜色设置为黄色（R：255、G：192、B：0），在如图 41-19 所示的位置键入“天真烂漫”文本。

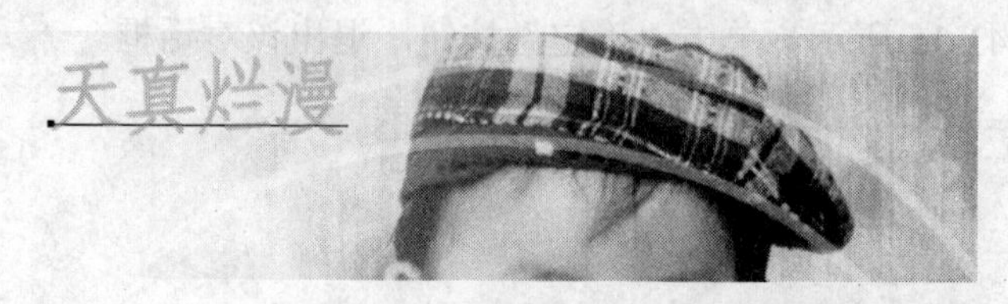

图 41-19　键入文本

28 单击“图层”调板底部的 fx “添加图层样式”按钮，在弹出的快捷菜单中选择“斜面和浮雕”选项，打开“图层样式”对话框，在“结构”选项组下的“样式”下拉选项栏中选择“浮雕效果”，在“深度”参数栏内键入 32，在“大小”参数栏内键入 3，如图 41-20 所示。

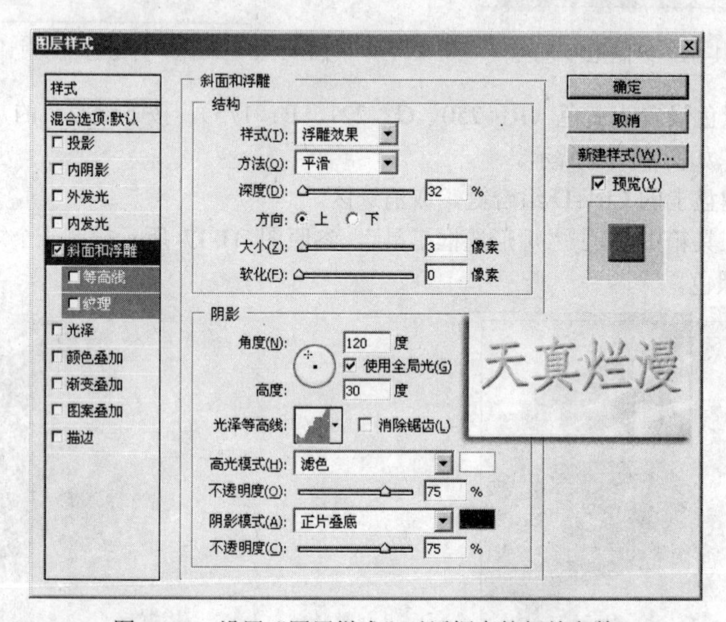

图 41-20　设置“图层样式”对话框中的相关参数

29 双击“图层样式”对话框中的“样式”选项组下的“颜色叠加”选项，进入“颜色叠加”编辑窗口，设置叠加颜色为黄色（R：255、G：216、B：0），在“不透明度”参数栏内键入 50。如图 41-21 所示。

30 双击“图层样式”对话框中的“样式”选项组下的“图案叠加”选项，进入“图案叠加”编辑窗口，单击“图案”选项组下的“点按可打开‘图案’拾色器”按钮，在打开的调板中单击右侧的 ▸ 按钮，选择弹出的“自然图案”选项，打开 Adobe Photoshop 对话框，如图 41-22 所示。单击“确定”按钮，退出该对话框。

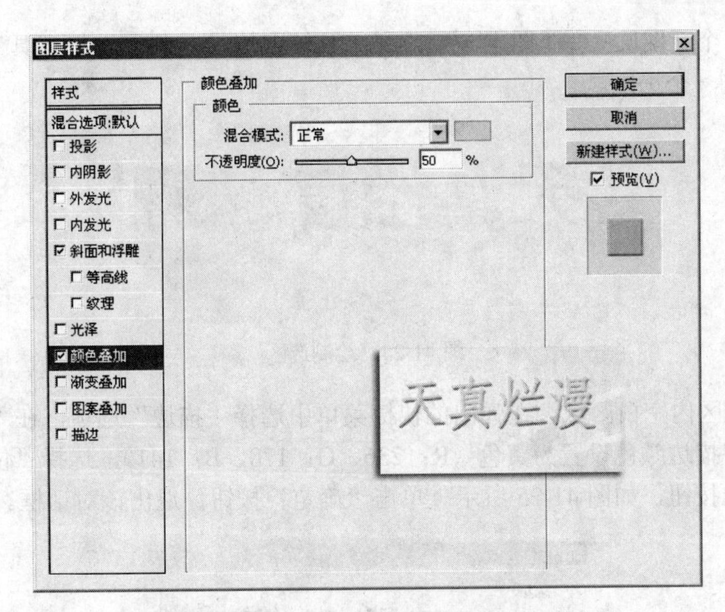

图 41-21　设置“图层样式”对话框中的相关参数

图 41-22　打开 Adobe Photoshop 对话框

31 退出 Adobe Photoshop 对话框后，进入“图层样式”对话框，在调板中选择“紫色邹菊（200×200 像素，RGB 模式）”选项，在“不透明度”参数栏内键入 90，如图 41-23 所示。单击“确定”按钮，退出该对话框。

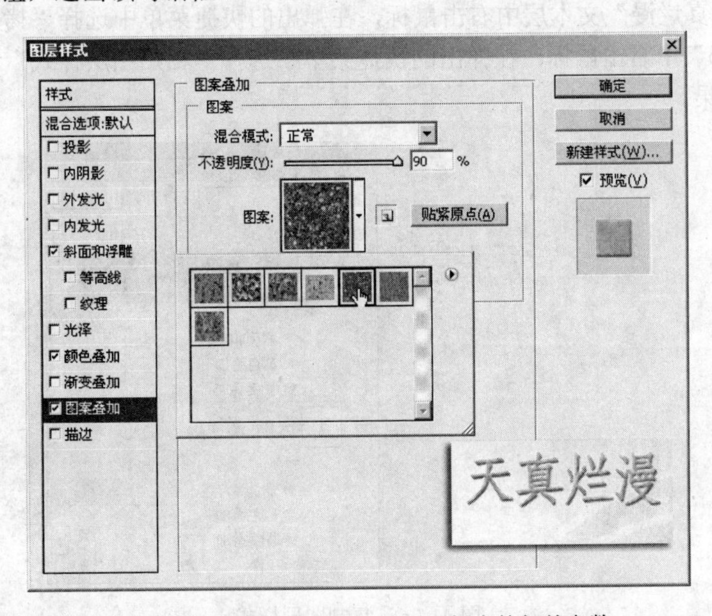

图 41-23　设置“图层样式”对话框中的相关参数

32 创建一个新图层——“图层 6”。选择工具箱中的 “椭圆选框工具”，在如图 41-24 所示的位置绘制一个选区。

图 41-24　绘制选区

33 右击选区内空白区域，在弹出的快捷菜单中选择“描边”选项，在“宽度”参数栏内键入 6 px，将描边颜色设置为黄色（R：236、G：178、B：141），选择“位置”选项组下的“内部”单选按钮，如图 41-25 所示。单击“确定”按钮，退出该对话框。

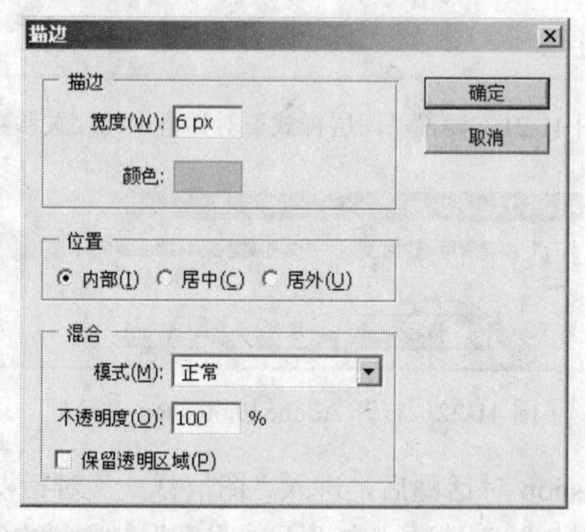

图 41-25　设置“描边”对话框中的相关参数

34 在“天真烂漫”文本层中右击鼠标，在弹出的快捷菜单中选择“拷贝图层样式”选项，在“图层 6”中右击鼠标，在弹出的快捷菜单中选择“粘贴图层样式”选项，完成如图 41-26 所示的效果。

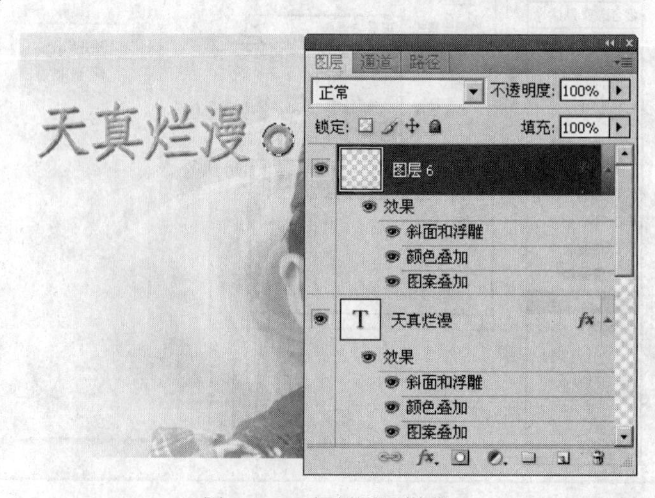

图 41-26　复制图层样式

35 按下键盘上的 Ctrl+D 组合键，取消选区。

36 使用同样方法，在如图 41-27 所示的位置键入 LIOJQG 文本，并设置其图层样式。

37 选择工具箱中的 T "横排文字工具"，单击"属性"栏中的"设置字体系列"下拉按钮，在弹出的下拉选项栏中选择 Bickham Script Pro 选项，在"设置字体大小"参数栏内键入 60，将文本颜色设置为白色，在如图 41-28 所示的位置键入 R 文本，单击"属性"栏中的"设置字体系列"下拉按钮，在弹出的下拉选项栏中选择 Cooper Std 选项，在"设置字体大小"参数栏内键入 12，在刚刚键入的文本右侧键入 oseate 文本。

图 41-27　键入文本

图 41-28　键入文本

38 选择工具箱中的 T "横排文字工具"，单击"属性"栏中的"设置字体系列"下拉按钮，在弹出的下拉选项栏中选择"黑体"选项，在"设置字体大小"参数栏内键入 5.5 点，将文本颜色设置为桔红色（R：247、G：207、B：190），在文档左侧键入相关文本，如图 41-29 所示。

39 通过以上制作本实例就全部完成了，完成后的效果如图 41-30 所示。如果读者在制作过程中遇到什么问题，可以打开本书光盘附带文件中的"儿童照片处理/实例 41：处理儿童相册封面/儿童相册封面.psd"文件，该文件为本实例完成后的文件。

图 41-29　键入文本

图 41-30　儿童相册封面

实例42 快乐时光

实例说明

在本实例中，将指导读者制作一幅暖色调的儿童照片。在制作过程中，主要使用了模糊工具设置图像的模糊效果，通过本实例的制作使读者了解儿童照片的处理方法。

技术要点

在本实例中，首先需要使用模糊工具设置图像的模糊效果，使其呈现远处模糊近处清晰的效果，然后使用蒙版工具设置蒙版区域，最后导入文字和条纹图像，并适当调整其位置和大小，完成该实例的设置。如图42-1所示为编辑后的效果。

图42-1 处理儿童照片.快乐时光

1 运行Photoshop CS4，执行菜单栏中的“文件”/“打开”命令，打开“打开”对话框，打开本书光盘中附带的“儿童照片处理/实例42：处理儿童照片.快乐时光/背景素材.jpg”文件，如图42-2所示。单击“打开”按钮，退出该对话框。

2 将“背景”层进行复制生成“背景副本”层，并将“背景副本”层隐藏。

3 选择“背景”层，执行菜单栏中的“滤镜”/“模糊”/“高斯模糊”命令，打开“高斯模糊”对话框，在“半径”参数栏内键入10，如图42-3所示。

4 在“高斯模糊”对话框中单击“确定”按钮，退出该对话框。如图42-4所示为设置高斯模糊后的图像效果。

5 显示“背景副本”层，单击工具箱中的“以快速蒙版模式编辑”按钮，进入快速蒙版模式编辑状态，单击工具箱中的“渐变工具”按钮，在“属性”栏中激活“径向渐变”按钮，并参照如图42-5所示设置蒙版区域。

6 单击工具箱中的“以标准模式编辑”按钮，进入标准模式编辑状态，这时生成一个如图42-6所示的选区。

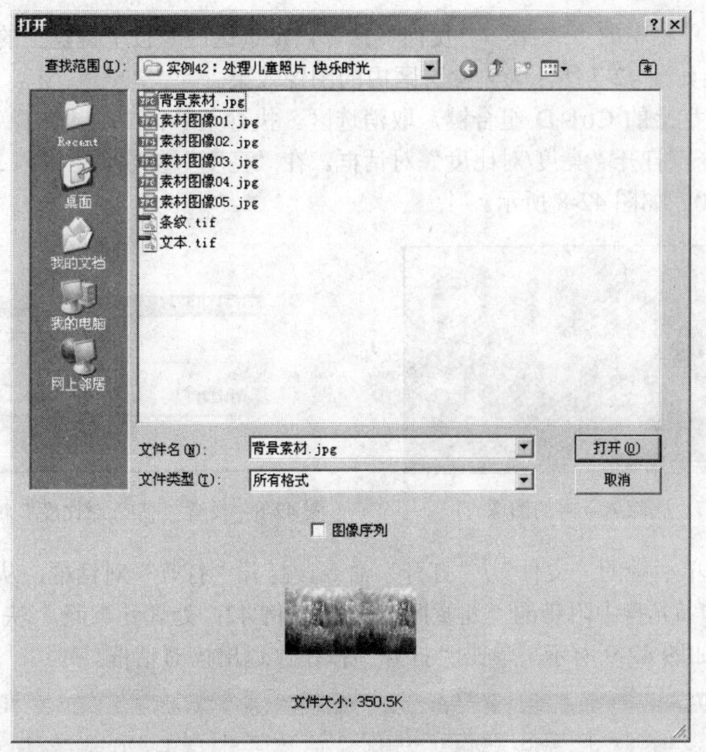

图 42-2　“打开”对话框

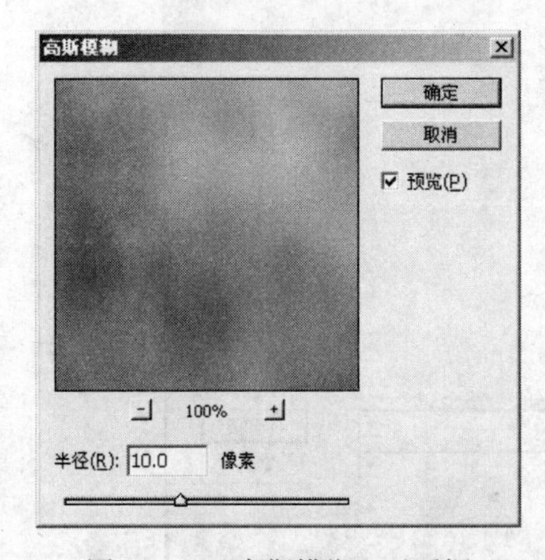

图 42-3　“高斯模糊”对话框

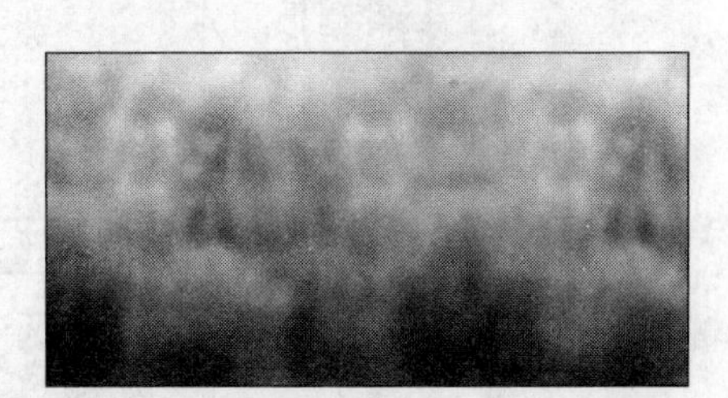

图 42-4　设置高斯模糊后的图像效果

图 42-5　设置蒙版区域

图 42-6　生成选区

7 执行菜单栏中的“选择”/“反向”命令，反选选区。按下键盘上的 Delete 键，删除选区内的图像，如图 42-7 所示为删除选区内的图像效果。

8 按下键盘上的 Ctrl+D 组合键，取消选区。执行菜单栏中的“图像”/“调整”/“亮度/对比度”命令，打开“亮度/对比度”对话框。在“亮度”参数栏内键入 30，在“对比度”参数栏内键入 20，如图 42-8 所示。

图 42-7　删除选区内的图像

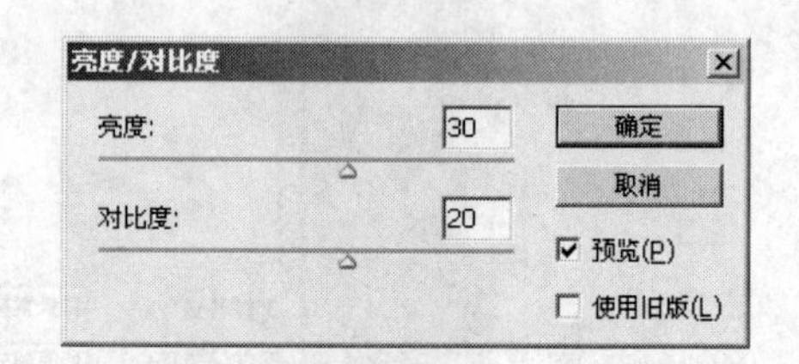

图 42-8　设置“亮度/对比度”对话框中的相关参数

9 执行菜单栏中的“文件”/“打开”命令，打开“打开”对话框，从该对话框中的显示窗口中选择本书光盘中附带的“儿童照片处理/实例 42：处理儿童照片.快乐时光/素材图像 01.jpg”文件，如图 42-9 所示。单击“打开”按钮，退出该对话框。

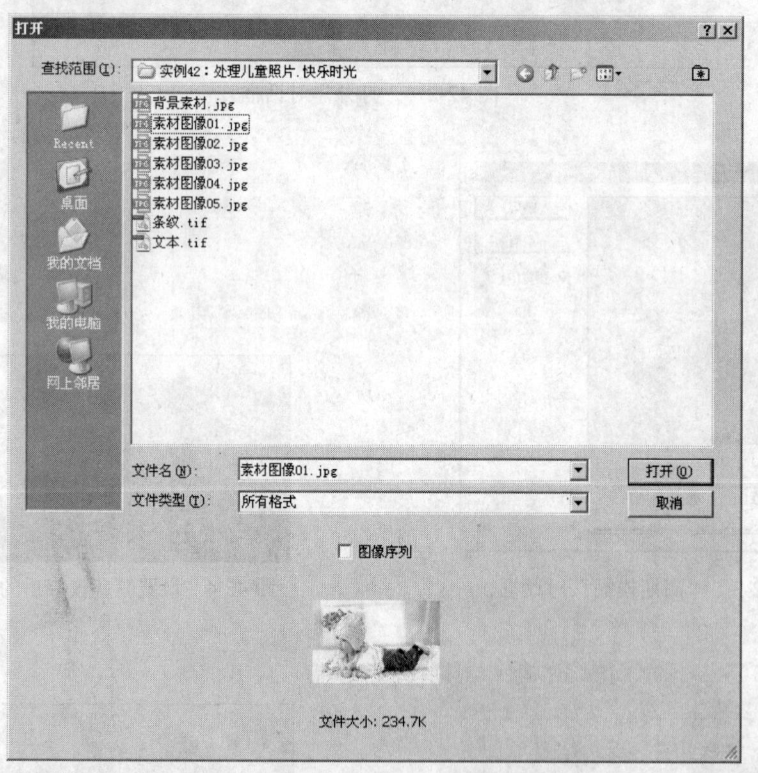

图 42-9　“打开”对话框

10 将“素材图像 01.jpg”图像拖动至“背景素材.jpg”文档窗口中，生成新图层——“图层 1”，并参照如图 42-10 所示调整图像位置。

11 参照上述设置蒙版的方法，设置“图层 1”的蒙版区域，并设置选区，如图 42-11 所示。

图 42-10　调整图像位置

图 42-11　设置选区

12 确定选区处于可编辑状态，按两下键盘上的 Delete 键，删除选区内的图像，如图 42-12 所示。

13 按下键盘上的 Ctrl+D 组合键，取消选区。

14 创建一个新图层——“图层 2”，单击工具箱中的“圆角矩形工具”按钮，在“属性”栏的“半径”参数栏内键入 0.4，参照如图 42-13 所示绘制圆角矩形。

图 42-12　删除选区内的图像

图 42-13　绘制圆角矩形

15 进入“路径”调板，单击调板底部的“将路径作为选区载入”按钮，将路径加载为选区。进入“图层”调板，将前景色设置为白色，并使用前景色填充选区，如图 42-14 所示。

图 42-14　填充选区

16 按下键盘上的 Ctrl+D 组合键，取消选区。执行菜单栏中的“图层”/“图层样式”/“投影”命令，打开“图层样式”对话框，设置阴影颜色为紫色（R：85、G：0、B：88），在“距离”参数栏内键入 5，在“扩展”参数栏内键入 0，在“大小”参数栏内键入 32，其他参数使用默认设置，如图 42-15 所示。单击“确定”按钮，退出该对话框。

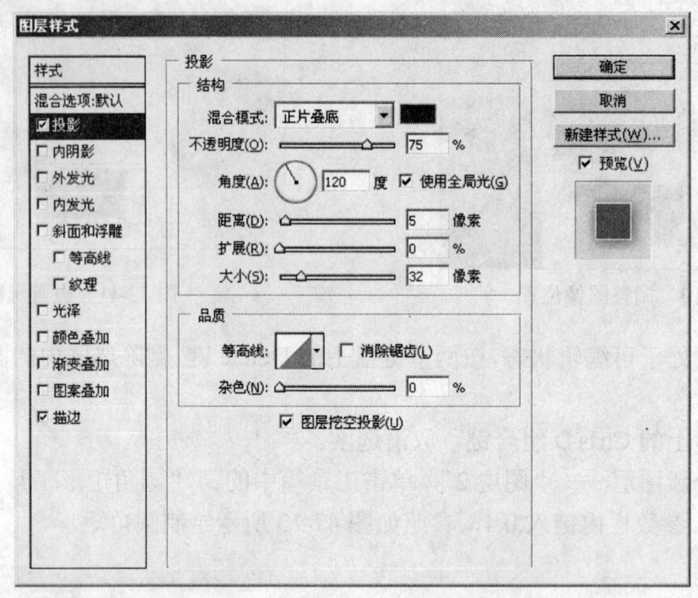

图 42-15 设置“图层样式”对话框中的相关参数

17 选择“图层 2”，按下键盘上的 Ctrl+T 组合键，打开自由变换框，参照如图 42-16 所示调整图像的旋转角度。

18 按下键盘上的 Enter 键，取消自由变换框。

19 将“图层 2”复制 3 次，并参照图 42-17 依次调整副本图像的大小、位置和旋转角度。

图 42-16 调整图像的旋转角度

图 42-17 调整副本图像的大小和旋转角度

20 打开本书光盘中附带的“儿童照片处理/实例 42：处理儿童照片.快乐时光/素材图像 02. jpg”文件。将“素材图像 02. jpg”图像拖动至“背景素材.jpg”文档窗口中，生成新图层——“图层 3”，并将其拖动至“图层 2 副本”层的底层。

21 选择“图层 3”，按下键盘上的 Ctrl+T 组合键，打开自由变换框，参照图 42-18 调整图像的大小和旋转角度。

22 按下键盘上的 Enter 键，取消自由变换框。

23 按住键盘上的 Ctrl 键，单击“图层 2”图层缩览图，加载该图层选区，如图 42-19 所示。

24 确定“图层 3”处于可编辑状态，执行菜单栏中的“选择”/“反向”命令，反选选区，按下键盘上的 Delete 键，删除选区内的图像，如图 42-20 所示。

25 按下键盘上的 Ctrl+D 组合键，取消选区。

图 42-18　调整图像的大小和旋转角度

图 42-19　加载选区

26 参照上述设置“图层 3”的方法，依次将“儿童照片处理/实例 42：处理儿童照片.快乐时光/素材图像 03. jpg”、“素材图像 04. jpg”、“素材图像 05. jpg”文件拖动至“背景素材.jpg”文档窗口中，将“素材图像 03.jpg”文件拖动至“图层 2 副本”的顶层，将“素材图像 04.jpg”文件拖动至“图层 2 副本 2”的顶层，将“素材图像 05.jpg”文件拖动至“图层 2 副本 3”的顶层，并参照如图 42-21 所示调整各图像状态。

图 42-20　删除选区内的图像

图 42-21　调整各图像状态

27 打开本书光盘中附带的“儿童照片处理/实例 42：处理儿童照片.快乐时光/文本.tif”文件，将“文本. tif”图像拖动至“背景素材.jpg”文档窗口中，并将其拖动至如图 42-22 所示的位置。

图 42-22　调整文本位置

28 打开本书光盘中附带的“儿童照片处理/实例 42：处理儿童照片.快乐时光/文本. tif”文件，将“条纹.tif”图像拖动至“背景素材.jpg”文档窗口中。并将其拖动至如图 42-23 所示的位置。

图 42-23 调整图像位置

29 通过以上制作本实例就全部完成了，完成后的效果如图 42-24 所示。如果读者在制作过程中遇到什么问题，可以打开本书光盘中附带的“儿童照片处理/实例 42：处理儿童照片.快乐时光/处理儿童照片.快乐时光.psd”文件，该文件为本实例完成后的文件。

图 42-24 处理儿童照片.快乐时光

实例 43 公 主 梦 想

在本实例中，将指导读者处理梦幻风格的儿童照片。照片整体风格清雅梦幻，色彩温馨和谐，突出儿童的活泼可爱。通过本实例，使读者了解在 Photoshop CS4 中描边工具的使用方法。

在制作本实例时，首先使用橡皮擦工具将窗帘边缘进行擦除，然后使用矩形选框工具绘制选区并将选区进行描边设置，最后导入文本素材并为其添加描边效果，完成本实例的制作。如图 43-1 所示为本实例完成后的效果。

图 43-1 公主梦想

1 运行 Photoshop CS4，执行菜单栏中的“文件”/“打开”命令，打开“打开”对话框，从该对话框中选择本书光盘中附带的“儿童照片处理/实例 43：公主梦想/背景素材.jpg”文件，如图 43-2 所示。单击“打开”按钮，退出该对话框。

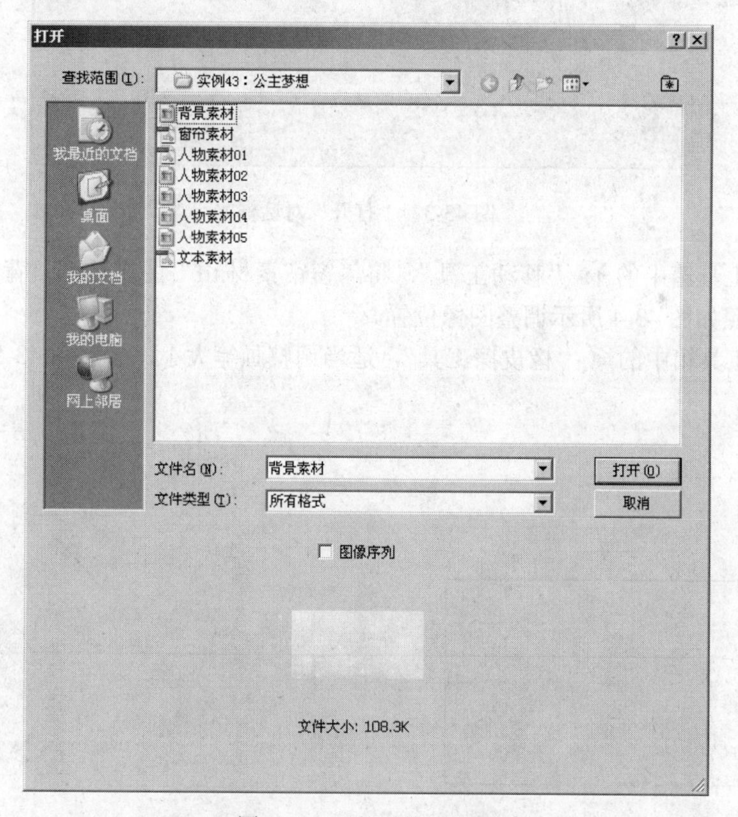

图 43-2 “打开”对话框

2 执行菜单栏中的“文件”/“打开”命令，打开“打开”对话框，从该对话框中选择本书光盘中附带的“儿童照片处理/实例 43：公主梦想/窗帘素材.tif”文件，如图 43-3 所示。单击“打开”按钮，退出该对话框。

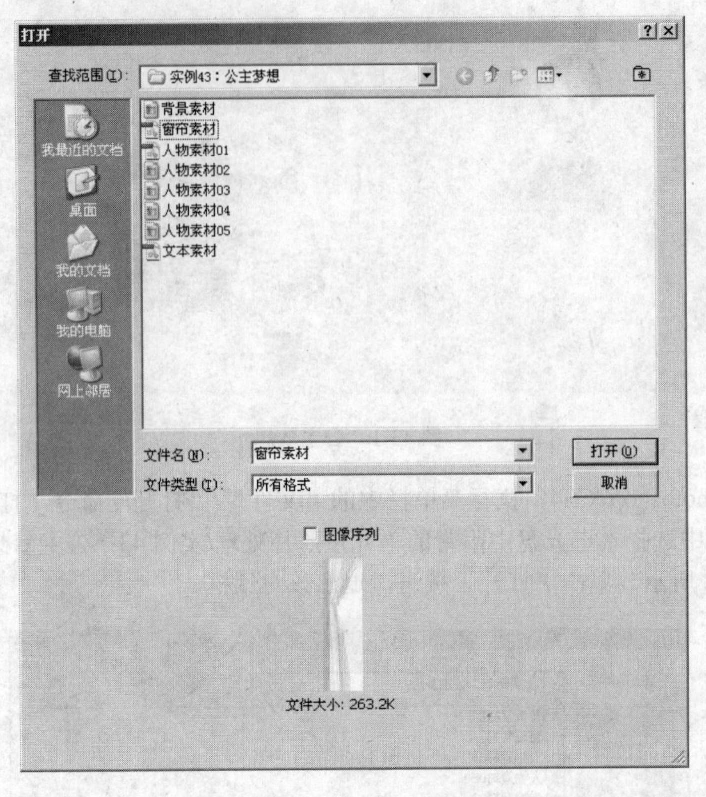

图 43-3　“打开”对话框

3 选择工具箱中的“移动工具”，将“窗帘素材.tif”图像移至“背景素材.jpg”文档窗口中，参照如图 43-4 所示调整图像位置。

4 选择工具箱中的“橡皮擦工具”，适当调整画笔大小，参照图 43-5 所示擦除窗帘边缘多余图像。

图 43-4　移动图像位置

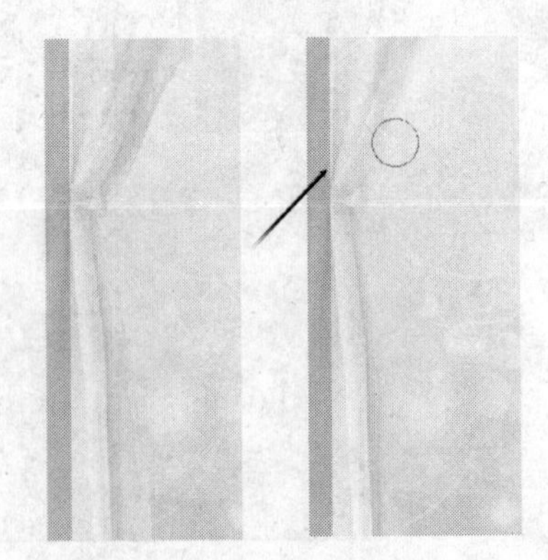

图 43-5　擦除边缘多余图像

5 创建一个新图层——“图层 1”。选择工具箱中的“矩形选框工具”，按住键盘上的 Shift 键，在如图 43-6 所示的位置绘制 3 个选区。

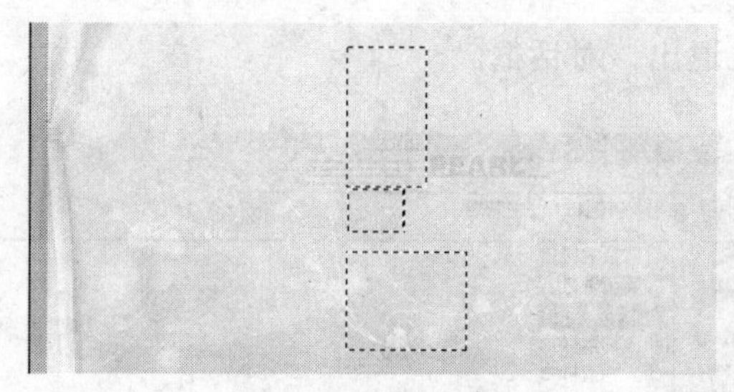

图 43-6　绘制选区

6 右击选区内空白区域，在弹出的快捷菜单中选择“描边”选项，打开“描边”对话框，在“宽度”参数栏内键入 2 px，将描边颜色设置为黄色（R：236、G：209、B：169），选择“位置”选项组下的“内部”单选按钮，如图 43-7 所示。单击“确定”按钮，退出该对话框。

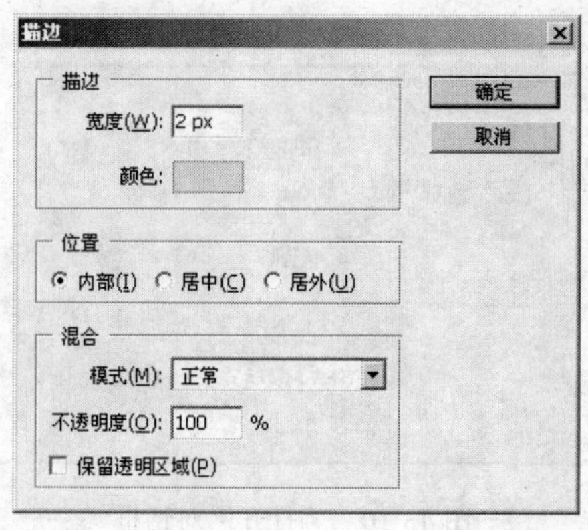

图 43-7　设置“描边”对话框中的相关参数

7 在“图层”调板中将“图层 1”的“不透明度”参数设置为 30%，如图 43-8 所示。

8 使用工具箱中的“矩形选框工具”，参照图 43-9 所示绘制多个矩形选区，并将选区填充为黄色（R：236、G：209、B：169）。

图 43-8　设置图层不透明度

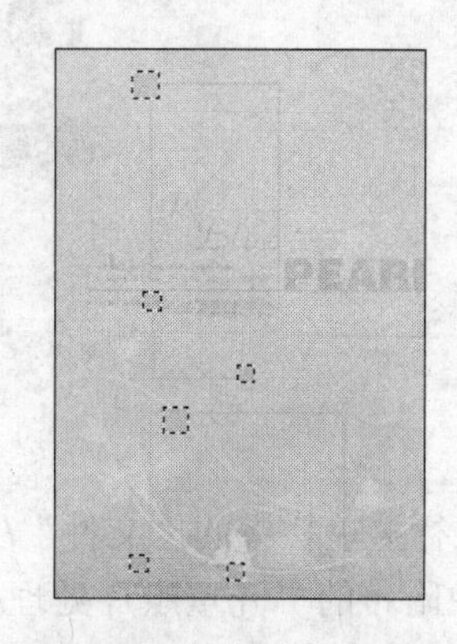

图 43-9　绘制并填充选区

9 按下键盘上的 Ctrl+D 组合键，取消选区。

10 执行菜单栏中的“文件”/“打开”命令，打开“打开”对话框，从该对话框中选择本书光盘中附带的“儿童照片处理/实例 43：公主梦想/人物素材 01.tif”文件，如图 43-10 所示。单击“打开”按钮，退出该对话框。

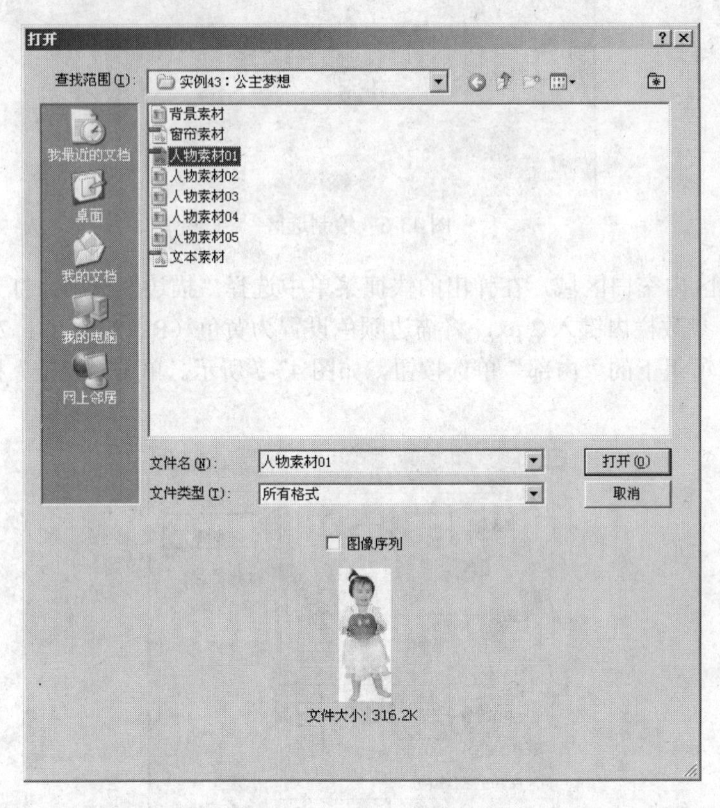

图 43-10 “打开”对话框

11 选择工具箱中的“移动工具”，将“人物素材 01.tif”图像移至“背景素材.jpg”文档窗口中，参照如图 43-11 所示调整图像位置。

图 43-11 移动图像位置

12 执行菜单栏中的“文件”/“打开”命令，打开“打开”对话框，从该对话框中选择本书光盘中附带的“儿童照片处理/实例 43：公主梦想/人物素材 02.jpg”文件，如图 43-12 所示。单击“打开”按钮，退出该对话框。

13 选择工具箱中的“移动工具”，将“人物素材 02.jpg”图像移至“背景素材.jpg”文档窗口中，在“图层”调板中生成“图层 2”，参照如图 43-13 所示调整图像位置。

14 按住键盘上的 Ctrl 键，单击“图层 2”的图层缩览图，加载“图层 2”选区。

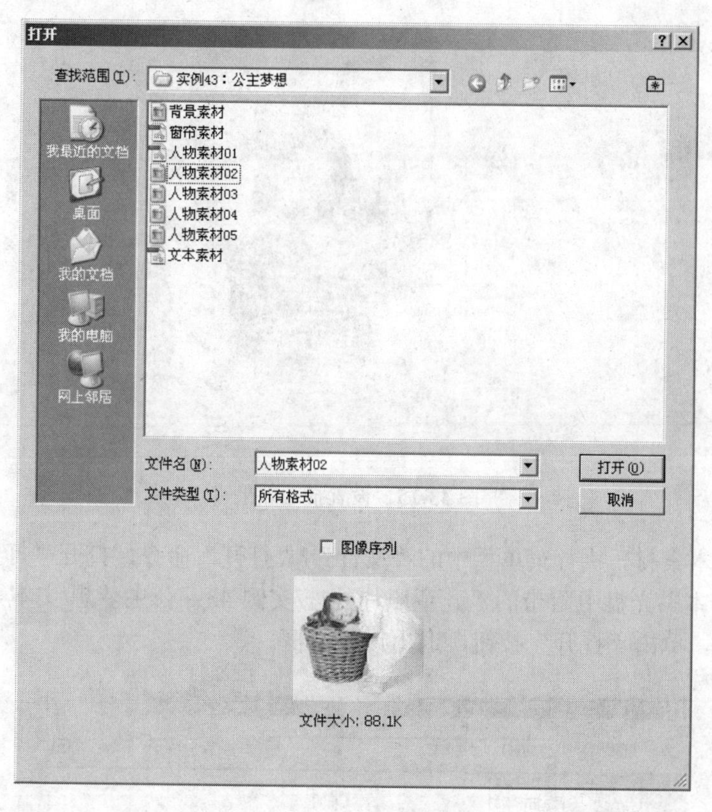

图 43-12　“打开”对话框

15 选择工具箱中的 “矩形选框工具”，右击选区内空白区域，在弹出的快捷菜单中选择“描边”选项，在“宽度”参数栏内键入 2 px，将描边颜色设置为黄色（R：253、G：224、B：214），选择“位置”选项组下的“内部”单选按钮，如图 43-14 所示。单击“确定”按钮，退出该对话框。

图 43-13　调整图像位置

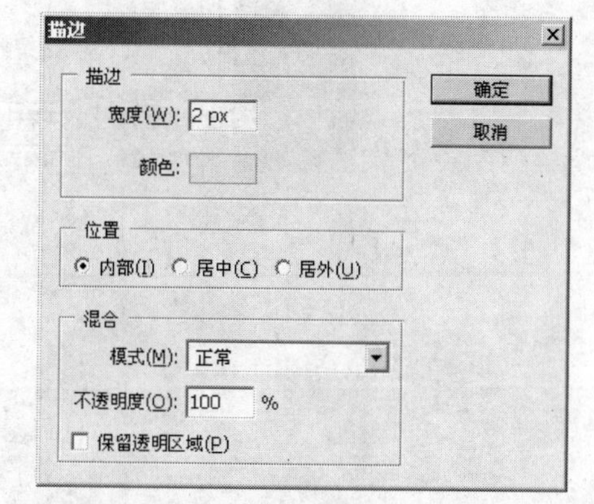

图 43-14　设置“描边”对话框中的相关参数

16 使用同样方法，分别导入“人物素材 03.jpg”、“人物素材 04.jpg”、“人物素材 05.jpg 图像，并将描边颜色设置为橘黄色（R：254、G：213、B：140），将描边宽度设置为 3，完成后的效果如图 43-15 所示。

图 43-15　设置描边效果

17 导入文本素材。执行菜单栏中的“文件”/“打开”命令，打开“打开”对话框，从该对话框中选择本书光盘中附带的“儿童照片处理/实例 43：公主梦想/文本素材.tif”文件，如图 43-16 所示。单击“打开”按钮，退出该对话框。

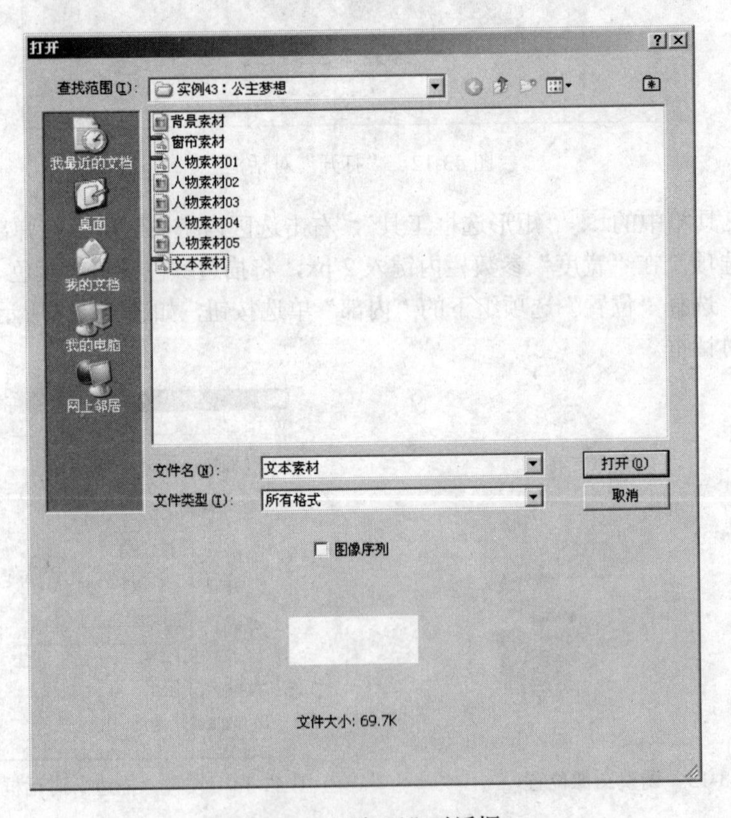

图 43-16　“打开”对话框

18 选择工具箱中的“移动工具”，将“文本素材.tif”图像移至“背景素材.jpg”文档窗口中，参照图 43-17 所示调整图像位置。

图 43-17　调整图像位置

19 确定“文本素材”层处于可编辑状态，单击“图层”调板底部的 fx.“添加图层样式”按钮，在弹出的快捷菜单中选择“描边”选项，打开“图层样式”对话框，在“大小”参数栏内键入 4，将描边颜色设置为浅红色（R：253、G：221、B：209），其他参数使用默认设置，如图 43-18 所示。单击“确定”按钮，退出该对话框。

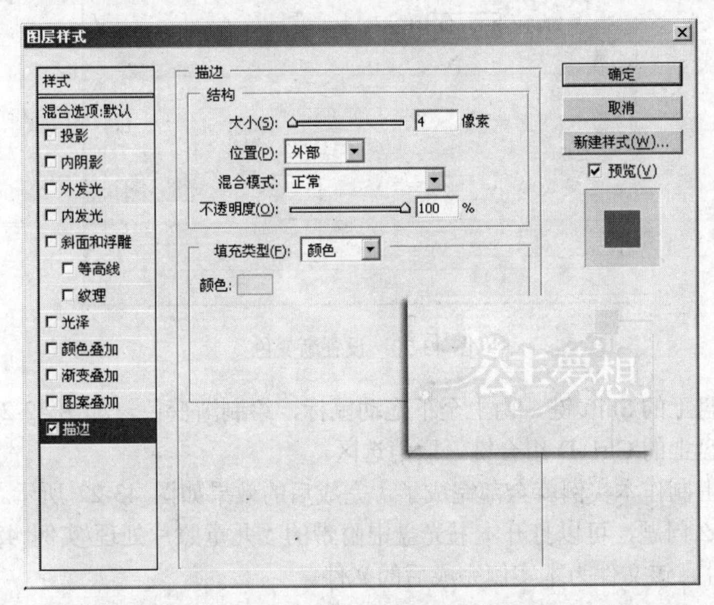

图 43-18　设置“图层样式”对话框中的相关参数

20 创建一个新图层——“图层 6”。选择工具箱中的 “矩形选框工具”，在如图 43-19 所示的位置绘制一个矩形选区。

图 43-19　绘制矩形选区

21 选择工具箱中的“渐变工具”，在“属性”栏中单击“点按可编辑渐变”按钮，打开“渐变编辑器”对话框，参照图 43-20 所示设置渐变色由淡蓝色（R：233、G：238、B：241）和浅黄色（R：255、G：238、B：212）组成。单击“确定”按钮，退出该对话框。

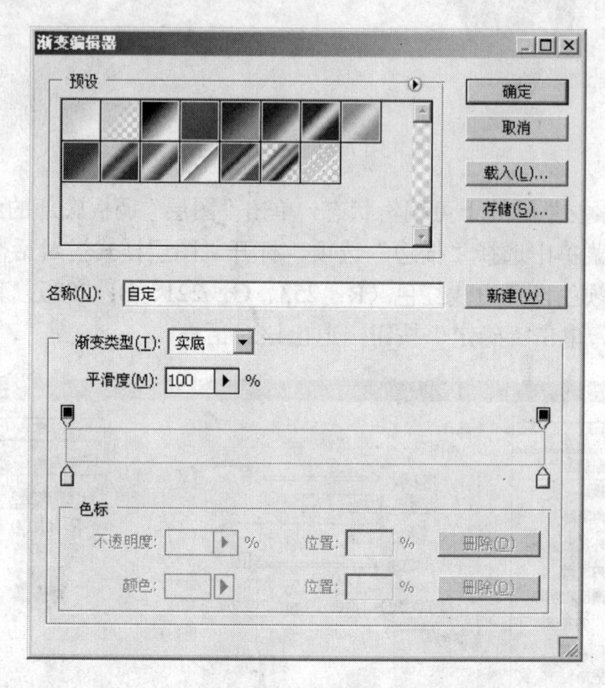

图 43-20　设置渐变色

22 按下键盘上的 Shift 键，由上至下拖动鼠标，绘制渐变色，如图 43-21 所示。

23 按下键盘上的 Ctrl+D 组合键，取消选区。

24 通过以上制作本实例就全部完成了，完成后的效果如图 43-22 所示。如果读者在制作过程中遇到什么问题，可以打开本书光盘中附带的“儿童照片处理/实例 43：公主梦想/公主梦想.psd”文件，该文件为本实例完成后的文件。

图 43-21　绘制渐变色

图 43-22　公主梦想

实例 44　儿时的记忆

在本实例中，将指导读者处理怀旧风格的儿童照片，由于处理的是怀旧风格的照片，所以色调较为单一。通过本实例，使读者了解在 Photoshop CS4 中设置图层混合模式工具和扩展工具的使用方法。

在制作本实例时，首先设置图层的混合模式为明度，然后使用色相/饱和度命令和色彩平衡命令调整图像色调，最后使用文本工具添加所需文本，完成本实例的制作。如图 44-1 所示为本实例完成后的效果。

图 44-1　儿时的记忆

1 运行 Photoshop CS4，执行菜单栏中的“文件”/“新建”命令，打开“新建”对话框，在“名称”文本框内键入“儿时的记忆”，创建一个名为“儿时的记忆”的新文档。在“宽度”参数栏内键入 800，在“高度”参数栏内键入 400，在“分辨率”参数栏内键入 72，在“设置分辨率的单位”下拉选项栏中选择“像素/厘米”选项，其他参数使用默认设置。

2 将“背景”层填充为蓝色（R：188、G：208、B：225）。执行菜单栏中的“文件”/“打开”命令，打开“打开”对话框，从该对话框中选择本书光盘中附带的“儿童照片处理/实例 44：儿时的记忆/人物素材 01.tif”文件，如图 44-2 所示。单击“打开”按钮，退出该对话框。

3 选择工具箱中的“移动工具”，将“人物素材 01.tif”图像移至“儿时的记忆.psd”文档窗口中，参照如图 44-3 所示调整图像位置。

4 单击“图层”调板中的“设置图层的混合模式”下拉按钮，在弹出的快捷菜单中选择“明度”选项，如图 44-4 所示。

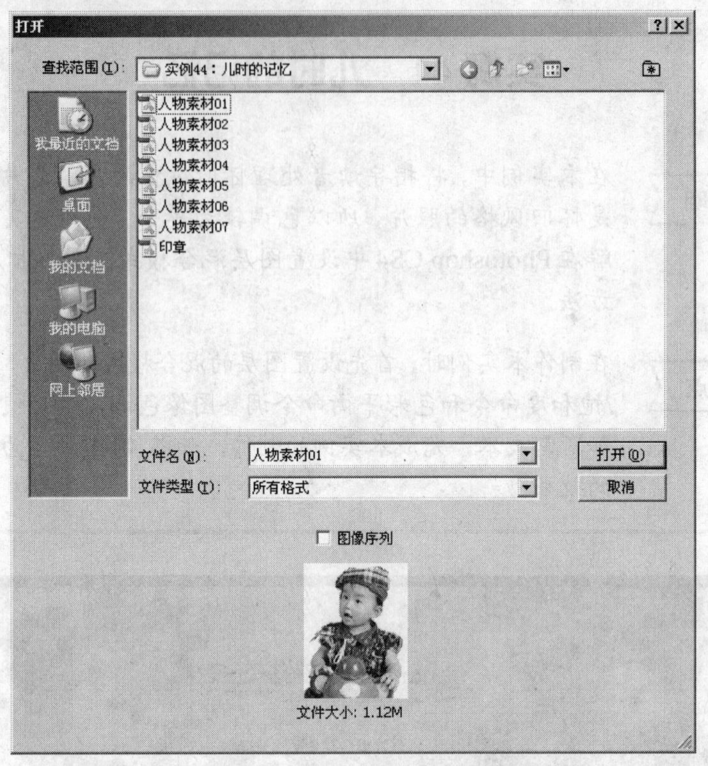

图 44-2 “打开”对话框

图 44-3 调整图像位置

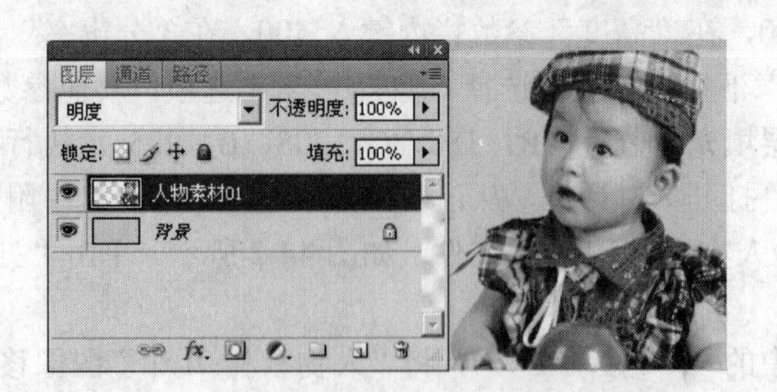

图 44-4 设置图层混合模式

5 执行菜单栏中的“文件”/“打开”命令，打开“打开”对话框，从该对话框中选择本书光盘中附带的“儿童照片处理/实例 44：儿时的记忆/人物素材 02.tif”文件，如图 44-5 所示。单击“打开”按钮，退出该对话框。

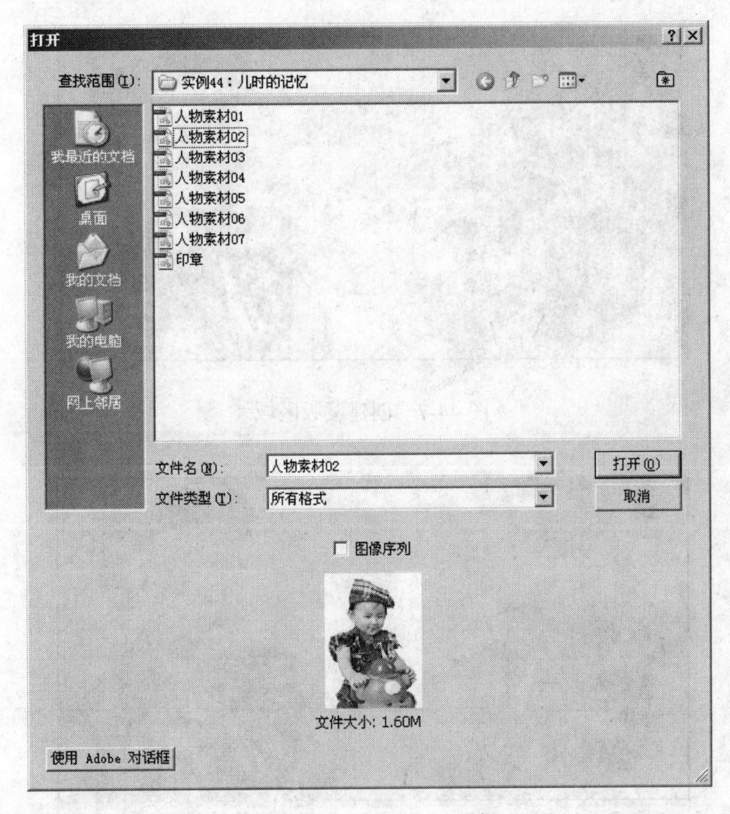

图 44-5 “打开”对话框

6 选择工具箱中的“移动工具”，将“人物素材 02.tif”图像移至“儿时的记忆.psd”文档窗口中，参照如图 44-6 所示调整图像位置。

图 44-6 调整图像位置

7 单击“图层”调板中的“设置图层的混合模式”下拉按钮，在弹出的下拉选项栏中选择“明度”选项，设置图层的混合模式。

8 选择工具箱中的“以快速蒙版模式编辑”按钮，进入快速蒙版模式编辑状态，然后选择工具箱中的“渐变工具”，从左上角向右下角拖动鼠标，产生如图 44-7 所示的蒙版效果。

9 单击工具箱的“以标准模式编辑”按钮，进入标准模式编辑状态，刚刚创建的蒙版区域变为选区，如图 44-8 所示。

图 44-7　创建蒙版区域

图 44-8　进入标准模式

10 按下键盘上的 Delete 键，删除选区内图像，然后按下键盘上的 Ctrl+D 组合键，取消选区，如图 44-9 所示。

图 44-9　取消选区

11 执行菜单栏中的“文件”/“打开”命令，打开“打开”对话框，从该对话框中选择本书光盘中附带的“儿童照片处理/实例 44：儿时的记忆/人物素材 03.tif”文件，如图 44-10 所示。单击“打开”按钮，退出该对话框。

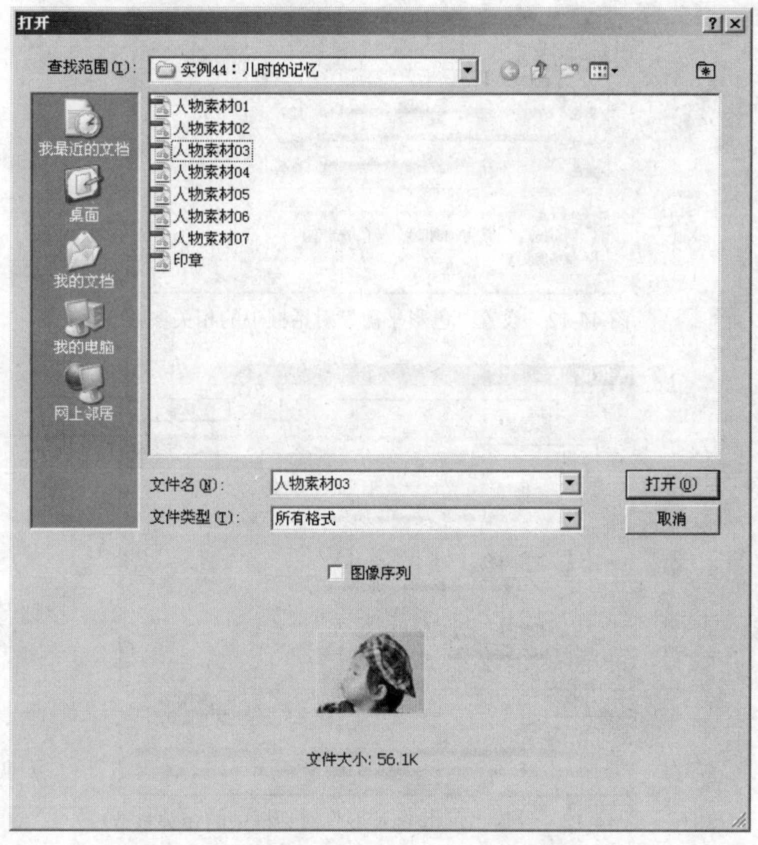

图 44-10　“打开”对话框

12 选择工具箱中的“移动工具”，将“人物素材 03.tif”图像移至“儿时的记忆.psd”文档窗口中，参照如图 44-11 所示调整图像位置。

图 44-11　调整图像位置

13 执行菜单栏中的“图像”/“调整”/“色彩平衡”命令，打开“色彩平衡”对话框，在“色阶”参数栏内分别键入-2、31、94，如图 44-12 所示。单击“确定”按钮，退出该对话框。

14 执行菜单栏中的“图像”/“调整”/“色相/饱和度”命令，打开“色相/饱和度”对话框，在“饱和度”参数栏内键入-65，如图 44-13 所示。单击“确定”按钮，退出该对话框。

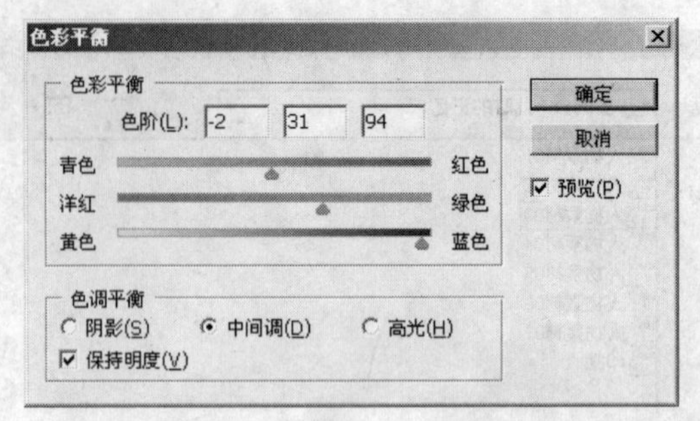

图 44-12　设置“色彩平衡”对话框中的相关参数

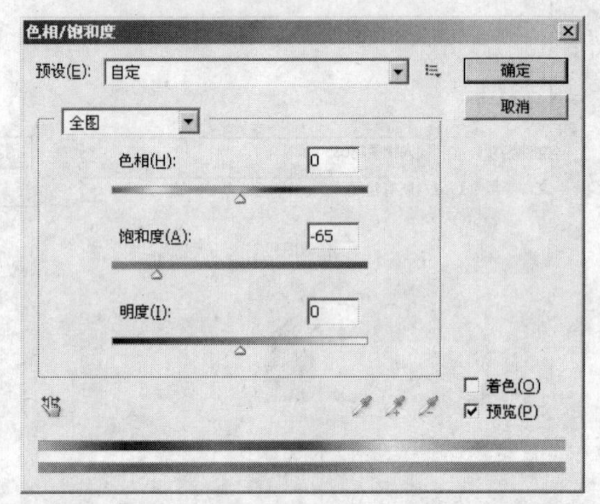

图 44-13　设置“色相/饱和度”对话框中的相关参数

15 单击“图层”调板底部的*fx*.“添加图层样式”按钮，在弹出的快捷菜单中选择“投影”选项，打开“图层样式”对话框，将阴影颜色设置为灰蓝色（R：77、G：97、B：114），在“距离”参数栏内键入4，在“大小”参数栏内键入4，其他参数使用默认设置，如图44-14所示。单击“确定”按钮，退出该对话框。

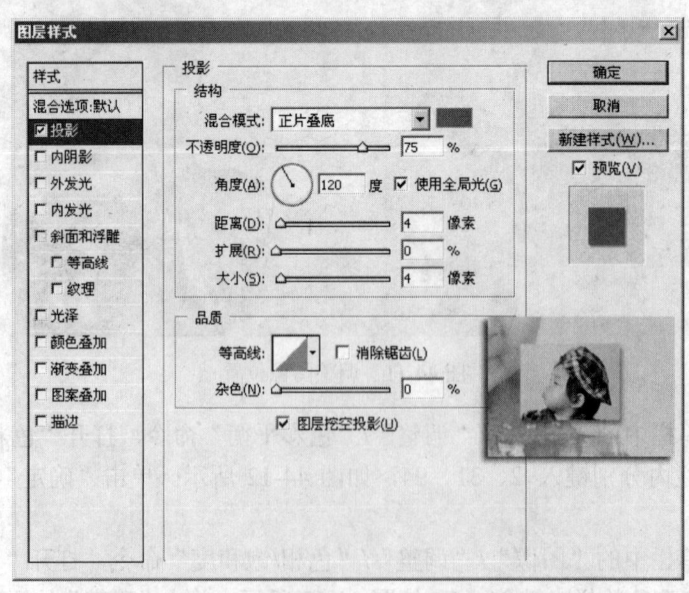

图 44-14　设置“图层样式”对话框中的相关参数

16 使用同样方法，分别导入“人物素材 04.tif”、“人物素材 05.tif”、“人物素材 06.tif”、“人物素材 07.tif”图像，设置其“色彩平衡”、“色相/饱和度”和“投影”效果。完成如图 44-15 所示的效果。

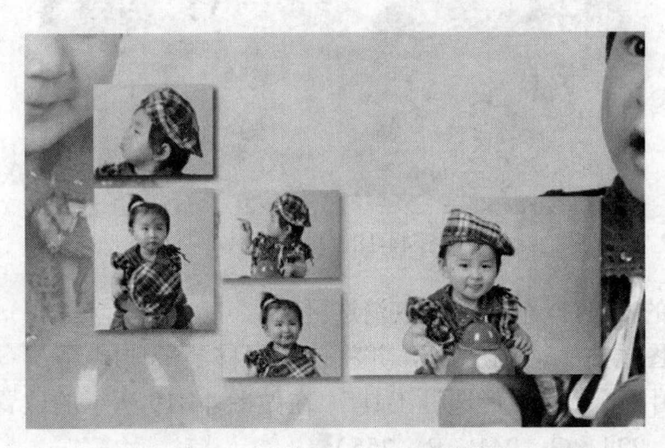

图 44-15　设置其他人物素材效果

17 按住键盘上的 Ctrl 键，加选“人物素材 03”、“人物素材 04”、“人物素材 05”、“人物素材 06”、“人物素材 07”层，按下键盘上的 Ctrl+E 组合键，合并所选图层，并将合并后的图层命名为“人物素材组合”。

18 按住键盘上的 Ctrl 键，单击“人物素材组合”层的图层缩览图，加载该图层选区，如图 44-16 所示。

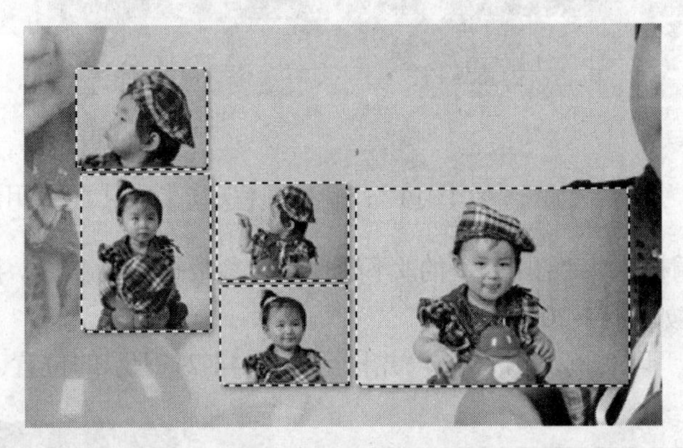

图 44-16　加载图层选区

19 执行菜单栏中的“选择”/“修改”/“扩展”命令，打开“扩展选区”对话框，在“扩展量”参数栏内键入 3，如图 44-17 所示。单击“确定”按钮，退出该对话框。

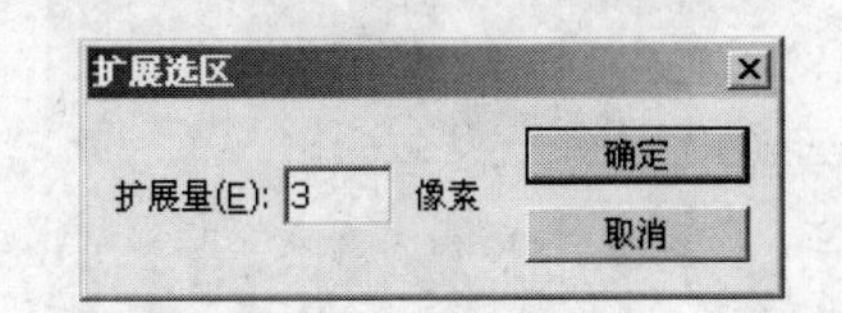

图 44-17　设置“扩展选区”对话框中的相关参数

20 创建一个新图层——“图层 1”，并将该图层移至“人物素材组合”层底部。将前景色设置为淡蓝色（R：224、G：241、B：255），按下键盘上的 Alt+Delete 组合键，填充选区，如图 44-18 所示。

图 44-18　填充选区

21 按下键盘上的 Ctrl+D 组合键，取消选区。

22 创建一个新图层——“图层 2”，并将该图层移至最顶层。

23 选择工具箱中的 “矩形选框工具”，在如图 44-19 所示的位置绘制两个矩形选区，并填充为淡蓝色（R：224、G：241、B：255）。

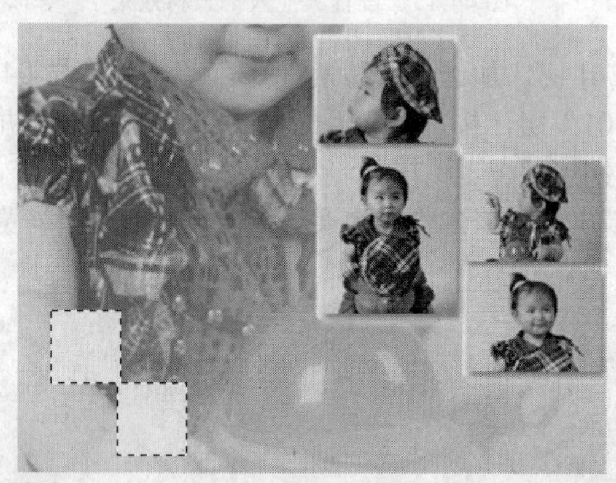

图 44-19　绘制并填充选区

24 在“图层”调板中将“图层 2”的“不透明度”参数设置为 50%，按下键盘上的 Ctrl+D 组合键，取消选区，如图 44-20 所示。

25 接下来导入“印实例.tif”图像，并移至如图 44-21 所示的位置。

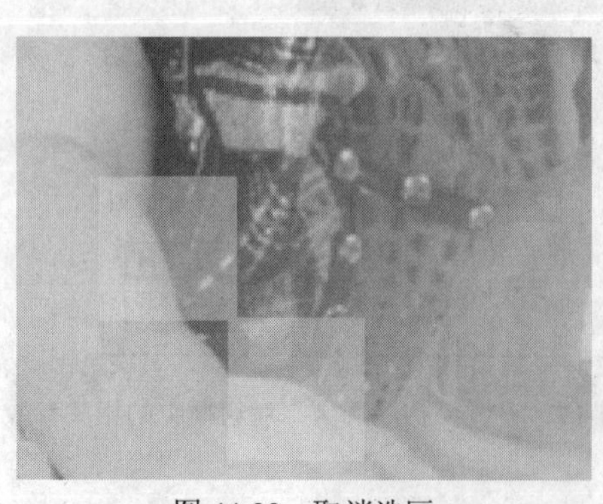

图 44-20　取消选区

图 44-21　移动图像位置

26 选择工具箱中的 T “横排文字工具”，单击“属性”栏中的“设置字体系列”下拉按钮，在弹出的下拉选项栏中选择 Monotype Corsiva 选项，在“设置字体大小”参数栏内键入 9，将文本颜色设置为黑色，在如图 44-22 所示的位置键入 LOVE TIAN TAIN 文本。

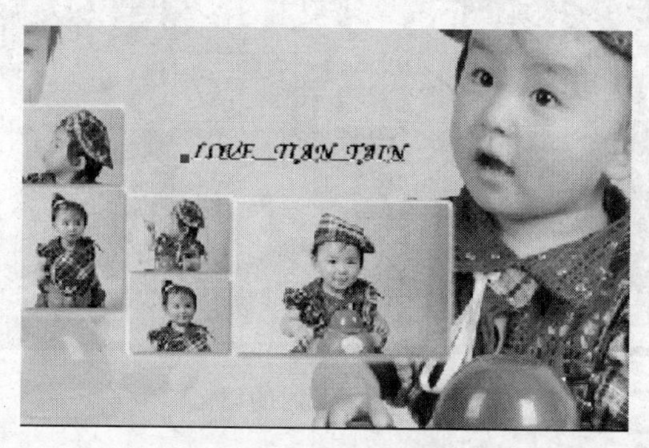

图 44-22　键入文本

27 选择工具箱中的 T.“横排文字工具”，单击“属性”栏中的“设置字体系列”下拉按钮，在弹出的下拉选项栏中选择“Brush Script Std”选项，在“设置字体大小”参数栏内键入 3，将文本颜色设置为深蓝色（R：6、G：26、B：43），参照如图 44-23 所示键入相关文本。

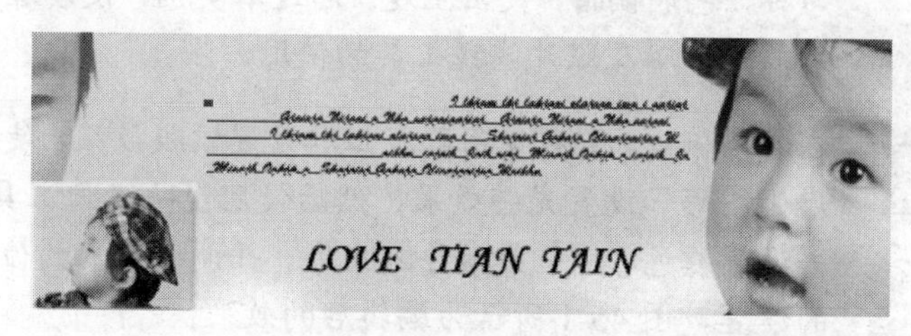

图 44-23　键入文本

28 创建一个新图层——“图层 3”。选择工具箱中的 “矩形选框工具”，在如图 44-24 所示的位置绘制两个矩形选区，并将选区填充为黑色。

图 44-24　绘制并填充选区

29 按下键盘上的 Ctrl+D 组合键，取消选区。

30 通过以上制作本实例就全部完成了，完成后的效果如图 44-25 所示。如果读者在制作过程中遇到什么问题，可以打开本书光盘中附带的“儿童照片处理/实例 44：儿时的记忆 / 儿时的记忆.psd”文件，该文件为本实例完成后的文件。

图 44-25　儿时的记忆

实例 45　童 年 往 事

在本实例中，将指导读者设置一幅怀旧风格的儿童照片，画面构图匀称，色调偏暗，突出主题。通过本实例，使读者了解整体调整图像效果，以及照片滤镜工具的使用方法。

在本实例中，首先使用蒙版工具设置蒙版效果，使用画笔工具绘制虚化图形和设置光芒效果，然后使用镜头光晕工具设置光晕效果，并设置滤色模式，最后导入文字，并调整文本的位置，完成该实例的设置，图 45-1 所示为编辑后的效果。

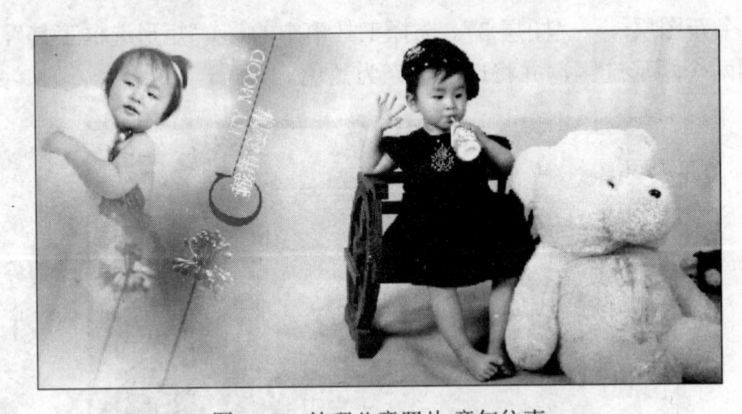

图 45-1　处理儿童照片.童年往事

1 运行 Photoshop CS4，执行菜单栏中的“文件”/“打开”命令，打开“打开”对话框，打开本书光盘中附带的“儿童照片处理/实例 45：处理儿童照片.童年往事/背景素材. jpg”文件，如图 45-2 所示。单击“打开”按钮，退出该对话框。

2 接下来打开本书光盘中附带的“儿童照片处理/实例 45：处理儿童照片.快乐时光/素材图像 01.jpg”文件，将其拖动至“背景素材. jpg”文档窗口中，使其铺满整个窗口，并自动生成新图层——“图层 1”。

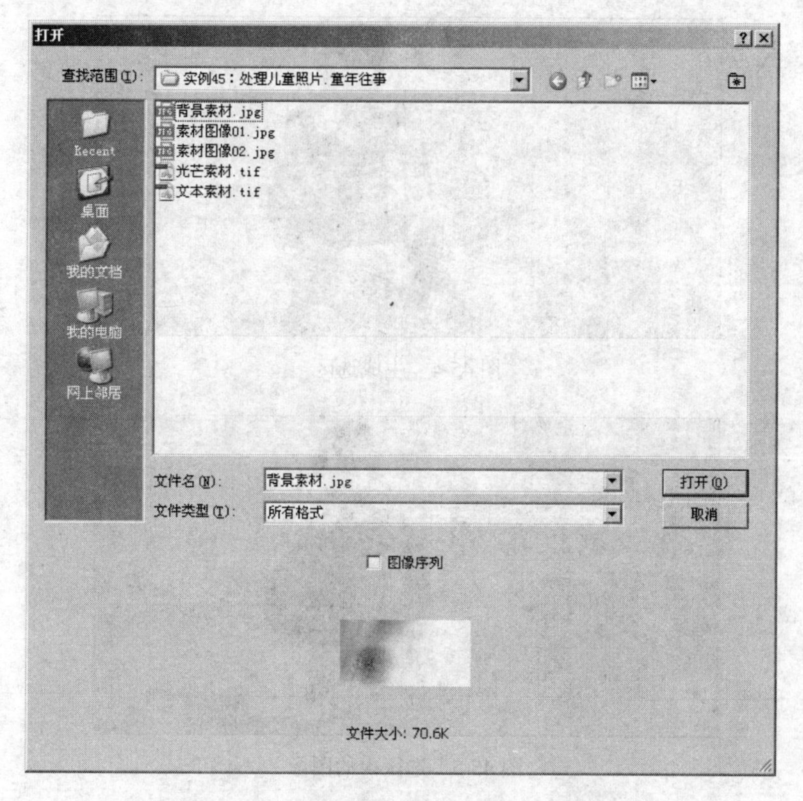

图 45-2　“打开”对话框

3 单击工具箱中“以快速蒙版模式编辑”按钮，进入快速蒙版模式编辑状态，然后单击工具箱中的“渐变工具”按钮，参照如图 45-3 所示设置蒙版区域。

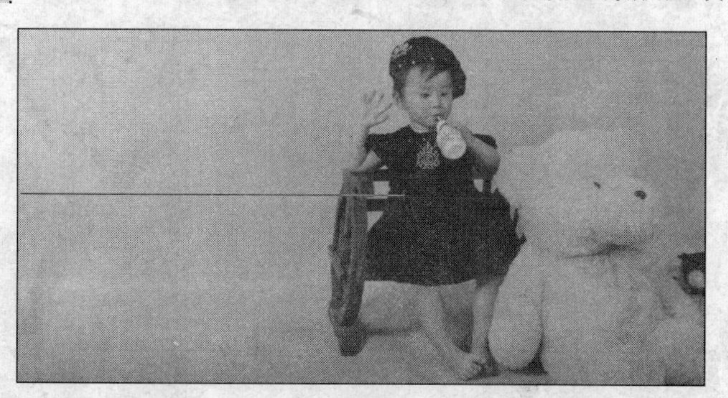

图 45-3　设置蒙版区域

4 单击工具箱中的“以标准模式编辑”按钮，进入标准模式编辑状态，这时生成一个如图 45-4 所示的选区。

5 确定选区处于可编辑状态，多次按下键盘上的 Delete 键，删除选区内的图像，如图 45-5 所示。

6 按下键盘上的 Ctrl+D 组合键，取消选区。

7 打开本书光盘中附带的“儿童照片处理/实例 45：处理儿童照片.快乐时光/素材图像 02.jpg”文件，将其拖动至“背景素材. jpg”文档窗口中，并自动生成新图层——“图层 2”。

图 45-4　生成选区

图 45-5　选区内的图像

8 选择“图层 2”，执行菜单栏中的“编辑”/“变换”/“水平翻转”命令，水平翻转图像，并参照如图 45-6 所示调整图像的位置。

9 单击工具箱中的“椭圆选框工具”按钮，参照如图 45-7 所示绘制椭圆选区。

图 45-6　调整图像的位置

图 45-7　绘制椭圆选区

10 确定选区处于可编辑状态，右击鼠标，在弹出的快捷菜单中选择“羽化”选项，打开“羽化选区”对话框，在“羽化半径”参数栏内键入 50，如图 45-8 所示。单击“确定”按钮，退出该对话框。

11 执行“选择”/“反向”命令，反选选区。按下键盘上的 Delete 键，删除选区内的图像。如图 45-9 所示。

12 按下键盘上的 Ctrl+D 组合键，取消选区。

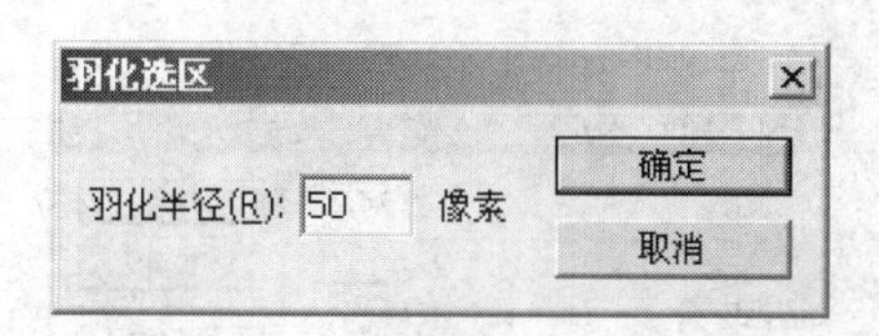

图 45-8 设置“羽化半径”

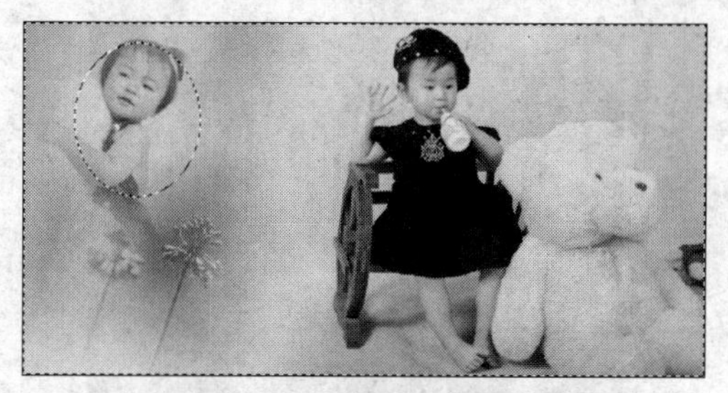

图 45-9 删除选区内的图像

13 打开本书光盘中附带的“儿童照片处理/实例 45：处理儿童照片.快乐时光/光芒素材.tif”文件，如图 45-10 所示。

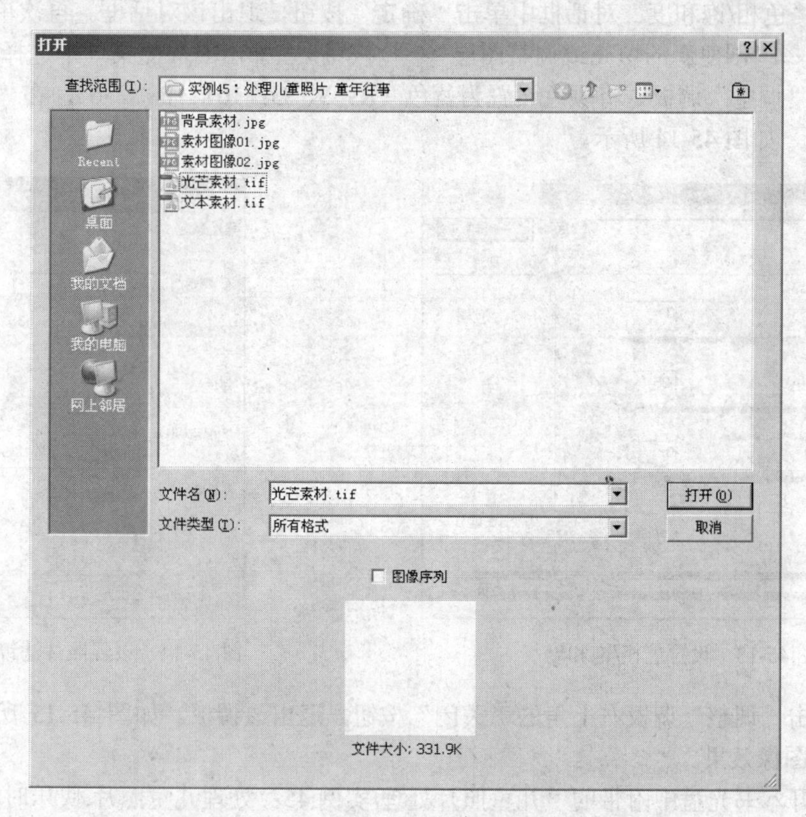

图 45-10 打开“光芒素材.tif”文件

14 将“光芒素材.tif”文件拖动至“背景素材.jpg”文档窗口中，并自动生成新图层——“图层 3”。参照图 45-11 调整图像大小和位置。

15 单击“图层”调板底部的 “创建新的填充或调整图层”下拉按钮，在弹出的快捷菜单中选择“亮度/对比度”选项，打开“亮度/对比度”对话框。在“亮度”参数栏内键入-4，在“对比度”参数栏内键入 36，如图 45-12 所示。

16 在“亮度/对比度”对话框中单击“确定”按钮，退出该对话框。单击“图层”调板底部的 “创建新的填充或调整图层”下拉按钮，在弹出的快捷菜单中选择“色相/饱和度”选项，打开“色相/饱和度”对话框。在“饱和度”参数栏内键入-35，如图 45-13 所示。

图 45-11　调整图像大小和位置

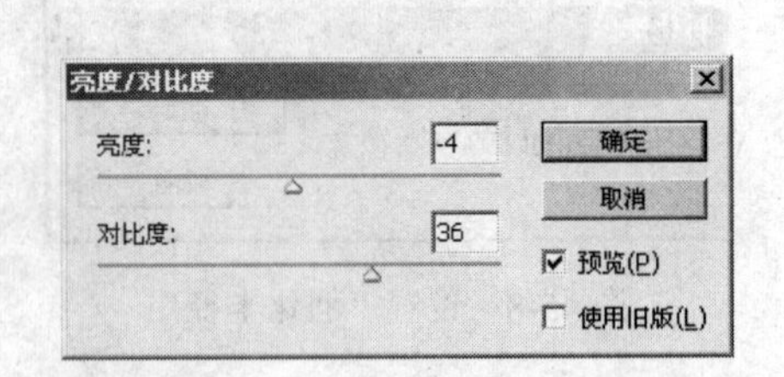

图 45-12　设置亮度/对比度

17 在“色相/饱和度”对话框中单击“确定”按钮，退出该对话框。再次单击“图层”调板底部的“创建新的填充或调整图层”下拉按钮，在弹出的快捷菜单中选择“照片滤镜”选项，打开“调整”调板。将颜色设置为蓝色（R：3、G：161、B：236），在“浓度”参数栏内键入 25，如图 45-14 所示。

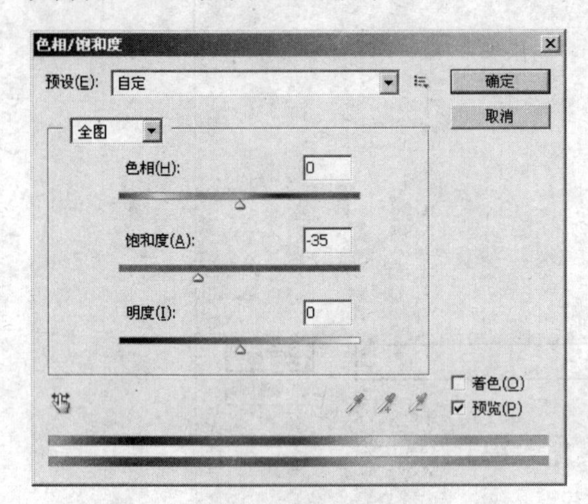

图 45-13　设置色相/饱和度

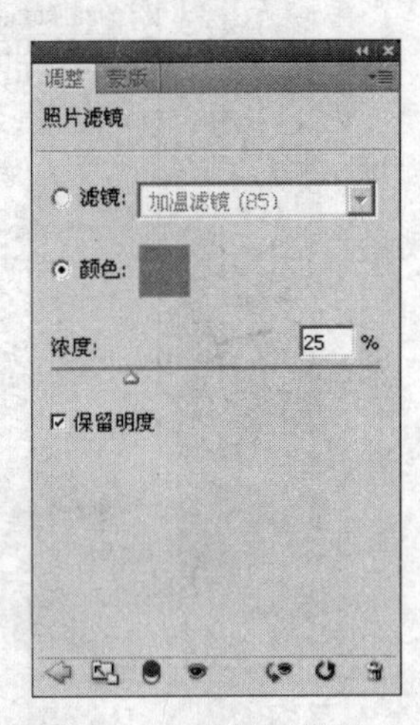

图 45-14　设置照片滤镜

18 单击“调整”调板右上角的“关闭”按钮，退出该调板。如图 45-15 所示为设置照片滤镜后的图像效果。

19 打开本书光盘中附带的“儿童照片处理/实例 45：处理儿童照片.快乐时光/文本.tif”文件，将其拖动至“背景素材. jpg”文档窗口中，并放置如图 45-16 所示的位置。

图 45-15　设置图像滤镜效果

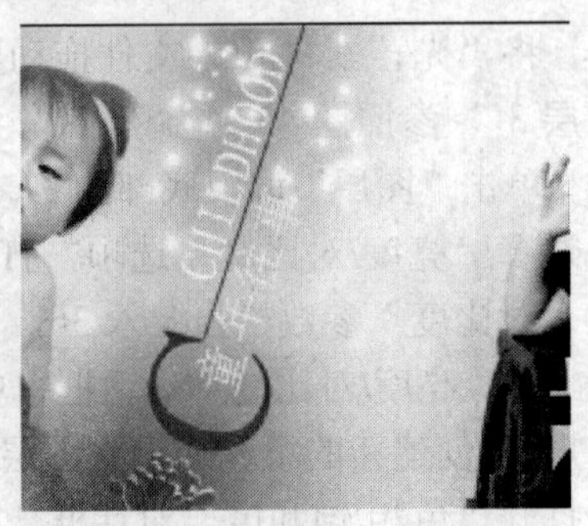

图 45-16　调整文本的位置

20 通过以上制作本实例就全部完成了，完成后的效果如图 45-17 所示。如果读者在制作过程中遇到什么问题，可以打开本书光盘中附带的“儿童照片处理/实例 45：童年往事/童年往事. psd”文件，该文件为本实例完成后的文件。

图 45-17 处理儿童照片.快乐时光

实例 46 可 爱 时 光

在本实例中，将指导读者处理生活风格的儿童照片。通过本实例，使读者了解在 Photoshop CS4 中圆角矩形工具和钢笔工具的使用方法。

在制作本实例时，首先使用可选颜色工具调整图像中的绿草地色调，然后使用高斯模糊工具设置草地效果，最后使用文本工具添加所需文本，并使用椭圆选框工具和渐变工具绘制泡泡图形，完成本实例的制作。图 46-1 为本实例完成后的效果。

图 46-1 可爱时光

1 运行 Photoshop CS4，执行菜单栏中的“文件”/“打开”命令，打开“打开”对话框，从该对话框中选择本书光盘中附带的“儿童照片处理/实例 46：可爱时光/背景素材.jpg”文件，如图 46-2 所示。单击“打开”按钮，退出该对话框。

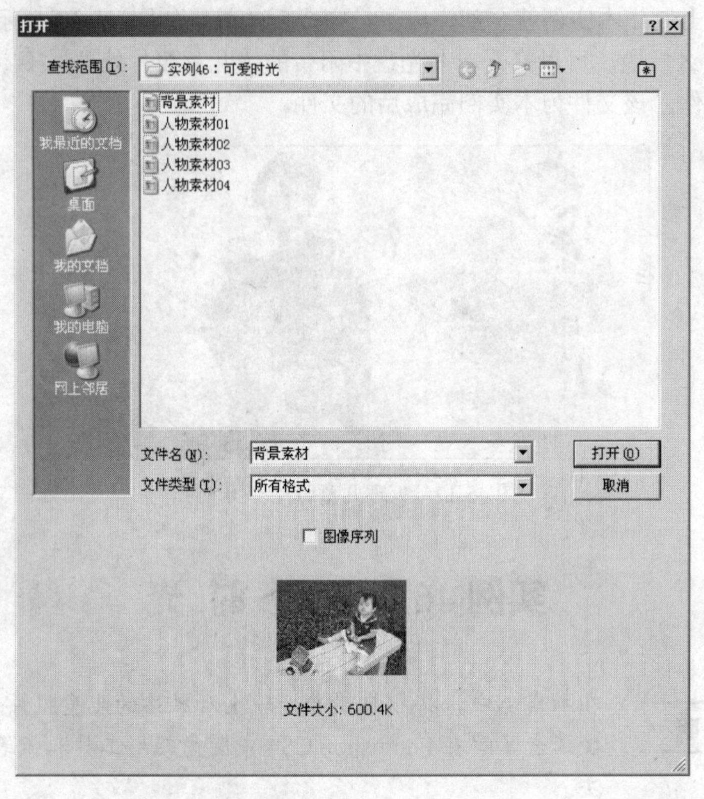

图 46-2　“打开”对话框

2 执行菜单栏中的“图像”/“调整”/“可选颜色”命令，打开“可选颜色”对话框，在“颜色”下拉选项栏中选择“绿色”选项，在“青色”参数栏内键入73，在“洋红”参数栏内键入-41，在“黄色”参数栏内键入85，在“黑色”参数栏内键入-35，如图46-3所示。单击“确定”按钮，退出该对话框。

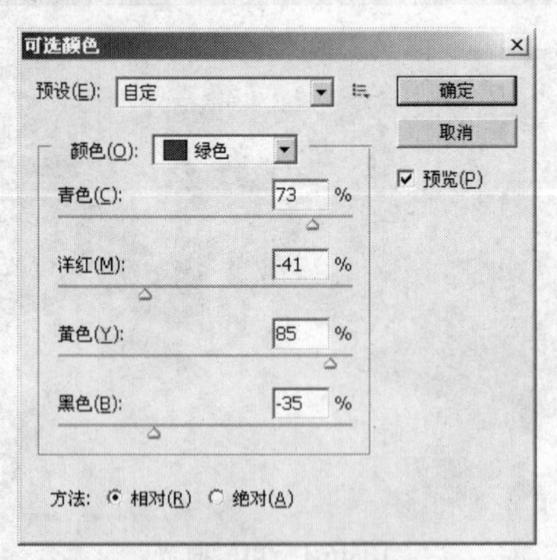

图 46-3　设置“可选颜色”对话框中的相关参数

3 执行菜单栏中的“滤镜”/“渲染”/“光照效果”命令，打开“光照效果”对话框，在“光照类型”下拉选项栏中选择“平行光”选项，参照图46-4所示在左侧的预览窗口中拖动线段一侧圆圈，移动光照位置，拖动线段末端的手柄以旋转光照角度及亮度。单击“确定”

按钮，退出该对话框。

提示

要更改光照的高度，可拖动线段末端的手柄。缩短线段则变亮，延长线段则变暗。极短的线段产生纯白光，极长的线段不产生光。按住 Shift 键并拖动，可以保持角度不变并更改光照高度（线段长度）。

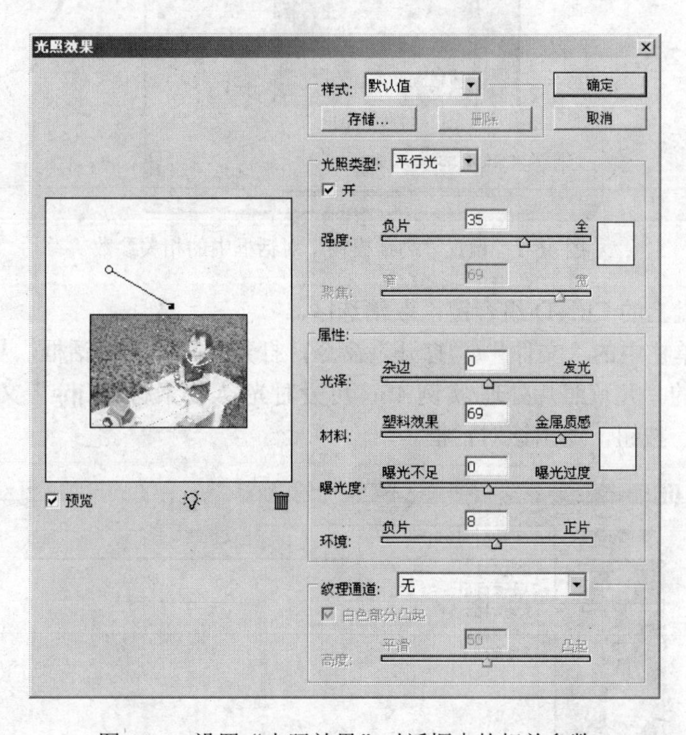

图 46-4　设置“光照效果”对话框中的相关参数

4 选择工具箱中的 “钢笔工具”，参照图 46-5 所示绘制一条闭合路径。

5 进入“路径”调板，单击“路径”调板底部的 “将路径作为选区载入”按钮，将路径转换为选区。

6 进入“图层”调板，按下键盘上的 Shift+F6 组合键，打开“羽化选区”对话框，在“羽化半径”参数栏内键入 20，如图 46-6 所示。单击“确定”按钮，退出该对话框。

图 46-5　绘制路径

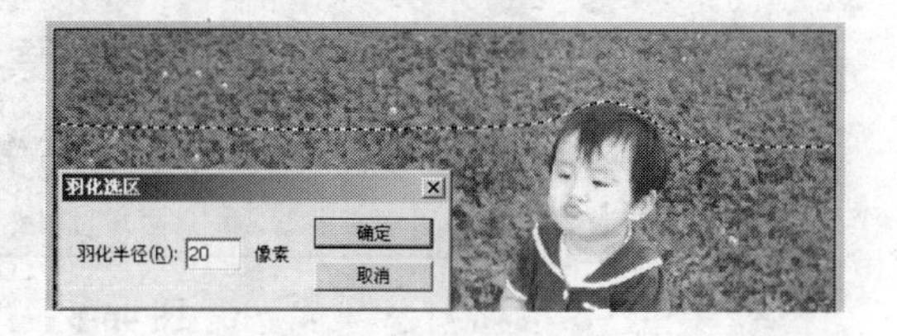

图 46-6　设置“羽化选区”对话框中的相关参数

7 执行菜单栏中的“滤镜”/“模糊”/“高斯模糊”命令，打开“高斯模糊”对话框，在“半径”参数栏内键入1.5，如图46-7所示。单击“确定”按钮，退出该对话框。

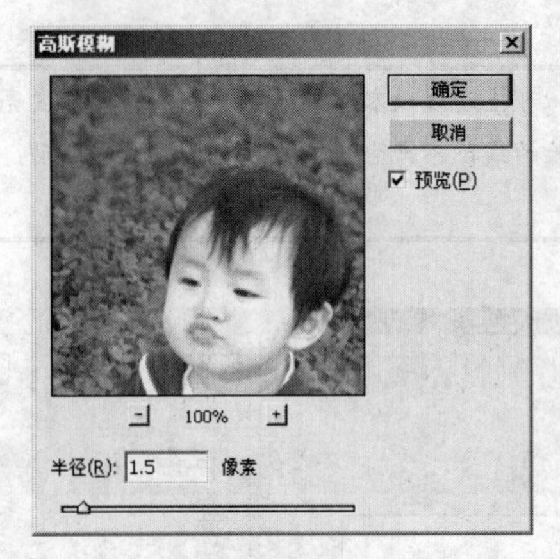

图46-7 设置“高斯模糊”对话框中的相关参数

8 按下键盘上的Ctrl+D组合键，取消选区。

9 执行菜单栏中的“文件”/“打开”命令，打开“打开”对话框，从该对话框中选择本书光盘中附带的“儿童照片处理/实例46：可爱时光/人物素材01.jpg”文件，如图46-8所示。单击“打开”按钮，退出该对话框。

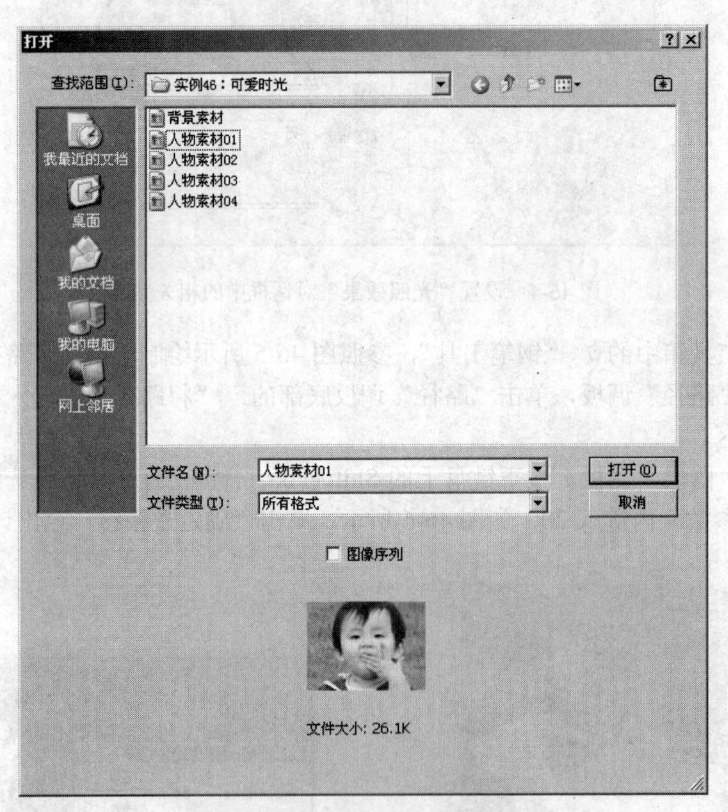

图46-8 “打开”对话框

10 选择工具箱中的“移动工具”，将“人物素材01.jpg”图像移至“背景素材.jpg”文档窗口中，参照如图46-9所示调整图像位置。

11 选择工具箱中的"圆角矩形工具"，单击"属性"栏中的"路径"按钮，在如图 46-10 所示的位置绘制圆角矩形路径。

图 46-9　调整图像位置

图 46-10　绘制圆角矩形路径

12 进入"路径"调板，单击"路径"调板底部的"将路径作为选区载入"按钮，将路径转换为选区。

13 进入"图层"调板，按下键盘上的 Ctrl+Shift+I 组合键，反选选区，按下键盘上的 Delete 键，删除选区内图像，如图 46-11 所示。

14 再次按下键盘上的 Ctrl+Shift+I 组合键，反选选区。选择工具箱中的"矩形选框工具"，右击选区内空白处，在弹出的快捷菜单中选择"描边"选项，打开"描边"对话框，在"宽度"参数栏内键入 2 px，将描边颜色设置为白色，选择"位置"选项组下的"居外"单选按钮，如图 46-12 所示。单击"确定"按钮，退出该对话框。

图 46-11　删除选区内图像

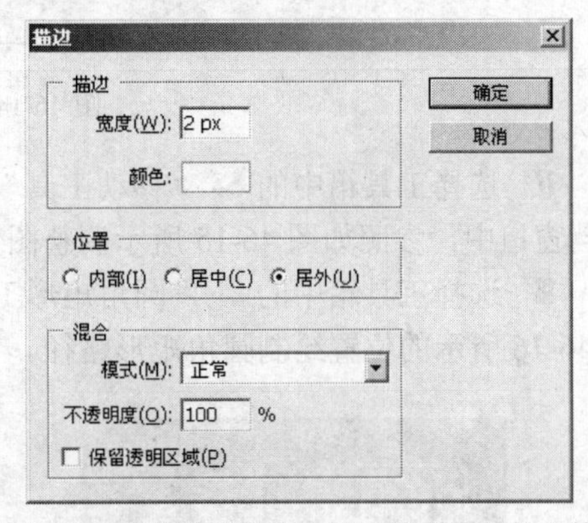

图 46-12　设置"描边"对话框中的相关参数

15 按下键盘上的 Ctrl+D 组合键，取消选区，如图 46-13 所示。

图 46-13　取消选区

16 执行菜单栏中的"文件"/"打开"命令，打开"打开"对话框，从该对话框中选择本书光盘中附带的“儿童照片处理/实例 46：可爱时光/人物素材 02.jpg”文件，如图 46-14 所示。单击“打开”按钮，退出该对话框。

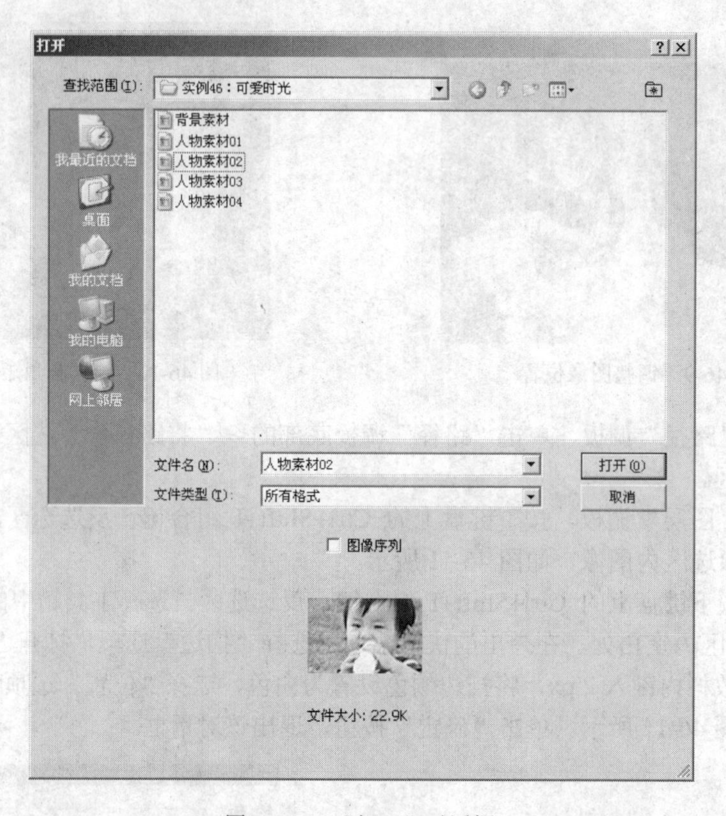

图 46-14 “打开”对话框

17 选择工具箱中的“移动工具”，将“人物素材 02. jpg”图像移至“背景素材.jpg”文档窗口中，参照如图 46-15 所示调整图像位置。

18 选择工具箱中的“圆角矩形工具”，单击“属性”栏中的“路径”按钮，在如图 46-16 所示的位置绘制圆角矩形路径。

图 46-15 调整图像位置

图 46-16 绘制圆角矩形路径

19 选择工具箱中的“钢笔工具”，按住键盘上的 Ctrl 键，在路径上单击，进入路径编辑状态，在如图 46-17 所示的位置单击，添加锚点。

20 调整路径锚点，使其呈现如图 46-18 所示的状态。

21 进入“路径”调板，单击“路径”调板底部的“将路径作为选区载入”按钮，将路径转换为选区。

图 46-17　添加锚点

图 46-18　调整锚点

22 进入“图层”调板，按下键盘上的 Ctrl+Shift+I 组合键，反选选区，然后按下键盘上的 Delete 键，删除选区内图像，如图 46-19 所示。

23 再次按下键盘上的 Ctrl+Shift+I 组合键，反选选区。选择工具箱中的“矩形选框工具”，右击选区空白处，在弹出的快捷菜单中选择“描边”选项，打开“描边”对话框，在“宽度”参数栏内键入 2 px，将描边颜色设置为白色，选择“位置”选项组下的“居外”单选按钮，如图 46-20 所示。单击“确定”按钮，退出该对话框。

图 46-19　删除选区内图像

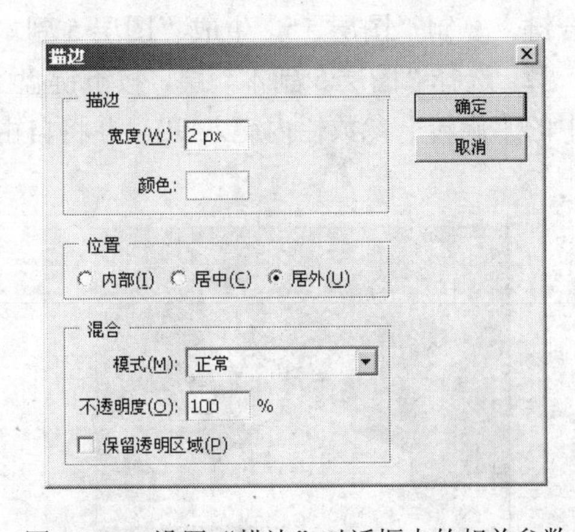

图 46-20　设置“描边”对话框中的相关参数

24 按下键盘上的 Ctrl+D 组合键，取消选区，如图 46-21 所示。

25 使用以上方法，分别导入“人物素材 03. jpg”、“人物素材 04. jpg”图像，使用“圆角矩形工具”、“钢笔工具”和“描边”工具设置图像，完成如图 46-22 所示的效果。

图 46-21　取消选区

图 46-22　设置其他图像效果

26 创建一个新图层——“图层 5”。选择工具箱中的“矩形选框工具”，在如图 46-23 所示的位置绘制选区，并将该选区填充为白色。

27 按下键盘上的 Ctrl+D 组合键，取消选区。

28 选择工具箱中的 "以快速蒙版模式编辑"按钮，进入快速蒙版模式编辑状态，然后选择工具箱中的 "渐变工具"，按住键盘上的 Shift 键，从右侧向左侧拖动鼠标，产生如图 46-24 所示的蒙版效果。

图 46-23　绘制选区

图 46-24　创建蒙版区域

29 单击工具箱的 "以标准模式编辑"按钮，进入标准模式状态，刚刚创建的蒙版区域变为选区，按下键盘上的 Delete 键删除选区内图像，如图 46-25 所示。

30 按下键盘上的 Ctrl+D 组合键，取消选区。

31 在"图层"调板中将"图层 5"的"不透明度"参数设置为 50%，按下键盘上的 Ctrl+J 组合键，复制"图层 5"，生成"图层 5 副本"层。

32 选择"图层 5 副本"层，按下键盘上的 Ctrl+T 组合键，打开自由变换框，在"属性"栏中的"旋转"参数栏内键入 90，并将自由变换框移至如图 46-26 所示的位置。

图 46-25　删除选区内图像

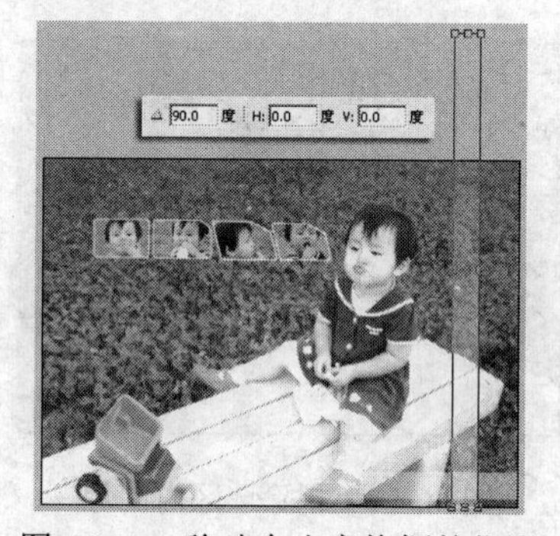

图 46-26　移动自由变换框的位置

33 调整自由变换框两侧的控制点，将自由变换框的长度及宽度进行调整，如图 46-27 所示。

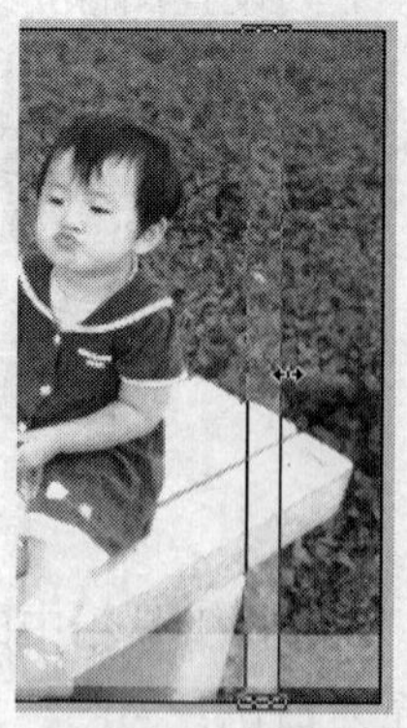

图 46-27　调整自由变换框大小

34 使用同样的方法，多次复制“图层 5 副本”层，参照图 46-28 所示调整图像大小及位置。

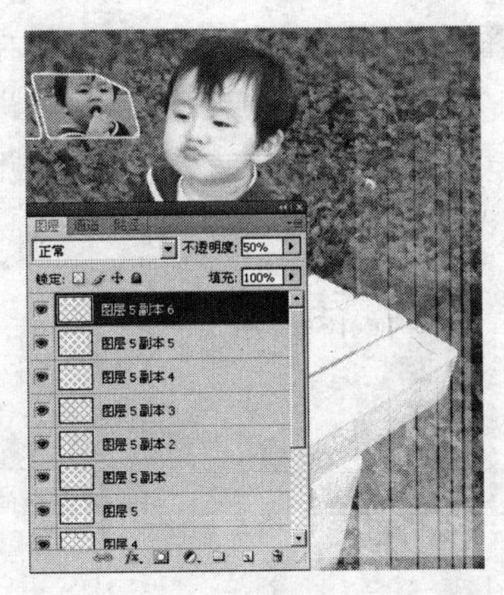

图 46-28 调整体图像大小及位置

35 接下来添加文本。选择工具箱中的 T“横排文字工具”，单击“属性”栏中的“设置字体系列”下拉按钮，在弹出的下拉选项栏中选择 Symbol 选项，在“设置字体大小”参数栏内键入 4，将文本颜色设置为白色，在如图 46-29 所示的位置键入 AKJOIJAEKT 文本。

36 选择工具箱中的 T“横排文字工具”，单击“属性”栏中的“设置字体系列”下拉按钮，在弹出的下拉选项栏中选择“方正胖头鱼简体”选项，在“设置字体大小”参数栏内键入 8，将文本颜色设置为白色，在如图 46-30 所示的位置键入 SANAY,GOOGJLL 文本。

图 46-29 键入文本

图 46-30 键入文本

37 选择工具箱中的 T“横排文字工具”，单击“属性”栏中的“设置字体系列”下拉按钮，在弹出的下拉选项栏中选择 Impact 选项，在“设置字体大小”参数栏内键入 19，将文本颜色设置为白色，在文档右下角键入 BABY 文本，然后选择 A 文本，将颜色设置为红色（R：255、G：0、B：41），如图 46-31 所示。

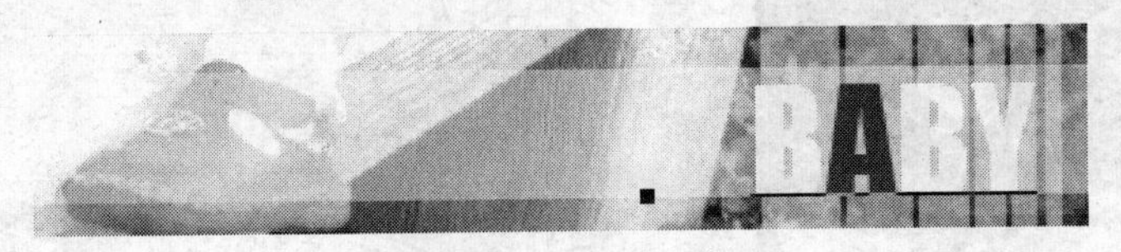

图 46-31 设置文本

38 单击“图层”调板底部的 fx“添加图层样式”按钮，在弹出的快捷菜单中选择“描边”选项，打开“图层样式”对话框，在“大小”参数栏内键入 2，将描边颜色设置为绿色

（R：53、G：168、B：28），如图46-32所示。其他参数使用默认设置，单击“确定”按钮，退出该对话框。

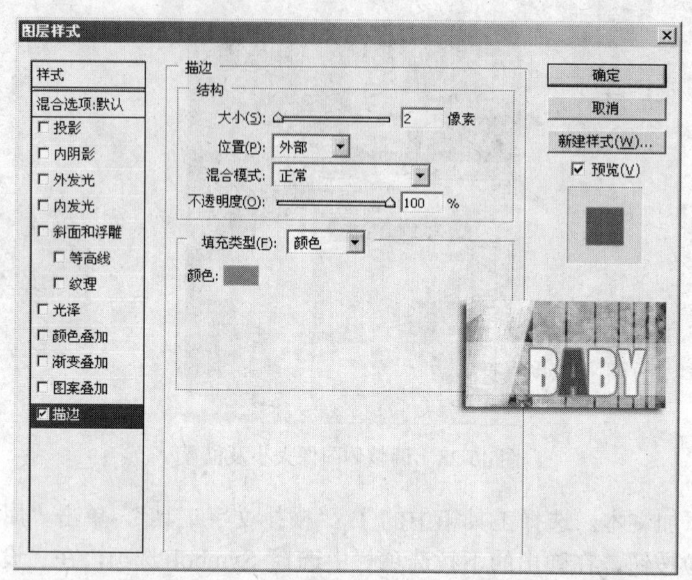

图46-32 设置“图层样式”对话框中的相关参数

39 接下来绘制泡泡图形。创建一个新图层——“图层6”，选择工具箱中的 “椭圆选框工具”，在如图46-33所示的位置绘制椭圆选区。

40 将前景色设置为白色，选择工具箱中的 “渐变工具”，单击“属性”栏中的“点按可编辑渐变”按钮，打开“渐变编辑器”对话框，在“预设”选项组下选择“前景到透明”选项，在“渐变类型”选项组下将左侧顶端的“不透明度色标”移至右侧，将右侧顶端的“不透明度色标”移至左侧，使其渐变效果为由透明到前景色，如图46-34所示。单击“确定”按钮，退出该对话框。

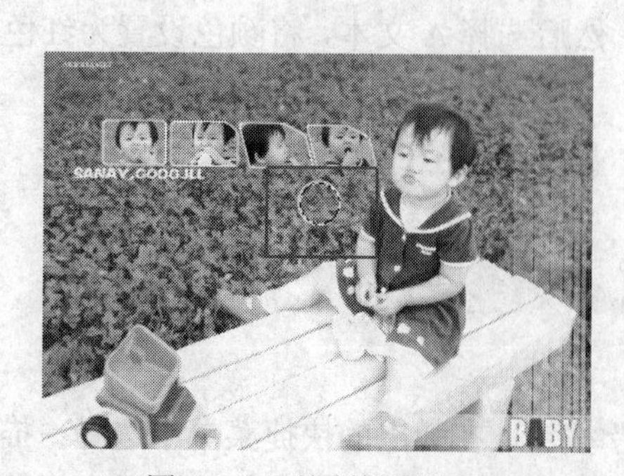

图46-33 绘制椭圆选区

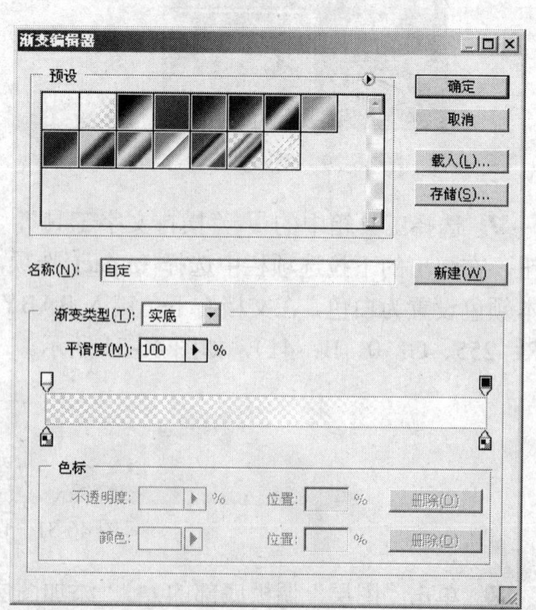

图46-34 设置“渐变编辑器”对话框中的相关参数

41 在“属性”栏中选择“径向渐变”按钮，参照图 46-35 所示设置渐变效果。

42 按下键盘上的 Ctrl+D 组合键，取消选区。

43 将“图层 6”中的图形进行多次复制，并参照图 46-36 所示将复制图形的大小及位置进行调整。

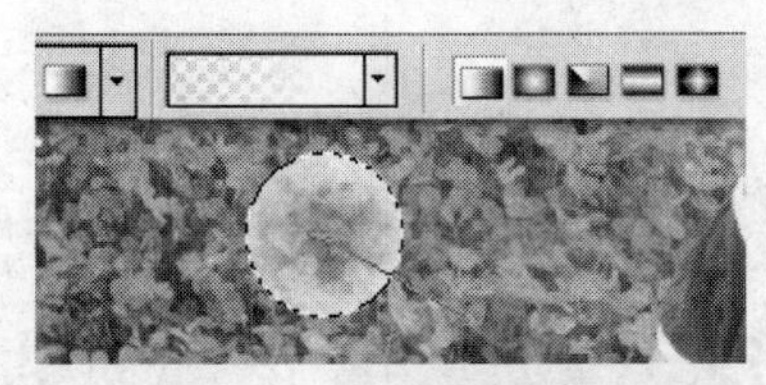

图 46-35 设置渐变效果

图 46-36 调整图形大小及位置

44 通过以上制作本实例就全部完成了，完成后的效果如图 46-37 所示。如果读者在制作过程中遇到什么问题，可以打开本书光盘中附带的“儿童照片处理/实例 46：可爱时光/可爱时光.psd”文件，该文件为本实例完成后的文件。

图 46-37 可爱时光

实例 47 学 海 无 涯

在本实例中，将指导读者处理一幅手绘风格的儿童照片，在处理过程中，使用手绘图案作为背景，与真实的照片相结合，使画面更富有情趣。通过本实例，使读者了解套用模板的方法。

在本实例中，首先需要对图像进行适当调整，使其大小与背景图像统一，然后导入文字素材，使用选择工具选择文本图像，将其拖动至背景中，使用混合模式工具设置文本的混合模式，并调整文本的位置，完成该实例的设置。图 47-1 为编辑后的效果。

图 47-1　处理儿童照片.学海无涯

1 运行 Photoshop CS4，执行菜单栏中的“文件”/“打开”命令，打开“打开”对话框，打开本书光盘中附带的“儿童照片处理/实例 47：处理儿童照片.学海无涯/背景素材.tif”文件，如图 47-2 所示。单击“打开”按钮，退出该对话框。

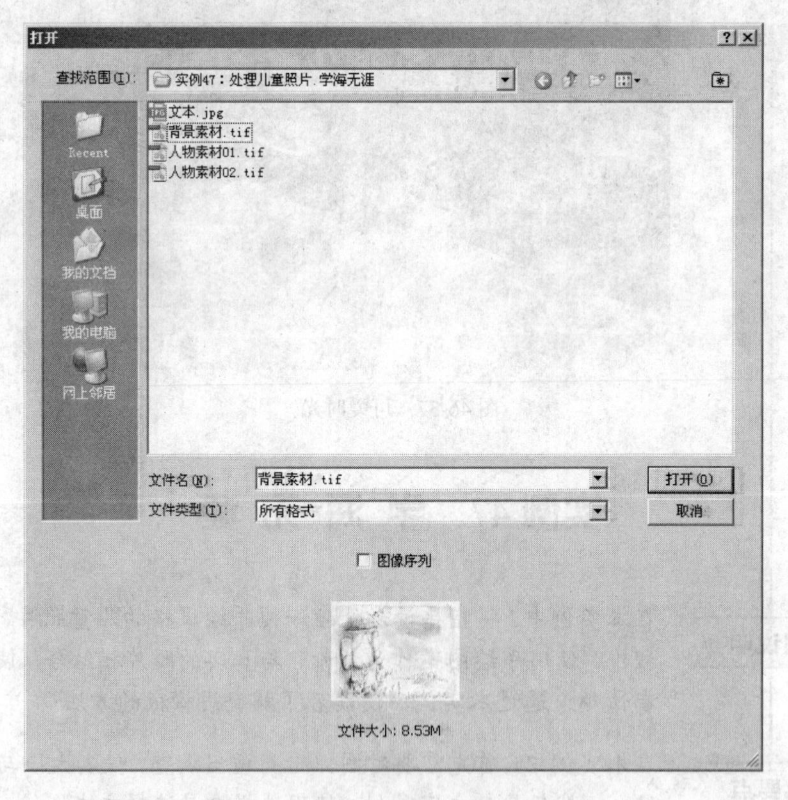

图 47-2　“打开”对话框

2 接下来打开本书光盘中附带的“儿童照片处理/实例 47：处理儿童照片.学海无涯/人物素材 01.tif”文件，将其拖动至“背景素材.tif”文档窗口中，并自动生成新图层——“图层 4”。

3 选择“图层 4”，按下键盘上的 Ctrl+T 组合键，打开自由变换框，然后参照图 47-3 调整图像的大小和位置。

4 按下键盘上的 Enter 键，取消自由变换框。

5 将“图层 4”拖动至“图层 2”底层，图 47-4 为调整图层位置后的图像效果。

图 47-3　调整图像的大小和位置

图 47-4　调整图层位置

6 接下来调整图像的亮度，执行菜单栏中的“图像”/“调整”/“曲线”命令，打开“曲线”对话框，在曲线上任意处单击鼠标，确认点的位置，在“输出”参数栏内键入 180，在“输入”参数栏内键入 120，如图 47-5 所示。

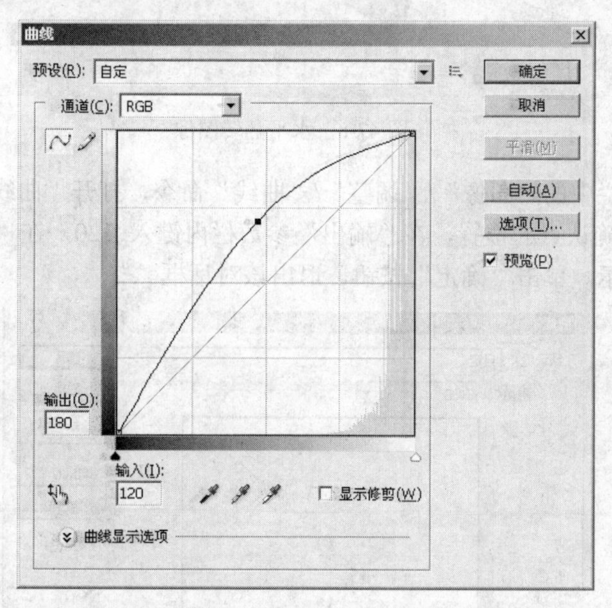

图 47-5　设置“曲线”对话框中的相关参数

7 在“曲线”对话框中单击“确定”按钮，退出该对话框。如图 47-6 所示为设置曲线后的图像效果。

8 打开本书光盘中附带的“儿童照片处理/实例 47：处理儿童照片.学海无涯/人物素材 02.tif”文件，将其拖动至“背景素材.tif”文档窗口中，并自动生成新图层——“图层 5”。

8 选择“图层 5”，按下键盘上的 Ctrl+T 组合键，打开自由变换框，然后参照如图 47-7 所示调整图像的大小和位置。

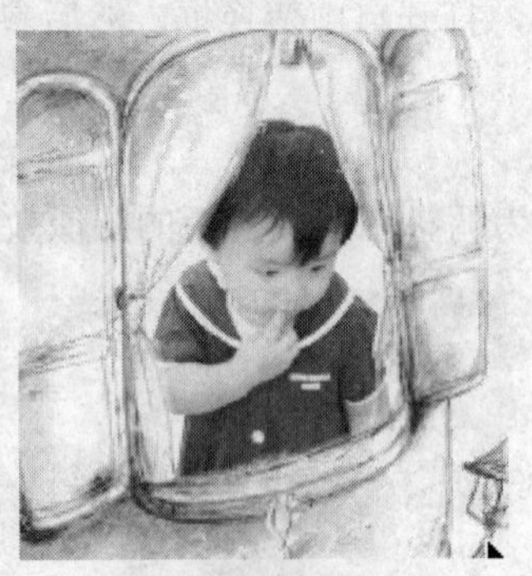

图 47-6　设置图像曲线

图 47-7　调整图像的大小和位置

10 按下键盘上的 Enter 键，结束自由变换操作。然后执行菜单栏中的“编辑”/“变换”/“水平翻转”命令，水平翻转图像，如图 47-8 所示为翻转后的图像效果。

图 47-8　水平翻转图像

11 执行菜单栏中的“图像”/“调整”/“曲线”命令，打开“曲线”对话框。在曲线上任意处单击鼠标，确认点的位置，在“输出”参数栏内键入 120，在“输入”参数栏内键入 100，如图 47-9 所示。单击“确定”按钮，退出该对话框。

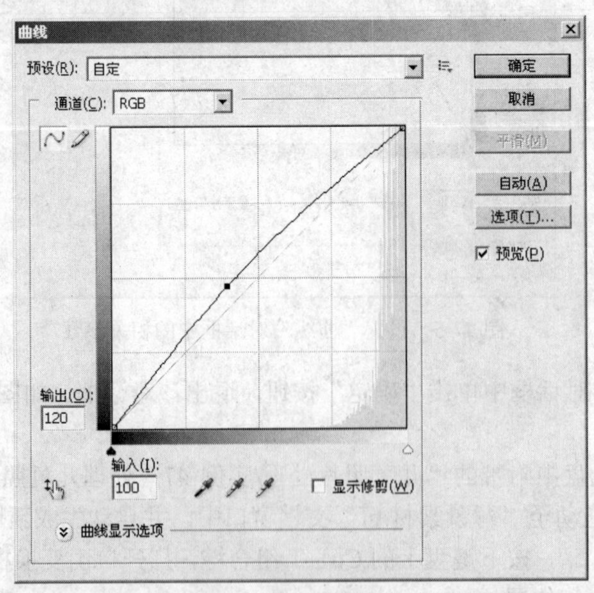

图 47-9　设置“曲线”对话框中的相关参数

12 打开本书光盘中附带的“儿童照片处理/实例 47：处理儿童照片.学海无涯/文本.jpg”文件，如图 47-10 所示。

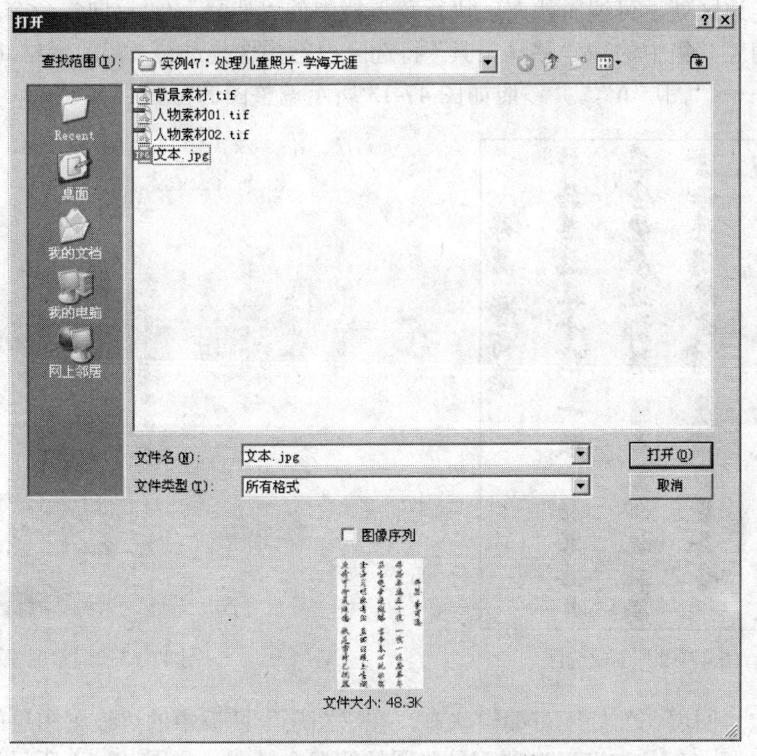

图 47-10　打开“文本.jpg”文件

13 执行菜单栏中的“选择”/“色彩范围”命令，打开“色彩范围”对话框。在“颜色容差”参数栏内键入 200，并在图像空白处设置取样点，如图 47-11 所示。

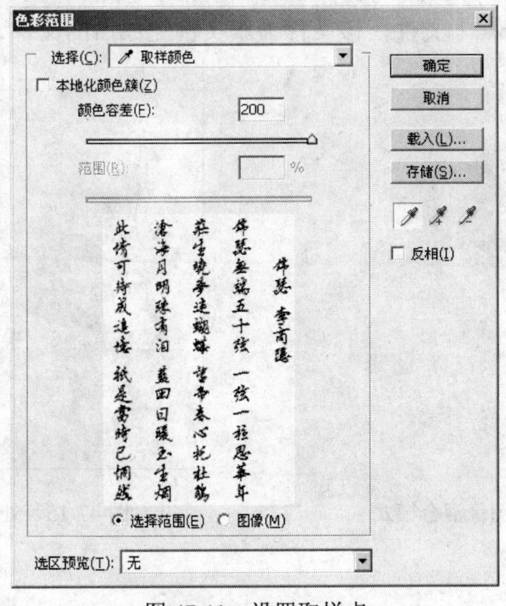

图 47-11　设置取样点

14 在“色彩范围”对话框中单击“确定”按钮，退出该对话框，并生成如图 47-12 所示的选区。

15 确定选区处于可编辑状态，执行菜单栏中的“选择”/“反向”命令，反选选区。

16 使用工具箱中的“移动工具”将选区内的图像拖动至“背景素材.tif”文档窗口中，生成新图层——“图层 6”，并参照如图 47-13 所示调整图像位置。

图 47-12　生成选区

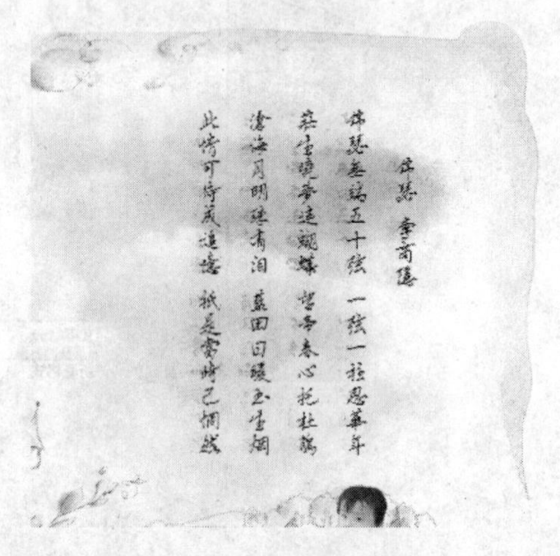

图 47-13　调整图像位置

17 确定“图层 6”处于可编辑状态，在“图层”调板中的“设置图层的混合模式”下拉选项栏中选择“颜色加深”选项，设置图像的混合模式。如图 47-14 所示为设置图像混合模式后的图像效果。

18 通过以上制作本实例就全部完成了，完成后的效果如图 47-15 所示。如果读者在制作过程中遇到什么问题，可以打开本书光盘中附带的“艺术照片处理/实例 47：处理儿童照片.学海无涯/学海无涯. psd”文件，该文件为本实例完成后的文件。

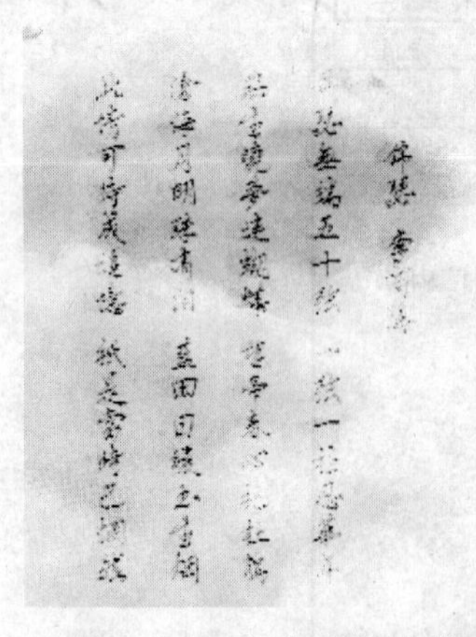

图 47-14　设置图像混合模式

图 47-15　处理儿童照片.学海无涯

实例48 时尚小明星

在本实例中，将指导读者制作时尚明星画册，本实例主要由灰、白、粉三种颜色组成，画面简洁干净，色感清新淡雅，突出人物主题。通过本实例，使读者了解在Photoshop CS4中曲线、选取颜色工具的使用方法。

在制作本实例时，首先使用矩形选框工具和画笔工具绘制左侧边框效果，然后使用自定义形状工具绘制边框四周的花边效果，最后使用工具箱中的横排文本工具添加相关文本，完成本实例的制作。图48-1为本实例完成后的效果。

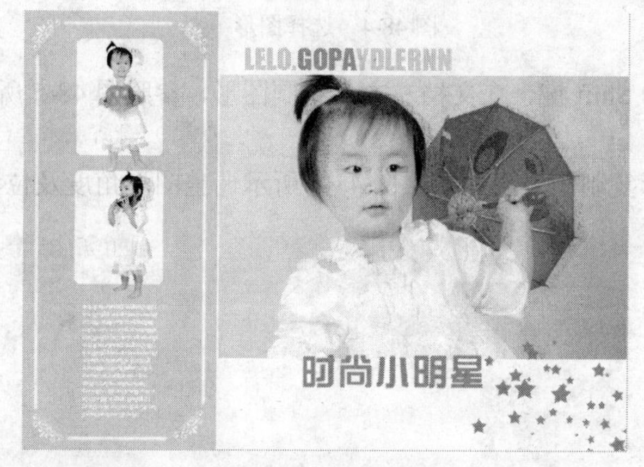

图48-1 时尚小明星

1 运行Photoshop CS4，执行菜单栏中的“文件”/“新建”命令，打开“新建”对话框，在“名称”文本框中键入“儿童相册封面”，文本创建一个名为“儿童相册封面”的新文档。在“宽度”参数栏内键入800，在“高度”参数栏内键入573，在“分辨率”参数栏内键入72，在“设置分辨率的单位”下拉选项栏中选择“像素/厘米”选项，其他参数使用默认设置。

2 选择工具箱中的“矩形选框工具”，参照图48-2所示绘制一个矩形选区，并将该选区填充为灰色（R：204、G：196、B：193）。

3 按下键盘上的Ctrl+D组合键，取消选区。

4 将前景色设置为白色，选择工具箱中的“画笔工具”，确定画笔类型为“柔边机械”，画笔大小为5像素，参照图48-3所示绘制4条线段。

5 创建一个新图层——“图层1”。选择工具箱中的“自定形状工具”，单击“属性”栏中的“填充像素”按钮，然后单击“点按可打开‘自定形状’拾色器”下拉按钮，打开形状调板，选择如图48-4所示的“饰件5”。

图 48-2　绘制并填充选区

图 48-3　绘制线段

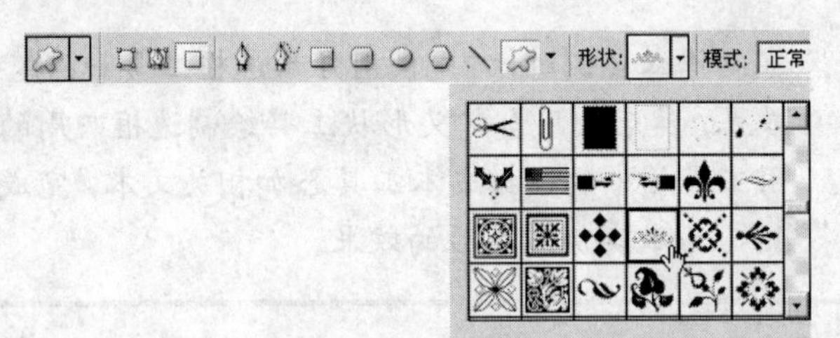

图 48-4　选择图形

6 按下键盘上的 Shift 键，在文档左上角绘制图形，参照图 48-5 所示调整图形的大小、角度及位置。

7 将绘制的图形复制 3 个，并参照图 48-6 所示调整图形角度及位置。

图 48-5　设置图形形态

图 48-6　调整图形角度及位置

8 创建一个新图层——“图层 2”。选择工具箱中的“圆角矩形工具”，在“属性”栏中的“半径”参数栏内键入 8px，在如图 48-7 所示的位置绘制 2 个圆角矩形。

图 48-7　绘制圆角矩形

9 接下来导入人物素材图像。执行菜单栏中的“文件”/“打开”命令，打开“打开”对话框，导入本书光盘中附带的“儿童照片处理/实例 48：时尚小明星/人物素材 01.jpg”文件，如图 48-8 所示。单击“打开”按钮，退出该对话框。

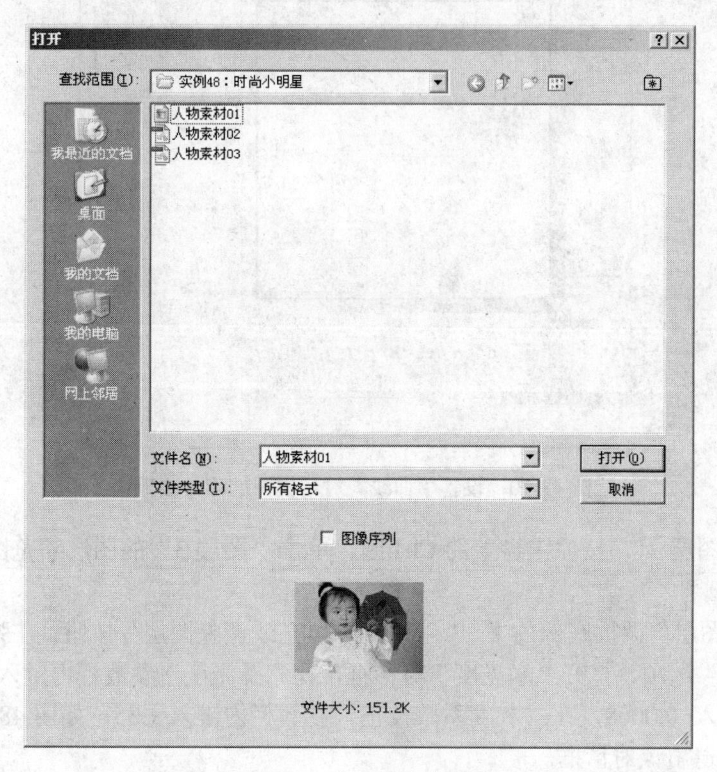

图 48-8　“打开”对话框

10 将导入的“人物素材 01.jpg”图像拖动至“时尚小明星.psd”文档窗口中，并移至如图 48-9 所示的位置，在“图层”调板中生成“图层 3”。

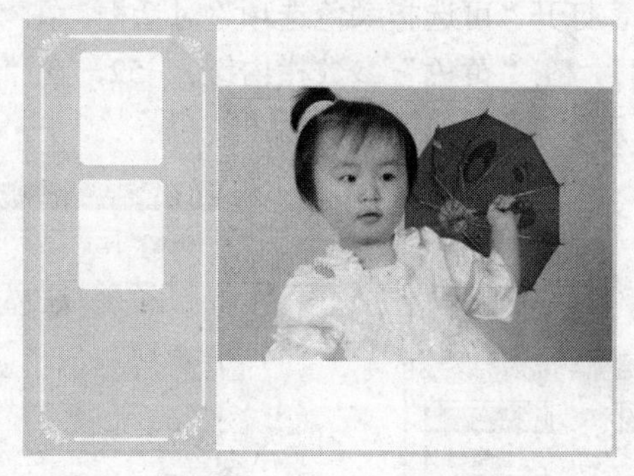

图 48-9　移动图像位置

11 按住键盘上的 Ctrl 键，单击“图层 3”的图层缩览图，加载该图层选区。

12 单击“图层”调板底部的 “创建新的填充或调整图层”按钮，在弹出的快捷菜单中选择“曲线”选项，打开“曲线”对话框，在曲线上任意处单击鼠标，确定点位置，在“输出”参数栏内键入 183，在“输入”参数栏内键入 151，如图 48-10 所示。单击“确定”按钮，退出该对话框。

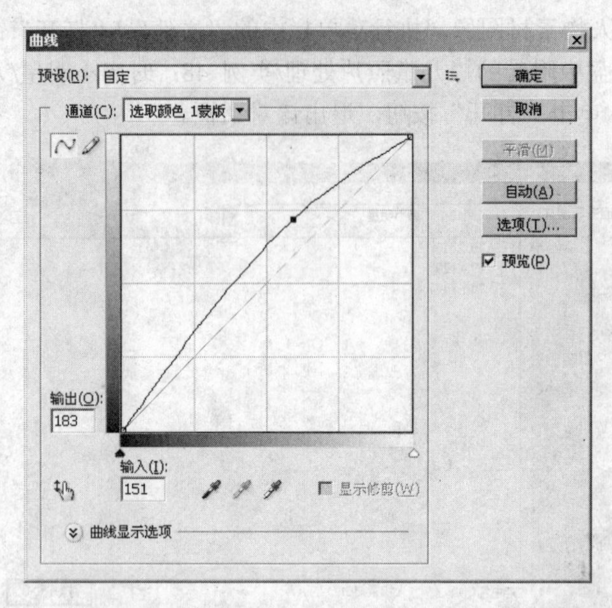

图 48-10　设置“曲线”对话框中的相关参数

13 进入“图层 3”，按住键盘上的 Ctrl 键，单击“图层 3”的图层缩览图，加载该图层选区。

14 单击“图层”调板底部的 “创建新的填充或调整图层”按钮，在弹出的快捷菜单中选择“暴光度”选项，打开“暴光度”对话框，在“暴光度”参数栏内键入 0.046，在“位移”参数栏内键入-0.0068，在“灰度系数校正”参数栏内键入 1.35，如图 48-11 所示。单击“确定”按钮，退出该对话框。

15 进入“图层 3”，按住键盘上的 Ctrl 键，单击“图层 3”的图层缩览图，加载该图层选区。

16 单击“图层”调板底部的 “创建新的填充或调整图层”按钮，在弹出的快捷菜单中选择“可选择颜色”选项，打开“可选择颜色选项”对话框，在“青色”参数栏内键入-41，在“洋红”参数栏内键入-11，在“黄色”参数栏内键入-52，在“黑色”参数栏内键入-2，如图 48-12 所示。单击“确定”按钮，退出该对话框。

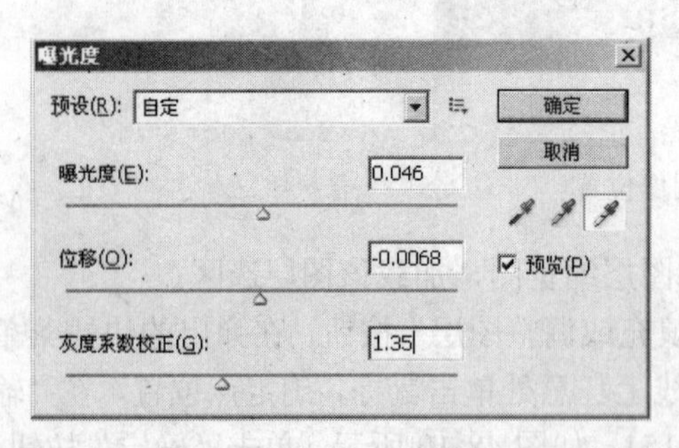

图 48-11　设置“暴光度”对话框中的相关参数

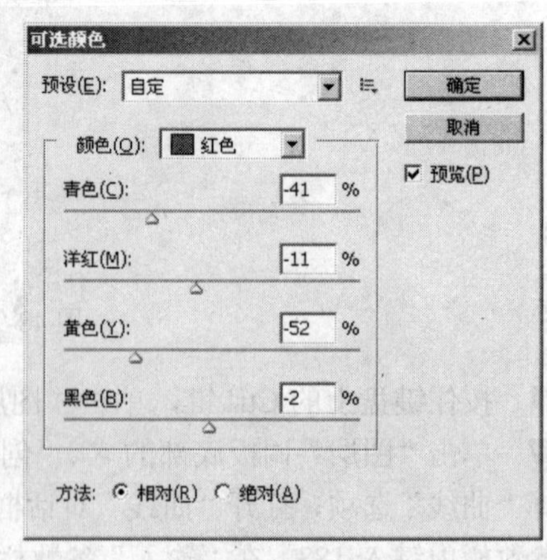

图 48-12　设置“可选颜色选项”对话框中的相关参

数

17 执行菜单栏中的“文件”/“打开”命令，打开“打开”对话框，导入本书光盘中附带的“儿童照片处理/实例 48：时尚小明星/人物素材 02.tif”文件，如图 48-13 所示。单击“打开”按钮，退出该对话框。

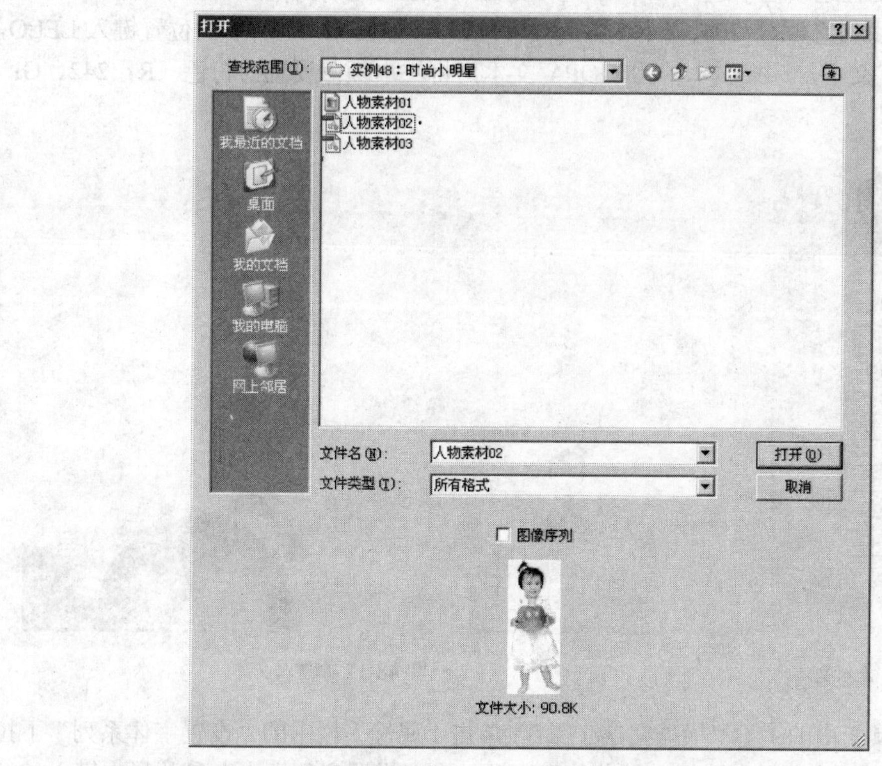

图 48-13　“打开”对话框

18 使用工具箱中的“移动工具”，将导入的“人物素材 02.tif”图像拖动至“时尚小明星.psd”文档窗口中，并移至如图 48-14 所示的位置。

19 使用以上方法，导入“人物素材 03.tif”图像，并移至如图 48-15 所示的位置。

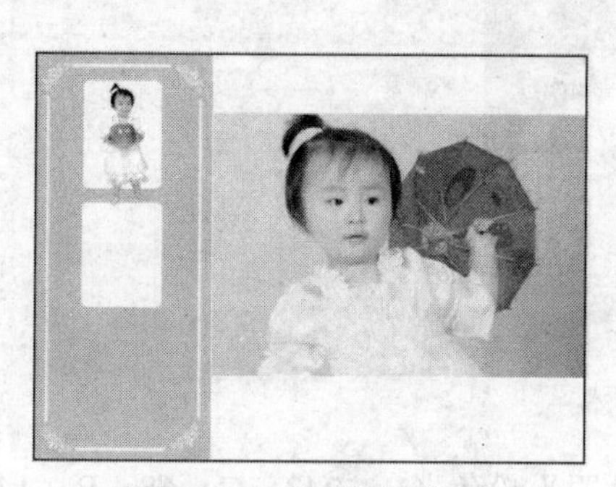

图 48-14　调整图像位置

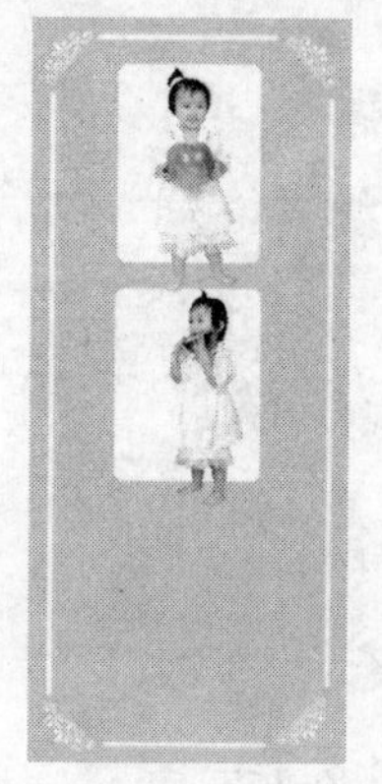

图 48-15　移动图像位置

20 选择工具箱中的“横排文字工具”，单击“属性”栏中的“设置字体系列”下拉按钮，在弹出的下拉选项栏中选择 Arno Pro 选项，在“设置字体大小”参数栏内键入 0.32，将文本颜色设置为浅黄色（R：255、G：241、B：232），参照如图 48-16 所示在文档左下角键入相关文本。

21 选择工具箱中的 T “横排文字工具”，单击“属性”栏中的“设置字体系列”下拉按钮，在弹出的下拉选项栏中选择 Impact 选项，在“设置字体大小”参数栏内键入 1.5，将文本颜色设置为浅灰色（R：204、G：196、B：193），在如图 48-17 所示的位置键入 LELO，GOPAYDLERNN 文本，选择文本中的 GOPA 文本，将文本颜色设置为粉色（R：242、G：82、B：153 ）。

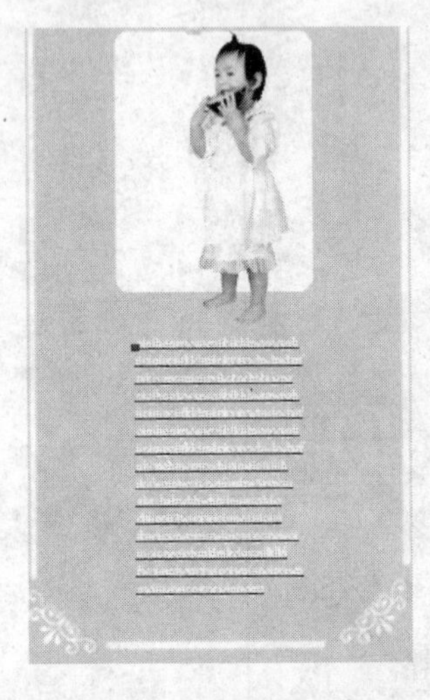

图 48-16　键入文本

图 48-17　键入文本

22 选择工具箱中的 T “横排文字工具”，单击“属性”栏中的“设置字体系列”下拉按钮，在弹出的下拉选项栏中选择“综艺体”选项，在“设置字体大小”参数栏内键入 2，将文本颜色设置为粉色（R：242、G：82、B：153），在如图 48-18 所示的位置键入“时尚小明星”文本。

图 48-18　键入文本

23 创建一个新图层——“图层 4”。将前景色设置为粉色（R：243、G：68、B：145），选择工具箱中的 “自定形状工具”，单击“属性”栏中的 “填充像素”按钮，然后单击“点按可打开‘自定形状’拾色器”下拉按钮，打开形状调板，选择如图 48-19 所示的“五角星”图形。

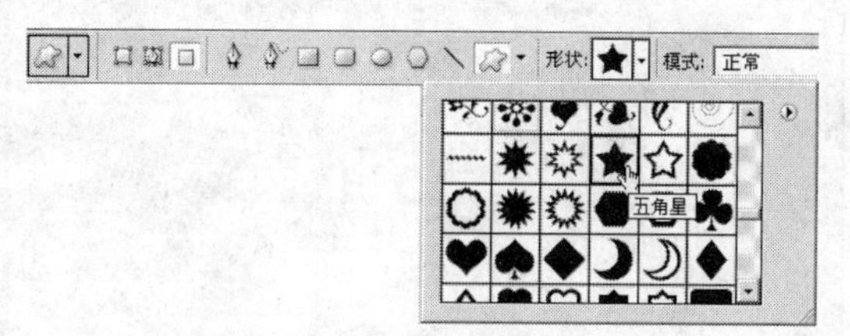

图 48-19　选择“5 角星”图形

24 参照图 48-20 所示，绘制多个大小不等的“五角星”图形。

图 48-20　绘制“五角星”图形

25 通过以上制作本实例就全部完成了，完成后的效果如图 48-21 所示。如果读者在制作过程中遇到什么问题，可以打开本书光盘中附带的“儿童照片处理/实例 48：时尚小明星/时尚小明星.psd”文件，该文件为本实例完成后的文件。

图 48-21　时尚小明星

实例 49　处理全家福（背景处理）

在本实例和下个实例中，将指导读者设置一幅全家福照片，本实例中将制作背景，背景以灰绿色调为主，配以装饰性纹样。通过本实例，使读者了解全家福图像中背景的设置方法。

在本实例中，需要将导入的素材图像颜色进行调整，使其颜色与背景颜色一致，使用文本工具键入文本，然后使用自定形状工具绘制图形并进行复制，最后设置图像的叠加模式，完成该实例的设置。图 49-1 为编辑后的效果。

图 49-1　处理全家福.背景处理

1 运行 Photoshop CS4，按下键盘上的 Ctrl+N 组合键，创建一个“宽度”为 1000 像素，“高度”为 714 像素，模式为 RGB 颜色，名称为“处理全家福.背景处理”的新文档。

2 将前景色设置为浅绿（R：153、G：168、B：154），按下键盘上的 Alt+Delete 组合键，使用前景色填充背景。

3 创建一个新图层——“图层 1”，使用工具箱中的“圆角矩形工具”，在“属性”栏的“设置圆角的半径”参数栏内键入 0.3，然后参照如图 49-2 所示绘制圆角矩形。

4 进入“路径”调板，单击调板底部的“将路径作为选区载入”按钮，将路径载入选区，如图 49-3 所示。

图 49-2　绘制圆角矩形

图 49-3　加载选区

5 确定选区处于可编辑状态，进入“图层”调板，将前景色设置为淡绿色（R：243、G：247、B：242），并使用前景色填充选区，如图 49-4 所示。

6 按下键盘上的 Ctrl+D 组合键，取消选区。

7 创建一个新图层——“图层 2”，使用工具箱中的“圆角矩形工具”，在“属性”栏的“设置圆角的半径”参数栏内键入 0.25，然后参照图 49-5 绘制圆角矩形。

图 49-4　填充选区

图 49-5　绘制圆角矩形

8 将路径载入选区，并使用黄色（R：218、G：184、B：125）填充选区，如图 49-6 所示。

9 按下键盘上的 Ctrl+D 组合键，取消选区。

10 单击工具箱中的 T “横排文字工具”按钮，在“属性”栏的“设置字体系列”下拉选项栏中选择 Garamond 选项，在“设置字体大小”参数栏内键入 11，设置文本颜色为棕色（R：129、G：80、B：15），在如图 49-7 所示的位置键入 The Blessedness Household 字样。

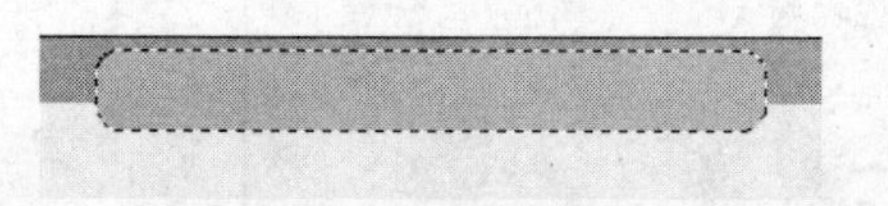

图 49-6　填充选区

图 49-7　键入文本

11 使用工具箱中的 “自定形状工具”，在“属性”栏中单击“点按可打开自定形状拾色器”按钮，在弹出的调板中选择“花形装饰 3”选项，如图 49-8 所示。

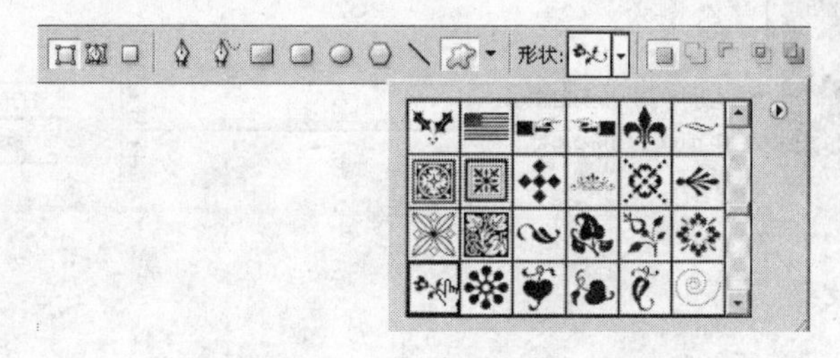

图 49-8　选择“花形装饰 3”选项

12 创建一个新图层——“图层 3”，拖动鼠标左键，参照图 49-9 绘制花形图形。

13 将路径载入选区，并使用棕色（R：124、G：75、B：10）填充选区，如图 49-10 所示。

图 49-9　绘制花形图形

图 49-10　填充选区

14 按下键盘上的 Ctrl+D 组合键，取消选区。

15 将“图层 3”进行复制，生成新图层——“图层 3 副本”。选择副本层，执行菜单栏中的“编辑”/“变换”/“水平翻转”命令，水平翻转图像，并将翻转后的图像拖动至如图 49-11 所示的位置。

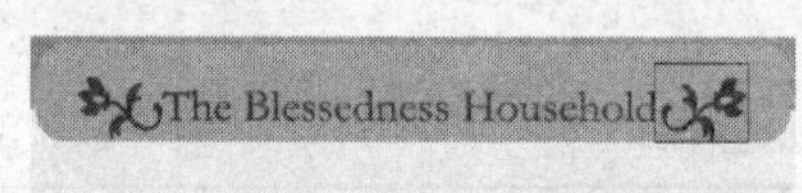

图 49-11　调整图像位置

16 执行菜单栏中的“文件”/“打开”命令，打开“打开”对话框，打开本书光盘中附带的“儿童照片处理/实例 49：处理全家福.背景处理/素材图像.jpg”文件，如图 49-12 所示。单击“打开”按钮，退出该对话框。

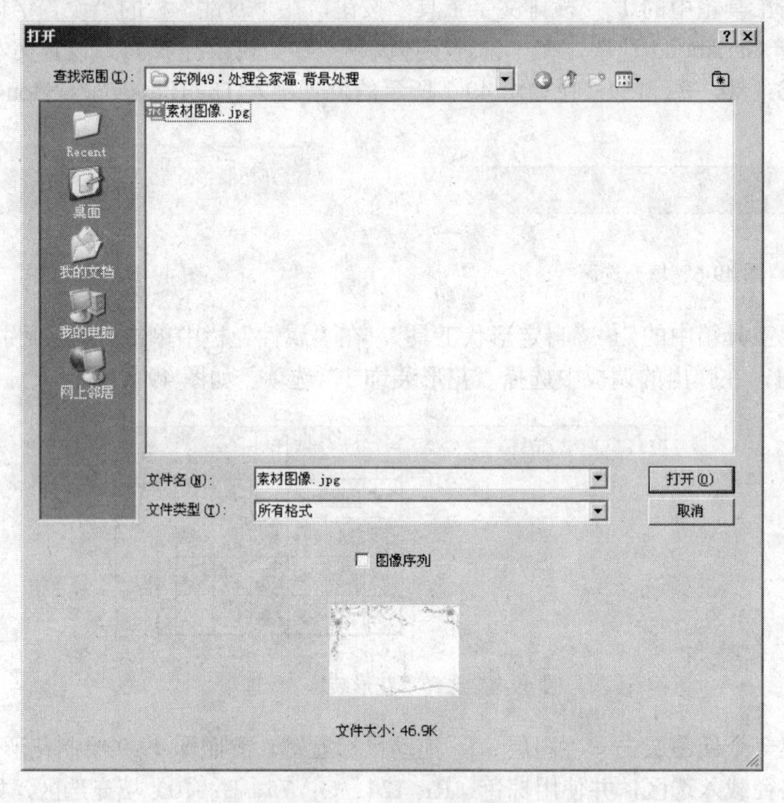

图 49-12 “打开”对话框

17 执行菜单栏中的“选择”/“色彩范围”命令，打开“色彩范围”对话框。在“颜色容差”参数栏内键入 40，并在图像空白区域设置取样点，如图 49-13 所示。

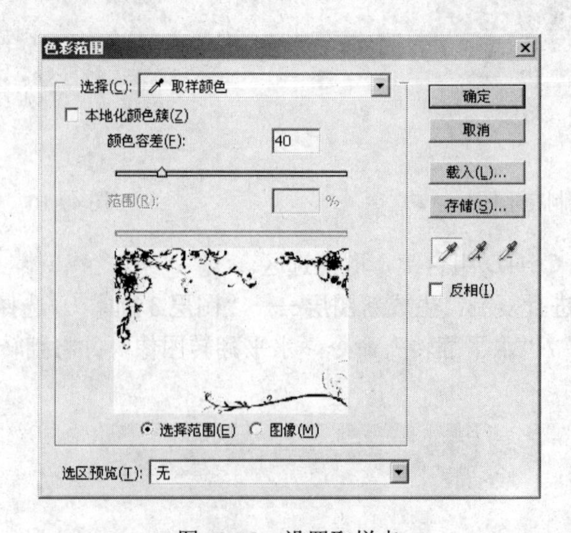

图 49-13 设置取样点

18 在“色彩范围”对话框中单击“确定”按钮，退出该对话框，并生成如图 49-14 所示的选区。

19 执行菜单栏中的“选择”/“反向”命令，反选选区。

20 确定选区内的图像处于可编辑状态，使用工具箱中的“移动工具”将选区内的图像拖动至“处理全家福.背景处理.psd”文档窗口中，并生成新图层——“图层 4”，然后参照图 49-15 调整图像位置。

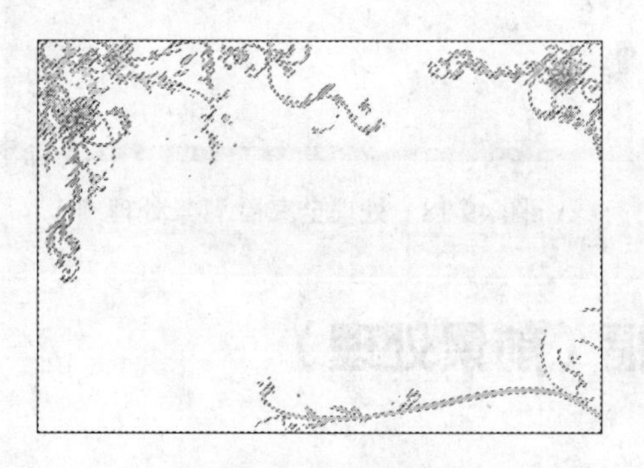

图 49-14　生成选区

图 49-15　调整图像位置

21 选择“图层 4”，执行菜单栏中的“图像”/“调整”/“色相/饱和度”命令，在“对话框”中选择“着色”复选框，在“色相”参数栏内键入+90，在“饱和度”参数栏内键入+15，在“明度”参数栏内键入+30，如图 49-16 所示。单击“确定”按钮，退出该对话框。

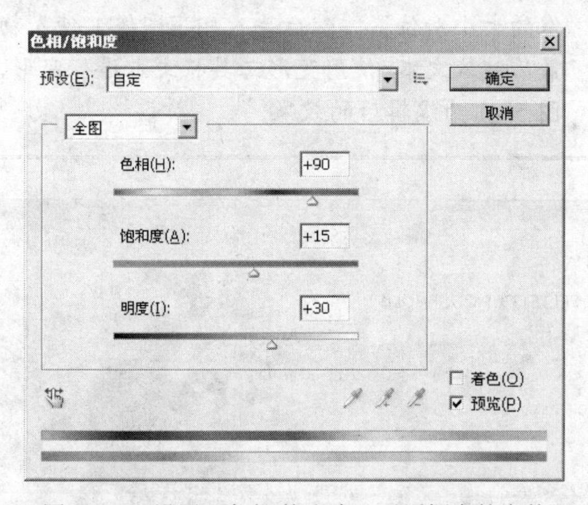

图 49-16　设置“色相/饱和度”对话框中的参数

22 在“图层”调板中的“设置图层的混合模式”下拉选项栏中选择“正片叠加”选项，设置图层的混合模式。图 49-17 为设置混合模式后的图像效果。

23 确定“图层 4”处于可编辑状态，在“图层”调板的“不透明度”参数栏内键入 70，设置图层的不透明度值。

24 通过以上制作本实例就全部完成了，完成后的效果如图 49-18 所示。如果读者在制作过程中遇到什么问题，可以打开本书光盘中附带的“艺术照片处理/实例 49：背景处理/背景处理. psd”文件，该文件为本实例完成后的文件。

图 49-17　设置图像混合模式

图 49-18　处理全家福.背景处理

实例 50　处理全家福（前景处理）

在本实例中，将继续上个实例中的练习，完成全家福的制作，本实例中，将在背景加入文本、人物照片等元素，完成全家福的制作。通过本实例，使读者了解的全家福图像前景的处理方法。

在本实例中，首先打开上一节保存的文件，导入人物素材并调整图像的大小和位置，然后导入相框图像，使人物图像在相框内显示，最后键入文本，使用变形工具将文本进行变形，完成该实例的设置。图 50-1 为编辑后的效果。

图 50-1　处理全家福

1 运行 Photoshop CS4，打开实例 49 中保存的“处理全家福.背景处理.psd”文件。

2 单击工具箱中的 T “横排文字工具”按钮，在“属性”栏的“设置字体系列”下拉选项栏中选择 Comic Sans MS 选项，在“设置字体大小”参数栏内键入 10，设置文本颜色为黑色，在如图 50-2 所示的位置键入 FELIEITY HOUSEHOLD 字样。

3 将字体设置为 Georgia，设置字体大小 8，设置文本颜色为灰色(R：168、G：161、B：154)，参照如图 50-3 所示键入 From your parents you learn love and laughter and how to put one foot before the other But when books are opened you discover that you have wings.文本。

图 50-2　键入文本

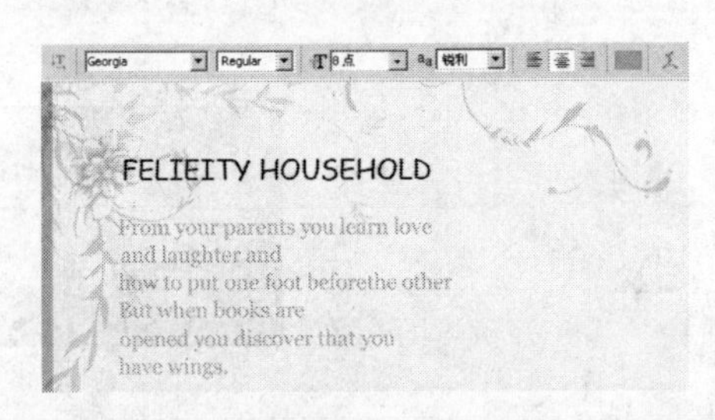

图 50-3　键入文本

4 执行菜单栏中的“文件”/“打开”命令，打开“打开”对话框，打开本书光盘中附带的“儿童照片处理/实例 50：处理全家福.前景处理/素材图像 01.jpg”文件，如图 50-4 所示。单击“打开”按钮，退出该对话框。

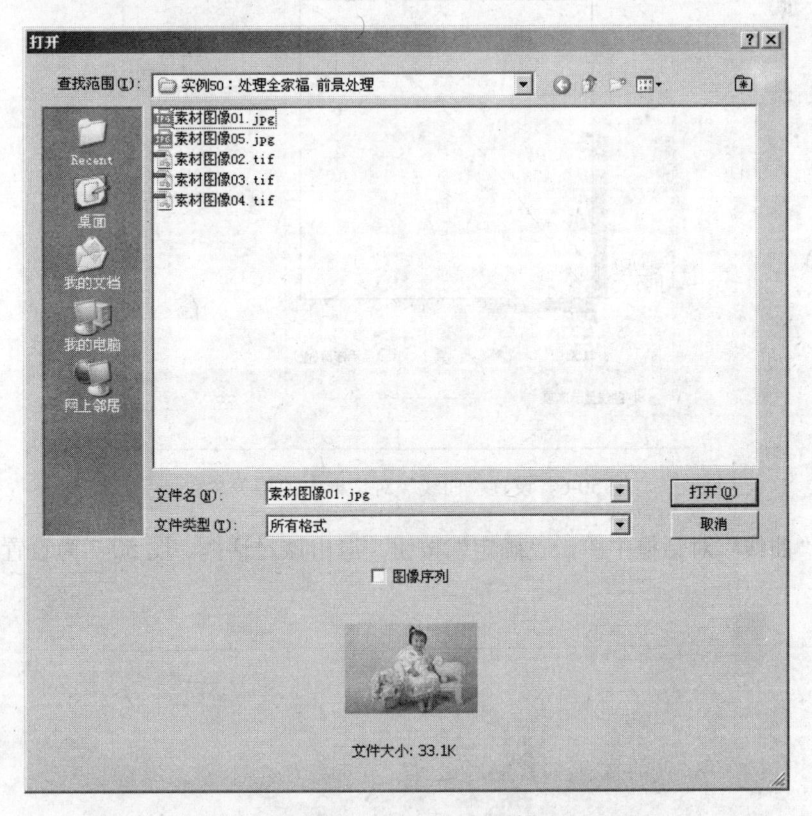

图 50-4　“打开”对话框

5 将“素材图像 01.jpg”图像拖动至“处理全家福.背景处理.psd”文档窗口中，生成新图层——“图层 5”，并参照如图 50-5 所示调整图像的大小和位置。

6 执行菜单栏中的“图像”/“调整”/“曲线”命令，打开“曲线”对话框。在曲线上任意处单击鼠标，确认点的位置，在“输出”参数栏内键入 190，在“输入”参数栏内键入

160，如图 50-6 所示。

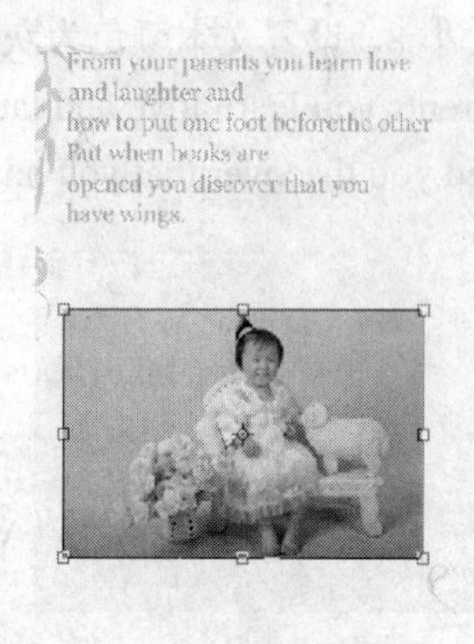

图 50-5　调整图像的大小和位置

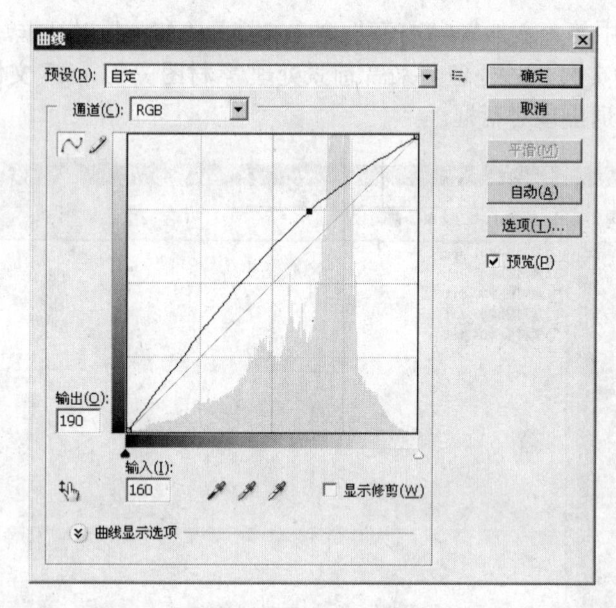

图 50-6　设置“曲线”对话框中的相关参数

7 在“曲线”对话框中单击“确定”按钮，退出该对话框。图 50-7 为设置曲线后的图像效果。

图 50-7　设置图像曲线

8 打开本书光盘中附带的“儿童照片处理/实例 50：处理全家福.前景处理/素材图像 02.tif”文件，将该图像拖动至“处理全家福.背景处理.psd”文档窗口中，生成新图层——“图层 6”，并拖动至如图 50-8 所示的位置。

图 50-8　调整图像位置

9 确定“图层 5”处于选择状态，单击工具箱中的“矩形选区工具”按钮，并在“属性”栏中激活“添加到选区”按钮，然后参照如图 50-9 所示的绘制选区。

图 50-9　绘制选区

10 确定选区处于可编辑状态，按下键盘上的 Delete 键，删除选区内的图像如图 50-10 所示。

图 50-10　删除选区内的图像

11 按下键盘上的 Ctrl+D 组合键，取消选区。

12 打开本书光盘中附带的“儿童照片处理/实例 50：处理全家福.前景处理/素材图像03.tif”文件，将该图像拖动至“处理全家福.背景处理.psd”文档窗口中，生成新图层——“图层 7”，并参照如图 50-11 所示调整图像的位置和大小。

图 50-11　调整图像的位置和大小

13 选择“图层 7”，执行菜单栏中的“图像”/“调整”/“色彩平衡”命令，打开“色彩平衡”对话框，在“色阶”参数栏内分别键入 0、+60、-30，如图 50-12 所示。单击“确定”按钮，退出该对话框。

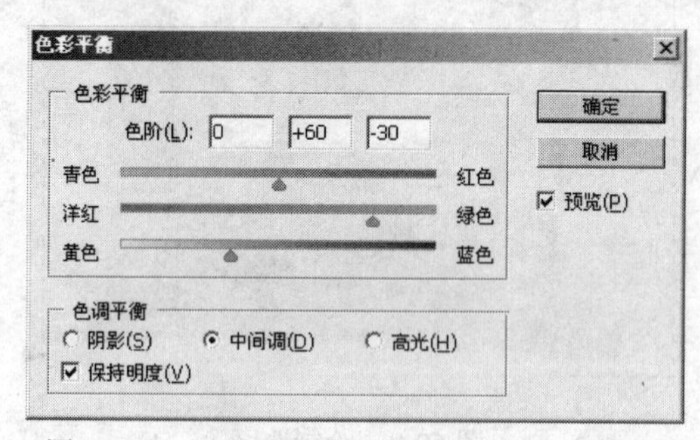

图 50-12　调整“色彩平衡”对话框中的参数

14 打开本书光盘中附带的“儿童照片处理/实例 50：处理全家福.前景处理/素材图像04.tif”文件，将该图像拖动至“处理全家福.背景处理.psd”文档窗口中，生成新图层——“图层 8”，并参照图 50-13 调整图像的位置和大小。

图 50-13　调整图像的位置和大小

15 最后打开本书光盘中附带的“儿童照片处理/实例 50：处理全家福.前景处理/素材图像 05.jpg”文件，将该图像拖动至“处理全家福.背景处理.psd”文档窗口中，生成新图层——“图层 9”，并参照图 50-14 调整图像的位置和大小。

图 50-14　调整图像的位置和大小

16 确定“图层 9”处于选择状态，单击工具箱中的 “橡皮擦工具”按钮，在“属性”栏的画笔调板中选择“柔角 45 像素”选项，参照图 50-15 进行擦拭，使人物图像与背景相融。

图 50-15　使用橡皮擦工具

17 单击工具箱中的 T “横排文字工具”按钮，在“属性”栏的“设置字体系列”下拉选项栏中选择“方正祥隶繁体”选项，在“设置字体大小”参数栏内键入 10，设置文本颜色为朱红色（R：124、G：34、B：36），并在如图 50-16 所示的位置键入“全家福”字样。

18 确定文本处于可编辑状态，在“属性”栏中单击 “创建文字变形”按钮，打开“变形文字”对话框，在“样式”下拉选项栏中选择“扭转”选项，在“弯曲”参数栏内键入-25，如图 50-17 所示。

图 50-16　键入文本

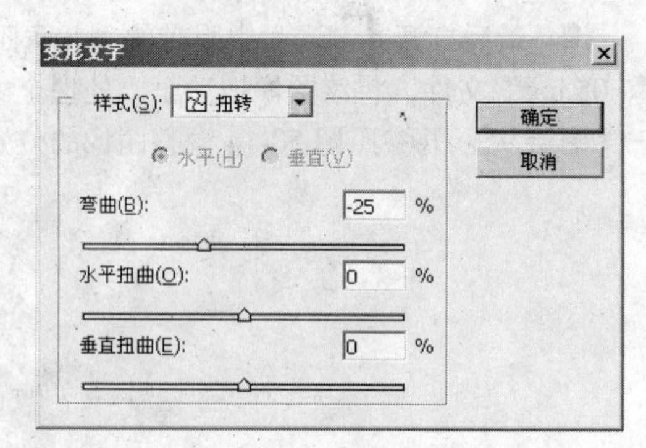

图 50-17　设置文字变形

19 在“变形文字”对话框中单击“确定”按钮，退出该对话框。如图 50-18 所示为设置变形后的文字效果。

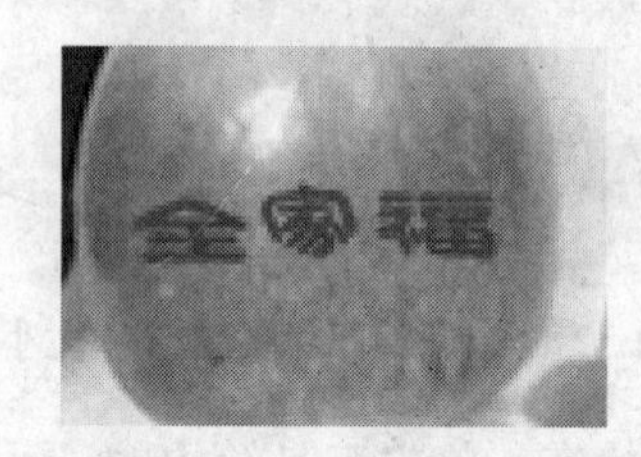

图 50-18　设置变形后的文字效果

20 通过以上制作本实例就全部完成了，完成后的效果如图 50-19 所示。如果读者在制作过程中遇到什么问题，可以打开本书光盘中附带的“艺术照片处理/实例 50：处理全家福.前景处理/处理全家福.psd”文件，该文件为本实例完成后的文件。

图 50-19　处理全家福